清华计算机图书·译丛

Color in Computer Vision
Fundamentals and Applications

彩色计算机视觉
基础与应用

[荷] 西奥·盖维尔斯（Theo Gevers）
阿尔然·吉森尼（Arjan Gijsenij）
约斯特·范德·魏约尔（Joost van de Weijer）
简-马克·戈伊斯布罗克（Jan-Mark Geusebroek） 著

章毓晋 译

U0378478

清华大学出版社
北京

Theo Gevers, Arjan Gijsenij, Joost van de Weijer, Jan-Mark Geusebroek
Color in Computer Vision: Fundamentals and Applications
EISBN: 978-0-470-89084-4

Copyright © 2012 by John Wiley & Sons, Inc.

All Rights Reserved. This translation published under license.

Simplified Chinese translation edition is published and distributed exclusively by Tsinghua University Press under the authorization by John Wiley & Sons, Inc. within the territory of the People's Republic of China only, excluding Hong Kong, Macao SAR and Taiwan. Unauthorized export of this edition is a violation of the Copyright Act. Violation of this Law is subject to Civil and Criminal Penalties.
本书中文简体字翻译版由 John Wiley & Sons 公司授权清华大学出版社在中华人民共和国境内(不包括中国香港、澳门特别行政区和中国台湾)独家出版发行。未经许可之出口，视为违反著作权法，将受法律之制裁。未经出版者预先书面许可，不得以任何方式复制或抄袭本书的任何部分。

北京市版权局著作权合同登记号　图字 01-2021-5826 号

本书封面贴有 John Wiley & Sons 公司防伪标签，无标签者不得销售。
版权所有，侵权必究。举报：010-62782989，beiqinquan@tup.tsinghua.edu.cn。

图书在版编目（CIP）数据

彩色计算机视觉：基础与应用/（荷）西奥·盖维尔斯等著；章毓晋译. —北京：清华大学出版社，2022.1(2022.9重印)
（清华计算机图书译丛）
书名原文：Color in Computer Vision
ISBN 978-7-302-58236-6

Ⅰ. ①彩… Ⅱ. ①西… ②章… Ⅲ. ①计算机视觉 Ⅳ. ①TP302.7

中国版本图书馆 CIP 数据核字（2021）第 093790 号

责任编辑：龙启铭
封面设计：傅瑞学
责任校对：刘玉霞
责任印制：朱雨萌

出版发行：清华大学出版社
网　　址：http://www.tup.com.cn, http://www.wqbook.com
地　　址：北京清华大学学研大厦 A 座　　邮　　编：100084
社 总 机：010-83470000　　邮　　购：010-62786544
投稿与读者服务：010-62776969，c-service@tup.tsinghua.edu.cn
质 量 反 馈：010-62772015，zhiliang@tup.tsinghua.edu.cn
课 件 下 载：http://www.tup.com.cn,010-83470236
印 装 者：三河市铭诚印务有限公司
经　　销：全国新华书店
开　　本：185mm×260mm　　印　张：17.5　　字　数：429 千字
版　　次：2022 年 1 月第 1 版　　印　次：2022 年 9 月第 2 次印刷
定　　价：69.00 元

产品编号：091204-01

译 者 序

视觉是人类感知客观世界的主要手段和认知世界的重要功能，视觉信息占据了人类从外界所获取信息的绝大部分。对彩色的视觉感知是人类视觉系统的固有能力，彩色信息的使用在人类认识周围世界中起着重要作用。计算机视觉要使用计算机实现人类的视觉功能以及帮助人类认识客观和改造世界。对计算机视觉中彩色信息的获取、加工、利用等，近年来已得到了更大的关注和更多的研究。

这是一本专门介绍计算机视觉中有关彩色的理论、特性、技术及应用的书籍。与大多数全部或大部分仅仅借助灰度图像进行介绍的计算机视觉书籍不同，本书所有内容都围绕彩色图像和彩色技术来组织，是其独到之处。这些彩色技术不仅包括专门针对彩色图像而研究出来的彩色技术，也包括对灰度图像和技术扩展而来的彩色技术。所以，本书很适合已有一定计算机视觉方面的基础，希望更深入研究和应用计算机视觉技术的读者。

本书基本覆盖了计算机视觉的各个层次，包括基本的彩色视觉理论、彩色图像的获取、彩色不变特征提取、彩色恒常性图像描述、目标和场景的学习、彩色认知和语义检索以及彩色计算机视觉的典型应用等。其中主要侧重中层计算机视觉应用，也对应图像分析技术的应用。本书可作为已经学习了基本的计算机视觉课程的相关专业高年级本科生和低年级研究生的专业课教材，也可供从事计算机视觉应用相关领域和行业的科研技术人员参考。

本书主要内容分成了 5 个部分。

（1）彩色基础：彩色视觉，彩色成像。

（2）光度不变性：基于像素、彩色比率、导数、机器学习的光度不变性。

（3）彩色恒常性：光源估计和色彩适应，使用低层特征、色域方法、机器学习的彩色恒常性。

（4）彩色特征提取：彩色特征检测和描述，彩色图像分割。

（5）应用：目标和场景识别，彩色命名，多光谱图像分割。

本书从结构上看，共有 18 章、87 节、116 小节。全书共有编了号的图 154 幅、表格 38 张、公式 478 个。另外有 368 篇参考文献的目录和可以进行主题索引的 300 多条专门术语（原书中一些仅在章节题目中出现的术语没有列入，可在目录中查到）。全书译成中文约 40 万字（包括图片、绘图、表格、公式等）。

本书的翻译基本忠实于原书的描述结构和文字风格。对明显的印刷错误，直接进行了修正。另外，对原书书后的（主题）索引进行了专门整理，一方面将原书正文中加了着重号的术语添加了进去，另一方面没有将原书里一些仅在章节题目中出现的术语列入。这样，索引词均对应书中正文里用黑体表示的词。而且，为方便读者查阅，将索引中各术语均重新按中文拼音顺序进行了排列。最后，根据中文书籍的出版规范，将书中的矢量和矩阵符号均改用了粗斜体标注。

在此，感谢清华大学出版社编辑们的精心组稿、认真审阅和细心修改。

最后，感谢妻子何芸、女儿章荷铭等家人在各方面给予的理解和支持。

章毓晋

2021 年春节于北京

通信地址：北京清华大学电子工程系，100084

电子邮箱：zhangyj@ee.tsinghua.edu.cn

个人主页：http:/oa.ee.tsinghua.edu.cn/~zhangyujin/

前　言

视觉信息是我们最自然的信息和交流源泉。除人类的视觉之外，视觉信息在社会中也起着至关重要的和不可或缺的作用，并且是当前信息交流框架（如万维网和移动电话）的核心。随着数字视觉信息（例如文档、网站、图像、视频和电影）的生产、应用和开发不断增长，视觉过载将会发生，因此迫切需要能够（自动）理解视觉信息。此外，由于当今数字视觉信息可以以彩色格式获得，因此对于彩色视觉信息的理解非常有必要。计算机视觉涉及对视觉信息的理解。尽管色彩很早就成为各个学科（从数学和物理学到人文和艺术）的中心话题，但是在计算机视觉领域，它只是在最近才显现出来。我们面临着从色彩角度为图像理解提供大量工具的挑战。本书的主题是介绍对于计算机视觉领域的图像理解必不可少的彩色理论、表示模型和计算方法。

当作者坐在能俯瞰阿姆斯特尔河的露台上时，写这本书的想法就诞生了。阿姆斯特丹的丰富艺术史、河流和晴天为我们提供了启发来探讨色彩在艺术、生活以及最终在计算机视觉中的作用。在那里，我们决定对计算机视觉中缺乏色彩的教科书进行一些处理。我们一致认为，反映我们发现这一主题的最有效和最愉快的方式是一起编写本书。本书将色彩视为两个研究领域（色彩科学和计算机视觉）之间有价值的协同资源。这本书是四位作者在阿姆斯特丹大学十多年紧密合作（博士生、博士后、教授、同事以及朋友）而产生的关于彩色计算机视觉的相同主题研究经验的成果。由于作者之间的长期合作，我们对彩色计算机视觉的研究在色彩理论、彩色图像处理方法、机器学习以及计算机视觉领域中的应用（例如图像分割、理解和搜索）都紧密相关。即使本书中的许多章节都起源于期刊文章，我们仍然确定我们的工作已被重写和精简。经过这一过程，长期的合作以及许多讨论，最终形成了这本具有统一风格，且代表了最好内容的图书。

本书是对计算机视觉、计算机科学、色彩和工程领域的研究生、研究人员和专业人员等有价值的教科书，覆盖了高年级本科和研究生课程，也可以用于更高级的研究生教程。本书对于任何对色彩和计算机视觉主题感兴趣的人，包括业界内的人，都是一个很好的参考，但先决条件是要具有图像处理和计算机视觉的基本知识。此外，本书需要一般背景的数学知识，例如线性代数、微积分和概率论。本书的一些材料已作为阿姆斯特丹大学研究生课程的一部分进行了介绍。此外，一些材料已在图像处理会议（国际图像处理会议（ICIP）和国际模式识别会议（ICPR））、计算机视觉会议（计算机视觉和模式识别（CVPR）和国际计算机视觉会议（ICCV））和色彩会议（图形、成像和视觉中的色彩（CGIV）以及国际光学和光子学会（SPIE）举办的会议）的会议教程和短期课程中进行了介绍。计算机视觉包含比本书中介绍的更多主题，其重点是图像理解。但是，图像理解这一主题已被视为我们介绍工作的途径。尽管这些材料代表了我们在计算机视觉中对色彩的看法，但我们的真实意图是要包括所有相关研究的。因此，我们认为本书是关于彩色计算机视觉的、已被 360 多次引用的首批深入著作之一。

本书包含 5 个部分。本书主题包括从彩色图像形成（低级），彩色不变特征提取和彩色图像处理（中级），直到用于目标和场景识别的语义描述符（高级）。这些主题依据从低级到高级处理以及从基础到应用研究进行安排。第 1 部分包含本书的（彩色）基础知识。这部分介绍了三色彩色处理的概念以及人与计算机视觉系统之间的相似性。此外，这部分提供了彩色成像的基础，还介绍了描述成像过程、光与物质之间的相互作用以及光度条件如何影响图像中 RGB 值的反射模型。在第 2 部分中，我们考虑了提取彩色不变信息的研究领域，建立了彩色图像形成过程的详细模型，设计了数学方法来推断感兴趣的数量，讨论了基于像素和基于导数的光度不变性，并概述了光度不变性和差分信息的计算。第 3 部分概述了彩色恒常性，提出了用计算方法来估计照明，在大型数据集上对彩色恒常性方法进行了评估，讨论了如何选择和组合不同方法的问题，采用了统计方法来量化嘈杂数据中未知数的先验，以从视觉场景推断出照明的最佳可能估计。在第 4 部分中讨论了特征检测和彩色描述符，提供了彩色图像处理工具，采用代数（基于矢量）方法将标量信号处理扩展到矢量信号处理，为提取各种局部图像特征引入了计算方法，例如圆形检测器、曲率估计和光流。最后，在第 5 部分中介绍了不同的应用，例如图像分割、目标识别、彩色命名和图像检索。

本书带有大量的补充材料，可以在以下网站找到：

http://www.colorincomputervision.com

在这里你可以找到：

- 本书中介绍的许多方法的软件实现。
- 数据集和指向公共图像数据集的指针。
- 与书中涵盖的材料相对应的幻灯片。
- 在会议的教程中所呈现的新材料的幻灯片。
- 指向研讨会和会议的指针。
- 对当前发展的讨论，包括最新出版物。

我们的方针是使我们的软件和数据集对研究界有所贡献。另外，如果你要共享软件或数据集，请给我们留言，以便我们在网站上添加指向它的指针。如果你对本书有任何建议，请给我们发送电子邮件。我们希望使本书尽可能准确。

最后，我们感谢多年来与我们合作并与我们分享色彩研究和激情的所有人员。

阿姆斯特丹大学的 Arnold Smeulders 是我们有幸与之合作的最好的研究人员之一。在我们筹划本书时，他曾是小组的负责人。他对研究主题激情和热烈的辩论一直是我们所有人的灵感之源。我们喜欢和他一起工作。

我们非常感谢 Marcel Lucassen 为本书贡献了第 2 章。此外，他的全面校对和工作热情对保证本书的质量也是必不可少的。让他成为我们之中的人类（彩色）视觉科学家是一种幸运，和他一起工作确实很愉快。我们感谢 Jan van Gemert 的校对，也感谢 Frank Ladershoff 处理 LaTeX 和 Mathematica 方面的问题。

我们也感谢 NWO（荷兰科学研究组织），该组织给予 Theo Gevers 以与本书同名的人才计划的 VICI 项目（＃639.023.705）支持，并给予 Jan-Mark Geusebroek 人才计划的 VENI 项目支持。这些项目对于本书很重要。

在阿姆斯特丹大学工作期间，我们有机会与许多出色的同事合作。我们要感谢 Arnold

Smeulders 在第 6 章和第 13 章中所做的工作，Rein van de Boomgaard 在第 6 章中所做的工作，Gertjan Burghouts 在第 14 章和第 15 章中所做的工作，Koen van de Sande 和 Cees Snoek 在第 16 章中所提供的帮助，以及 Harro Stokman 在第 18 章中所提供的帮助。此外，我们感谢 Virginie Mes、Roberto Valenti、Marcel Worring、Dennis Koelma 和 ISIS 组的所有其他成员。

在（巴塞罗那自治大学）计算机视觉中心，我们感谢 José M. Àlvarez 和 Antonio López 对第 7 章的贡献。此外，我们还要感谢 Robert Benavente、Maria Vanrell 和 Ramon Baldrich 对第 17 章的贡献。在法国 Rhône Alpes 的 INRIA 的 LEAR 团队中，我们感谢 Cordelia Schmid、Jakob Verbeek 和 Diane Larlus 对第 5 章和第 17 章的帮助。我们也感谢意大利佛罗伦萨的媒体集成和传播中心 Andrew Bagdanov 的贡献。此外，Joost van de Weijer 感谢西班牙马德里科学技术部的支持，特别是为 Consolider MIPRCV 项目提供资金并向他提供了 Ramon y Cajal 奖学金。

最后，我们将永远记住，没有我们的家人和亲人，这本书是不可能出版的，他们的能量和爱心激发了我们，使我们的工作丰富多彩且有价值。

Theo Gevers
Arjan Gijsenij
Joost van de Weijer
Jan-Mark Geusebroek
2011 年 10 月
荷兰，阿姆斯特丹

目　录

第 3 部分 彩色恒常性

第 5 部分 应用

第1章 引 言

色彩是我们周围世界最重要、最迷人的方面之一。为了理解色彩的广泛特性，一系列研究领域已经积极地参与了进来，包括物理学（光和反射模型）、生物学（视觉系统）、生理学（感知）、语言学（色彩的文化含义）和艺术。

从覆盖 400 多年的历史角度来看，许多杰出的研究人员为人类目前对光和彩色的理解做出了贡献。斯内尔和笛卡儿（1620—1630）提出了光折射定律。牛顿（1666）发现了有关光谱、彩色和光学的各种理论。歌德在其著名的《色彩理论》(*Farbenlehre*)（1840 年）一书中研究了对色彩的感知及其对人类的影响。杨和亥姆霍兹（1850）提出了色觉的三色理论。关于光和彩色的研究产生了马克思·普朗克、阿尔伯特·爱因斯坦和尼尔斯·玻尔所阐述的量子力学。在（工业设计）艺术中，阿尔伯特·蒙塞尔（1905 年）在他写的《彩色符号》一书中发明了彩色顺序理论。此外，叔本华、黑格尔和维特根斯坦分析了光和彩色的生物学和治疗作用的价值，还阐述了民间文学艺术、哲学和语言对色彩的看法。

在过去的几十年中，随着打印机、显示器和数码相机的技术进步，人们目睹了彩色计算机视觉领域需求的爆炸性增长。越来越多的传统灰度图像被彩色图像所取代。而且，今天随着万维网的发展和普及，人们已经获得了大量的视觉信息，例如图像和视频。因此，如今所有视觉数据均是彩色的。此外，（自动）图像理解对于处理大量视觉数据变得必不可少。计算机视觉处理已用于大型图片数据库管理的图像理解和搜索技术。然而，到目前为止，在计算机视觉领域中，对彩色的使用仅进行了部分探讨。

本书讨论色彩在计算机视觉中的使用。我们面临着提供大量色彩理论、计算方法和表达形式以及用于理解计算机视觉领域中的图像数据结构的挑战。本书给出了不变量和彩色常数特征集，给出了用于图像分析、分割和目标识别的计算方法。对特征集结合对噪声的鲁棒性（例如，相机噪声、遮挡、碎片化和彩色可信赖性）、表现力、鉴别力和紧凑性（效率）进行了分析，以实现快速的视觉理解。这里的重点是获取丰富的语义色彩索引以进行图像理解。本书还提出了理论模型以从物理和感知的角度表达语义。

1.1 从基础到应用

本书的目的是介绍色彩理论和图像理解技术，从（低层）基本彩色图像形成到（中层）彩色不变特征提取和彩色图像处理，再到（高层）目标学习和通过语义检测来识别场景。这些主题和相应的章节按从低层次的处理到高层次的处理以及从基础研究到应用研究的顺序进行组织。而且，每个主题都由不同的研究领域驱动，而彩色则是重要的独立研究主题，也是弥合不同研究领域之间差距的有价值的协作信息源（图 1.1）。

这本书从对人类**色彩感知机制**的解释开始，了解人类视觉通路对于计算机视觉系统的至关重要性。计算机视觉系统旨在以与人类相关的方式描述彩色信息。

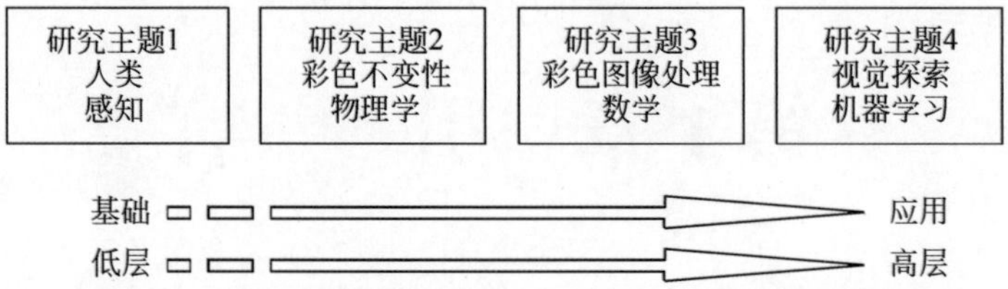

图 1.1　不同的主题按从低层处理向高层处理、从基础研究向应用研究的方向进行组织。每个主题都由不同的研究领域（从人类感知、物理和数学到机器学习）驱动

然后，研究了彩色的物理特性，得到了反射模型，从中可以得出光度不变性。光度不变性对于计算机视觉很重要，因为由它能推导出彩色测量独立于外部的成像条件，例如相机视点的变化或照明的变化。

接着，从数学角度考虑了灰度（标量）和彩色（矢量）信息处理之间的差异，即从单通道信号处理扩展到多通道信号处理。这种数学方法将以合理的方式执行彩色处理以获得（低级的）用于（局部）特征计算（例如彩色导数）、描述符（例如 SIFT）和图像分割的计算方法。此外，基于数学和物理基础，通过集成差分算子和彩色不变性，实现了彩色图像特征的提取。

最后，在机器学习的背景下研究色彩。重要的主题是彩色恒常性，通过学习获得光度不变性以及目标识别和视频检索中的彩色命名。在多通道方法和彩色不变量的基础上，提出了用于提取显著图像片的计算方法。从这些显著图像片中，可以计算出彩色描述符。这些描述符用作进行目标识别和图像分类的各种机器学习方法的输入。

本书包括 5 个部分，将在下面进行讨论。

1.2　第 1 部分：彩色基础

观察到的目标彩色取决于一组复杂的成像条件。由于人类与计算机视觉系统在三色彩色处理方面的相似性，因此在第 2 章中提供了有关人类色彩视觉的概述，介绍了沿人类视觉路径进行彩色信息处理的不同阶段。此外，还讨论了视觉系统的重要色度属性，例如色度适应性和彩色恒常性。然后，为了了解成像过程，在第 3 章中，介绍了彩色图像形成的基本知识。引入了反射模型，描述了成像过程以及诸如阴影和镜面反射之类的光度变化是如何影响图像中 RGB 数值的。另外，列举了一组相关的彩色空间。

1.3　第 2 部分：光度不变性

在计算机视觉中，用于图像理解的不变描述相对较新，但很快就获得了发展。提出光度不变特征的目的是计算目标的图像属性，而不论其记录条件如何。通常，这会失去一定的区分能力。为了获得不变的特征，需要考虑成像过程。

在第 4～6 章中，目标是在彩色图像中使用反射模型以根据目标的物理性质提取出彩色不变信息。其中，使用了反射模型，以对无光泽和有光泽的材料以及阴影、影调和高光进行建模。以这种方式，可以（基于彩色/纹理统计）获得目标特征并用于图像理解。还从物理方面进行了研究，以在不同的观察和照明条件下对目标特征（彩色和纹理）进行建模和分析。不变性的程度应根据成像情况而定。通常，具有非常广泛的不变性的彩色模型将失去区分目标差异的能力。因此，在第 6 章中，目标是选择适合预期的非恒常条件集的最严格的不变集。

1.3.1　基于物理性质的不变性

如第 4 章所述，大多数获得光度不变性的方法都使用了 0 阶光度信息，即像素值。反射模型对基于高阶或微分算法的影响在很长一段时间内尚未被探索。光度不变性理论的缺点（即，鉴别能力的损失和噪声特性的恶化）是从微分运算继承来的。为了提高基于微分算法的性能，可以通过对不变量的噪声传播分析来提高光度不变量的稳定性。在第 5 章和第 6 章中，概述了如何以有原则的方式推进光度不变性和微分信息的计算。

1.3.2　基于机器学习的不变性

虽然基于物理的反射模型对许多不同的材料均有效，但通常难以对复杂材料（例如具有不完美的朗伯表面或介电表面）的反射进行建模（例如人体皮肤、汽车和道路路面）。因此，在第 7 章中，我们还将介绍通过机器学习模型估计光度不变性的技术。在这些模型的基础上，研究了计算方法，以得出变换后的彩色通道对从一组训练样本中获得的光度效应的（不）敏感性。

1.4　第 3 部分：彩色恒常性

照明差异会导致对目标彩色的测量偏向光源的彩色。人类具有彩色恒常的能力，尽管光照差异很大，人们还是倾向于感知稳定的目标彩色。对于各种计算机视觉应用程序，例如图像分割、目标识别和场景分类，必须具有类似的彩色恒常性。

在第 8～10 章中，概述了彩色恒常性的计算。在不同（公开）可用的数据集上测试了许多最新方法。由于彩色恒常性是一个约束不足的问题，因此彩色恒常性算法基于特定的成像假设。这些假设包括一组可能的光源、场景的空间和光谱特性或其他假设（例如，图像中存在白色团块或平均彩色为灰色）。结果表明，并没有任何一个算法可以被认为是通用的。随着可用方法种类的增加，出现了不可避免的问题，即，如何为特定成像设置选择可获得等价效果的方法。此外，接下来的问题是如何以适当的方式组合不同的算法。在第 11 章中，讨论了如何选择和组合不同方法的问题。第 12 章对彩色恒常性方法进行了评估。

1.5　第 4 部分：彩色特征提取

在此部分中提出了如何将基于亮度的算法扩展到彩色域中。第一个含义是要求图像处理方法不能引入新的色度。第二个含义是对基于微分的算法，应合并各个单独通道的导数，而不丢失导数信息。因此，研究了多通道理论的含义，并给出了对基于亮度特征的检测器（如边缘、曲率和圆形检测器）算法的扩展。最后，将本书前面部分中描述的光度不变性理论应用于特征提取。

1.5.1 从亮度到彩色

这里的目标是采用代数方法（基于矢量）将标量信号处理扩展到矢量信号处理。但是，基于矢量的方法伴随着一些数学障碍。仅将现有的基于亮度的运算符应用于单独的彩色通道，然后对结果进行合并将会导致失败，因为会出现不希望有的伪像。

作为一种解决矢量问题的方案，提出了使用彩色张量（结构张量）来计算彩色梯度的方法。在第 13 章中，我们回顾了基于彩色张量的技术，该技术介绍了如何结合导数以合理的方式计算彩色图像中的局部结构。对张量的调整导致获得各种局部图像特征、例如圆形检测器、曲率估计和光流。

1.5.2 特征、描述符和显著性

尽管彩色对表达显著性很重要，但是将彩色独特性明确纳入图像特征检测器的设计还未得到重视。为此，我们概述了如何在彩色（不变）表达和特征检测器的设计中明确地包含彩色的独特性。该方法基于对彩色导数的统计分析。此外，我们提出了用于目标识别的彩色描述符。目标识别旨在检测图像和视频中存在的高级语义信息。该方法基于显著的视觉特征，并使用机器学习从带注释的示例中构建概念检测器。特征和机器学习算法的选择对概念检测器的准确性有很大影响。基于感兴趣区域的特征（也称为局部特征）包含感兴趣区域检测器和区域描述符。与仅使用强度信息相反，这里将介绍兴趣点检测（第 13 章）和区域描述（第 14 章），请参见图 1.2。

图 1.2 视觉探索基于将图像分成有意义部分的范例，可以根据这些部分计算特征。首先检测显著点，然后从这些显著点计算出彩色描述符，最后应用机器学习为目标识别提供分类器

1.5.3 分割

在计算机视觉中，纹理被认为是在考虑了彩色和局部形状之后剩下的所有东西，或者

说纹理可根据结构和随机性给出。许多常见的纹理由小的纹理元组成，这些纹理元通常数量太大，以致无法被视为孤立的目标。在第 15 章中，我们概述了基于自然图像统计数据或表面物理学一般原理的有效特征，以便根据其纹理对大量材料进行分类。根据纹理本质，可以确定其包含的不同类型材料和概念（图 1.3）。对于（整个）目标级别的特征，需要将局部视觉信息结合以刻画（可能缺失的）部件的几何分布。其目的是要找到一种计算模型，以结合在各种变化条件下对目标外观的不同观察结果。

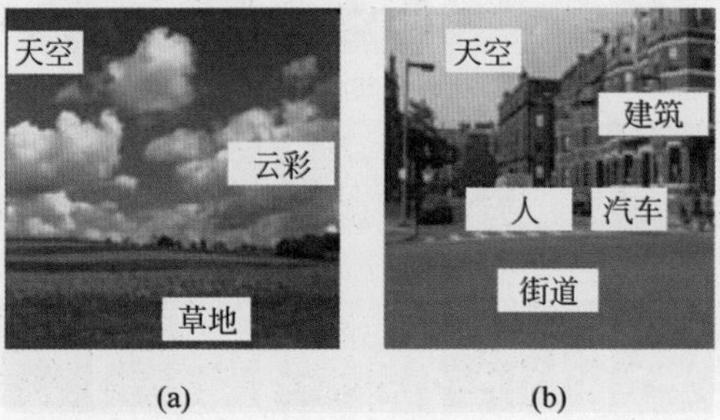

图 1.3 根据纹理本质，可以确定其包含的不同类型材料和概念

1.6 第 5 部分：应用

在本书的最后一部分中，强调了色彩在几种计算机视觉应用程序中的重要性。

1.6.1 检索和视觉探索

在第 16 章中，将遵循最新的由学习阶段和（运行时的）分类阶段组成的目标识别范例（图 1.4）。学习模块包括彩色特征提取和监督学习策略。彩色描述符由不同的点检测器在

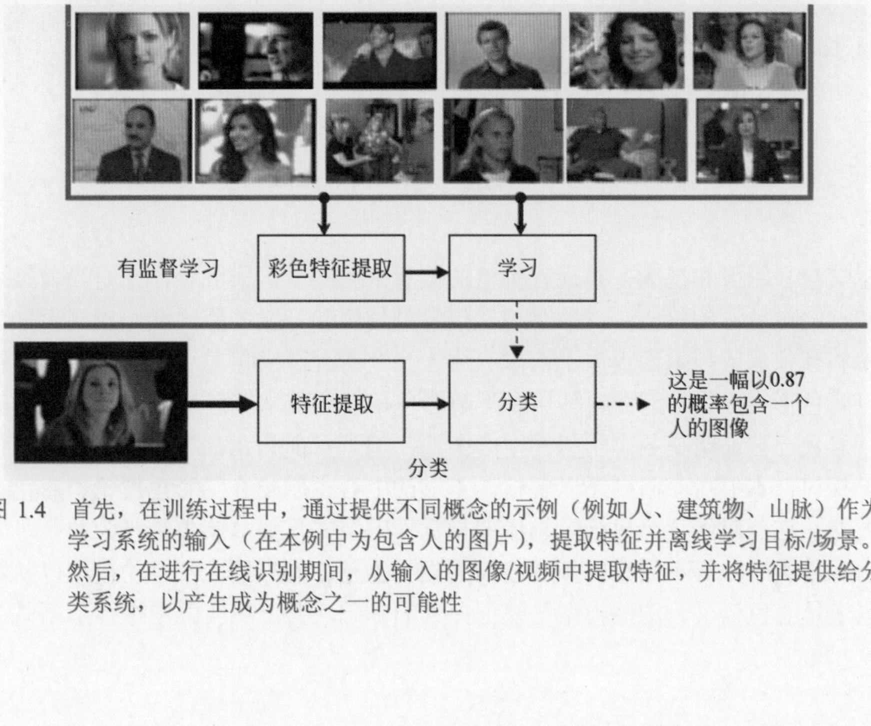

图 1.4 首先，在训练过程中，通过提供不同概念的示例（例如人、建筑物、山脉）作为学习系统的输入（在本例中为包含人的图片），提取特征并离线学习目标/场景。然后，在进行在线识别期间，从输入的图像/视频中提取特征，并将特征提供给分类系统，以产生成为概念之一的可能性

图像的显著点处计算（图 1.2）。学习阶段离线执行；运行时的分类阶段将图像或视频作为输入，从中提取特征。然后，分类方案将为查询图像/视频所属的概念类别（人、山或汽车）提供可能的概率。概念被定义为材料（例如，草、砖或沙，如图 1.3(a)所示）或目标（例如，汽车、自行车或人，如图 1.3(b)所示），也可定义为事件（例如，爆炸、碰撞等）或场景（例如，高山、海滩或城市），请参见图 1.5。

图 1.5　TRECVID（视频检索国际评测）概念和相应的关键帧

1.6.2　彩色命名

彩色名称是人类附加到彩色上的语言标签。人类习惯性地和毫不费力地使用它们，以描述周围的世界。它们主要在视觉心理学、人类学和语言学领域被研究。在彩色命名方面最具影响力的工作之一是柏林和凯对基本彩色术语的语言学研究。第 17 章在图像检索的上下文中介绍了彩色名称。这允许通过特定彩色名称搜索图像中的目标。

1.6.3　多光谱应用

在第 18 章中，我们对多光谱图像及其在分割和检测中的应用进行了概述。实际上，提出了用于检测多光谱图像中区域的技术。为了获得抗噪声的鲁棒性，考虑了噪声扩散。

1.7　本 章 小 结

视觉信息（图像和视频）是最有价值的信息来源之一。实际上，它是当前技术（例如互联网和移动电话）的核心。对数字视觉信息的使用和开发的巨大激励对高级知识表达、学习系统和图像理解技术都提出了需求。由于当今所有数字信息（文档、图像、视频和电影）都以彩色形式提供，因此对使用和理解彩色信息的需求不断增长。

尽管彩色已被证明是各个学科的中心主题，但到目前为止，在计算机视觉中仅对其进行了部分探讨，本书对此问题予以解析。本书的中心主题是介绍彩色理论、彩色表示模型和计算方法，这些对于计算机视觉领域的视觉理解至关重要。彩色被视为数学、物理学、机器学习和人类感知等不同研究领域之间的相交主题。本书研究了理论模型以从物理和感知角度来表达彩色语义。这些模型是视觉探索的基础，并已在实践中进行了测试。

第1部分

彩 色 基 础

第 2 章　彩 色 视 觉

Marcel P. Lucassen

2.1　引　　言

对于任何视觉系统，只有当两个或多个光传感器以不同方式采样入射光的光谱能量分布时，才可能实现彩色视觉。在动物生命中，发现了该原理的多个实例，其中一些实例甚至使用了人眼不可见的电磁频谱部分。人类彩色视觉基本上是**三色**的，涉及我们眼睛视网膜中的三种锥状感光器。然而，根据许多报道，一些女性可能具有涉及四种感光体的四色视觉。少于三个功能传感器（**色觉障碍**）是人类众所周知的现象，通常被错误地称为**色盲**。但是除了这两个异常以外，“正常”**彩色视觉**始于三种锥状细胞对光的吸收。这些锥状细胞产生的反应在视网膜神经节细胞中结合形成三个相对的通道：一个无色通道（黑–白）和两个色差通道（红–绿和黄–蓝）。视网膜神经节细胞通过视神经向视觉皮层发出脉冲状信号，最终实现彩色感知。随着神经成像技术的进步，视觉研究人员已经了解了很多信息在视觉皮层中的特定位置。在其他感知属性（例如形状和运动）的上下文中，最终如何导致对彩色和相关彩色现象的感知在很大程度上尚不清楚。本章介绍视觉通路的基本组成部分，并对影响彩色视觉这个迷人过程的因素进行了一定程度的探讨。

2.2　彩色信息处理步骤

2.2.1　眼睛和光学

色觉始于进入我们眼睛的光。在我们眼睛非常敏感的角膜处，入射光被折射。瞳孔是虹膜上的孔，其直径取决于光的强度，光通过该孔进入眼睛。虹膜肌肉引起瞳孔的扩张和收缩，从而调节进入眼球的光量。这个调节量为 10～30 倍，取决于瞳孔的最小直径和最大直径。晶状体肌肉对晶状体曲率的调节过程被称为**适应**，可确保将聚焦清晰的图像投影在眼球后部的视网膜上。不幸的是，由于晶状体的**色差**，不可能对所有波长同时获得聚焦的图像。这就解释了为什么蓝色背景上的红色文本或红色背景上的蓝色文本难以阅读的原因。蓝色和红色与可见光谱的上下两个极端有关，这意味着当我们聚焦于一端时，另一端将失焦。

2.2.2　视网膜：杆状细胞和锥状细胞

视网膜包含两种感光细胞，**杆状细胞**和**锥状细胞**，以其基本形状命名。每个视网膜拥有约 1 亿个感光器，约 9500 万个杆状细胞和 500 万个锥状细胞。在弱光照条件（$<0.01\ cd/m^2$）

下，我们的视觉是**适暗视觉**，仅通过杆状细胞活动来提供。在纯暗环境中，我们可以感觉到明暗之间的差异，但无法实现彩色视觉。另外，视锐度也很差。在中等光照水平（0.01～1 cd/m^2）下，我们的视力是**过渡视觉**，其中杆状细胞和锥状细胞都处于活动状态。在中等光照条件下，彩色辨别力很差。在大于 1 cd/m^2 的光照水平下，我们的视力是**适亮视觉**，锥状细胞活动最佳，并具有良好的彩色辨别力。

视网膜上的杆状细胞和锥状细胞在空间的分布不均匀。在锥状细胞密度高的地方，杆状细胞密度低，反之亦然。通常，视野被分为中心区域（具有高的锥状细胞密度）和外围区域（具有高的杆状细胞密度）。在视网膜中央的一个小范围区域（称为**中央凹**）里，锥状细胞的密度最大（150 000～200 000 个/mm^2），这使我们能够执行诸如阅读之类的高视锐度任务，并提供最佳的彩色辨别力。黄色的黄斑色素覆盖中央凹，可以起到保持高视锐度的作用，因为它可以滤除散射在眼介质中的短波长的模糊光。在中央凹的中心，即称为黄斑的区域里，根本没有 S 锥状细胞，这导致 S 锥状系统看不到小的蓝色物体（图 2.1(c)）。这种现象被称为**小视野三角折射**，是指对应小于 0.35°视角的物体的彩色视觉缺陷。三种锥状细胞类型（L、M、S）以不同的数量出现，L∶M∶S 约为 60∶30∶5，尽管这些数量可能因人而异。

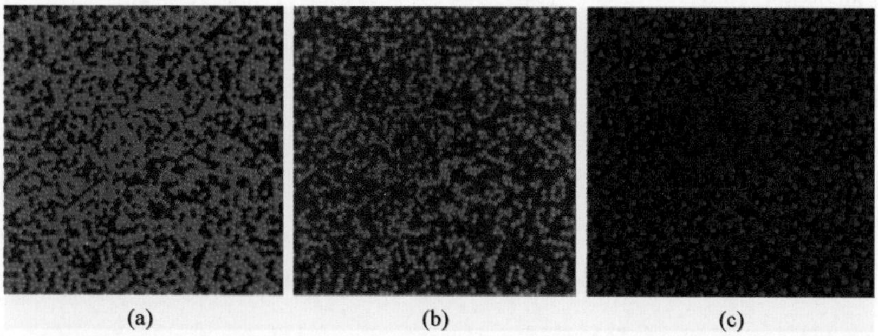

图 2.1　中央凹处的锥状细胞马赛克，显示(a)L 锥状细胞，(b)M 锥状细胞和(c)S 锥状细胞。所示区域约为 0.3mm×0.3 mm，无杆状细胞。红色、绿色和蓝色标记是指锥状细胞具有最大灵敏度的光谱区域。请注意，锥状细胞的数量不同且中心没有 S 锥状细胞。来源：图根据参考文献[1]改编

三种锥状细胞的峰值灵敏度处在不同的波长处，并且分别对波长谱中的长波（L）、中波（M）和短波（S）敏感。在图 2.2 中，显示了各种锥状细胞的光谱灵敏度。请注意，L 锥状细胞和 M 锥状细胞的灵敏度在很大程度上重叠，而 S 锥状细胞在光谱上更孤立。由于光谱重叠，在每个波长处都存在 L、M、S 灵敏度的唯一组合。但是，在确定锥状细胞响应的过程中会丢失波长信息。对于每种锥状细胞类型，通过在整个光谱窗口中将每个波长与对应的光谱灵敏度相乘并求和来获得响应，从而得到三个数字（每种锥状细胞类型一个）。对物体感知的彩色取决于物体“产生”的这三个数字的相对大小，但并非唯一如此。视觉系统还进行空间比较，从而使对一个物体的感知彩色也取决于相邻的彩色。

视觉中经常使用的一个量是光谱**发光效率**函数，对于适亮视觉，其符号为 $V(\lambda)$，对于适暗视觉，其符号为 $V'(\lambda)$。它们代表眼睛的光谱灵敏度。对于适亮视觉，$V(\lambda)$是从三个锥状细胞灵敏度的加权平均值获得的光谱包络，对于适暗视觉，$V'(\lambda)$是杆状细胞的光谱灵敏度。注意，后者移向了光谱的蓝色端。

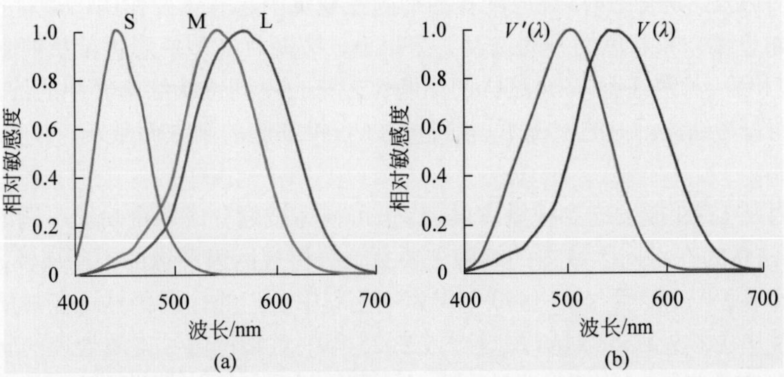

图 2.2　(a) 三种锥状细胞的相对光谱灵敏度；(b) 用于适亮视觉的光谱发光效率函数 $V(\lambda)$ 和用于适暗视觉的光谱发光效率函数 $V'(\lambda)$，它们的灵敏度用其最大值归一化。来源：参考文献[2]之后的 2°观察者数据

2.2.3　神经节细胞和感受野

如果将每个感光器都连接到单个脑细胞，则可以想象需要一条相当粗的神经电缆。因此，有意义的是在将信号发送到大脑之前把锥状细胞的输出信号在空间上进行合并。同样，从信息论的角度来看，鉴于视觉通道的带宽有限，压缩视觉信息量是有意义的[3]。杆状细胞和锥状细胞与后续层的水平细胞、双极细胞、无长突细胞和神经节细胞相连接。有趣的是，入射光必须首先以相反的顺序通过这些层才能到达包含感光体的层。因此，入射光和神经信号是沿相反方向传播的。所有神经元的输入和输出在视网膜层形成复杂的结构。神经元的输出受输入的影响，这些输入可以是兴奋性的（刺激输出）或抑制性的（抑制输出）。水平细胞和无长突细胞使来自不同空间位置感光器的信息组合成为可能。因此，单个神经节细胞可以接收来自许多不同位置感光器的输入。视网膜上有助于刺激神经节细胞的区域称为**感受野**。同样，沿视觉通路的神经细胞也具有其感受野，但不一定与神经节细胞的感受野相同。神经节细胞的轴突共同形成**视神经**，即眼睛和大脑之间的连接。兴奋时，神经节细胞会激发视神经发出尖锐的峰值输出信号（脉冲或尖峰）。总之，最初在锥状细胞感光器中吸收的光被转换为编码视觉信息的电脉冲信号。

2.2.4　外侧膝状核和视觉皮层

可视路径上游要考虑的下一个加工阶段是**外侧膝状核**，简称 LGN。这是两个视觉信息流汇合的地方：一个流来自视野的左侧（投射在每个视网膜的右侧），另一个流来自视野的右侧（投射在每个视网膜的左侧）。LGN 可以被认为是一个中继站，来自视网膜的信号在此传递并被发送到人头后部的初级视觉皮层（V1）。因此，V1 的左右“一半”分别从视野的右左一半接收信息。LGN 内的细胞特性非常类似于视网膜神经节细胞，包括它们的感受野组织。对于（彩色）视觉过程的理解而言，重要的是**对立细胞**的概念，这通常是在**中心–环绕**的配置中。**激活细胞**在中心部位受光刺激而激发，而又在周围部分（围绕中心）受刺激而抑制。**未激活细胞**具有相反的空间特性，即，在中心部位受光刺激而抑制和在周围部分受光刺激而激发。具有中心–环绕配置的细胞在视觉中起着重要作用，因为它们能够检测光强度（例如边缘）和彩色的空间过渡。据报道，有两种类型的彩色锥状细胞，有时称为红–绿色细胞和蓝–黄色细胞[4-5]。这样的细胞比较来自不同锥状细胞类型的信号。在红–绿激活细胞（缩写为红激活）的情况下，细胞受到L锥细胞的刺激而激发，并受到M锥细胞的刺激而抑制。

神经信号从LGN被发送到**视觉皮层**，这里可视为被划分成多个功能不同的区域（V1～V5）。这个想法认为在不同区域内的细胞主要负责分析视网膜图像的不同属性，例如形状、运动、方向和彩色[6]。尽管“V4区域”作为“色彩中心”的作用仍然还在被质疑，但还是被视为专门从事色彩处理的区域。最近对过去25年中对彩色信号皮质处理的研究回顾更加强调了区域V1的作用[7]。由于视觉皮层中的不同区域是相互连接的，并且具有向前和向后的循环，因此很难想象单个大脑区域会执行所有的彩色处理。我们还了解到，不能将彩色视为完全独立的视觉属性，因为彩色始终与形状、纹理、对比度等相互作用，因此需要在专门的大脑区域之间交换信息。但是，很明显，一个区域中的视觉信息取决于先前区域中信息的存在。在LGN和V1中都发现了对立细胞。在初级视觉皮层中发现了另一类对立细胞，即双重对立细胞。这类细胞既具有空间上的又具有色域上的对立能力，并且当感受野中心的彩色与周围环境的彩色相反时，它们会被最佳地激发。而且，这些细胞还表现出时间上的对立特征，使问题更加复杂[8]。使用诸如PET（正电子发射断层扫描）和fMRI（功能磁共振成像）之类的非侵入性成像技术，许多研究已经报道了大脑活动的图谱，更多研究将随之而来。希望这将导致对彩色视觉和感知的基本过程以及如何将它们集成到涉及诸如情感和行为的更高阶过程中的更完整的理解。

2.3 视觉系统的色度特性

2.3.1 色度适应

人类视觉系统的动态范围令人印象深刻，它涵盖了约10^{12}的光强度范围。这是通过适应环境光的水平来实现的，在该过程中可以调整对光的敏感度。我们通常知道的两种适应变体是**亮适应**和**暗适应**，它们发生在我们从低光照强度环境进入高光照强度环境的情况下，或反过来的情况下。亮适应是一个相对快速的过程，大约在秒的量级，而暗适应则需要几分钟才能完成。色彩适应的过程也许不太引人注意，在该过程中，分别调整了原色通道（L、M、S）的灵敏度。这具有白平衡的效果，因为通过调整感光度可以抵消任何色彩优势。色彩适应是一个连续且在空间上局部化的过程，在经过一段固定的时间后进行眼动，可能会带来特定的外观效果。对色彩适应的时间特征的研究表明，潜在的视觉过程可以用快速和慢速成分来刻画，它们位于感知水平和皮层水平[9-10]。图2.3展示了色彩适应的效果。

2.3.2 人类彩色恒常性

日光的光谱分布在一天中会发生变化。尽管有这些变化，物体的彩色外观还是非常稳

(a) (b)

图 2.3 色彩适应的展示（受 John Sadowski 的工作启发）。凝视图像(a)中的黑点约 20s（不眨眼或移动眼睛），然后快速查看图像(b)中心的黑点。由于色彩适应的后效应，图像在短时间内将显示为具有自然色

定的，这种现象被称为**彩色恒常性**。草全天保持绿色，而从物理角度来看，白天结束时光线更偏红，这将预示草看起来会变成棕色。彩色恒常性被认为是视觉系统的基本属性，并且在过去的几十年中已经进行了深入研究。现在有解决彩色恒常性问题的不同方法，这些方法集中于如何解开进入我们眼睛的光照和表面反射的乘积的问题。史密森[11]和福斯特[12]对关于**人类彩色恒常性**研究进行了综述。第 8 章介绍了通过光源估计来计算彩色恒常性的方法。与术语“恒常性”所暗示的相反，有大量来自不同实验范式的心理物理学证据表明人类的彩色恒常性并不完美。可以使用介于 0（完全没有恒常）和 1（完全恒常）之间的恒常指数来量化彩色恒常的程度。福斯特[12]列出了约 30 种不同实验研究出的恒常指数值，这些值的变化很大。不完美的恒常性意味着光源的彩色变化没有被视觉系统完全抵消，这导致目标彩色发生明显变化。图 2.4 对彩色恒常性进行了展示。图 2.4(b)显示了原始场景，图 2.4(a)显示了作用在整个图像上的全局光源彩色的模拟变化。尽管我们很容易看出全局向紫红色的转变，但是水果的彩色相当恒定。在图 2.4(c)中，模拟的光源变化仅限于水果篮中央的苹果，即彩色恒常性丧失了，并且苹果显示为紫色。这证明了照明局部变化和全局变化的不同影响。

(a) (b) (c)

图 2.4 (a)照明的全局变化，(b)原始图像（ISO 12640—1997 的标准图像），以及(c)照明的局部变化。注意，尽管在物理上它们是相同的，但是对于全局和局部光照变化，苹果的彩色外观却截然不同

2.3.2.1 通过比率得出的人类彩色恒常性

我们如何解释图 2.4(a)和图 2.4(c)的图像中，从苹果反射的物理光分布相同但苹果有不

同的外观呢？解释的关键在于以下事实：对于照明的全局变化，单个 L、M、S 锥状细胞信号在目标边界之间的比率保持不变，而对于局部光源改变，这些比率发生变化。后者导致人们感觉到完全不同的彩色，就好像苹果已经被另一个物体所代替一样。跨边界或边缘的比率在**视网膜皮层理论**中也起着重要的作用[13-14]。根据该理论，视觉系统独立处理三幅图像，每幅图像都属于一个锥状细胞类型（L、M 或 S）。在每个锥状细胞图像中，根据特定点处的反射率与图像中最大反射率的空间比较来计算**亮度**值（所谓的**指示符**）。三个亮度值的组合占据 3-D 空间中的一个点并有确定的彩色。视网膜皮层理论与视觉感知具有很好的相关性，并得到了视觉研究人员的很多关注（无论是正面的还是负面的）。赫尔伯特[15]证明了其他几种亮度算法都以视网膜皮层算法为先驱，它们通过一个相同的数学公式而连接在一起。这可以参考第 5 章，其中讨论了色彩比率对计算彩色恒常性的作用。

2.3.2.2 通过色彩适应得出的人类彩色恒常性

彩色恒常性的另一种解释具有生理基础。冯・克里斯[16]的**系数法则**是一个众所周知且经常使用的**色彩适应**模型。它指出，三种锥状细胞类型的灵敏度由锥状细胞特定的增益因子调节，该因子与锥状细胞刺激的强度成反比。为了说明这一点，假设我们处在一个房间里，我们已适应了中性（白色）照明，该照明会激发等量的 L、M 和 S 锥状细胞的光线。房间内有几个彩色物体，还有一个白色物体。现在，我们将房间照明从中性更改为蓝色，以使 S 锥状细胞受到两倍的刺激，而 L 和 M 锥状细胞的刺激仍然不受影响。根据冯・克里斯系数法则，S 锥状细胞的灵敏度将降低为 1/2，以有效地重新平衡 L、M 和 S 锥状细胞刺激。对于具有光源色的白色物体，这将导致不变的锥状细胞刺激，这意味着**冯・克里斯适应性**允许白色物体具有完美的彩色恒定性。但是，对于房间中的其他彩色物体，由于光源光谱与表面反射率之间的相互作用可能导致 S 锥状细胞的色比不等于 2，因此不能保证完美的彩色恒常性。

赫尔森[17]提出了一种适应模型，其中视觉系统适应了中等灰度。反射率高于适应水平的物体呈现光源的彩色，而反射率低于适应水平的物体呈现互补色。这种效应称为**赫尔森–贾德效应**。

2.3.3 空间相互作用

对物体的感知彩色不仅取决于来自该物体的光，还取决于来自场景中相邻物体的光。完全隔离的彩色，例如彩色显示器上显示的黑色背景上的色块，可能看起来像是自发光的发射光。但是，在其他彩色的情况下，外观会有所不同，并且取决于周围彩色的确切定义。这里提到了两个影响彩色感知的重要的**空间相互作用**，**对比**和**同化**。在对比效果中，彩色及其周围环境之间的差异得到了增强，从而使两者看起来更加不同。该效果可以解释为诱导效应，与周围环境互补的彩色将被诱导到中心。如图 2.5 所示，不同的环绕环境可能会产生截然不同的效果。

另外，同化的效果与对比的效果相反，因为同化的结果是彩色区域和相邻彩色之间的差异变小。这导致感觉彩色似乎向周围彩色偏移。图 2.6 展示了文本的感知彩色是如何完全改变的。看起来覆盖文本的条纹的彩色似乎散布到了文本中。换句话说，周围的彩色将其彩色诱导进文本彩色。

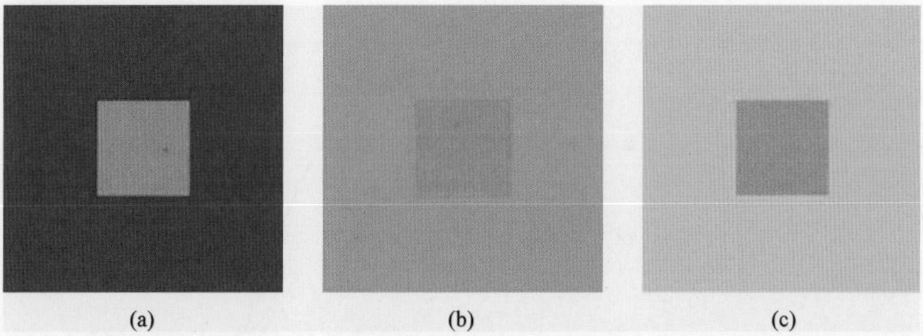

图 2.5　同时彩色对比：中心方框在物理上是相同的，但是由于周围彩色的不同而显得不同

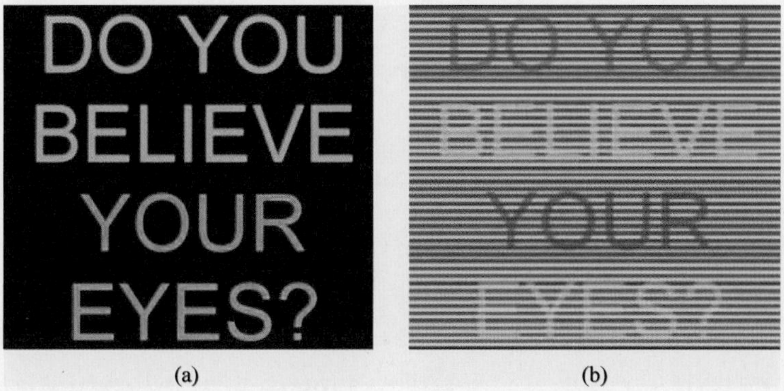

图 2.6　色度同化的展示（参考文献[18]）。(a)显示四行文本，前两行和后两行分别具有相同的彩色。当放在不同彩色的背景上和细条纹“后面”时，条纹的彩色似乎会扩散到单词的彩色中。从物理上讲，(a)中的文本彩色与(b)中的文本未覆盖部分相同

图 2.5 和图 2.6 中的展示取决于观看距离，或更确切地说，取决于细节在视网膜上呈现的视角。我们已经提到过，S 锥状细胞的数量比 L 锥状细胞和 M 锥状细胞的数量少得多。因此，它们以较低的空间分辨率对视网膜图像进行采样。这也会对蓝–黄色通道的空间分辨率产生影响。图 2.7 展示了视觉系统的无色通道和两个彩色通道的**对比灵敏度**是如何取决于**空间频率**的。精致的细节（较高的空间频率）最好由亮度通道检测，而两个彩色通道则更适合检测更多的粗略的细节（较低的空间频率）。视觉系统的这个属性已成功用于图像压缩技术。由于彩色通道无法检测（在一定的观看距离处）彩色图像的高空间频率内容，因此可以删除或压缩此信息，而不会在视觉上降低图像质量。

仅当视觉系统执行某种形式的空间比较时，才会发生空间效应。我们已经注意到中心–环绕细胞对于视觉的重要性，因为它们可以检测强度和彩色边缘。从数学上讲，这些边缘检测器是通过采用空间导数获得的，如第 6 章所述。

2.3.4　色度辨别和色觉障碍

许多研究集中在人类可以感知多少种彩色的问题上。这个问题没有一个单一的答案，

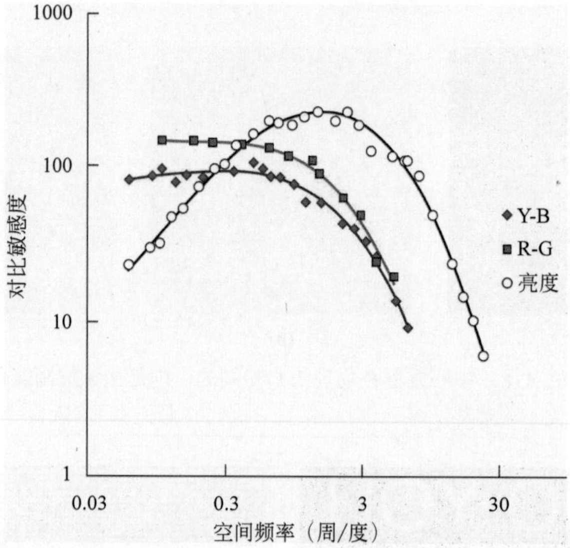

图 2.7　亮度和彩色对比的对比敏感度函数，也是空间频率的函数。来源：根据参考文献[19]中的图 7 和图 9 重新绘制。实线表示与数据的拟合。请注意，彩色通道的低通特性和无色通道的带通特性之间的差异

因为它取决于用于计数可区分彩色的标准。目前的结果，估计值在 10^3～10^6 之间变化。如果我们出去买一罐红色油漆以匹配当天早些时候看到的西红柿的彩色，则两种彩色不匹配的可能性很高。人类看到彩色之间差异（相对彩色）的能力要比记住绝对彩色的能力高得多。对**色度判别**的阈值的早期测量[20]为感知均匀的彩色空间（CIE LAB）的发展以及定量量化的数学公式奠定了基础[21]。后者在工业中被大量使用。

有多种测试可以测量某人的色度判别能力。即使对于普通的三色人，即具有“正常”色觉的人，这种能力也会因人而异。色彩视觉受损的方式有多种。通常区分**获得性**和**先天性**的色觉障碍。老化会使眼球介质变黄，从而减少沿彩色空间的黄–蓝色轴的彩色辨别力[22]。某些疾病、饮酒[23]、药物和毒品[24]会对色觉能力产生负面影响。这些是获得性色觉障碍的例子。由于先天性缺陷，光色素的异常会遗传并在出生时就已经存在。这影响了大约 8%的男性和 0.45%的女性。光色素的光谱敏感性可能以许多不同的方式与正常的三色性不同。术语**红色盲**、**绿色盲**和**蓝色盲**分别表示 L、M 和 S 锥状细胞是异常的。我们可以通过介于 0（缺少锥状类型）和 1（正常）之间的数字来表示这种异常的严重程度。如果异常在 0 到 1 之间，则我们说**异常三色性**。如果缺少一种锥状细胞色素，则仅剩下两种功能性锥状细胞类型，从而导致**双色觉**（二色觉）。根据缺少的锥状细胞类型（L、M 或 S），双色觉的特征可以是**红色弱**、**绿色弱**和**蓝色弱**。如图 2.8 所示，双色觉者的彩色辨别力会大大降低。

有人误认为色觉障碍的人看不见彩色，这是盲人一词所暗示的。事实上这只是表明他们分辨彩色的能力较差；有些彩色会被混淆，这可以在彩色空间中以图形方式来显示（图 2.9）。位于所谓的**混淆线**上的彩色无法被区分，因此看起来是相同的。对于不同类型的障碍症，混淆线的起始点不同。

图 2.8　(a)原始图像。(b)绿色盲的表观模拟（缺少 M 锥状细胞色素）。用 TNO 色差模拟器获得的模拟图像

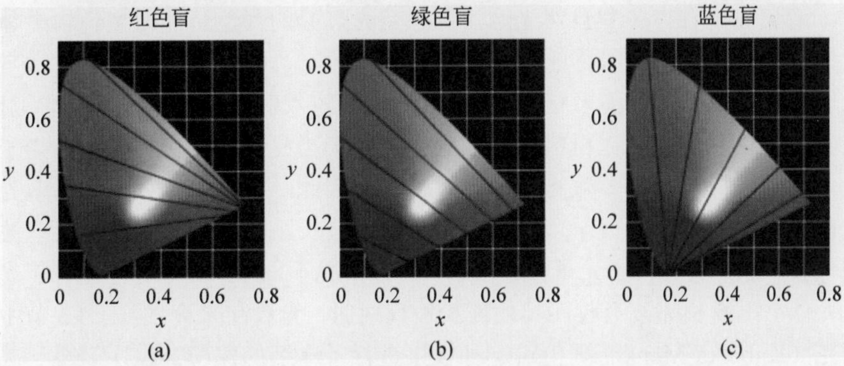

图 2.9　CIE 1931 的 x 和 y 色度空间显示了红色盲、绿色盲和蓝色盲的混淆线。位于这些混淆线上的彩色不能被色觉障碍者区分

2.4　本 章 小 结

本章主要介绍了人类视觉路径上色彩信息处理的不同阶段。色觉始于在视网膜水平三种锥状细胞对光的接收。锥状细胞响应在空间上进行比较，并转换为三种对立的彩色信号（一种无色和两种彩色），沿着视神经从 LGN 传播到视觉皮层，最终发生彩色感知。我们讨论了视觉系统的重要色度属性，例如色度适应性和彩色恒常性，提供了空间相互作用的展示，并最终介绍了色觉障碍。

第3章　彩色成像

本章中描述的成像过程涉及三个过程（照明、材料反射和检测/观察），这些过程相互作用以生成最终的彩色图像。该过程从照亮视觉场景的光开始。光被描述为具有一定强度的电磁辐射，它由包含一定波长能量的粒子（光子）组成，各个光子都沿一定方向传播。当许多光子沿相同方向传播时，光线被引导并形成光束。当所有光子沿随机方向传播时，光就会扩散。光通常由光源发出。光源可以通过光束被引导的方式以及在整个波长范围内发出的光子光谱来表征。当发射的短波长的光子比长波长的光子更多时，光源的彩色为蓝色；当发射更多的长波长的光子时，彩色为红色。对于**烛光**和**卤素**照明，发射光谱遵循所谓的**黑色辐射体**[25]的光谱。对于该辐射体，光滑的发射光谱可以通过一个唯一的数字来表征，即辐射体的温度。由于许多自然光源发出的光谱与这种黑色辐射体的彩色相似，因此光源的彩色由“**相关色温**”定义，即黑色辐射体的温度，在该温度下可以感觉到类似的彩色。但是，请记住，有许多非自然光源（例如**荧光灯**）的彩色可能与黑色辐射体很相似，但是其光谱与光滑的黑色辐射体的光谱非常不同。

图像形成的第二个过程涉及材料。场景中的材料与入射光相互作用，引起反射(图 3.1)。材料吸收光子，仅反射照射在材料上的部分光。对于“白色”材料，大多数光子都会被反射。对于“黑色”材料，大多数光子都会被吸收。因此，材料以某种方式调节光的强度。此外，材料吸收的光粒子的数量可能取决于光子的波长。根据材料特性，某些波长的光子可能会被吸收，而其他波长的光子会被反射。在该情况下，这种材料对光进行了光谱调制。例如，当所有中短波长都被吸收而其他波长被反射时，光看起来会发红。3.3 节中介绍的**库贝卡・蒙克**（Kubelka-Munk）理论对这种效果进行了详细的建模。

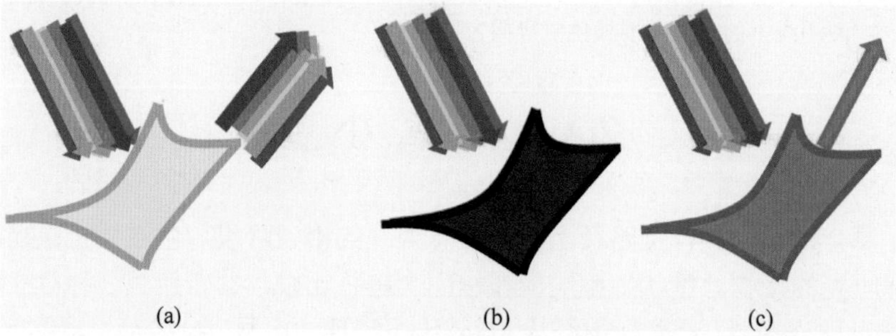

图 3.1　白光与材料相互作用的示例。白光包含可见光谱所有波长的能量。(a)与完美的白色表面互动时，所有光都会反射；(b)对于完美的黑色物体，光会被吸收；(c)对于蓝色材料，仅代表蓝色光的光谱被反射，其他波长被该材料吸收

除了材料内部的吸收以外，还要考虑光击中材料的效果。当光线照射到材料上时，光线改变介质从空气中穿过材料边界。这样一来，一部分光线会在空气和材料之间的“界面”处反射，这会引起**菲涅耳反射**或**界面反射**，本书中使用后者。界面反射导致材料上的镜面反射（也称为**高光**）。在 3.2 节的双色反射模型中考虑了这一因素。

在图像形成的第三个过程中，通过相机或眼睛记录或观察光。此时通过在一定带宽、一定空间区域和一定时间段内的积分能量来记录光子。对于眼睛（2.2.1 节），积分是在三个光谱宽带上执行的，覆盖了光谱的短、中和长的波长。积分时间约为 50ms，视敏度取决于光线落在视网膜上的位置。视网膜中央（中央凹）区域的视力最高，并向周边逐步下降。彩色相机或多或少地模仿眼睛的时间和光谱特性，在大约 50ms 内记录三个谱带，并且通常具有百万像素级的均匀空间分辨率。

对光线、材料和观察过程之间相互作用的建模是反射模型的主要目标。这样的模型旨在简化所涉及的物理学，以便于理解过程的某些方面。不同的模型进行了不同的简化，因此更适合于不同条件下的使用，或者比替代模型更适合于不同的数学框架。在本章中，我们讨论计算机视觉中使用的最相关的模型。

除了对反射建模外，还需要量化所得到的彩色信息。因为计算机处理数字，所以应将相机每个像素处的光谱信息配准凝练为数字。只要每个数字唯一地定义彩色，任何任意的编号方案都可以使用。例如，编号方案可以按照与彩虹中出现的彩色相同的顺序对彩色进行编号，比如从零开始是深红色，而一百万可以是深紫色。由于历史原因，商用相机按 RGB 方案产生结果。本章的 3.5 节介绍了常见的彩色空间，这些彩色空间将 RGB 信息重新排序为替代方案。所有这些方案本质上都描述了相同的彩色信息。但是，类似于彩色成像模型，某个方案可能比另一个方案更有利于突出显示彩色信息中的某些属性。例如，众所周知的色调–饱和度–值模型将 RGB 值分解为正交配色方案，其中（无色）强度信息独立于色度信息。如本章所示，有许多彩色编码方案，每种彩色编码方案用于计算机视觉时都有其优点和缺点。

3.1 朗伯反射模型

许多计算机视觉应用都基于朗伯反射率的假设，这意味着表面反射的光强度与视角无关。表面亮度可认为是各向同性的，具有此属性的材料称为**无光泽/磨砂材料**，朗伯反射的实例是粉笔、纸和未加工的木材。

考虑场景的照度由 $e(\lambda, \boldsymbol{x})$给出，其中$\lambda$是波长，$\boldsymbol{x}$ 是图像中的空间位置。通常，我们假设光源的光谱空间分布在整个场景中是均匀的。在这种情况下，可写成 $e(\lambda)$。从表面反射的能量（即辐射）E 由下式给出

$$E(\lambda,\boldsymbol{x})=m^b(\boldsymbol{x})s(\lambda,\boldsymbol{x})e(\lambda,\boldsymbol{x}) \tag{3.1}$$

其中，s 为描述材料光谱反射特性的表面反射率；m^b 为反射率的几何依赖性，$m^b = \cos\alpha$，取决于光源的方向和表面的方向，其中α是表面法线和照明方向之间的角度；$\boldsymbol{x}$ 表示图像的空间坐标，这里使用黑斜体表示矢量。

通过在可见光谱ω上积分来对具有光谱灵敏度$\rho^c(\lambda)$，$c \in \{R, G, B\}$的相机的观测值 $\boldsymbol{f}_{\mathrm{RGB}} = (R, G, B)$进行建模：

$$f^c(\boldsymbol{x})=\int_\omega E(\lambda,\boldsymbol{x})\rho^c(\lambda)\mathrm{d}\lambda \tag{3.2}$$

$$=m^b(\boldsymbol{x})\int_\omega s(\lambda,\boldsymbol{x})e(\lambda)\rho^c(\lambda)\mathrm{d}\lambda \tag{3.3}$$

这也可以写成矢量

$$\boldsymbol{f}(\boldsymbol{x})=m^b(\boldsymbol{x})\boldsymbol{c}^b(\boldsymbol{x}) \tag{3.4}$$

其中体反射率

$$\boldsymbol{c}^b(\boldsymbol{x})=\int_\omega s(\lambda,\boldsymbol{x})e(\lambda)\rho^c(\lambda)\mathrm{d}\lambda \tag{3.5}$$

朗伯反射模型预测出，单个彩色目标上的像素位于通过 RGB 立方体原点的线上。请注意，对于许多材料，朗伯假设在严格意义上并不成立。例如，材料可能是有光泽的，从而导致材料上某些位置出现镜面反射。但对于这些材料，朗伯假设可以是一个很好的近似值，因为镜面反射通常只占目标的一小部分。不过，在这些情况下，材料属性也可能有更好的近似值，如下文所述。

3.2 双色反射模型

朗伯模型不包括镜面反射（高光）之类的反射。**双色反射模型**（DRM）包括界面反射或菲涅耳反射，它允许各向异性的镜面反射。

DRM 是由谢弗[26]提出的，除了基于**朗伯定律**的模型之外，它也是计算机视觉中最受欢迎的反射模型之一。该模型侧重于光反射的彩色方面，并且仅在场景几何恢复中有限地使用。该模型假定场景中只有一个光源。它将反射率分解为表面的体反射率和界面反射率。该模型对于非均质材料类别有效，它涵盖了广泛的材料，例如木材、油漆、纸张和塑料（但不包括金属等均质材料）。DRM 是体反射率（上标 b）和界面反射率（上标 i）的总和：

$$f^c(\boldsymbol{x})=m^b(\boldsymbol{x})\int_\omega s(\lambda,\boldsymbol{x})e(\lambda)\rho^c(\lambda)\mathrm{d}\lambda+m^i(\boldsymbol{x})\int_\omega i(\lambda)e(\lambda)\rho^c(\lambda)\mathrm{d}\lambda \tag{3.6}$$

请注意，对于 $m^i(x)=0$，此式等于式(3.3)。我们将考虑中性界面反射（NIR），这意味着**菲涅耳反射率** i 与λ无关。因此，我们将在其他方程式中省略 i。反射率的几何相关性由 m^b 项和 m^i 项来描述，它们取决于视角、光源方向和表面朝向。

在许多情况下，我们可以假定场景中的照明为白色，因此 $e(\lambda)=i$ 是恒定的。例如，可以通过本书第 3 部分中讨论的白平衡或光源估计来获得此效果。消除对 $e(\lambda)$的依赖而得到：

$$f^c(\boldsymbol{x})=m^b(\boldsymbol{x})\int_\omega s(\lambda,\boldsymbol{x})\rho^c(\lambda)\mathrm{d}\lambda+m^i(\boldsymbol{x})\int_\omega \rho^c(\lambda)\mathrm{d}\lambda \tag{3.7}$$

其中常数因子 i 包含在几何项 m^b 和 m^i 中。当我们进一步假设灵敏度函数ρ下的面积近似相同时，称为**积分白色条件**，即，$\int_\lambda \rho_R(\lambda)\mathrm{d}\lambda=\int_\lambda \rho_G(\lambda)\mathrm{d}\lambda=\int_\lambda \rho_B(\lambda)\mathrm{d}\lambda=1$，式(3.7)简化成：

$$f^c(\boldsymbol{x})=m^b(\boldsymbol{x})\int_\omega s(\lambda,\boldsymbol{x})\rho^c(\lambda)\mathrm{d}\lambda+m^i(\boldsymbol{x}) \tag{3.8}$$

解释 DRM 的一种有洞察力的方法是将其表示为矢量符号。然后我们可以将式(3.6)写为

$$\boldsymbol{f}(\boldsymbol{x})=m^b(\boldsymbol{x})\boldsymbol{c}^b(\boldsymbol{x})+m^i(\boldsymbol{x})\boldsymbol{c}^i(\boldsymbol{x}) \tag{3.9}$$

并将式(3.8)写为

$$f(x)=m^b(x)c^b(x)+m^i(x)c^i \tag{3.10}$$

光的反射包括两个部分：①体反射部分 $m^b(x)c^b$，它描述了与表面反射率相互作用后反射的光；②界面反射部分 $m^i(x)c^i$，它描述了直接在表面反射并引起镜面反射的光。这两个部分都包括一个几何项，该几何项取决于场景中的位置；另一个取决于光谱波长的光谱项。双色反射模型将单个彩色目标 $f(x)$的像素值投影到平行四边形上（图 3.2）。平行四边形上的位置由体反射率和界面反射率确定。

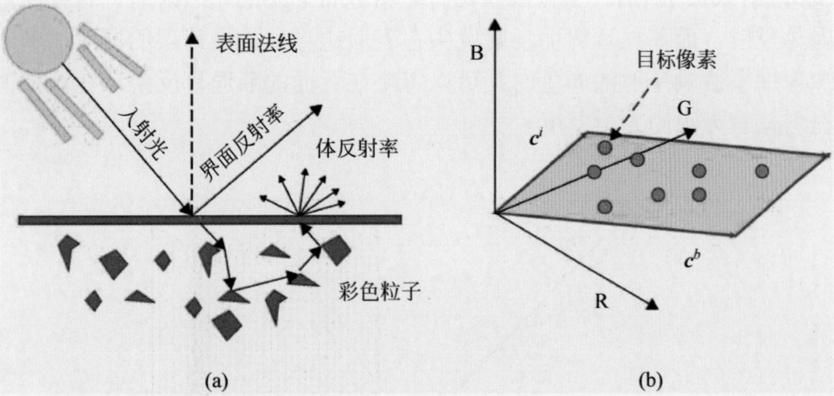

图 3.2　根据双色反射模型的光与材料相互作用。(a)反射光由体反射和界面反射两部分组成；(b)双色反射模型预测单个彩色目标的像素值位于由体反射矢量和界面反射率矢量形成的平行四边形上

如果不满足原始 DRM 的假设，则需要更复杂的反射模型。一种这样的情况是存在着**环境光**，即，光来自所有方向。环境光存在于室外场景中，在该场景中，主要光源（即太阳）旁边存在来自天空的**漫射光**。类似地，在室内情况下也会出现这种情况，因为墙壁和天花板的反射会导致散射光。谢弗[26]通过增加第三项来模拟漫射光 $\boldsymbol{a}$

$$f(x)=m^b(x)c^b(x)+m^i(x)c^i(x)+a \tag{3.11}$$

后来的工作改进了建模[27]，并表明环境项会导致目标–彩色–相关的偏移，这对于处理彩色阴影至关重要。

对 DRM 的最初应用是将阴影与镜面反射分离[26]。取决于场景偶然事件（例如视点和表面法线）的镜面反射可以被去除掉，以简化对彩色图像的理解。去除镜面反射可以改进分割算法[28-29]。在本书中，我们将看到 DRM 的几种应用，例如彩色恒常性、光度不变特征计算和彩色图像分割。

3.3　库贝卡 · 蒙克模型

物理学的一个较旧模型是著名的库贝卡 · 蒙克（Kubelka-Munk）光传输理论。该模型实质上与谢弗（Shafer）的 DRM 模型类似。但是，它通过已建立的实验工作提供了更好的背景，以及对材料反射光所涉及的物理原理的更好理解。因此，我们在这里简要介绍一下该理论。对于更复杂的解释，我们请读者参考 Judd 和 Wyszecki 的出色著作[30]。

刻画材料光传输特征的是三个基本过程：吸收、散射和发射。吸收是将辐射能转化为热量的过程；散射是辐射能向不同方向扩散的过程；发射是创建新辐射能的过程（本书未考虑）。库贝卡·蒙克理论在假设 1-D 光通量的情况下对这些过程的效果进行了建模，从而揭示了材料内的各向同性散射[25][30-32]。在这种假设下，材料层（即物体表面）的特征取决于与波长有关的散射系数和吸收系数。该理论适用的材料类别包括染色纸和纺织品、不透明塑料、漆膜、液体、搪瓷和牙科硅酸盐水泥。该模型可以应用于反射材料和透明材料。

考虑具有均匀厚度 d 和无穷小面积（图 3.3）的均匀着色材料片，其特征取决于其吸收系数 $K_\alpha(\lambda)$和散射系数 $K_s(\lambda)$。当材料被具有光谱分布 $e(\lambda)$的光照射时，材料内部的光散射会导致漫射体反射，而菲涅耳界面反射发生在表面边界处。当片层的厚度达到一定厚度而进一步增加厚度不影响反射的彩色时，可以忽略在背面的**菲涅耳反射**。在这种情况下，可以认为该材料具有无限的光学厚度。

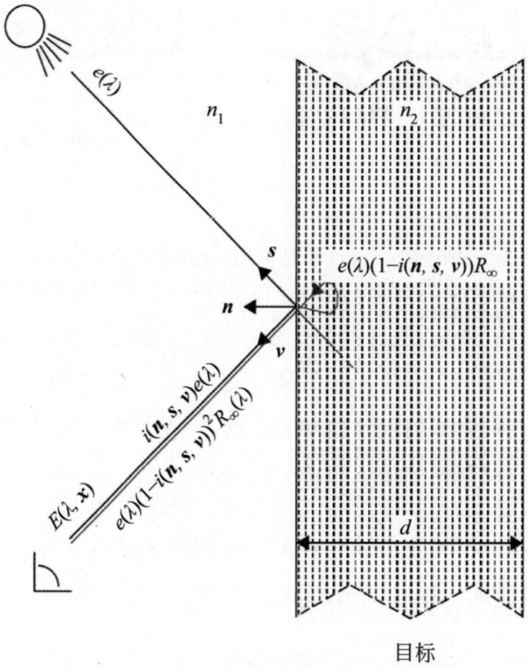

图 3.3　库贝卡·蒙克模型涉及的各个方面

入射光有一部分在正面反射，有一部分进入材料，被各向同性散射，其中一部分再次通过正面边界。忽略边界内反射后的二次散射，在观察方向 $\boldsymbol{v}$ 上的反射光谱由下式给出：

$$E(\lambda)=e(\lambda)(1-i(\lambda,\boldsymbol{n},\boldsymbol{s},\boldsymbol{v}))^2 R_\infty(\lambda)+e(\lambda)i(\lambda,\boldsymbol{n},\boldsymbol{s},\boldsymbol{v}) \tag{3.12}$$

其中，$\boldsymbol{n}$ 是表面片的法线，$\boldsymbol{s}$ 是光源的方向。此外，i 是在视线方向 $\boldsymbol{v}$ 上的菲涅耳**界面反射**系数。体反射 $R_\infty(\lambda) = a(\lambda) - b(\lambda)$取决于吸收系数 $K_\alpha(\lambda)$和散射系数 $K_s(\lambda)$。

$$a(\lambda)=1+\frac{K_\alpha(\lambda)}{K_s(\lambda)} \tag{3.13}$$

$$b(\lambda)=\sqrt{a^2(\lambda)-1} \tag{3.14}$$

注意，**体反射** $R_\infty(\lambda)$等于前面讨论的表面反射 $s(\lambda)$。

考虑**中性界面反射率**（NIR）（3.2 节），则式(3.12)的反射模型可简化如下：

$$E(\lambda)=e(\lambda)(1-i(\boldsymbol{n},\boldsymbol{s},\boldsymbol{v}))^2 R_\infty(\lambda)+e(\lambda)i(\boldsymbol{n},\boldsymbol{s},\boldsymbol{v}) \tag{3.15}$$

使用此模型，通过代入 $i(\cdot)=0$ 可以建模出完美的漫射表面，而通过代入 $i(\cdot)=1$ 可以建模出完美的光源镜像。实际上，$i(\cdot)$将假设介于 0 和 1 之间的某个值，这将导致光谱色 $E(\lambda)$，它是光源色和完全漫反射体的反射色的加性混合物，类似于 DRM 模型。

由于将 3-D 坐标投影到 2-D 图像平面上，因此矢量 $\boldsymbol{n}$、$\boldsymbol{s}$ 和 $\boldsymbol{v}$ 取决于它们在图像中的位置。图像平面上空间位置 $\boldsymbol{x}$ 处的入射光谱的能量为

$$E(\lambda,\boldsymbol{x})=e(\lambda,\boldsymbol{x})[1-i(\boldsymbol{x})]^2 R_\infty(\lambda,\boldsymbol{x})+e(\lambda,\boldsymbol{x})i(\boldsymbol{x}) \tag{3.16}$$

其中每个点 $\boldsymbol{x}$ 的光谱分布是从特定的材料片生成的。如果进行以下替换：

$$c^b(\lambda,\boldsymbol{x})=e(\lambda,\boldsymbol{x})R_\infty(\lambda,\boldsymbol{x}) \tag{3.17}$$

$$c^i(\lambda,\boldsymbol{x})=e(\lambda,\boldsymbol{x}) \tag{3.18}$$

$$m^b(\boldsymbol{x})=[(1-i(\boldsymbol{x})]^2 \tag{3.19}$$

$$m^i(\boldsymbol{x})=i(\boldsymbol{x}) \tag{3.20}$$

式(3.16)简化为谢弗[26]提出的双色反射模型：

$$E(\lambda,\boldsymbol{x})=m^b(\boldsymbol{x})\boldsymbol{c}^b(\lambda,\boldsymbol{x})+m^i(\boldsymbol{x})\boldsymbol{c}^i(\lambda,\boldsymbol{x}) \tag{3.21}$$

因此

$$f^c(\boldsymbol{x})=\int_\omega E(\lambda,\boldsymbol{x})\rho^c(\lambda)\mathrm{d}\lambda \tag{3.22}$$

但是，请注意，可以从上面的公式得出的系数 m^b 和 m^i 是相互依赖的。通过假设仅有磨砂或无光泽表面，忽略镜面反射（即 $i(\boldsymbol{x})\approx 0$），可以进一步把式(3.16)简化为用于漫射体反射的**朗伯模型**：

$$E(\lambda,\boldsymbol{x})=e(\lambda,\boldsymbol{x})R_\infty(\lambda,\boldsymbol{x}) \tag{3.23}$$

库贝卡・蒙克理论还推广了光透射的情况。假设材料层的光学厚度有限，则光将在它进入一侧的相反侧离开该材料。在这种情况下，材料中的吸收和散射会导致光强度呈指数衰减，从而产生众所周知的**比尔・朗伯**方程：

$$E(\lambda,\boldsymbol{x})=e(\lambda,\boldsymbol{x})\exp\{-d(\boldsymbol{x})c(\boldsymbol{x})\alpha(\lambda,\boldsymbol{x})\} \tag{3.24}$$

其中，d 是层的局部厚度，c 是着色剂颗粒的浓度，α表示着色剂颗粒的吸收和散射系数。同样，e 是发光体的发射光谱。该方程在诸如透射光显微镜中起着重要作用。

3.4 对角模型

场景中的彩色会随着光源彩色的变化而明显变化。本书的第 3 部分致力于估计场景的光源。在这里，我们简短地讨论**对角模型**，该模型可预测在光源变化下相机响应的变化。

对角变换或冯・克里斯模型（von Kries model）[33]由下式给出

$$\begin{bmatrix} R_c \\ G_c \\ B_c \end{bmatrix}=\begin{bmatrix} a & 0 & 0 \\ 0 & b & 0 \\ 0 & 0 & c \end{bmatrix}\begin{bmatrix} R_u \\ G_u \\ B_u \end{bmatrix} \tag{3.25}$$

或者简写成

$$\boldsymbol{f}_c = \boldsymbol{D}_{u,c}\boldsymbol{f}_u \tag{3.26}$$

其中，$\boldsymbol{f}_u$ 是在未知光源下拍摄的图像；$\boldsymbol{f}_c$ 是变换后的同一图像，因此看起来好像是在标准光源下拍摄的；而 $\boldsymbol{D}_{u,c}$ 是对角矩阵，用于将在未知光源 u 下拍摄的彩色映射为在标准光源 c 下对应的彩色。通常，将**白色光源**（例如 D65）用作标准参考光源。

对角模型可以通过假设相机灵敏度$\rho^c(\lambda) = \delta(\lambda_c)$的狄拉克（Dirac）三角函数来得出。如果将其代入式(3.3)，则在波长λ_c处，有

$$\boldsymbol{f}^c(\boldsymbol{x}) = m^b(x)s(\lambda_c, \boldsymbol{x})e(\lambda_c) \tag{3.27}$$

如果我们考虑两个不同的光源 e^1 和 e^2，则两者之间的关系为

$$\frac{\boldsymbol{f}_1^c(\boldsymbol{x})}{\boldsymbol{f}_2^c(\boldsymbol{x})} = \frac{m^b(x)s(\lambda_c, \boldsymbol{x})e^1(\lambda_c)}{m^b(x)s(\lambda_c, \boldsymbol{x})e^2(\lambda_c)} = \frac{e^1(\lambda_c)}{e^2(\lambda_c)} \tag{3.28}$$

因此，可以通过$\boldsymbol{f}_1 = \boldsymbol{D}_{1,2}\boldsymbol{f}_2$来模拟两个光源下相机响应之间的关系，其中 $\boldsymbol{D}_{1,2}$ 是对角矩阵。

为了包括漫射光项，芬莱森等[34]将对角模型扩展了一个偏移量(o_1, o_2, o_3)，得到了对角偏移模型：

$$\begin{bmatrix} R_c \\ G_c \\ B_c \end{bmatrix} = \begin{bmatrix} a & 0 & 0 \\ 0 & b & 0 \\ 0 & 0 & c \end{bmatrix} \begin{bmatrix} R_u \\ G_u \\ B_u \end{bmatrix} + \begin{bmatrix} o_1 \\ o_2 \\ o_3 \end{bmatrix} \tag{3.29}$$

尽管此模型只是光源变化的近似值，可能无法准确地模拟光度变化，但它已被广泛接受为彩色校正模型，并且是许多彩色恒常性算法的基础。还有一些对角变换的改进，例如更改彩色基[35]和应用光谱锐化[36]。

3.5 彩 色 空 间

光线从物体表面反射后，可以由人类观察者或彩色相机进行检测和“测量”。到达传感器（眼睛或相机）的光是光源的光谱功率分布 $e(\lambda)$与物体的光谱反射率分布 $s(\lambda)$之间相互作用的结果，并可使用 3.4 节中的任意一种 E 方程进行建模。这些分布可以转换为实际的彩色信号，如下所示：

$$f^c(\boldsymbol{x}) = \int_\omega E(\lambda, \boldsymbol{x})\rho^c(\lambda)\mathrm{d}\lambda \tag{3.30}$$

其中最简单的模型是朗伯模型，它通过对可见光谱ω的每个波长处的三个分量的乘积进行积分来获得三刺激值$\boldsymbol{f}^c$。这三个分量是光源的光谱功率分布 $e(\lambda)$、物体的反射率分布 $s(\lambda)$和传感器的灵敏度函数$\rho^c(\lambda)$。**三基色理论**表明，需要三个通道来生成人类全部可见的光范围，因此需要定义三个相机灵敏度，以指定传感器对输入光谱功率分布的灵敏度。

3.5.1 XYZ 系统

从式(3.30)可以明显看出，相机的感光度会显著地影响最终色彩值。正如人们希望相机像人眼一样“感知”光谱，因此需要对人体敏感度进行规范。但是，正在运行的人类视觉

系统只能被视为一个黑匣子，可以向其询问诸如“这两种彩色是否相似”之类的问题。这正是如何获得有关眼睛敏感度的知识[37]。需要展示两个面板，一个由任意彩色的测试光源来照亮，另一个由 3 个基色光源的混合来照亮。现在，要求观察者改变基色光源的强度，直到两个测试面板看起来相等为止，即不能在相对的面板之间区分彩色边缘。现在，3 个基色光源的强度值（**三刺激值**）指示“彩色匹配对”。当选择了 3 个单色（窄波段）的基色光源，并采用各种波长的单色测试光源时，每个测试波长得到的强度值产生了所谓的**彩色匹配函数**。这些彩色匹配函数实质上描述了人类的彩色响应。不幸的是，对于上述实验中的某些波长，无法获得令人满意的彩色匹配。在这种情况下，实验者不得不将一个面板上的基色之一移动到另一个面板上，以添加到测试光源中。这将导致彩色匹配函数的值为负。为了避免这种情况，国际照明委员会（CIE）引入了 3 个虚构的原色 X、Y 和 Z，以使相关的彩色匹配函数的三刺激值为正。

为了尽可能地匹配人类视觉系统，CIE 引入了两个标准：CIE 1931 的 2°标准观察者（简称为 2°标准观察者）和 CIE 1964 的 10°标准观察者（简称为 10°标准观察者）。第一个标准用于为视野狭窄的观察者建模（阅读距离在 10 英寸时约为 0.4 英寸），而后一个标准对应于较大视野的视觉匹配（阅读距离在 10 英寸时约为 1.9 英寸）。

使用标准观察者的 3 个彩色匹配函数，可以计算出 3 个数字（称为**三刺激值**），它们等效于标准观察者的响应：

$$X = \int_{\lambda} E(\lambda, \boldsymbol{x}) \overline{x}(\lambda) \mathrm{d}\lambda \tag{3.31}$$

$$Y = \int_{\lambda} E(\lambda, \boldsymbol{x}) \overline{y}(\lambda) \mathrm{d}\lambda \tag{3.32}$$

$$Z = \int_{\lambda} E(\lambda, \boldsymbol{x}) \overline{z}(\lambda) \mathrm{d}\lambda \tag{3.33}$$

其中，$\overline{x}(\lambda)$、$\overline{y}(\lambda)$ 和 $\overline{z}(\lambda)$ 是 2°标准观察者或 10°标准观察者的 CIE 彩色匹配函数（图 3.4）。这些 XYZ 值可以转换为色度坐标以描述彩色的色度。

$$x = \frac{X}{X+Y+Z} \tag{3.34}$$

$$y = \frac{Y}{X+Y+Z} \tag{3.35}$$

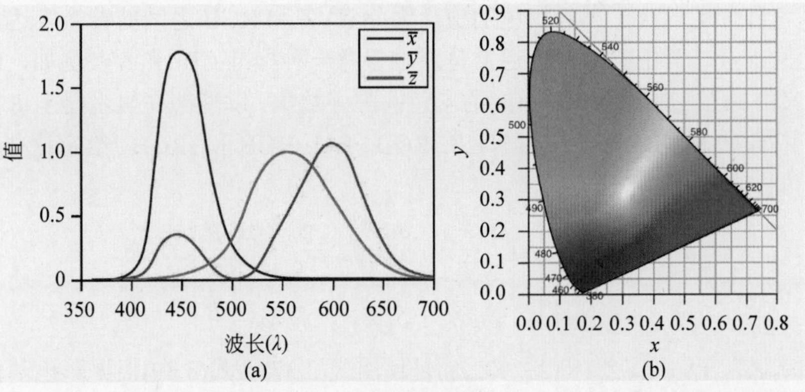

图 3.4 (a) CIE 1931 的 2°标准观察者的彩色匹配函数。(b) CIE 1931 的 xy 色度图。马蹄形表示 xy 平面中可见彩色的色域。在外侧曲线（光谱轨迹）上指示了波长

$$z = \frac{Z}{X+Y+Z} \tag{3.36}$$

由于排除了彩色的强度并且这些色度值的总和等于 1，因此仅两个色度值足以描述彩色。但是，为了保留有关彩色和强度的完整信息，通常根据两个色度通道 x 和 y 以及强度通道 Y 进行指定，从而产生 xyY 彩色空间。可见光谱在 xy 平面上形成马蹄形，如图 3.4 所示。马蹄形以外的值对于人类是不可见的。从 xyY 到原始 XYZ 坐标的转换指定如下：

$$X = \frac{xY}{y} \tag{3.37}$$

$$Y = Y \tag{3.38}$$

$$Z = \frac{(1-x-y)Y}{y} \tag{3.39}$$

使用式(3.31)～式(3.36)，可以客观地将精确的数值分配给标准观察者的色觉。实际上，CIE 引入的 XYZ 系统是客观彩色测量的科学基础。在下一部分中，彩色系统（RGB）被推导出来以表达用于显示器和数码相机的彩色。

3.5.2 RGB 系统

电视行业已根据“标准”选择了 RGB 灵敏度，该灵敏度能够很好地匹配人眼。但是，由于一些制造商的光电传感器略有不同，因此 RGB 灵敏度曲线取决于设备。考虑用相机拍摄图像（未知的光源，或者最好情况下是对基色的估计），并在监视器上复制图像（已知但不同的光源和基色），或者在纸上打印图像（已知但不同的基色，未知的“光源”——纸张的反射率函数与观察纸张时的光源相结合）的情况，这点就立即显而易见。

XYZ 和 RGB 之间的转换由一组彩色基色（xyY 坐标），参考白色和γ校正函数表示。γ校正函数用于在非线性显示设备上可视化线性彩色值，通常指定为幂定律表达式：

$$\boldsymbol{f}_{\text{out}} = \boldsymbol{f}_{\text{in}}^{\gamma} \tag{3.40}$$

其中γ需选择以匹配显示设备。所有 RGB 彩色空间都是为特定设备（或一组设备）定义的，并使用γ的特定值。唯一值得注意区别的是 sRGB 空间，稍后将进行讨论。

参考白色是名义上白色物体刺激的彩色。此值通常为未知值，此时必须进行假设。由于彩色的基色部分地取决于参考白色的值，因此 XYZ 和 RGB 之间的转换表达为彩色基色和参考白色的组合，其中参考白色通常是通过参考一种标准 CIE 光源（例如，D65、D50、C 等）来定义的。已经提出了许多不同的彩色匹配函数集，以能够在显示器上可视化彩色，从而产生了不同的 RGB 标准，例如 NTSC-RGB、PAL-RGB 和 sRGB。给定这些数据，XYZ 和 RGB 之间的转换可如下进行：

$$\begin{bmatrix} X \\ Y \\ Z \end{bmatrix} = \begin{bmatrix} S_r X_r & S_g X_g & S_b X_b \\ S_r Y_r & S_g Y_g & S_b Y_b \\ S_r Z_r & S_g Z_g & S_b Z_b \end{bmatrix} \begin{bmatrix} R \\ G \\ B \end{bmatrix} \tag{3.41}$$

其中，(X_r, Y_r, Z_r)、(X_g, Y_g, Z_g)和(X_b, Y_b, Z_b)是使用式(3.37)～式(3.39)根据彩色基色计算的。此外，使用以下公式计算(S_r, S_g, S_b)：

$$\begin{bmatrix} S_r \\ S_g \\ S_b \end{bmatrix} = \begin{bmatrix} X_r & X_g & X_b \\ Y_r & Y_g & Y_b \\ Z_r & Z_g & Z_b \end{bmatrix} \begin{bmatrix} X_w \\ Y_w \\ Z_w \end{bmatrix} \tag{3.42}$$

其中(X_w, Y_w, Z_w)是参考白色，通常用标准 CIE 光源表示。请注意，RGB 值必须是线性的并且在标称范围[0, 1]中。从 XYZ 到 RGB 的转换只是式(3.41)的逆：

$$\begin{bmatrix} R \\ G \\ B \end{bmatrix} = \begin{bmatrix} S_r X_r & S_g X_g & S_b X_b \\ S_r Y_r & S_g Y_g & S_b Y_b \\ S_r Z_r & S_g Z_g & S_b Z_b \end{bmatrix}^{-1} \begin{bmatrix} X \\ Y \\ Z \end{bmatrix} \tag{3.43}$$

存在不同的 RGB 工作空间，每个工作空间导致不同的变换矩阵。在此指定两个经常使用的工作空间。NTSC 通常用于数码相机和视频中，它们使用 C 光源作为参考白色。彩色基色是 $\boldsymbol{xyY}_r = (0.6700, 0.3300, 0.2988)^{\mathrm{T}}$、$\boldsymbol{xyY}_g = (0.2100, 0.7100, 0.5868)^{\mathrm{T}}$ 和 $\boldsymbol{xyY}_b = (0.1400, 0.0800, 0.1144)^{\mathrm{T}}$，可以进行如下 $\mathrm{RGB_{NTSC}}$ 和 XYZ 之间的转换：

$$\begin{bmatrix} X \\ Y \\ Z \end{bmatrix} = \begin{bmatrix} 0.6069 & 0.1735 & 0.2003 \\ 0.2989 & 0.5866 & 0.1145 \\ 0.0000 & 0.0661 & 1.1162 \end{bmatrix} \begin{bmatrix} R \\ G \\ B \end{bmatrix} \tag{3.44}$$

从 XYZ 到 $\mathrm{RGB_{NTSC}}$ 的转换是使用

$$\begin{bmatrix} R \\ G \\ B \end{bmatrix} = \begin{bmatrix} 1.9100 & -0.5325 & -0.2882 \\ -0.9847 & 1.9992 & -0.0283 \\ 0.0583 & -0.1184 & 0.8976 \end{bmatrix} \begin{bmatrix} X \\ Y \\ Z \end{bmatrix} \tag{3.45}$$

另外，sRGB 是指定用于显示器、打印机和互联网的标准工作空间。该彩色空间使用略有不同的基色 $\boldsymbol{xyY}_r = (0.6400, 0.3300, 0.2127)^{\mathrm{T}}$、$\boldsymbol{xyY}_g = (0.3000, 0.6000, 0.7152)^{\mathrm{T}}$ 和 $\boldsymbol{xyY}_b = (0.1500, 0.0600, 0.0722)^{\mathrm{T}}$，并使用 D65 作为参考白色。$\mathrm{RGB_{sRGB}}$ 和 XYZ 之间的转换指定为

$$\begin{bmatrix} X \\ Y \\ Z \end{bmatrix} = \begin{bmatrix} 0.4125 & 0.3576 & 0.1804 \\ 0.2127 & 0.7152 & 0.0722 \\ 0.0193 & 0.1192 & 0.9503 \end{bmatrix} \begin{bmatrix} R \\ G \\ B \end{bmatrix} \tag{3.46}$$

从 XYZ 到 $\mathrm{RGB_{sRGB}}$ 的转换是使用

$$\begin{bmatrix} R \\ G \\ B \end{bmatrix} = \begin{bmatrix} 3.2405 & -1.5371 & -0.4985 \\ -0.9693 & 1.8760 & -0.0416 \\ 0.0556 & -0.2040 & 1.0572 \end{bmatrix} \begin{bmatrix} X \\ Y \\ Z \end{bmatrix} \tag{3.47}$$

还有其他多种 RGB 工作空间，但超出了本书的范围。

3.5.3　对立彩色空间

一旦已知相机的光谱灵敏度与人类观察者相匹配，便可以将任何**编号方案**分配给彩色。只要分配给每个可能的彩色值是一个唯一的数字，不同的方案就能描述相同的彩色信息。但是，不同的编码方案可能会突出显示某些彩色属性，这将在后续部分看到。将相似的数字分配给不同的值甚至可能是有利的。例如，通过将一种彩色的所有阴影都分配成单一值，就可以获得由阴影和影调引起的强度变化的不变性，如第 4 章所述。

RGB 的特性之一是 3 个通道的数值高度相关（例如，3 个通道之一的大数值通常也对应于其他两个通道的大数值）。对 RGB 彩色空间进行解相关会导致出现对立彩色空间。对立彩色理论始于大约 1500 年，达・芬奇（Leonardo da Vinci）得出的结论是，彩色是由黄色和蓝色、绿色和红色以及白色和黑色的混合物产生的。亚瑟・叔本华（Arthur Shopenhauer）也注意到相同的红–绿、黄–蓝和白–黑色的对立。对立彩色理论最终由爱德华・赫林（Edwald Hering）完成，他得出结论，眼睛的工作基于 3 种相对立的彩色。所谓的残像（残留影像）给出了对立彩色理论的证明：观察绿色样品一定时间会产生红色残像（另请参见图 2.3）。考虑彩色通道（即红–绿色和蓝–黄色），它们以两种不同的方式对立。首先，似乎没有彩色是任何对立色对的两个成员的混合体（例如，没有彩色看上去是黄蓝色，而经常遇到绿蓝色）。其次，一对对立色中的每个成员都表现出另一个，即，通过平衡添加两种对立彩色部分，将得到灰色。对立彩色理论已于 1950 年得到证实，当时在眼睛和大脑之间的光学连接中检测到对立彩色信号。

已经提出了几种模型来模拟对立彩色理论。在本书中，最简单的模型之一被称为**对立彩色空间**，可以通过简单地旋转 RGB 彩色系统来计算：

$$o_1 = \frac{R-G}{\sqrt{2}} \tag{3.48}$$

$$o_2 = \frac{R+G-2B}{\sqrt{6}} \tag{3.49}$$

$$o_3 = \frac{R+G+B}{\sqrt{3}} \tag{3.50}$$

请注意，o_1 大致对应于红–绿色通道，o_2 对应于黄–蓝色通道，而 o_3 对应于强度通道。除了直观之外，此彩色系统的另一个优点是它在很大程度上消除了 RGB 彩色通道之间的相关性。此外，对立彩色空间取决于设备并且在感知上不统一。

3.5.4 感知均匀彩色空间

为了克服这些缺点，CIE 提出了两种对立彩色系统，这些彩色系统被设计为在感知上是一致的（即，两种彩色之间的数字距离可能与感知上的差异有关），但这以不直观为代价。这两个系统是根据 XYZ 计算得出的，因此与设备无关。第一种彩色系统旨在描述光源彩色，称为 CIE $L^*u^*v^*$：

$$L^* = \begin{cases} 116\left(\dfrac{Y}{Y_w}\right)^{1/3} - 16, & \dfrac{Y}{Y_w} > \varepsilon \\ 903.3\left(\dfrac{Y}{Y_w}\right), & \dfrac{Y}{Y_w} \leqslant \varepsilon \end{cases} \tag{3.51}$$

$$u^* = 13L^*(u' - u'_w) \tag{3.52}$$

$$v^* = 13L^*(v' - v'_w) \tag{3.53}$$

$$u' = \frac{4X}{X + 15Y + 3Z} \tag{3.54}$$

$$v' = \frac{9Y}{X + 15Y + 3Z} \tag{3.55}$$

$$u'_w = \frac{4X_w}{X_w + 15Y_w + 3Z_w} \tag{3.56}$$

$$v'_w = \frac{9Y_w}{X_w + 15Y_w + 3Z_w} \tag{3.57}$$

其中$\varepsilon = 216/24389 = 0.008856$。当强度低时（即$(X + 15Y + 3Z)$接近零时），彩色通道$u^*$和$v^*$变得不稳定且毫无意义。第二种彩色系统旨在用于表面彩色，称为 CIE $L^*a^*b^*$：

$$L^* = 116 f\left(\frac{Y}{Y_w}\right) - 16 \tag{3.58}$$

$$a^* = 500\left[f\left(\frac{X}{X_w}\right) - f\left(\frac{Y}{Y_w}\right)\right] \tag{3.59}$$

$$b^* = 200\left[f\left(\frac{Y}{Y_w}\right) - f\left(\frac{Z}{Z_w}\right)\right] \tag{3.60}$$

$$f(t) = \begin{cases} t^{\frac{1}{3}}, & t > \varepsilon \\ \dfrac{903.3t + 16}{116}, & t \leqslant \varepsilon \end{cases} \tag{3.61}$$

一方面，这些彩色空间在计算机视觉应用（例如图像检索或图像质量评估）中具有优势，这些应用的目的是与人类视觉保持一致。另一方面，在与人类视觉没有直接联系的应用中使用这些彩色空间（如体视或运动跟踪）并没有多大意义。在这些情况下，不执行耗时的从 RGB 到 $L^*a^*b^*$的非线性变换会更有效。

3.5.5 直观彩色模型

除了对立彩色空间外，到目前为止讨论的彩色系统还没有直观的表述。不同的彩色通道没有直观的含义。为此，引入基于艺术家推理的不同彩色系统。所有这些彩色系统都根据色调、饱和度和强度来表达彩色。不过，这些术语存在许多不同的定义，而且这些定义均未标准化。此外，通常将不同的缩写用于不同的定义，例如 HSV、HSI、HSL 等。在本书中，下标将用于指示相应的定义。

色调的常见定义之一是用光谱功率分布的主波长来描述，也就是说，色调借助我们通常用来描述任何给定彩色的词来描述：红色、蓝色、橙色、黄色等。在数学上，可以使用以下笛卡儿坐标到极坐标的转换按角度来计算：

$$H_{\mathrm{RGB}} = \arctan\left(\frac{\sqrt{3}(G - B)}{(R - G)(R - B)}\right) \tag{3.62}$$

此外，色调也可定义为参考线（例如水平轴）与彩色点之间的角度：

$$H_{\mathrm{rgb}} = \arctan\left(\frac{r - 1/3}{g - 1/3}\right) \tag{3.63}$$

可以根据 CIE $L^*u^*v^*$或 CIE $L^*a^*b^*$计算与设备无关的色调版本：

$$H_{uv} = \arctan\left(\frac{v^*}{u^*}\right) \tag{3.64}$$

$$H_{ab} = \arctan\left(\frac{b^*}{a^*}\right) \tag{3.65}$$

请注意，对于非彩色，色调是不确定的（例如，$R = G = B$，$u^* = v^* = 0$ 或 $a^* = b^* = 0$）。

饱和度通常定义为彩色的纯度，当将更多的非彩色混合到彩色中时，饱和度会降低。完全不饱和的彩色与灰色轴重合，而完全饱和的彩色与纯色重合。数学上，饱和度定义为从一种彩色到非彩色轴的距离，但是可以使用不同的方式计算该距离。例如，

$$S_{rgb} = \sqrt{(r-1/3)^2 + (g-1/3)^2 + (b-1/3)^2} \tag{3.66}$$

$$S_{RGB} = 1 - \frac{\min(R,G,B)}{R+G+B} \tag{3.67}$$

$$S_{HSL} = \max(R,G,B) - \min(R,G,B) \tag{3.68}$$

$$S_{HSV} = 1 - \frac{\min(R,G,B)}{\max(R,G,B)} \tag{3.69}$$

请注意，对于暗像素（即 $R + G + B = 0$），饱和度是不确定的。与饱和度有关的另一个彩色通道是**色品**，可以从 CIE $L^*u^*v^*$或 CIE $L^*a^*b^*$彩色系统出发计算如下：

$$C^*_{uv} = \sqrt{(u^*)^2 + (v^*)^2} \tag{3.70}$$

$$C^*_{ab} = \sqrt{(a^*)^2 + (b^*)^2} \tag{3.71}$$

与饱和度类似，它们描述了彩色的纯度。

在坐标变换的背景下，通过对由 O_1 和 O_2 构成的对立彩色平面执行极坐标变换，可以计算出色调–饱和度–强度，具体如下：

$$\begin{bmatrix} h \\ s \\ i \end{bmatrix} = \begin{bmatrix} \arctan(O_1/O_2) \\ \sqrt{O_1{}^2 + O_2{}^2} \\ O_3 \end{bmatrix} = \begin{bmatrix} \arctan\left[\sqrt{3}(R-G)/(R+G-2B)\right] \\ \sqrt{\frac{4}{6}(R^2+G^2+B^2-RG-RB-GB)} \\ (R+G+B)/\sqrt{3} \end{bmatrix} \tag{3.72}$$

这种变换如图 3.5 所示。请注意，在此变换中谈论饱和度的强度更为正确，因为饱和度尚未像上面的公式中那样通过强度进行归一化。

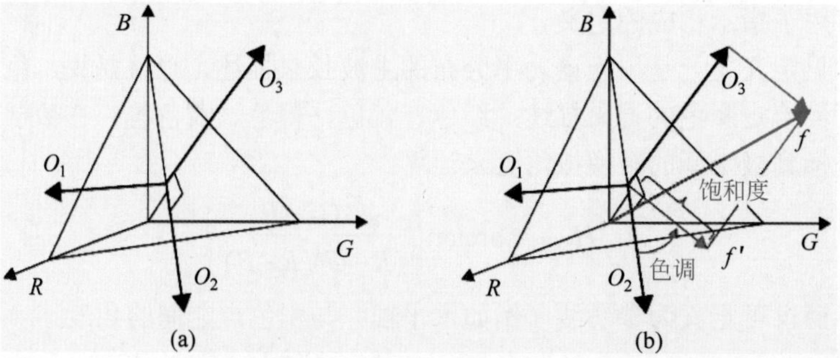

图 3.5 (a)显示了对立轴；(b)展示了对立坐标系与色调–饱和度–强度坐标系之间的关系。f在 O_3上的投影是强度。令f'为f在 O_1O_2平面上的投影，那么它的长度就是饱和度，平面中的角度就是色调

3.6 本章小结

本章中介绍了彩色图像形成的过程，讨论了几种基于物理的反射率模型。它们提供了分析导致彩色测量的各种物理原因的工具。更准确地说，它们将使我们能够区分图像中的阴影、镜面反射和材质变化。我们将看到此信息可用于彩色图像理解的许多阶段，例如改进的特征检测、特征描述和有意义的图像分割。

此外，列举了一组相关的彩色空间。根据手头的任务，一个彩色空间可能比另一个彩色空间更好用。本章介绍的反射率模型在第 4 章中用于分析彩色空间的光度特性。这将提供进一步了解哪种彩色空间最适合各种应用的信息。

第 2 部分

光度不变性

第 4 章　基于像素的光度不变性

计算机视觉系统必须面对各种各样的成像条件。为了获得稳定的视觉系统，一个重要的属性是**光度不变性**或所谓的彩色不变性。彩色不变性源自对成像干扰条件，例如光源变化（强度和彩色）、摄像机视点和物体位置等变化或多或少不敏感的彩色空间。

在第 3 章中已经表明，从 RGB 彩色空间出发，可以应用几种线性和非线性变换来获得新的彩色空间。在本章中，将概述这些变换后的彩色空间的**彩色不变性**。从双色反射模型的式(3.6)中可以得出，每个（像素）位置所记录的彩色值是高度依赖于光源特性和物体几何形状的（例如，是否存在**阴影**或**高光**部分取决于物体相对于光源的位置），请参见图 4.1。许多计算机视觉任务（例如图像分割和目标识别）需要稳定且可重复的图像属性，而不是对成像条件敏感的彩色测量。为此，需要彩色不变性。

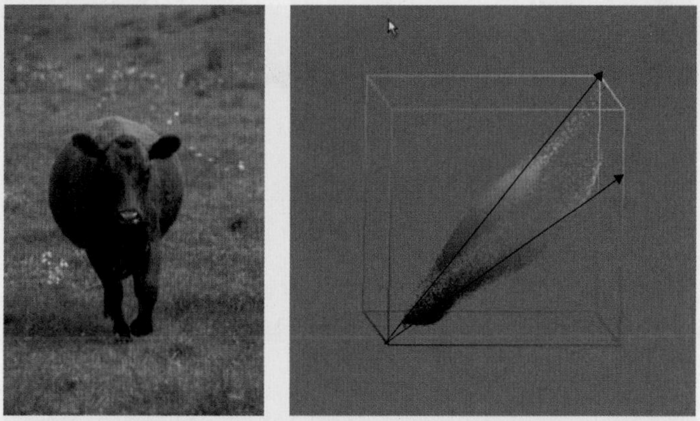

(a)　　　　　　(b)

图 4.1　像素值高度依赖于光源特性和物体几何形状。假设有朗伯反射和白色照明，则彩色均匀表面的 RGB 彩色将在彩色空间中产生拉长的条纹。(a)原始图像；(b)RGB 彩色空间中的像素

在本章中，彩色不变性是通过像素处的彩色转换获得的。同时介绍了线性和非线性彩色转换。通常，非线性转换会加剧噪声量。结果，RGB 值的较小扰动将导致转换后的值出现较大的跳跃。处理噪声放大的方法是分析 RGB 值的扰动如何通过这些非线性彩色转换而扩散的。误差分析或误差扩散领域提供了原则性的方法，下面将进行详细讨论。

首先介绍不同的彩色转换及其不变特征。然后，讨论计算方法以分析噪声对这些彩色不变性的影响。最后，作为一种应用，将彩色不变量用于目标识别。

4.1　归一化彩色空间

在图 4.2 中，显示了彩色像素值对光源特性和对象几何形状的高度依赖，其中均匀着色表面的像素值将在 RGB 彩色空间中产生拉长的条纹。由于这些条纹主要是由强度变化

（物体的几何形状和阴影）引起的，而不是由色度变化引起的，因此可以通过将 RGB 值的强度（$I=R+G+B$）归一化来获得不变值，从而产生 rgb 彩色系统（或标准化 rgb）：

$$r=\frac{R}{R+G+B} \tag{4.1}$$

$$g=\frac{G}{R+G+B} \tag{4.2}$$

$$b=\frac{B}{R+G+B} \tag{4.3}$$

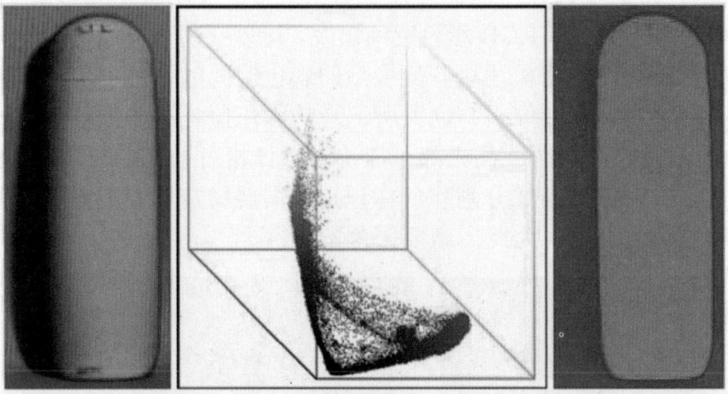

(a) (b) (c)

图 4.2 rgb 变换与表面朝向、照明方向和照明强度无关。(a)原始图像；(b)RGB 彩色空间中的像素；(c)归一化彩色图像（RGB 表达）

由于不考虑强度，因此当根据式(3.8)假设为双色反射和**白色照明**时，此彩色系统具有以下属性：其通道对于表面朝向、照明方向和**照明强度**具有鲁棒性。事实上，根据式(3.8)，白色照明下的朗伯反射率由下式给出：

$$f^c(\boldsymbol{x})=m^b(\boldsymbol{x})\int_{\omega} s(\lambda,\boldsymbol{x})\rho^c(\lambda)\mathrm{d}\lambda \tag{4.4}$$

通过将式(4.4)替换成式(4.1)～式(4.3)，可以得出 rgb 彩色系统的不变性质：

$$r=\frac{m^b(\boldsymbol{x})k_R}{m^b(\boldsymbol{x})(k_R+k_G+k_B)}=\frac{k_R}{(k_R+k_G+k_B)} \tag{4.5}$$

$$g=\frac{m^b(\boldsymbol{x})k_G}{m^b(\boldsymbol{x})(k_R+k_G+k_B)}=\frac{k_G}{(k_R+k_G+k_B)} \tag{4.6}$$

$$b=\frac{m^b(\boldsymbol{x})k_B}{m^b(\boldsymbol{x})(k_R+k_G+k_B)}=\frac{k_B}{(k_R+k_G+k_B)} \tag{4.7}$$

其中，$k_c=\int_{\omega}s(\lambda,\boldsymbol{x})\rho^c(\lambda)\mathrm{d}\lambda$，$c\in\{R, G, B\}$。$k_c$ 在其后用作紧凑表达以简化表示法。

表示白色光源和表面反射率之间相互作用的系数（以 $m^b(\boldsymbol{x})$表示）被消掉了，从而导致了表面朝向、照明方向和照明强度的独立性。因此，假定朗伯反射和白色照明，rgb 彩色空间仅取决于 k_c，即传感器$\rho^c(\lambda)$和**表面反射率** $s(\lambda, \boldsymbol{x})$。在图 4.2(a)中，显示了均匀彩色背景中的一个洗发水瓶。RGB 像素值在图 4.2(b)中给出。此外，rgb 彩色图像的 RGB 表达在图 4.2(c)中给出。结果表明，归一化的彩色图像没有阴影和影调变化。请注意，RGB 彩色系统仍然取决于高光和光源的彩色。

4.2　对立彩色空间

考虑第 3 章中由式(3.48)～式(3.50)定义的对立彩色空间，在本节中，我们重点介绍 O_1 和 O_2。假设采用双色反射和白色照明，则将式(3.8)代入式(3.48)和式(3.49)后，对立彩色通道 O_1 和 O_2 与高光无关，如下所示：

$$O_1 = \frac{[m^b(\boldsymbol{x})k_R + m^i(\boldsymbol{x})] - [m^b(\boldsymbol{x})k_G + m^i(\boldsymbol{x})]}{\sqrt{2}} \tag{4.8}$$

$$= \frac{m^b(\boldsymbol{x})k_R - m^b(\boldsymbol{x})k_G}{\sqrt{2}} \tag{4.9}$$

$$O_2 = \frac{[m^b(\boldsymbol{x})k_R + m^i(\boldsymbol{x})] + [m^b(\boldsymbol{x})k_G + m^i(\boldsymbol{x})] - 2[m^b(\boldsymbol{x})k_B + m^i(\boldsymbol{x})]}{\sqrt{6}} \tag{4.10}$$

$$= \frac{m^b(\boldsymbol{x})k_R - m^b(\boldsymbol{x})k_G - 2m^b(\boldsymbol{x})k_B}{\sqrt{6}} \tag{4.11}$$

注意，O_1O_2 仍然取决于 $m^b(\boldsymbol{x})\int_\omega s(\lambda,\boldsymbol{x})\rho^c(\lambda)\mathrm{d}\lambda$，因此对物体的几何形状、影调和光源强度敏感。注意，O_3 对应于强度，完全不包含不变性。

4.3　HSV 彩色空间

在第 3 章中由式(3.62)定义的色调在假定双色反射和白色照明的情况下不随表面朝向、照明方向和照明强度而变化。这可以通过将式(3.8)代入式(3.62)来得出：

$$H_{\mathrm{RGB}} = \arctan\left\{\frac{\sqrt{3}m^b(\boldsymbol{x})(k_G - k_B)}{m^b(\boldsymbol{x})[(k_R - k_G)(k_R - k_B)]}\right\} \tag{4.12}$$

$$= \arctan\left\{\frac{\sqrt{3}m^b(\boldsymbol{x})(k_G - k_B)}{m^b(\boldsymbol{x})[(k_R - k_G)(k_R - k_B)]}\right\} \tag{4.13}$$

而且色调仅取决于 k_c，即表面反射率和图像传感器。光源和表面反射率被抵消，导致了表面朝向、照明方向和照明强度的独立性。而且，色调对于高光是不变的。

因为饱和度 S_{RGB} 对应于 RGB 彩色空间中从像素彩色到主对角线的径向距离，所以 S_{RGB} 对于由白光照射的磨砂、无光泽表面是不变的。可以通过将式(4.4)代入式(3.67)来得出：

$$S_{\mathrm{RGB}} = 1 - \frac{\min[m^b(\boldsymbol{x})k_R, m^b(\boldsymbol{x})k_G, m^b(\boldsymbol{x})k_B]}{m^b(\boldsymbol{x})k_R + m^b(\boldsymbol{x})k_G + m^b(\boldsymbol{x})k_B} \tag{4.14}$$

$$= 1 - \frac{m^b(\boldsymbol{x})\min(k_R, k_G, k_B)}{m^b(\boldsymbol{x})(k_R + k_G + k_B)} \tag{4.15}$$

$$= 1 - \frac{\min(k_R, k_G, k_B)}{k_R + k_G + k_B} \tag{4.16}$$

由于消除了对**照明**和表面反射率的依赖性，所以结果仅取决于图像传感器和表面反射率。

4.4 合成彩色空间

到现在为止，我们已经考虑了现有的彩色空间，这些彩色空间可以按照第 3 章的描述在物理上或感知上对彩色进行有意义的表示。但是，许多与计算机视觉相关的任务都不需要这种表示，这带来了生成新的彩色不变表示的可能性。本节讨论几种这样的彩色不变表示。首先，在朗伯反射率和白色照明的假设下讨论一组彩色不变量。然后，放宽对朗伯反射率的假设，从而导致了一组稍微更复杂的不变量。可以在参考文献[38]中找到更多信息。

4.4.1 体反射率不变性

考虑朗伯反射和白色照明，式(4.4)表明测量得到的彩色取决于表面反射率和相机滤镜（即，$k_C=\int_{\omega} s(\lambda,\boldsymbol{x})\rho^c(\lambda)\mathrm{d}\lambda$），并与光源的局部强度以及物体粗糙度和形状 $m^b(\boldsymbol{x})$相结合。第一个分量主要确定彩色的色度，而第二个分量主要确定彩色的强度。换句话说，均匀着色的弯曲表面（即，表面朝向变化）可引起强度值的宽泛变化（即，产生如图 4.1 和图 4.2 所示的细长条纹）。为了减少光源强度和表面形状对这些测量得到的彩色值的影响，需要导出表示这些依赖性的表达式。

为此，给出以下基本的**不可约彩色不变量**集合[38]：

$$\frac{f^i(\boldsymbol{x})}{f^j(\boldsymbol{x})}=\frac{f^i}{f^j} \tag{4.17}$$

其中 $\boldsymbol{x}$ 可以省略，因为该不变量是在同一曲面位置计算的。将式(4.4)代入式(4.17)可证明该基本集合的不变性：

$$\frac{f^i}{f^j}=\frac{m^b(\boldsymbol{x})k_i}{m^b(\boldsymbol{x})k_j}=\frac{k_i}{k_j} \tag{4.18}$$

其中，对于任何传感器$\rho^i(\lambda)$，都有 $k_i=\int_{\omega} s(\lambda,\boldsymbol{x})\rho^i(\lambda)\mathrm{d}\lambda$。该表达式仅取决于表面反射率和传感器，对视点、表面朝向、照明方向和照明强度的依赖性都消除了。从现在开始，将重点放在彩色图像上，因此$f^i\in\{f^R,f^G,f^B\}$。

不可约彩色不变量的基本集合的任何线性组合将导致新的彩色不变性。计算f^R、f^G和f^B不变性的系统方法是

$$C_{\mathrm{RGB}}=\frac{\sum\limits_i a_i(f^R)_i^p(f^G)_i^q(f^B)_i^r}{\sum\limits_j b_j(f^R)_j^s(f^G)_j^t(f^B)_j^u} \tag{4.19}$$

其中，$p+q+r=s+t+u$，且p，q，r，s，t，$u\in\mathbb{R}$。此外，$i,j\geqslant 1$，$a_i, b_j\in\mathbb{R}$。假设朗伯反射率和白色照明，则 C_{RGB} 与视点、表面朝向、照明方向和照明强度无关。通过将式(4.4)

代入式(4.19)，我们得到

$$C_{\mathrm{RGB}}=\frac{\sum_i a_i (f^R)_i^p (f^G)_i^q (f^B)_i^r}{\sum_i b_i (f^R)_i^s (f^G)_i^t (f^B)_i^u} \tag{4.20}$$

$$=\frac{\sum_i a_i [m^b(\boldsymbol{x})k_R]_i^p [m^b(\boldsymbol{x})k_G]_i^q [m^b(\boldsymbol{x})k_B]_i^r}{\sum_j b_j [m^b(\boldsymbol{x})k_R]_j^s [m^b(\boldsymbol{x})k_G]_j^t [m^b(\boldsymbol{x})k_B]_j^u} \tag{4.21}$$

$$=\frac{\sum_i a_i [m^b(\boldsymbol{x})]^{p+q+r} [(k_R)_i^p (k_G)_i^q (k_B)_i^r]}{\sum_j b_j [m^b(\boldsymbol{x})]^{s+t+u} [(k_R)_j^s (k_G)_j^t (k_B)_j^u]} \tag{4.22}$$

由于 $p+q+r=s+t+u$，因此可以通过考虑视点、表面朝向以及照明方向和强度的依赖性来进一步简化式(4.22)：

$$C_{\mathrm{RGB}}=\frac{\sum_i a_i [(k_R)_i^p (k_G)_i^q (k_B)_i^r]}{\sum_j b_j [(k_R)_j^s (k_G)_j^t (k_B)_j^u]} \tag{4.23}$$

可以获得许多不变量。为了易于使用，可以将它们按阶进行分类，例如，一阶彩色不变量的集合涉及其中 $p+q+r=s+t+u=1$ 的集合：

$$\left\{\frac{R}{G},\frac{R}{B},\frac{G}{B},\frac{-B}{R},\frac{R}{R+G+B},\frac{R-G}{R+G},\frac{R+G+B}{2G+3B},\frac{3(B-G)}{2R+G+3B},\cdots\right\} \tag{4.24}$$

而二阶彩色不变量的集合涉及 $p+q+r=s+t+u=2$ 的集合：

$$\left\{\frac{RG}{B^2},\frac{R^2+B^2}{RB},\frac{2RG-3RB}{R^2+G^2},\frac{RG+RB+GB}{R^2+G^2+B^2},\cdots\right\} \tag{4.25}$$

这些表达式中的每一个都是白色照明下朗伯反射率的彩色不变量。请注意，式(4.1)~式(4.3)的 rgb 彩色通道是一阶彩色不变量的实例。

4.4.2　体和表面反射率不变性

假设在白色照明下进行双色反射（式(3.8)），则观察到的均匀着色（但发亮）的表面将形成由**体和表面**反射分量覆盖的双色平面，其源自主对角轴（图 4.3）。因此，在该双色平面上定义彩色的任何表达式对于双色反射模型都是彩色不变的。

为此，给出以下基本的**不可约彩色不变量**集合[38]：

$$\frac{f^i(\boldsymbol{x})-f^j(\boldsymbol{x})}{f^k(\boldsymbol{x})-f^m(\boldsymbol{x})}=\frac{f^i-f^j}{f^k-f^m} \tag{4.26}$$

其中，$f^k \neq f^m$ 且 $\boldsymbol{x}$ 可以再次省略，因为这个不变量是在相同的表面位置计算的。可以按照 f^R、f^G 和 f^B 的方式，系统地计算彩色不变性，如下所示：

$$L_{\mathrm{RGB}}=\frac{\sum_i a_i [(f^R-f^G)_i^p (f^R-f^B)_i^q (f^G-f^B)_i^r]}{\sum_j b_j [(f^R-f^G)_j^s (f^R-f^B)_j^t (f^G-f^B)_j^u]} \tag{4.27}$$

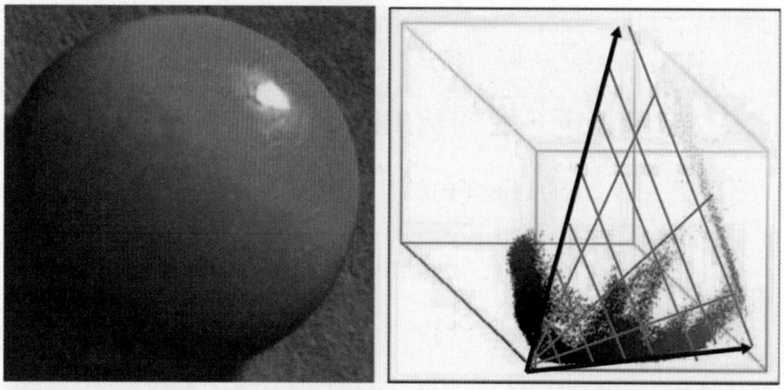
(a) (b)

图 4.3 在 RGB 彩色空间中，观察到的均匀着色（发光）的表面将形成一个由体反射分量和表面反射分量覆盖的双色平面。在此双色平面上定义的任何表达式对于双色反射模型都是彩色不变的。(a)原始图像；(b)RGB 彩色空间中的像素

其中，$p+q+r=s+t+u$，且 p，q，r，s，t，$u\in\mathbb{R}$。此外，$i,j\geqslant 1$，$a_i,b_j\in\mathbb{R}$。假设双色反射率和白色照明，L_{RGB} 与视点、表面朝向，照明方向以及照明强度和高光无关。式(4.27)中两两项的减法保证了镜面反射的独立性：

$$(f^i-f^j)=[m^b(\boldsymbol{x})k_i+m^i(\boldsymbol{x})]-[m^b(\boldsymbol{x})k_j+m^i(\boldsymbol{x})] \tag{4.28}$$

$$=m^b(\boldsymbol{x})k_i-m^b(\boldsymbol{x})k_j \tag{4.29}$$

对于 $i\neq j$，$i\in\{R，G，B\}$，这只是两个体反射分量相减。所以，对于 RGB，将式(3.8)代入式(4.27)，得到

$$L_{\mathrm{RGB}}=\frac{\sum_i a_i[(f^R-f^G)_i^p(f^R-f^B)_i^q(f^G-f^B)_i^r]}{\sum_j b_j[(f^R-f^G)_j^s(f^R-f^B)_j^t(f^G-f^B)_j^u]} \tag{4.30}$$

$$=\frac{\sum_i a_i[m^b(\boldsymbol{x})(k_R-k_G)]_i^p[m^b(\boldsymbol{x})(k_R-k_B)]_i^q[m^b(\boldsymbol{x})(k_G-k_B)]_i^r}{\sum_j b_j[m^b(\boldsymbol{x})(k_R-k_G)]_j^s[m^b(\boldsymbol{x})(k_R-k_B)]_j^t[m^b(\boldsymbol{x})(k_G-k_B)]_j^u} \tag{4.31}$$

$$=\frac{\sum_i a_i[m^b(\boldsymbol{x})]^{p+q+r}[(k_R-k_G)_i^p(k_R-k_B)_i^q(k_G-k_B)_i^r]}{\sum_j b_j[m^b(\boldsymbol{x})]^{s+t+u}[(k_R-k_G)_j^s(k_R-k_B)_j^t(k_G-k_B)_j^u]} \tag{4.32}$$

由于 $p+q+r=s+t+u$，式(4.32)可以进一步简化为

$$L_{\mathrm{RGB}}=\frac{\sum_i a_i[(k_R-k_G)_i^p(k_R-k_B)_i^q(k_G-k_B)_i^r]}{\sum_j b_j[(k_R-k_G)_j^s(k_R-k_B)_j^t(k_G-k_B)_j^u]} \tag{4.33}$$

与 C_{RGB} 相似，各种不同的彩色不变量可以按其阶进行分类。一阶彩色不变量的集合涉及其中 $p+q+r=s+t+u=1$ 的集合：

$$\left\{\frac{R-G}{R-B},\frac{R-B}{G-B},\frac{G-B}{R-G},\frac{R-G}{(R-G)+(R-B)},\frac{(R-B)+3(B-G)}{(R-G)+2(R-G)},\cdots\right\} \tag{4.34}$$

而二阶彩色不变量的集合涉及 $p+q+r=s+t+u=2$ 的集合：

$$\left\{\frac{(R-G)(R-B)}{(R-B)^2}, \frac{(G-B)(R-B)}{(R-G)(B-R)}, \frac{(R-G)^2+(R-B)+(G-B)}{(R-B)^2+2(G-B)^2}, \cdots\right\} \tag{4.35}$$

这些表达式中的每一个都是白色照明下双色反射率的彩色不变量。

作为说明，考虑 L_{RGB} 的实例化，例如 $(R-G)^2/[(R-G)^2+(G-B)^2+(R-B)^2]$，它是色调的不同（非角度）表示形式。在图 4.4(a)中，以均匀着色的背景显示了药丸状的目标。彩色不变图像的 RGB 表达在图 4.4(b)中给出。可见，彩色不变图像没有阴影、影调和高光。如图 4.4 所示，这种变换确实与成像条件的变化无关。请注意，式(3.62)的色调 H_{RGB} 彩色通道是 arctan 函数的一阶彩色不变量的实例之一。例如，可以通过用 $a_1=\sqrt{3}$，$a_2=0$ 和 $b_1=b_2=1$ 替换来获得色调。请注意高光中心的不稳定性。这是因为缺乏饱和度。因此，确定像素值的彩色（色调）是有问题的。在 4.5 节中，将解决彩色不变性的不稳定性。

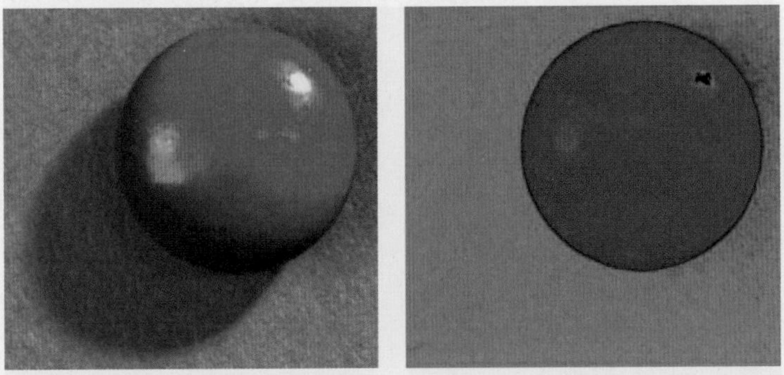

(a)　(b)

图 4.4　变换后的彩色空间 $(R-G)^2/[(R-G)^2+(G-B)^2+(R-B)^2]$ 与光度条件的变化无关。(a)原始图像；(b)彩色不变空间（RGB 表示）

4.5　噪声稳定性和直方图构建

如 4.4 节所述，用于计算彩色不变性的彩色变换带来了一些问题，因为这些变换在某些 RGB 值上是奇异的，而在另一些 RGB 值上是不稳定的。例如，在黑点（$R=G=B=0$）未定义 rgb，在无色轴（$R=G=B$）未定义色调 H。结果是，接近这些 RGB 值的传感器值的较小扰动可能会导致变换后的值出现较大的跳跃。传统上，由于噪声导致的彩色不变量值不稳定的影响在彩色阈值化时常被忽略或抑制掉。例如，在基于彩色直方图的**目标识别**中，当构建直方图时，所有沿无色轴或接近无色轴的 RGB 值（具有小于总范围 5%的饱和度和强度值）被丢弃掉。Burns 和 Berns[39]给出了另一种方法，该方法分析了通过 CIE $L^*a^*b^*$ 彩色空间的误差扩散。Shafarenko 等人[40]在 3-D 彩色直方图构建之前，使用自适应滤波器来降低 CIE $L^*u^*v^*$ 空间中的噪声。实际上，滤波器宽度是根据 CIE $L^*u^*v^*$ 空间中噪声分布的协方差矩阵来控制的。

本节将讨论一种更原理化的方法，以抑制**直方图构建**过程中因彩色不变量而产生的噪声[41]。实际上，使用了可变核**密度估计**来构造彩色不变直方图。为了以适当的方式应用可变核密度估计，使用计算方法通过彩色不变的变换来扩散传感器噪声。结果是，针对每个彩色不变值测量相关联的不确定性，而相关联的不确定性用于推导直方图构建过程中所需要的可变核的最佳参数化。

4.5.1 噪声扩散

假设传感器噪声呈正态分布，则对于间接测量，变量 u 的真实值与其 N 个参数（用 u_j 表示）有关，如下所示：

$$u=q(u_1,u_2,\cdots,u_N) \tag{4.36}$$

假设变量 u 的估计值 $\hat{u}$ 可以通过用 $\hat{u}_j$ 替换 u_j 获得。那么当用对应的标准方差 $\sigma_{\hat{u}1},\sigma_{\hat{u}2},\cdots,\sigma_{\hat{u}_N}$ 来测量 $\hat{u}_1, \hat{u}_2,\cdots, \hat{u}_N$ 时，可以得到[42]：

$$\hat{u}=q(\hat{u}_1,\hat{u}_2,\cdots,\hat{u}_N) \tag{4.37}$$

众所周知，对给定函数的逼近可以用泰勒级数形式表示。当 $N=2$ 时，关于噪声的泰勒级数为：

$$q(\hat{u}_1,\hat{u}_2)=q(u_1,u_2)+\left(\frac{\partial}{\partial u_1}\varepsilon_1+\frac{\partial}{\partial u_2}\varepsilon_2\right)q(u_1,u_2)+\cdots+ \tag{4.38}$$

$$\frac{1}{m!}\left(\frac{\partial}{\partial u_1}\varepsilon_1+\frac{\partial}{\partial u_2}\varepsilon_2\right)q(u_1,u_2)+R_{m+1}+\cdots \tag{4.39}$$

其中 $\hat{u}_1=u_1+\varepsilon_1$，$\hat{u}_2=u_2+\varepsilon_2$（$\varepsilon_1$ 和 ε_2 是 $\hat{u}_1$ 和 $\hat{u}_2$ 的误差），R_{m+1} 是余项。此外，$\partial q/\partial\hat{u}_j$ 是 q 相对于 $\hat{u}_j$ 的偏导数。

由于间接测量误差的一般形式是：

$$E=\hat{u}-u=q(\hat{u}_1,\hat{u}_2)-q(u_1,u_2) \tag{4.40}$$

根据**泰勒级数**可以得到：

$$E=\left(\frac{\partial}{\partial u_1}\varepsilon_1+\frac{\partial}{\partial u_2}\varepsilon_2\right)q(u_1,u_2)+\cdots+\frac{1}{m!}\left(\frac{\partial}{\partial u_1}\varepsilon_1+\frac{\partial}{\partial u_2}\varepsilon_2\right)^m q(u_1,u_2)+R_{m+1} \tag{4.41}$$

通常，仅使用第一个线性项来计算误差：

$$E=\frac{\partial}{\partial u_1}\varepsilon_1+\frac{\partial}{\partial u_2}\varepsilon_2 \tag{4.42}$$

这样，对于 N 个自变量，可以得出如果不确定性 $\hat{u}_1, \hat{u}_2,\cdots, \hat{u}_N$ 是独立的、随机的，并且相对较小，则 q 的预测不确定性由泰勒[42]给出（所谓的平方根和法）：

$$\sigma_q=\sqrt{\sum_{j=1}^{N}\left(\frac{\partial}{\partial\hat{u}_i}\sigma_{\hat{u}_i}\right)^2} \tag{4.43}$$

4.5.2 通过变换的彩色扩散噪声示例

作为一个示例，假设要计算归一化彩色系统 rgb 的噪声。首先，应该为每个 RGB 彩色通道估计噪声量。假设正态分布的随机量，计算标准偏差（噪声）σ_R、σ_G 和 σ_B 的标准方式是计算图像中均匀着色的表面片的均值和方差估计值。例如，对于图 4.5 中所示图像，测得的噪声量为 $\sigma_R=4.6$，$\sigma_G=3.8$ 和 $\sigma_B=4.0$。此外，rgb 的噪声量（或不确定度）可通过将式(4.1)～式(4.3)替换成式(4.43)得到：

$$\sigma_r = \sqrt{\frac{R^2(\sigma_B^2+\sigma_G^2)+(B+G)\sigma_R^2}{(R+G+B)^4}} \tag{4.44}$$

$$\sigma_g = \sqrt{\frac{G^2(\sigma_B^2+\sigma_R^2)+(B+R)\sigma_G^2}{(R+G+B)^4}} \tag{4.45}$$

$$\sigma_b = \sqrt{\frac{B^2(\sigma_R^2+\sigma_G^2)+(R+G)\sigma_B^2}{(R+G+B)^4}} \tag{4.46}$$

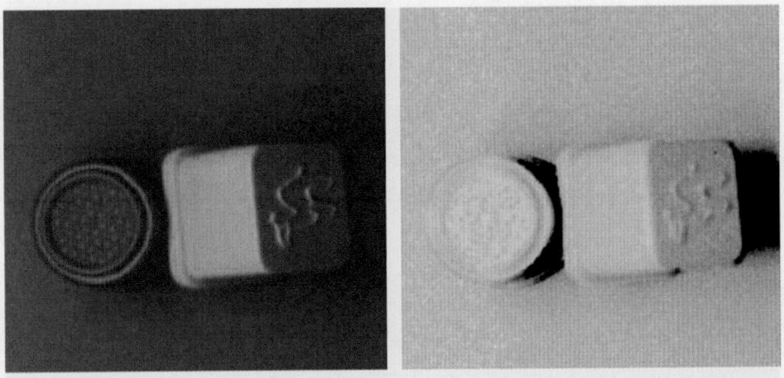

(a) (b)

图 4.5 噪声量/归一化彩色的不确定度与强度量成反比。(a)原始图像；(b)r 的噪声量，以黑色表示

从对式(4.44)～式(4.46)的分析研究表明，归一化的彩色在黑色点 $R=G=B=0$ 周围变得不稳定。如果强度 $I=R+G+B$ 低，则分母相对较小，因此噪声量相对较高。换句话说，如果强度增加，则分母增加，因此噪声量减少。总之，噪声量/归一化彩色的不确定度与强度量成反比（图 4.5）。

噪声或 O_1 和 O_2 的不确定度由下式给出：

$$\sigma_{O_1} = \frac{\sqrt{\sigma_G^2+\sigma_R^2}}{\sqrt{2}} \tag{4.47}$$

$$\sigma_{O_2} = \frac{\sqrt{4\sigma_B^2+\sigma_G^2+\sigma_R^2}}{\sqrt{3}} \tag{4.48}$$

它们在所有 RGB 值上都相同（稳定）。因此，对立彩色不会随着 RGB 值的变化而变化。此外，将式(4.43)代入式(3.62)可得出色调的不确定性：

$$\sigma_\theta = \sqrt{\frac{3}{4}\cdot\frac{\sigma_B^2(G-R)^2+\sigma_G^2(B-R)^2+\sigma_R^2(B-G)^2}{[B^2+B(G+R)+G^2-GR+R^2]^2}} \tag{4.49}$$

它在低饱和度时（即灰度轴 $R=G=B$）不稳定。可以解释如下。如果饱和度低，则分母相对较小，因此噪声量相对较高。如果饱和度增加，则分母增加，因此噪声量减少。总之，噪声量/色调不确定度与饱和度成反比。这意味着色调在灰度值时不稳定。

总之，归一化彩色在低强度下不稳定。色调在低饱和度时不稳定。对立彩色在所有 RGB 值下都相对稳定。

4.5.3 使用可变核密度构建直方图

目标识别的一种常用方法是根据从彩色不变性得到的直方图来表达和匹配图像。为了抑制噪声对彩色不变性数值的影响，可以使用可变核密度估计器来计算直方图。为了鲁棒地构建直方图，相关的不确定性可用于推导可变内核的参数化。

更准确地说，密度函数 f 给出了对测量数据分布的描述。直方图是众所周知的密度估计器。（1-D）直方图定义为

$$\hat{f}(x)=\frac{1}{nh}(\text{在与}x\text{相同的直方条中的}X_i\text{数量}) \tag{4.50}$$

其中，n 是图像中具有值 X_i 的像素数量，h 是直方条宽度，x 是数据范围。构造直方图时必须做出两个选择。首先，需要选择直方条宽度参数。其次，需要确定直方条边缘的位置。两个选择都会影响最终的估计。通常，以特别的方式（例如，手工）选择直方条的宽度和边缘。

相反，核密度估计器对直方条边缘的位置不敏感

$$\hat{f}(x)=\frac{1}{nh}\sum_{i=1}^{n}K\left(\frac{x-X_i}{h}\right) \tag{4.51}$$

在此，核 K 是满足 $\int K(x)\mathrm{d}x=1$ 的函数。在可变核密度估计器中，单个 h 被 n 个值 $\alpha(X_i)$ 替换，$i=1,2,\cdots,n$。该估计器的形式为

$$\hat{f}(x)=\frac{1}{n}\sum_{i=1}^{n}\frac{1}{\alpha(X_i)}K\left(\frac{x-X_i}{\alpha(X_i)}\right) \tag{4.52}$$

以 X_i 为中心的内核与其自身的尺度参数 $\alpha(X_i)$ 相关联，因此允许不同程度的平滑。为了对彩色图像使用可变核密度估计器，我们将尺度参数设为 RGB 值和彩色空间变换的函数。假设噪声为正态分布，则该分布由高斯分布[42]给出：

$$K(x)=\frac{1}{\sqrt{2\pi}}\exp(-x^2/2) \tag{4.53}$$

然后，估计彩色通道 C 的密度的可变核方法如下：

$$\hat{f}(C)=\frac{1}{n}\sum_{i=1}^{n}\sigma_{C_i}^{-1}K\left(\frac{C-C_i}{\sigma_{C_i}}\right) \tag{4.54}$$

其中，σ_C 是彩色通道 C 的噪声量。

例如，双变量归一化 rg 核的可变核方法由下式给出：

$$\hat{f}(r,g)=\frac{1}{n}\sum_{i=1}^{n}\sigma_{r_i}^{-1}K\left(\frac{r-r_i}{\sigma_{r_i}}\right)\sigma_{g_i}^{-1}K\left(\frac{g-g_i}{\sigma_{g_i}}\right) \tag{4.55}$$

其中，σ_r 和 σ_g 分别由式(4.44)和式(4.45)定义。在图 4.6 中，展示了对核密度的估计。对于导致彩色变换不稳定的像素值，需要获得更平滑的核。为了获得稳定的彩色不变值，要使用较窄的核尺寸。这样，核尺寸由彩色不变值的不确定性量控制。

估计方向色调密度的可变核方法由下式给出

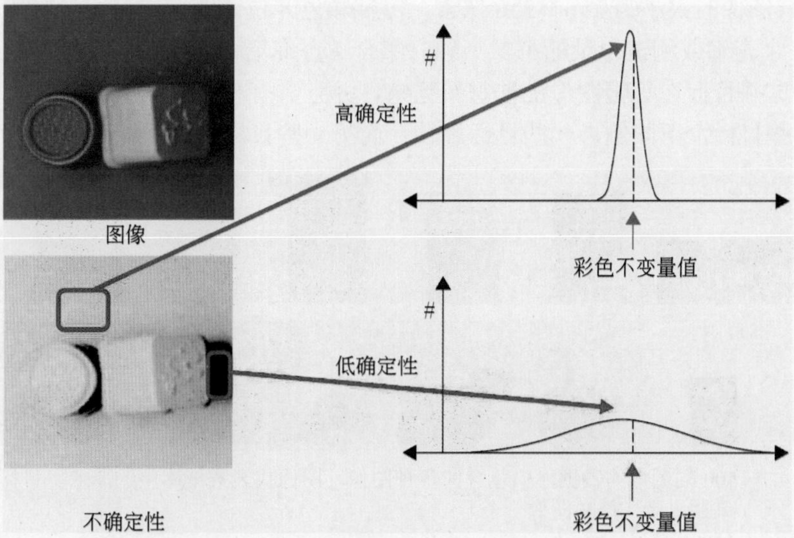

图 4.6　为了构造稳健的直方图，将不确定性用于导出可变核的参数化。对于产生彩色变换不稳定性的像素值，需要获得更平滑的核。对于稳定的彩色不变值，则要使用较窄的核尺寸。这样，核尺寸由彩色不变值的不确定性量所控制

$$\hat{f}(\theta)=\frac{1}{n}\sum_{i=1}^{n}\sigma_{\theta_i}^{-1}K\left(\frac{(\theta-\theta_i)\operatorname{mod}(\pi)}{\sigma_{\theta_i}}\right) \tag{4.56}$$

其中，σ_θ由式(4.49)定义。

最后，通过以下公式给出用于二元归一化 O_1O_2 核的可变核方法：

$$\hat{f}(O_1,O_2)=\frac{1}{n}\sum_{i=1}^{n}\sigma_{O_{1i}}^{-1}K\left(\frac{O_1-O_{1i}}{\sigma_{O_{1i}}}\right)\sigma_{o_{2i}}^{-1}K\left(\frac{O_2-O_{2i}}{\sigma_{O_{2i}}}\right) \tag{4.57}$$

其中，σ_{O_1}和σ_{O_2}由式(4.47)和式(4.48)定义。

总之，为了减少密度估计时传感器噪声的影响，在正态分布定义核形状的地方使用了可变核。此外，核尺寸由彩色不变值的不确定性量控制。

4.6　应用：基于彩色的目标识别

在本节中，我们比较在目标识别环境下构造彩色直方图的不同方法。更多信息可以在参考文献[41]中找到。

4.6.1　数据集合性能测量

在图 4.7 中，显示了各种图像。这些图像由 Sony XC-003P CCD 彩色相机和 Matrox Magic Color 图像采集卡记录。两种平均日光色的光源用于照亮场景中的目标。该数据库由 N_1 = 500 个目标图像组成，这些目标图像是从有色物体（例如工具、玩具、食品罐和艺术品）中获取的。目标是被独立记录的（每幅图像一个目标），也就是说，从 500 个不同的目标记录了

500 幅图像。图像的大小为 256 × 256 像素，每种彩色 8 位。图像中有大量阴影、影调和高光。$N_2 = 70$ 个查询或测试记录的第二个独立集合（查询集合）由目标数据库中随机选择的目标组成。这些目标在每幅图像上被重新记录，并且具有相对于相机的新的任意位置和朝向，其中一些目标上下颠倒，一些目标旋转，而另一些目标放在不同距离。

图 4.7　500 幅图像的数据库中包含的各种图像。图像代表数据库中的图像。目标被单独记录（每幅图像一个）

然后，对于每幅图像，基于 rg（式(4.55)）和色调密度（式(4.56)）构建传统的直方图（式(4.50)）和基于可变密度估计的直方图。对于传统的（原始）直方图，通过更改 $q \in \{2, 4, 8, 16, 32, 64, 128, 256\}$处直方条的数量来确定适当的直方条大小。结果表明（此处未显示），当直方条的数量范围为 $q = 32$ 或更高时，直方条的数量对识别精度的影响很小。因此，在直方图构建期间使用的每个轴的彩色直方图尺寸为 $q = 32$。

为了衡量匹配质量，在 N_1 个匹配值的有序列表中用等级 r^{Q_i} 表示测试图像 Q_i 正确匹配的位置，$i = 1, 2, \cdots, N_2$。等级 r^{Q_i} 的取值从完美匹配的 $r = 1$ 到最坏匹配的 $r = N_1$。

然后，对于一个实验，平均排名百分比定义为

$$\overline{r} = \left(\frac{1}{N_2} \sum_{i=1}^{N_2} \frac{N_1 - r^{Q_i}}{N_1 - 1} \right) \times 100\% \tag{4.58}$$

在其余部分中，我们使用 70 幅测试图像和 500 幅目标图像。匹配基于直方图相交法[43]。

4.6.2　抗噪声的鲁棒性：模拟数据

噪声的影响是通过向查询图像添加独立的零均值加性高斯噪声$\sigma \in \{2, 4, 8, 16, 32, 64\}$来产生的。在图 4.8 中，显示了两个目标，通过添加具有$\sigma \in \{8, 16, 32, 64, 128\}$的噪声，一共生成 10 幅图像。

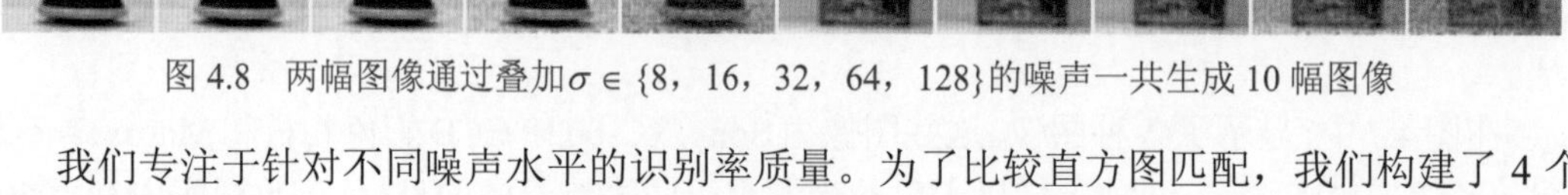

图 4.8　两幅图像通过叠加$\sigma \in$ {8，16，32，64，128}的噪声一共生成 10 幅图像

我们专注于针对不同噪声水平的识别率质量。为了比较直方图匹配，我们构建了 4 个不同的直方图：

（1）不执行阈值化。这种直方图构建方案不能解决彩色不变值不稳定的问题。因此，参照 Swain 和 Ballard [43]所使用的方法，给直方图中所有彩色不变值以相同的权重。不执行

阈值化的彩色直方图记为基于色调θ的彩色模型 $H_{\theta 1}$ 和针对 rg 彩色模型的 H_{rg1}。

（2）当强度低于总范围的 5%时，将丢弃 rg 和θ值。对于该直方图构建方案，基于θ的彩色模型记为 $H_{\theta 2}$，针对 rg 彩色模型的记为 H_{rg2}。

（3）当强度和饱和度在以 RGB 空间的原点为中心的 4σ范围内时，在直方图构建期间会丢弃色调值和 rg，从而产生 $H_{\theta 3}$ 和 H_{rg3}。

（4）由建议的可变核密度估计器得出的直方图由 $H_{\theta 4}$ 和 H_{rg4} 给出。

图 4.9 基于色调彩色模型，由各种直方图构建方案所区分的噪声影响表明，核密度估计优于各种特定的阈值方案。实际上，基于核密度估计的直方图相交会在相当数量的噪声（σ= 64）下给出良好的结果。此外，阈值直方图构造方案始终比根本没有阈值化提供更高的识别精度。

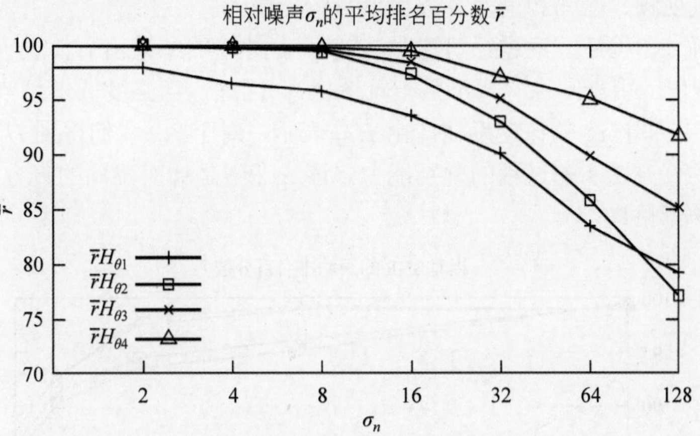

图4.9　根据θ的各种直方图构建方案在匹配过程中随噪声变化的判别力。直方图 $H_{\theta 1}$、$H_{\theta 2}$、$H_{\theta 3}$ 和 $H_{\theta 4}$ 的平均百分数 $\bar{r}$ 分别由 $\bar{r}H_{\theta 1}$、$\bar{r}H_{\theta 2}$、$\bar{r}H_{\theta 3}$ 和 $\bar{r}H_{\theta 4}$ 给出

此外，基于 rg 彩色模型，由各种直方图构建方案获得的噪声影响如图 4.10 所示。同样，核密度估计器提供了比其他方案更高的识别精度。

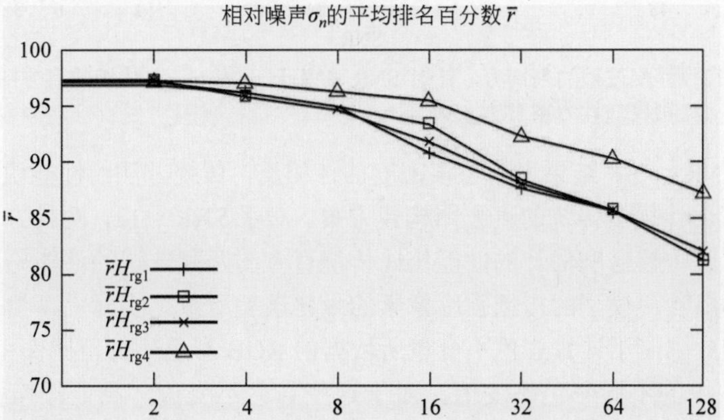

图 4.10　根据 rg 的各种直方图构建方案在匹配过程中随噪声变化的判别力。直方图 H_{rg1}、H_{rg2}、H_{rg3} 和 H_{rg4} 的平均百分数 $\bar{r}$ 分别由 $\bar{r}H_{rg1}$、$\bar{r}H_{rg2}$、$\bar{r}H_{rg3}$ 和 $\bar{r}H_{rg4}$ 给出

4.6.2.1 抗噪声的鲁棒性：真实数据

为了测量不同直方图构建方案对 SNR（信噪比）变化的敏感性，从图像数据集中随机选择了 10 个目标。然后，在整体照度变化（即，使光源变暗）下再次记录每个目标，从而产生具有 SNR ∈ {24, 12, 6, 3}的四幅图像（图 4.11）。

图 4.11 两个物体在不同光照强度下各产生四幅 SNR ∈ {24, 12, 6, 3}的图像

这些低强度图像可以看作是快照质量的图像，可以很好地代表日常生活中的景象，如通常出现在家庭视频、新闻和消费者数字摄影中一样。

基于传统直方图构造方案进行匹配时，针对 rg 计算的结果由 H_{rgT} 表示，对于θ，我们得到 $H_{\theta T}$。将阈值应用于图像（而不是查询图像）。因此，当强度低于总范围的 5%时，rg 和θ值将被丢弃。基于 rg 的核密度估计由 H_{rgK} 表示，对于θ，我们得到 $H_{\theta K}$。图 4.12 显示了基于 rg 和θ的直方图匹配过程的判别能力，该 rg 和θ是针对不同的直方图构建方法而相对于 SNR 的值绘制的。

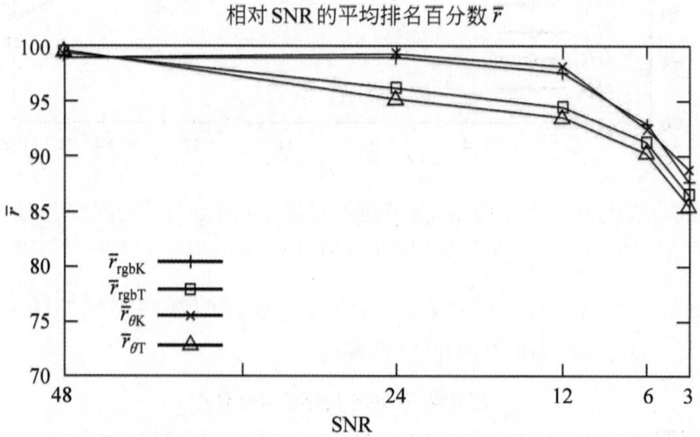

图 4.12 匹配过程的判别力，针对 SNR 和基于 rg 和θ，对传统的直方图和核密度估计方案有所区别

对于 24 < SNR < 48，结果表明与核密度估计相反，传统方法的性能快速下降。对于这些 SNR，核密度估计优于传统的直方图构建方案。对于 SNR < 12，两种方法的性能都以相同的方式降低，其中核密度估计的性能仍比传统直方图匹配方法的性能略高。这是由于干扰强度较低的高斯噪声模型的极低强度像素的量化误差所致。实际上，量化误差是由于降低图像强度并因此限制了计算彩色不变量所依据的 RGB 彩色值的范围而引起的。为此，可以仅生成数量减少的不同彩色不变值，对于这些彩色不变值，高斯噪声模型的假设不再有效。

总之，核密度估计器在有相当数量的噪声（SNR = 12）时优于传统的直方图方法。但是，对于非常低强度的图像（SNR < 12），由于量化误差，核密度估计的表现与传统的直方图方法相同。

4.7 本章小结

本章讨论了彩色不变模型的集合，这些集合与视点、目标的几何形状和照明条件无关。这些彩色模型集是从双色反射模型得出的；提出了不同的彩色变换及其不变特性；讨论了通过这些彩色不变量来测量噪声影响的计算方法。作为一种应用，彩色不变量被用于目标识别。

第 5 章　彩色比率的光度不变性

包含 Cordelia Schmid 的贡献*

在第 4 章中，在假设白色照明的情况下，已证明了若干个彩色通道对于光度变化是不变的。但是，在现实世界的图像中，光源可能具有不同的光谱功率分布。尽管对于室外图像，通常假定的光源是 D65（大约为白色），但室外光源的实际变化要大得多。此外，对于室内图像，光源的彩色甚至可以呈现出更大的变化。客观世界中物体反射的观察光是光源的光谱功率分布与物体反射率的乘积。旨在描述相对于光源变化不变的场景反射率的方法可以分为两组。第一组方法显式地计算光源，然后校正输入图像。这些方法将在本书的第 3 部分（彩色恒常性）中详细讨论。本章将详细讨论的第二组方法并不是要首先明确估计光源以校正图像，而是将所谓的**色比**（色彩比率/彩色比率）与测量结果组合成相对于光源的彩色不变的无量纲数。

Land 和 McCann [13]着迷于人类观察与光源无关的物体反射率的能力，进行了一系列巧妙的实验，旨在揭示潜在的机理。他们向观察者展示了带有彩色片的平面场景，这些彩色片被称为**蒙德里安**，以荷兰画家的画作为参考（图 5.1）。对于这些图像，观察者正确地将彩色片的反射率报告为红色、绿色、黄色等，而与照亮场景的光源无关。在他们对人类如何设法忽略光源彩色不良影响的分析中，他们观察到根据图像中相邻点的比率能相对于照明而不变地检测边缘。该理论（称为**视网膜皮层理论**）的主要基础假设是场景中两个相邻点的光源相同。另外，反射率的变化被认为是突变的。在 Land 和 McCann 的初步研究之后，

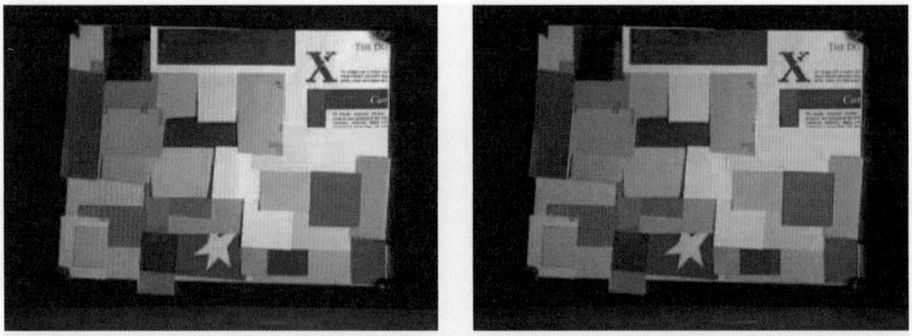

(a)　　　　(b)

图 5.1　心理物理研究中常用的平面场景示例。同一场景由两个不同的光源照亮。Land 和 McCann [13]发现，人类能够在这种场景中描述彩色片的反射彩色，而与光源的彩色无关。图像取自参考文献[44]

* 经许可，部分内容转载自：*Blur robust and color constant image description*, by J. van de Weijer and C. Schmid, in *Int. Conference on Image Processing*, Atlanta, ©2006 IEEE.

Nayar 和 Bolle[45]进一步发展了彩色比率理论。他们指出，在局部光滑表面的假设下，反射率比率也适用于 3-D 世界中的曲面。换句话说，假设光源变化在空间上是低频率的，而反射率变化则是高频率的。注意，只要色度和强度的变化频率很低，此假设就允许使用多种光源。这种**局部恒定照明**的假设是基于本章介绍的所有彩色比率的。

彩色比率的重要应用领域是**图像检索**的彩色索引领域。为了成功地索引对象，图像表达应该对场景偶然事件具有鲁棒性，例如视点、阴影、影调和光源彩色的变化，这正是彩色比率的优势。**彩色索引**是由 Ballard 和 Swain 首次提出的[43]，并应用于**目标识别**。他们的方法通过使用 RGB 彩色直方图识别目标。Funt 和 Finlayson [46]指出，这种方法在光源彩色变化方面缺乏鲁棒性。他们表明，使用彩色比率可以确保光源变化的稳定性。此外，他们还展示了如何基于图像导数计算彩色比率。但是，这些描述符仍然取决于**照明几何**。因此，由于物体朝向或摄像机视点引起的突然变化会改变对目标的描述。Gevers 和 Smeulders 提出了解决这个问题的方法[47]。他们引入了一个不变量，该不变量对于光源彩色和照明几何的变化都具有鲁棒性。最后，Van de Weijer 和 Schmid 观察到，基于图像导数的彩色比率取决于边缘的光滑度[48-49]。为了克服这个问题，他们提出了一组对模糊具有鲁棒性的彩色比率。

在本章中，我们介绍各种彩色比率。我们将展示它们可以作为（不同空间位置）像素的比率或作为图像导数来计算。实际上，它们同样可以很好地归类为**光源不变**图像导数。由于在第 4 章的基于像素的不变量和第 6 章讨论的光度不变量导数之间具有双重作用，我们现在介绍彩色比率。

5.1　光源不变彩色比率

为了得出彩色比率，我们从第 3 章介绍的反射率模型开始。在朗伯反射的假设下，式(3.3)可以写为

$$f^c(\boldsymbol{x})=m^b(\boldsymbol{x})\int_\lambda e(\lambda,\boldsymbol{x})s(\lambda,\boldsymbol{x})\rho^c(\lambda)\mathrm{d}\lambda \tag{5.1}$$

回想一下，对于 3 个通道，$c \in \{R, G, B\}$，$m^b(\boldsymbol{x})$包含由于**光源**强度变化、物体几何和照明几何而引起的变化；e 是光源，$s(\lambda, \boldsymbol{x})$表示物体反射率。此外，假设窄带传感器的灵敏度可使用德尔塔函数$\rho^c(\lambda) = \delta(\lambda - \lambda_c)$来近似其光谱响应，则式(5.1)可以简化为

$$f^c(\boldsymbol{x})=m^b(\boldsymbol{x})e^c(\boldsymbol{x})s^c(\boldsymbol{x}) \tag{5.2}$$

其中，$e^c(\boldsymbol{x})$代表 $e(\lambda_c, \boldsymbol{x})$，$s^c(\boldsymbol{x})$代表 $s(\lambda_c, \boldsymbol{x})$。**窄带传感器**意味着仅通过特定波长的光。如果彩色相机具有了窄带传感器，则可以使用相机提供的测量值。对于大多数窄带彩色传感器来说，已发现这种近似值是可以接受的[50]。

式(5.2)是所有彩色比率的基础。该式表明，测量值是场景与光源几何，光源彩色和目标彩色的乘积。Land 和 McCann[13]观察到，在大多数现实世界场景中，光源是局部恒定的，这意味着对于两个相邻点 $\boldsymbol{x}_1$ 和 $\boldsymbol{x}_2$，以下条件成立：$e^c(\boldsymbol{x}_1) = e^c(\boldsymbol{x}_2)$。基于此观察，Funt 和 Finlayson [46]（借助与 Nayar 和 Bolle [45]相似的推导）建议使用彩色比率来进行目标识别：

$$F(f^c_{\boldsymbol{x}_1},f^c_{\boldsymbol{x}_2})=\frac{f^c_{\boldsymbol{x}_1}}{f^c_{\boldsymbol{x}_2}} \tag{5.3}$$

实际上，对于 $c \in \{R, G, B\}$，彩色比率是根据两个相邻图像位置 $\boldsymbol{x}_1$ 和 $\boldsymbol{x}_2$ 的彩色计算得出的，并由下式给出：

$$F_1 = \frac{R_{\boldsymbol{x}_1}}{R_{\boldsymbol{x}_2}} \tag{5.4}$$

$$F_2 = \frac{G_{\boldsymbol{x}_1}}{G_{\boldsymbol{x}_2}} \tag{5.5}$$

$$F_3 = \frac{B_{\boldsymbol{x}_1}}{B_{\boldsymbol{x}_2}} \tag{5.6}$$

将式(5.2)代入式(5.3)，可以得到

$$F = \frac{m^b(\boldsymbol{x}_1)e^c(\boldsymbol{x}_1)s^c(\boldsymbol{x}_1)}{m^b(\boldsymbol{x}_2)e^c(\boldsymbol{x}_2)s^c(\boldsymbol{x}_2)} \tag{5.7}$$

在**局部恒定照明** $e^c(\boldsymbol{x}_1) = e^c(\boldsymbol{x}_2)$的假设下，可以排除光源 e 的影响。请注意，此假设仍然允许整个场景中的照明变化。例如，使用多个光源，但仅要求光源不显示突然的局部变化。此外，在假设相邻点具有相同的表面朝向（$m^b(\boldsymbol{x}_1) = m^b(\boldsymbol{x}_2)$）的情况下，例如局部光滑的表面，体反射率一项被排除在外，仅留下两个相邻点的表面反射率：

$$F = \frac{s^c(\boldsymbol{x}_1)}{s^c(\boldsymbol{x}_2)} \tag{5.8}$$

因此，在光滑连续表面的假设下，计算两个相邻点之间的比率会得到彩色不变量，该彩色不变量对物体形状、照明方向、强度和彩色都不敏感。

从式(5.3)可以看出，F 是无界的。如果第二个位置的彩色信号较小，则 F 可以取到巨大的值：$f_{\boldsymbol{x}_2}^c \to 0 \Rightarrow F \to \infty$。为了将 F 转换为性能良好的函数，Nayar 和 Bolle [45]提出了一个稍有不同的比率（也称为**迈克尔逊对比度**）：

$$N(f_{\boldsymbol{x}_1}^c, f_{\boldsymbol{x}_2}^c) = \frac{f_{\boldsymbol{x}_1}^c - f_{\boldsymbol{x}_2}^c}{f_{\boldsymbol{x}_1}^c + f_{\boldsymbol{x}_2}^c} \tag{5.9}$$

在这种情况下，如果两个相邻点不都是黑色，则有$-1 \leqslant N \leqslant 1$。

彩色比率 F 的基本假设是相邻点具有相同的表面法线（即 $m^b(\boldsymbol{x}_1) = m^b(\boldsymbol{x}_2)$）。此限制除去了许多几何形状突然变化的现实世界目标，例如具有 $m^b(\boldsymbol{x}_1) \neq m^b(\boldsymbol{x}_2)$的立方体的两个相邻面之间的过渡。为了克服这个问题，Gevers 和 Smeulders [47]提出了一种彩色比率，该彩色比率不仅不随光源的彩色变化，而且还降低了对目标几何的依赖：

$$M(f_{\boldsymbol{x}_1}^{c_1}, f_{\boldsymbol{x}_1}^{c_2}, f_{\boldsymbol{x}_2}^{c_1}, f_{\boldsymbol{x}_2}^{c_2}) = \frac{f_{\boldsymbol{x}_1}^{c_1} f_{\boldsymbol{x}_2}^{c_2}}{f_{\boldsymbol{x}_1}^{c_2} + f_{\boldsymbol{x}_2}^{c_1}} \tag{5.10}$$

其中，f^{c_1} 和 f^{c_2} 是两个不同的彩色通道。对于 RGB 图像，可以得到以下 3 个不同的彩色通道：

$$M_1 = \frac{R_{\boldsymbol{x}_1} G_{\boldsymbol{x}_2}}{R_{\boldsymbol{x}_2} G_{\boldsymbol{x}_1}} \tag{5.11}$$

$$M_2 = \frac{R_{x_1} B_{x_2}}{R_{x_2} B_{x_1}} \tag{5.12}$$

$$M_3 = \frac{G_{x_1} B_{x_2}}{G_{x_2} B_{x_1}} \tag{5.13}$$

注意，根据 $M_3 = M_2/M_1$，第三个通道依赖于前两个通道。可以看出，这些比率对于光源的彩色（在局部均匀照明的假设下），光源的强度、视点和表面几何形状是不变的：

$$M = \frac{[m^b(\boldsymbol{x}_1)e^{c_1}(\boldsymbol{x}_1)s^{c_1}(\boldsymbol{x}_1)][m^b(\boldsymbol{x}_2)e^{c_2}(\boldsymbol{x}_2)s^{c_2}(\boldsymbol{x}_2)]}{[m^b(\boldsymbol{x}_1)e^{c_2}(\boldsymbol{x}_1)s^{c_2}(\boldsymbol{x}_1)][m^b(\boldsymbol{x}_2)e^{c_1}(\boldsymbol{x}_2)s^{c_1}(\boldsymbol{x}_2)]} \tag{5.14}$$

$$= \frac{s^{c_1}(\boldsymbol{x}_1)s^{c_2}(\boldsymbol{x}_2)}{s^{c_2}(\boldsymbol{x}_1)s^{c_1}(\boldsymbol{x}_2)} \tag{5.15}$$

其中假设局部照明恒定，即 $e^{c_i}(\boldsymbol{x}_1) = e^{c_i}(\boldsymbol{x}_2)$。

5.2　光源不变边缘检测

在 5.1 节中，通过获取图像中空间变化点的比率来计算彩色比率。在本节中，我们来说明彩色比率也可以写为图像导数，这是 Funt 和 Finlayson 首次提出的观点[46]。他们指出，如果彩色比率 F 不随光源而变化，则 $\ln(F)$不变。重写 $\ln(F)$表明，计算彩色比率 F 等于获得通道对数的导数：

$$\ln(F_1) = \ln\left(\frac{R_{x_1}}{R_{x_2}}\right) = \ln(R_{x_1}) - \ln(R_{x_2}) = \frac{\partial}{\partial \boldsymbol{x}}\ln[R(\boldsymbol{x})] \tag{5.16}$$

因此，在表面法线局部恒定的假设下，图像对数的导数对于光源的变化是不变的。利用 $\frac{\partial}{\partial \boldsymbol{x}}\ln[R(\boldsymbol{x})] = \frac{f_x(x)}{f(x)}$ 的事实，还可以通过以下公式计算这三个比率：

$$\{F_1, F_2, F_3\} = \left\{\frac{R_{\boldsymbol{x}}}{R}, \frac{G_{\boldsymbol{x}}}{G}, \frac{B_{\boldsymbol{x}}}{B}\right\} \tag{5.17}$$

其中，下标 $\boldsymbol{x}$ 表示空间导数。

Gevers 和 Smeulders 提出的彩色比率也有类似的推导[47]。从彩色比率 M 的对数开始，可以将其重写为

$$\ln(M_1) = \ln\left(\frac{R^{x_1} G^{x_2}}{R^{x_2} G^{x_1}}\right) = \ln\left(\frac{R^{x_1}}{G^{x_1}}\right) - \ln\left(\frac{R^{x_2}}{G^{x_2}}\right) = \frac{\partial}{\partial \boldsymbol{x}}\ln\left(\frac{R(\boldsymbol{x})}{G(\boldsymbol{x})}\right) \tag{5.18}$$

因此，两个不同通道的商的对数导数与光源彩色无关。可以根据以下公式计算两种彩色比率：

$$\{M_1, M_2\} = \left\{\frac{R_{\boldsymbol{x}}G - G_{\boldsymbol{x}}R}{RG}, \frac{R_{\boldsymbol{x}}B - B_{\boldsymbol{x}}G}{GB}\right\} \tag{5.19}$$

在图 5.2 中，提供了光度不变彩色比率的图示。

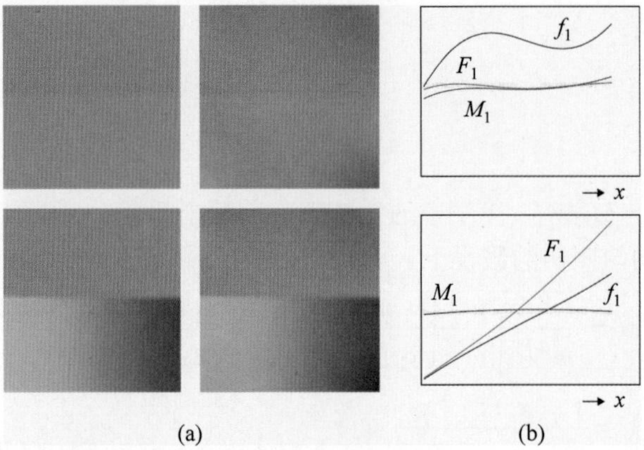

图 5.2　光源不变边缘检测：(a)左侧显示了两个彩色过渡，其中下部图像的蓝色部分叠加了从左到右下降的强度。这可以模拟由于场景几何形状改变而常见的变化；右侧的两个彩色过渡由局部平滑变化的光源照明。(b)这两个图分别描绘了沿两个区域分界线在图(a)的右侧图像中计算出的边缘响应，给出了正常图像导数 f_1 以及彩色比率 F_1 和 M_1 的响应。对于上部图像，两个彩色比率都保持相当稳定，而正常图像导数响应 f_1 由于光源的变化而明显变化。根据理论预测，当场景几何形状也改变时，如下部一行所示，F_1 的响应会发生变化，而只有 M_1 在几何和光源变化的组合下均保持稳定

5.3　模糊鲁棒和彩色恒常图像描述

除了前面讨论的光度变化之外，模糊改变是另一个经常遇到的现象。除其他因素外，它们可能是由于焦距过大、相机与物体之间的相对运动以及光学系统中的像差所致[51]。对于零阶描述（例如归一化 RGB），模糊变化的影响很小。但是，模糊的变化将大大改变基于边缘的描述。基于边缘的彩色方法可测量两个相互交织的现象：两个区域之间的彩色变化以及区域之间过渡的边缘清晰度。模糊的变化对彩色的变化影响很小，但是会影响过渡的边缘清晰度。因此，基于导数的表达具有不希望的效果，即它们在图像模糊下会发生变化。现在我们讨论**模糊**对前面讨论的彩色恒常比率的影响。我们进一步讨论一种降低彩色比率对图像模糊敏感度的方法。

让我们假设先前讨论的光源不变导数是通过使用尺度为 σ_d 的高斯导数进行推导来计算的。结果就是比率具有一定的尺度，例如 $F_1^{\sigma_d} = R_{\boldsymbol{x}}^{\sigma_d}/R^{\sigma_d}$。我们通过使用具有 σ_b 的高斯核进行卷积来对模糊建模。然后，模糊将具有与在不同尺度 $\sigma=\sqrt{\sigma_d^2+\sigma_b^2}$ 上计算比率的相似效果，因为

$$F_1^{\sigma}=\frac{(R\otimes G^{\sigma_b})\otimes\dfrac{\partial}{\partial \boldsymbol{x}}G^{\sigma_d}}{R\otimes G^{\sigma_b}\otimes G^{\sigma_d}}=\frac{R\otimes\dfrac{\partial}{\partial \boldsymbol{x}}G^{\sqrt{\sigma_b^2+\sigma_d^2}}}{R\otimes G^{\sqrt{\sigma_b^2+\sigma_d^2}}} \tag{5.20}$$

因此，相对于模糊的鲁棒性就等于改变比率尺度的鲁棒性。

接下来，分析尺度对比率的影响。假设可以通过阶跃边缘 $R(\boldsymbol{x}) = \alpha u(\boldsymbol{x}) + \beta$ 来建模边缘。那么，

$$F_1^{\sigma}=\frac{\dfrac{\partial}{\partial \boldsymbol{x}}[\alpha u(\boldsymbol{x})+\beta]\otimes G^{\sigma_b}}{[\alpha u(\boldsymbol{x})+\beta]\otimes G^{\sigma_b}}=\frac{\alpha\delta(\boldsymbol{x})\otimes G^{\sigma}}{[\alpha u(\boldsymbol{x})+\beta]\otimes G^{\sigma_b}} \tag{5.21}$$

在这里我们使用了一个事实，即阶跃边缘 $u(\boldsymbol{x})$的导数是德尔塔函数$\delta(\boldsymbol{x})$。现在让我们考虑正好在边缘 $x=0$ 处的比率响应。这里的分母保持恒定，并且

$$F_1^{\sigma}=\frac{\alpha}{\beta+\alpha/2}G^{\sigma}(0)=\frac{\alpha}{\beta+\alpha/2}\frac{1}{\sigma\sqrt{2\pi}} \tag{5.22}$$

显然，这种响应与尺度无关，这证明了彩色比率会随着模糊而变化。

为了获得针对模糊的鲁棒性，Van de Weijer 和 Schmid [48]提出了以下色角$\varphi_F=\{\varphi_F^1,\varphi_F^2\}$：

$$\varphi_F^1=\arctan\left(\frac{F_1}{F_2}\right),\qquad \varphi_F^2=\arctan\left(\frac{F_2}{F_3}\right) \tag{5.23}$$

通过彩色比率的除法排除了对模糊的依赖。考虑要通过 $G(\boldsymbol{x})=\lambda u(\boldsymbol{x})+\gamma$建模绿色通道的边缘，则

$$\varphi_F^1=\arctan\left[\frac{\alpha(\gamma+\lambda/2)}{(\beta+\alpha/2)\lambda}\right] \tag{5.24}$$

它独立于尺度σ，因此对模糊变化具有鲁棒性。此外，由于 F_1 和 F_2 都是不变量，因此φ_F^1是光源彩色变化的不变量。注意，为获得不变性并不需要使用 arctan( )。但是，arctan( )将输出映射到$[-\pi,\pi]$的范围，这可以更好地在直方图中表示。

对于彩色常数和照明几何不变比率 M_1 和 M_2，可以得出类似的对模糊的依赖关系。为了获得鲁棒性，可以计算以下色角：

$$\varphi_M=\arctan\left(\frac{M_1}{M_2}\right) \tag{5.25}$$

当使用式(5.23)和式(5.25)中提出的色角时，应考虑可靠性[41]。将误差分析应用于任何色角均会产生以下结果：

$$\left[\partial\arctan\left(\frac{a}{b}\right)\right]^2=\frac{(\partial\varepsilon)^2}{\sqrt{a^2+b^2}} \tag{5.26}$$

这里我们假设$\partial a=\partial b=\partial\varepsilon$。这个方程告诉我们，$\sqrt{a^2+b^2}$ 小的色角可靠性较差。

5.4　应用：基于彩色比率的图像检索

为了说明如何使用彩色比率，我们将其应用于图像检索任务。该任务旨在测试与光源彩色变化有关的图像描述。检索的性能由正确匹配的排名结果评估，其中排名指示在检索了多少图像后得到了正确图像。我们还将分析为单个查询定义的**归一化平均序**（NAR），如下所示：

$$\text{NAR}=\frac{1}{NN_R}\left[\sum_{i=1}^{N_R}R_i-\frac{N_R(N_R+1)}{2}\right] \tag{5.27}$$

其中，N 是数据库中图像的数量，N_R 是查询中相关图像的数量，R_i 是检索出来的第 i 幅相

关图像的排名。NAR 为零表示完美结果，而 NAR = 0.5 相当于随机检索。我们将给出由 ANAR 表示的所有查询的平均 NAR 结果。

构造彩色比率和色角的直方图以表示图像。我们在每个彩色维度中使用了 16 个直方条（F 有 3 个维度，φ_F 和 M 对应两个维度，φ_M 对应一个维度）。为了增强色角直方图的构造，我们使用式(5.26)。例如，对于 φ_M，我们用 $\sqrt{M_1^2+M_2^2}$ 更新直方图。检索基于直方图之间的欧氏距离，并且使用具有标准偏差 $\sigma=2$ 的高斯导数滤波器来计算导数。前两个实验是在一组 20 个彩色目标上进行的，所有这些目标都是在 10 种不同光源下拍摄的，具有不同的目标朝向[44]，其示例在图 5.3 中给出。

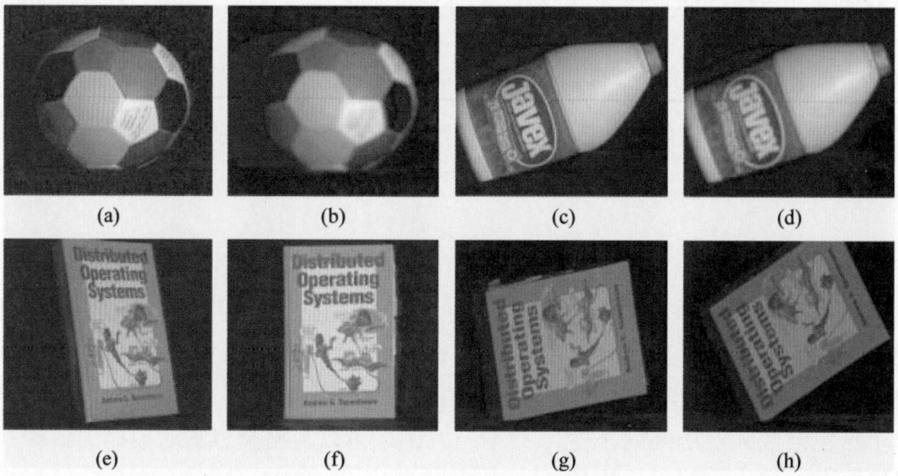

图 5.3 来自 Simon Fraser 数据集（637 × 468 像素）的目标图像示例。(a)～(d)两个目标的图像及其平滑版本，用于测试关于高斯模糊的鲁棒性；(e)～(h)单个目标在 4 个不同光源和不同目标朝向下的 4 个实例化。这些用于测试有关光源彩色和光源几何形状变化的图像描述

5.4.1 光源彩色的鲁棒性

首先，我们测试关于**光源**彩色变化的鲁棒性的图像描述。对于 20 个目标中的每一个，我们选择一幅有单个目标的图像作为查询。对于每个查询，在不同光源和不同目标朝向下，存在 10 个相同目标的相关图像。结果总结在表 5.1(a)中。这些图像都是在相似的距离上拍摄的，因此在大多数图像中，边缘同样清晰。因此，不需要关于模糊的鲁棒性，并且两个**彩色比率** F 和 M 均获得良好的结果。针对色角模糊而增加的鲁棒性给出较低的判别力；但是，对于 φ_F，性能下降是最小的。对于 φ_M 的 16 个直方条表明，由于判别能力的损失而导致的性能下降较大。

5.4.2 高斯模糊的鲁棒性

接下来，我们测试关于**模糊**变化的图像描述。为此，我们在同一个光源下拍摄所有 20 幅有单个目标的图像。接下来，将标准偏差为 $\sigma=2$ 的高斯平滑应用于图像，这只会导致图像出现轻微的视觉变化（图 5.3）。我们使用非平滑图像作为查询，以在 20 幅平滑图像集中

表 5.1　检索实验的排名和 ANAR

(a) 对光源彩色的鲁棒性

排名	1~10	11~20	> 20	ANAR	排名	1~10	11~20	> 20	ANAR
F	180	5	15	0.010	M	155	22	23	0.024
φ_F	169	17	14	0.012	φ_M	115	23	65	0.049

(b) 对高斯模糊的鲁棒性

排名	1	2	> 2	ANAR
F	5	0	15	0.218
φ_F	19	1	0	0.003
M	1	3	16	0.258
φ_M	15	3	2	0.023

(c) 对真实世界模糊效果的鲁棒性

排名	1	2	> 2	ANAR
F	7	2	11	0.365
φ_F	16	3	1	0.018
M	6	2	12	0.303
φ_M	13	1	6	0.053

找到其平滑副本。表 5.1(b)给出了该实验的检索结果。模糊下彩色比率 F 和 M 的敏感性是显而易见的，仅针对少数查询，发现相关图像的排名为 1。两个针对模糊而设计得很稳健的色角获得了良好的结果。对于φ_F，仅有单幅图像得到的相关图像没有排在检索出的第一幅。总之，色角在图像模糊时提供了可靠的图像描述。

5.4.3　真实世界模糊效果的鲁棒性

在一组 20 对图像上执行该实验。虽然每对都包含同一场景的两幅图像，但是图像模糊程度是不同的。模糊是由于更改了诸如快门时间和光圈之类的采集参数以及由于相机和物体之间的相对运动而引起的（见图 5.4）。表 5.1(c)提供了结果。模糊的变化会导致彩色比率 F 和 M 表现不佳。尽管并非所有现实世界的模糊效果都可以用高斯建模[51]，但所提出的模糊-稳健色角可以获得良好的结果：对于φ_F，仅有单幅图像没有出现在前两幅检索出的图像中。

(a)　(b)　(c)

图 5.4　示例数据库：(a)离焦模糊；(b)从前景到背景的焦点变化；(c)运动模糊

5.5 本章小结

正如在前面的章节中看到的那样，假设白色照明对于实际应用而言可能是一个过于严格的假设。场景中的光源可以着色并在整个场景空间上变化的假设更为现实。在本章中，我们讨论了这种不随光源变化的彩色比率。基本的结论是，光源在局部是恒定的，因此在边缘的两边都是相等的。在边缘两边分开进行观察将排除光源彩色的影响。

本章还讨论了基本原理的几个扩展。已经展示了如何获得关于几何形状和模糊变化的不变性。此外，推导了如何计算彩色比率作为图像导数。最后，展示了几个实验，以说明彩色比率的描述能力。

第 6 章　基于导数的光度不变性

包含Rein van den Boomgaard和Arnold W. M. Smeulders的贡献*

图像导数对于描述图像中的局部结构至关重要。一阶导数揭示了有关图像中边缘位置或视频中目标速度的信息。图像的二阶导数使我们能够识别图像中的角点和视频中的物体加速度。计算图像导数是基本的操作，已被使用于绝大多数计算机视觉应用程序中，包括诸如边缘检测、特征提取和光流之类的基本操作，以及诸如从阴影恢复形状、图像分割和目标检测之类更复杂的应用。

经典的**基于导数**（仅基于亮度或 RGB）的计算机视觉中的一个问题是，导数既描述了场景伴随的边缘，例如**阴影**和**镜面反射**过渡，也描述了相关的材质过渡。例如，基于亮度的光流估计会因移动阴影而存在缺陷，或者在有镜面反射的情况下基于 RGB 的目标分割会失败。这些问题可以通过将第 4 章中描述的光度不变性理论扩展到图像导数的计算来解决。然后可以根据图像的不变性将图像的微分结构分为独立的部分。例如，可以推导出图像导数对于阴影、镜面反射和光源变化是不变的。在图 6.1 中，提供了一个光度不变边缘检测的示例。该图像显示了两个不变量，它们对阴影和影调边缘不响应。例如，这可以从绿色立方体上的尖锐影调边缘看到，这两个边缘检测器都将其忽略了。

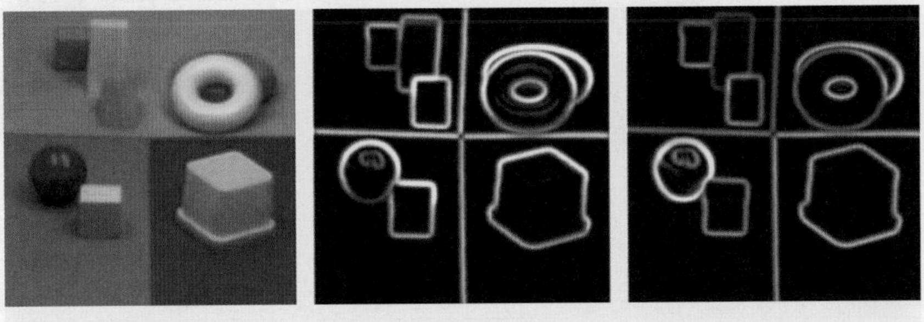

(a)　(b)　(c)

图 6.1　(a)输入图像；(b)阴影和影调完全不变；(c)阴影和影调准不变。这两个不变量在阴影和影调引起的边缘处均无响应

在探讨如何将光度不变性理论扩展到图像导数之前，一方面，我们先简要介绍特征检测和特征描述之间的差异（两者均被视为特征提取的一部分），这将有助于我们解释光度不变性边缘检测的不同方法。特征检测是在图像中定位特征的任务，它包括边缘、角点和 T-交叉点的检测[52-54]。另一方面，特征描述旨在描述图像中的这些局部特征。常用特征描述

---

* 经许可，部分内容转载自：*Color Invariance*, by J. M. Geusebroek, R. van den Boomgaard, A. W. M. Smeulders, H. Geerts, in *IEEE Transactions on Pattern Analysis and Machine Intelligence*, Volume 23 (12), ©2001 IEEE; *Edge and Corner Detection by Photometric Quasi-Invariants*, *IEEE Transactions on Pattern Analysis and Machine Intelligence*, Volume 27 (4), ©2005 IEEE.

符的示例是 SIFT 描述符[55]和形状上下文描述符[56]。在许多计算机视觉应用中，首先使用检测器来定位特征，然后使用描述符来描述局部特征[57]。特征检测和描述之间的区别对于理解我们在本章中描述的两种不同的光度不变性理论之间的区别很重要。

本章介绍两种计算光度不变特征（分别称为**完全不变量**和**准不变量**）的方法[58]。6.1 节推导了完全不变量，可将其用于特征检测和特征描述。它们的性质使得所产生的不变量值确实独立于其设计要忽略的物理事件。因此，这些特性可用于识别不同成像条件下的物体，如 6.1 节所示。另一种方法是 6.2 节中讨论的准不变量，这些准不变量专注于独立于某些光度事件的特征检测。与完全不变量类似，准不变量对图像的变化不响应，这些变化纯粹是由被设计为忽略的事件（例如，纯阴影边缘）而引起的。但是，这些不变量的强度在具有混合事件（例如材料边缘的阴影变化）的地方会有所不同。结果是准不变量仅限于用于特征检测，但不能应用于特征描述。对于特征检测的任务，我们将看到，相对于完全不变量，准不变量具有更高的判别能力并减少了边缘位移。

为了说明完全不变量和准不变量之间的微妙之处，我们提供了一个实际的例子。在图 6.2 中，提供了标准彩色渐变的边缘响应以及沿红色虚线的完全不变量和准不变量。红色虚线跨越 3 个边缘，首先是从紫色到绿色的材质过渡，然后是绿色立方体上的阴影边缘，最后是从绿色到紫色的材质过渡。不出所料，彩色渐变会产生所有 3 个边缘的响应。这两个不变量在阴影边缘都没有响应，仅响应材质过渡。该图还说明了完全不变量和准不变量之间的差异。对于绿色与紫色之间的转变，完全不变量的响应完全相同。但是，准不变量的响应在两个转变（紫色-绿色与绿色-紫色）之间有变化。由于物体和背景强度的变化，响应会发生变化。这能帮助获得对场景意外变化（例如阴影、影调效果和镜面反射）的鲁棒性。

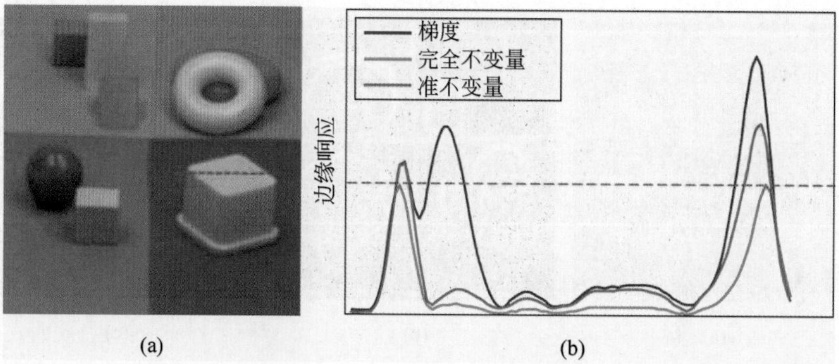

图 6.2 (a)输入图像；(b)沿着输入图像中的红色虚线的边缘响应，分别用于彩色梯度、完全不变量和准不变量。请注意，绿色立方体上的影调变化会导致梯度响应的第二个峰值，但都不会导致两个不变量产生任何响应

总而言之，彩色边缘检测具有附加的优势，即彩色信息使我们能够将边缘的不同原因分为阴影、影调效果或镜面过渡。在本章中，我们讨论两种获得光度不变边缘导数的方法。这些导数可用于基于图像导数的所有计算机视觉应用中。这样，它们有助于获得对场景意外变化（例如阴影、影调效果和镜面反射）的鲁棒性。

6.1　完全光度不变量

对不变性的测量需要平衡不受无用变换干扰影响的测量恒定性与保留目标不同真实状态之间的判别/区分能力。根据经验，不变性较高的特征具有较小的判别力。因此，应同时研究方法的不变性和判别力。只有这样才能评估所提出方法的实际性能。本节的重点是不变性，并通过实验评估判别力。在 6.2 节中，牺牲了完全不变性来提高判别能力，从而提高了特征检测的灵敏度和准确性。

在这一节中，我们考虑在尺度空间范式中引入波长，如 Koenderink [59]所建议的。这导致了一个高斯孔径函数的空间光谱族，该光谱族平滑并区分了数据。因此，数学框架是微积分和微分不变量。一般的想法是，导数导致各种参数对测量的影响呈正交关系，并假设可以将小波动归因于有效参数上变化的线性分解。这导致了众所周知的链式规则，这是微积分的基本规则。本章提出的思想是，可以测量式(3.30)中能量密度 $E(\lambda, \boldsymbol{x})$的空间和**光谱导数**。通过“选择”正确的光谱（和空间）灵敏度函数 $f^c(\lambda)$，该式中的积分可以看作有效的微分算子。下一小节说明如何通过对相机 RGB 灵敏度进行适当的线性变换来“选择”灵敏度函数，从而使结果模拟高斯平滑和微分算子直至二阶（因为存在 3 种光谱灵敏度）。该模型被 Koenderink 称为**高斯彩色模型**，也称为**局部彩色模型**（参考文献[59]的 5.6 节）。通过将图像与高斯平滑算子的导数进行卷积可以定义能操作的空间导数，这是目前计算机视觉中的基本技术。利用这些导数的正交性和微分的链式规则，可以将微积分应用于第 3 章介绍的成像模型，并从图像中真正获得微分不变式。

6.1.1　高斯彩色模型

物理测量意味着在光谱和空间（和时间）维度上的积分。积分将无限小空间附近光谱的无限维希尔伯特空间减少到有限数量的测量。高斯彩色模型本质上并不是新的彩色模型，而是一种彩色测量理论。高斯彩色模型可以被认为是高斯导数框架向时空光谱域的扩展。这样，该模型扩展到了空间光谱的尺度空间，并允许测量光度和几何微分的组合不变量。

从**尺度空间理论**，我们知道如何在一定尺度上探测一个函数。探针应具有高斯形状，以防止在较大尺度（较低分辨率）下观察时在函数中产生额外的细节[60]。将高斯作为测量空间光谱微商的一般探针。我们遵循参考文献[61]的高斯彩色模型。设 $E(\lambda)$为入射光的能量分布，其中λ表示波长，而 $G(\lambda_0;\ \sigma_\lambda)$是位于光谱尺度$\sigma_\lambda$时在$\lambda_0$处的高斯分布。光谱能量分布可以通过在$\lambda_0$处的泰勒展开式近似：

$$E(\lambda) = E^{\lambda_0} + \lambda E_{\lambda}^{\lambda_0} + \frac{1}{2}\lambda^2 E_{\lambda\lambda}^{\lambda_0} + \cdots \tag{6.1}$$

用高斯孔径测量光谱能量分布会在光谱上产生加权积分。在无限小的空间分辨率和光谱尺度σ_λ下，高斯彩色模型 $E(\lambda)$中的观测能量在二阶时等于[59]：

$$E^{\sigma_\lambda} = E^{\lambda_0,\sigma_\lambda} + \lambda E_\lambda^{\lambda_0,\sigma_\lambda} + \frac{1}{2}\lambda^2 E_{\lambda\lambda}^{\lambda_0,\sigma_\lambda} + O(\lambda^3) \tag{6.2}$$

其中，$E^{\lambda_0,\sigma_\lambda} = \int E(\lambda)\,G(\lambda;\lambda_0,\sigma_\lambda)\mathrm{d}\lambda$测量光谱强度。然后，微分 $E_\lambda^{\lambda_0,\sigma_\lambda} = \int E(\lambda)\,G_\lambda(\lambda;\lambda_0,\sigma_\lambda)\mathrm{d}\lambda$ 给出一阶光谱导数，而 $E_{\lambda\lambda}^{\lambda_0,\sigma_\lambda} = \int E(\lambda)\,G_{\lambda\lambda}(\lambda;\lambda_0,\sigma_\lambda)\mathrm{d}\lambda$测量二阶光谱导数，孔径函数 G、G_λ 和 $G_{\lambda\lambda}$表示相对于λ的高斯导数，灵敏度如图 6.3 所示。光谱测量的高斯模型可以探测光谱的微分结构。通过对入射光谱进行积分，并用导出的高斯灵敏度函数进行加权来获得测量结果。因此，高斯彩色模型可以测量高斯加权光谱能量分布的泰勒展开在λ_0和尺度σ_λ处的系数 $E^{\lambda_0,\sigma_\lambda}$、$E_\lambda^{\lambda_0,\sigma_\lambda}$和 $E_{\lambda\lambda}^{\lambda_0,\sigma_\lambda}$。

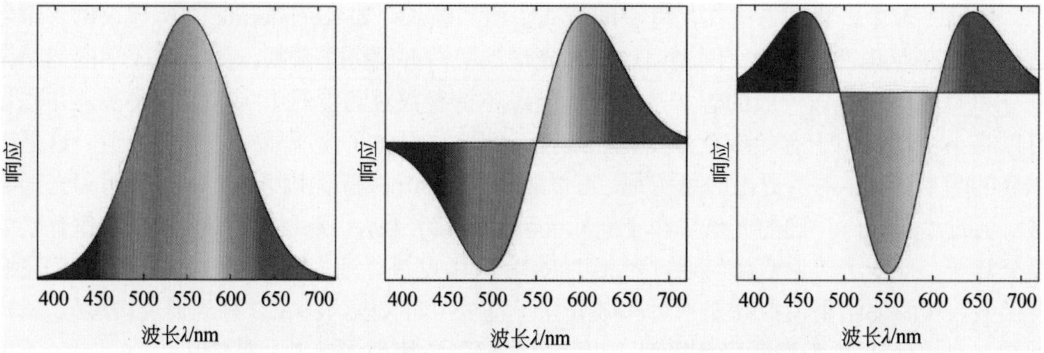

图 6.3 相对于波长的高斯灵敏度函数。对入射光谱 $E(\lambda)$并对 3 个灵敏度曲线$\{G(\lambda;\lambda_0,\sigma_\lambda)$、$G_\lambda(\lambda;\lambda_0,\sigma_\lambda)$和 $G_{\lambda\lambda}(\lambda;\lambda_0,\sigma_\lambda)\}$积分，得到 3 个光谱测量 E、E_λ和 $E_{\lambda\lambda}$。选择高斯中心波长$\lambda_0 = 520$ nm 和尺度$\sigma_\lambda = 55$ nm，以实现与人类视觉的兼容性

在高斯彩色模型中引入了空间范围可在波长λ_0和位置 $\boldsymbol{x}_0$ 处得到局部泰勒展开。对时空光谱能量分布的每次测量都具有空间分辨率和光谱分辨率。通过探测 3-D 光谱空间中的能量密度体积来获得测量值（图 6.4）。探针的大小由观测尺度σ_λ和$\sigma_{\boldsymbol{x}}$决定。

$$E(\lambda,\boldsymbol{x}) = E + \begin{pmatrix}\boldsymbol{x}\\ \lambda\end{pmatrix}^{\mathrm{T}}\begin{bmatrix}E_{\boldsymbol{x}}\\ E_\lambda\end{bmatrix} + \frac{1}{2}\begin{pmatrix}\boldsymbol{x}\\ \lambda\end{pmatrix}^{\mathrm{T}}\begin{bmatrix}E_{\boldsymbol{xx}} & E_{\boldsymbol{x}\lambda}\\ E_{\lambda\boldsymbol{x}} & E_{\lambda\lambda}\end{bmatrix}\begin{pmatrix}\boldsymbol{x}\\ \lambda\end{pmatrix} + \cdots \tag{6.3}$$

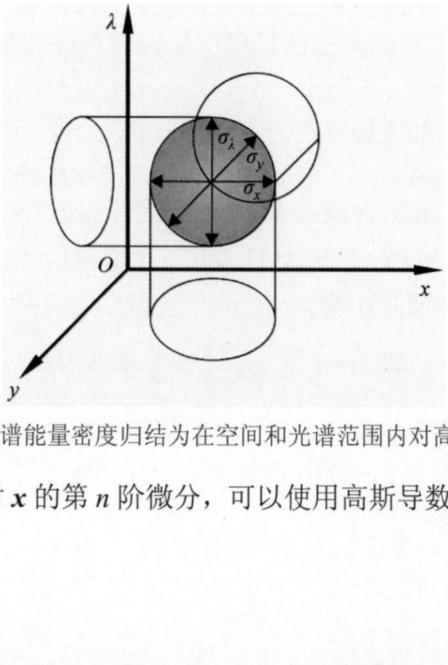

图 6.4 探测空间光谱能量密度归结为在空间和光谱范围内对高斯灵敏度函数积分

对λ的第 m 阶微分和对 $\boldsymbol{x}$ 的第 n 阶微分，可以使用高斯导数滤波器在众所周知的 N-jet 框架下进行[62]。

$$E_{\lambda^m,x^n}(\lambda,\boldsymbol{x})=E(\lambda,\boldsymbol{x})*G_{\lambda^m,x^n}(\lambda,\boldsymbol{x};\sigma_\lambda,\sigma_{\boldsymbol{x}}) \tag{6.4}$$

在这里，$G_{\lambda^m,x^n}(\lambda,\boldsymbol{x};\sigma_\lambda,\sigma_{\boldsymbol{x}})$是高斯形状的空间光谱探针，即彩色接收场，如图 6.5 所示。所有$E(\lambda,\boldsymbol{x})$的泰勒展开系数共同构成了局部图像结构的完整表示。对泰勒展开的截断得到在最小二乘意义上最优的近似表示。

图 6.5　在(x, y)和λ中直到二阶的高斯彩色平滑和导数滤波器

上述高斯彩色模型在被二阶截断并采用参数λ_0 = 520 nm 和σ_λ = 55 nm 时看起来近似于人类彩色视觉的**遗传基础**[63]。我们遵循这种情况，用 E、E_λ和 $E_{\lambda\lambda}$表示光谱微分商，用 E_x、$E_{\lambda x}$ 和 $E_{\lambda\lambda x}$ 表示空间微分商。

6.1.2　RGB 相机的高斯彩色模型

光谱导数通过给定（RGB）灵敏度的线性组合获得，而空间导数通过与高斯导数滤波器卷积获得。对于特性未知的普通相机，可以合理地假设相机的灵敏度接近高斯函数，并以可见光谱的红色、绿色和蓝色区域为中心，从而使 RGB 灵敏度捕获与人类感知相似的彩色空间。在这种情况下，一个高斯彩色模型的近似可由简单的对立彩色空间给出（3.5 节）。强度通道 $I = R + G + B$ 表示高斯加权光谱响应，黄−蓝色通道 YB = $R + G - 2B$ 是将光谱的一半（蓝色）与另一半（黄色）进行比较的一阶导数，而红−绿色通道 RG = $R - 2G + B$ 是将光谱中心与外围进行比较的二阶导数。因此，

$$\begin{bmatrix}\hat{E}\\ \hat{E}_\lambda\\ \hat{E}_{\lambda\lambda}\end{bmatrix}=\frac{1}{3}\begin{bmatrix}1 & 1 & 1\\ 1 & 1 & -2\\ 1 & -2 & 1\end{bmatrix}\begin{bmatrix}R\\ G\\ B\end{bmatrix} \tag{6.5}$$

请注意，我们尝试通过变换 RGB 滤波器给出的光谱响应以在光谱域中实现导数滤波器。变换后的滤波器可能不完善，但很可能会提供对差分测量值的准确估算。当已知 RGB 滤波器的光谱响应时，可以获得更好的变换。

校准了相机并知道 XYZ 响应后，就可以将相机的灵敏度与高斯基函数进行更精细、更精确的配准。当对 XYZ 灵敏度建立高斯彩色模型时，我们注意到，当采用λ_0 = 520 nm 和σ_λ = 55 nm 时，高斯彩色模型的前 3 个分量 E、E_λ和 $E_{\lambda\lambda}$非常接近 CIE 1964 的 XYZ 基。相机的开发是为了捕捉与人类相同的彩色空间，因此我们假设 RGB 灵敏度可跨越相似的光谱带宽并具有相似的中心波长。当相机响应线性化时，**RGB 相机**通过线性变换近似色度学的

CIE 1964 的 XYZ 基[64]。

$$\begin{bmatrix}\hat{X}\\\hat{Y}\\\hat{Z}\end{bmatrix}=\begin{bmatrix}0.62 & 0.11 & 0.19\\0.3 & 0.56 & 0.05\\-0.01 & 0.03 & 1.11\end{bmatrix}\begin{bmatrix}R\\G\\B\end{bmatrix} \tag{6.6}$$

参考文献[61]给出了从 XYZ 值到高斯彩色模型的最佳线性变换。

$$\begin{bmatrix}\hat{E}\\\hat{E}_\lambda\\\hat{E}_{\lambda\lambda}\end{bmatrix}=\begin{bmatrix}-0.48 & 1.2 & 0.28\\0.48 & 0 & -0.4\\1.18 & -1.3 & 0\end{bmatrix}\begin{bmatrix}\hat{X}\\\hat{Y}\\\hat{Z}\end{bmatrix} \tag{6.7}$$

式(6.6)和式(6.7)的乘积以 RGB 术语给出了高斯彩色模型的理想实现。

$$\begin{bmatrix}\hat{E}\\\hat{E}_\lambda\\\hat{E}_{\lambda\lambda}\end{bmatrix}=\begin{bmatrix}0.06 & 0.63 & 0.27\\0.3 & 0.04 & -0.35\\0.34 & -0.6 & 0.17\end{bmatrix}\begin{bmatrix}R\\G\\B\end{bmatrix} \tag{6.8}$$

图 6.6 展示了从 RGB 图像到对立彩色空间的转换结果。

图 6.6 一幅示例图像及其彩色分量 E、E_λ和 $E_{\lambda\lambda}$。对于后两幅图像，暗强度表示负值，亮强度表示正值

6.1.3 高斯彩色模型的导数

灰度图像的图像导数是通过在 x 和 y 方向上进行平滑和微分而获得的。用我们的符号表示，强度梯度由$\nabla E=(E_x, E_y)$表示，其幅度为 $E_w=|\nabla E|=\sqrt{E_x^2+E_y^2}$ 。通过将图像 E 的强度通道与高斯导数函数 $G_x(x, y)$和 $G_y(x, y)$卷积来获得各个梯度分量。上面概述的高斯彩色模型将这个框架扩展到光谱导数。在这里，高斯函数的光谱参数是固定的，高斯函数以固定波长为中心且具有固定的标准偏差（光谱带宽）。另外，存在 3 种可用的光谱导数：零阶导数 E 为强度，一阶导数 E_λ 将光谱的黄色和蓝色部分进行比较，而二阶导数 $E_{\lambda\lambda}$ 将绿色的中间部分与光谱的两个外端区域进行比较。这些参数可根据人类彩色视觉的属性在相机设备中实现。当然，通过将高斯光谱测量 E、E_λ 和 $E_{\lambda\lambda}$ 与高斯导数核卷积，仍然可以自由选择空间位置和尺度。这样，通过简单地将高斯彩色模型的适当通道与适当的空间导数算子相结合，就可以获得彩色图像的空间光谱导数。例如，可以通过以下方法获得图像中的彩色信息引起的总边缘强度：

$$E_w=\sqrt{E_x^2+E_y^2+E_{\lambda x}^2+E_{\lambda y}^2+E_{\lambda\lambda x}^2+E_{\lambda\lambda y}^2} \tag{6.9}$$

涉及获得结果 E_w 的图像处理算子包括：①通过用高斯 x-导数滤波器 G_x 对高斯彩色通

道 E、E_λ 和 $E_{\lambda\lambda}$ 进行滤波来获得 3 幅 x-导数图像；②通过用高斯 y-导数滤波器 G_y 对高斯彩色通道 E、E_λ 和 $E_{\lambda\lambda}$ 进行滤波来获得 3 幅 y-导数图像；③对 6 幅响应图像中的每一幅逐像素平方；④将 6 幅平方图像逐像素相加在一起成为一幅图像；⑤返回像素和的平方根作为最终边缘强度图像。

高斯彩色模型和高斯导数算子可以一步平滑和微分空间和光谱数据。但是，由于两个操作都是线性的并且遵循线性系统理论，因此我们可以将平滑和微分视为操作的两个独立步骤。尽管在实践中我们无法将两者分开，但我们可以在理论推导中分别使用它们。该观察对于得出随后的**微分不变量**至关重要。让我们通过考虑线性系统理论的性质使这一点更加明确。

$$\int G_{x^n}(x;\sigma)f(x)\mathrm{d}x=\int\left\{\frac{\partial^n}{\partial x^n}G(x;\sigma)\right\}f(x)\mathrm{d}x \tag{6.10}$$

$$=\int\frac{\partial^n}{\partial x^n}\{G(x;\sigma)f(x)\}\mathrm{d}x=\int G(x;\sigma)\left\{\frac{\partial^n}{\partial x^n}f(x)\right\}\mathrm{d}x \tag{6.11}$$

这意味着，与我们在哪个确切步骤应用导数运算符无关，我们可以将其视为实际上微分基础函数并测量（通过在高斯核上积分）其响应。当然，这是在假设响应是线性的（最多差一个任意缩放比例）前提下进行的，这对于许多不压缩其数据的相机都适用。即使在压缩情况下，伪像也可能被认为是噪声，并由高斯平滑算子平滑掉。因此，高斯彩色模型允许相机系统**就在观察之前**评估空间光谱能量函数的导数。这是相机前方的光场，由第 3 章中概述的反射模型建模。

6.1.4　朗伯反射模型的微分不变量

使用高斯彩色模型，我们可以应用微分计算来建立光度不变属性，这就是本章的目标。因此，我们可以考虑任何反射率模型，例如著名的朗伯模型、双色反射模型或者库贝卡·蒙克模型。在深入探讨之前，我们首先给出一个使用简化朗伯模型的示意图，以概述所涉及的步骤。考虑简化的朗伯反射模型：

$$E(\lambda,\boldsymbol{x})=m^b(\boldsymbol{x})s(\lambda,\boldsymbol{x}) \tag{6.12}$$

（请参见式(3.1)，那里做了一个**白光假设**，即 $e(\lambda)=c$）。这里，m^b 表示因物体的几何形状而产生的强度项，即朗伯反射的“余弦规则”。此外，s 表示物体的反射率函数。现在，取空间导数得到

$$E_\lambda(\lambda,\boldsymbol{x})=\frac{\partial}{\partial x}\{m^b(\boldsymbol{x})s(\lambda,\boldsymbol{x})\} \tag{6.13}$$

$$=s(\lambda,\boldsymbol{x})\frac{\partial m^b(\boldsymbol{x})}{\partial \boldsymbol{x}}+m^b(\boldsymbol{x})\frac{\partial s(\lambda,\boldsymbol{x})}{\partial \boldsymbol{x}} \tag{6.14}$$

该式的右侧描述了光度学的特性，其中空间导数算子通过基础物理过程“传播”。在这里，已应用链式规则来阐明分量 $s(\bullet)$和分量 $m^b(\bullet)$中的波动对总波动的影响。左侧表示将由相机测量的结果，即通过使用高斯核进行平滑获得的测量结果。因此，该式表示高斯导数滤波器在强度图像（左侧）上的响应会产生某些值（右侧），该值取决于几何项（ m^b ）和材料反射率项（s）。这当然是我们的框架明确表明的众所周知的事实。

现在让我们考虑简化朗伯模型的光谱导数情况：

$$E_\lambda(\lambda,\boldsymbol{x})=\frac{\partial}{\partial x}\{m^b(\boldsymbol{x})s(\lambda,\boldsymbol{x})\} \tag{6.15}$$

$$=m^b(\boldsymbol{x})\frac{\partial s(\lambda,\boldsymbol{x})}{\partial\lambda} \tag{6.16}$$

此处，几何项 $m^b(\boldsymbol{x})$不依赖于波长，因此被认为是偏导数中的常数。其次，右侧表示光度学，现在光谱导数算子通过基础物理传播；左侧表示高斯彩色模型的黄–蓝色分量。从等式可以看出，测量得到的黄–蓝色通道 E_λ线性地取决于强度项 m^b，因此也取决于成像的朗伯物体的几何形状，这也是众所周知的事实。但是，对测量得到的强度进行归一化给出

$$\frac{E_\lambda(\lambda,\boldsymbol{x})}{E(\lambda,\boldsymbol{x})}=\frac{m^b(\boldsymbol{x})}{m^b(\boldsymbol{x})s(\lambda,\boldsymbol{x})}\frac{\partial s(\lambda,\boldsymbol{x})}{\partial\lambda} \tag{6.17}$$

$$=\frac{1}{s(\lambda,\boldsymbol{x})}\frac{\partial s(\lambda,\boldsymbol{x})}{\partial\lambda} \tag{6.18}$$

现在，右侧表示用 E 归一化的 E_λ的光度仅取决于表面反射率 s，因此取决于体反射率，因为表达式中的几何项 m^b 被抵消了。左侧表示需要结合以产生不变量的测量值，即一阶光谱导数 E_λ（黄–蓝对立色通道）除以强度 E 以产生不变量。对于基于像素的不变性，按每个像素评估这些属性。对于高斯彩色模型，可以在对通道 E 和 E_λ（和 $E_{\lambda\lambda}$）进行平滑处理之后评估这些属性，因为对立的彩色通道是去相关的。因此，高斯平滑处理不会引入彩色混合伪影。我们用 C_λ表示结果不变量

$$C_\lambda=\frac{E_\lambda}{E} \tag{6.19}$$

可通过将黄–蓝色平滑的对立通道 E_λ逐像素除以平滑的强度通道 E 来计算。

简化朗伯模型的二阶光谱导数产生与式(6.15)类似的表达式：

$$E_{\lambda\lambda}(\lambda,\boldsymbol{x})=\frac{\partial^2}{\partial\lambda^2}\{m^b(\boldsymbol{x})s(\lambda,\boldsymbol{x})\} \tag{6.20}$$

$$=m^b(\boldsymbol{x})\frac{\partial^2 s(\lambda,\boldsymbol{x})}{\partial\lambda^2} \tag{6.21}$$

因此，对于代表波长的二阶导数的红–绿对立色通道，我们可以得出类似的归一化表达式：

$$\frac{E_{\lambda\lambda}(\lambda,\boldsymbol{x})}{E(\lambda,\boldsymbol{x})}=\frac{m^b(\boldsymbol{x})}{m^b(\boldsymbol{x})s(\lambda,\boldsymbol{x})}\frac{\partial^2 s(\lambda,\boldsymbol{x})}{\partial\lambda^2} \tag{6.22}$$

$$=\frac{1}{s(\lambda,\boldsymbol{x})}\frac{\partial^2 s(\lambda,\boldsymbol{x})}{\partial\lambda^2} \tag{6.23}$$

同样，几何项 m^b 被抵消。因此，在我们简化的朗伯反射率模型下，归一化的红–绿对立色通道仅取决于表面反射率函数，从而得出：

$$C_{\lambda\lambda}=\frac{E_{\lambda\lambda}}{E} \tag{6.24}$$

到目前为止，我们引入了时空光谱导数框架，并通过推导式(6.12)的简化朗伯彩色模型的不变表达式来证明其适用性。现在我们了解了基本原理，可以进一步讨论简化的朗伯模型。扩展反射模型以包括局部强度变化：

$$E(\lambda,\boldsymbol{x})=i(\boldsymbol{x})m^b(\boldsymbol{x})s(\lambda,\boldsymbol{x}) \tag{6.25}$$

局部强度项 $i(\boldsymbol{x})$对不均匀的照明强度和由于例如阴影引起的强度变化进行建模。由于该模型与原始模型没有本质区别，因此强度波动 i 可以吸收到局部几何项 m^b 中，而不会对所得出的不变表达式 C_λ和 $C_{\lambda\lambda}$产生任何影响。因此，C 不变量忽略强度的任何变化，例如由于阴影、影调、局部照明变化或影响强度的任何其他波动。

一旦有了最低阶不变式，该表达式的任何高阶导数都会继承相同的不变性。因此，通过采用高阶导数，我们可以生成任意高阶 n 的微分不变量的层次结构。最低阶不变式称为基本不变式。例如，C_λ和 $C_{\lambda\lambda}$的空间导数由下式给出：

$$C_{\lambda \boldsymbol{x}}=\frac{E_{\lambda \boldsymbol{x}}E-E_\lambda E_{\boldsymbol{x}}}{E^2} \tag{6.26}$$

$$C_{\lambda\lambda \boldsymbol{x}}=\frac{E_{\lambda\lambda \boldsymbol{x}}E-E_{\lambda\lambda} E_{\boldsymbol{x}}}{E^2} \tag{6.27}$$

现在，可以通过取不变导数 $C_{\lambda x}$、$C_{\lambda y}$、$C_{\lambda\lambda x}$ 和 $C_{\lambda\lambda y}$ 的平方和来获得不变边缘强度 C_w^2：

$$C_w=\sqrt{C_{\lambda x}^2+C_{\lambda y}^2+C_{\lambda\lambda x}^2+C_{\lambda\lambda y}^2} \tag{6.28}$$

所产生的梯度幅度与局部强度变化无关。因此，该边缘检测器对于阴影和影调是不变的。图 6.7 可说明 C 不变量。

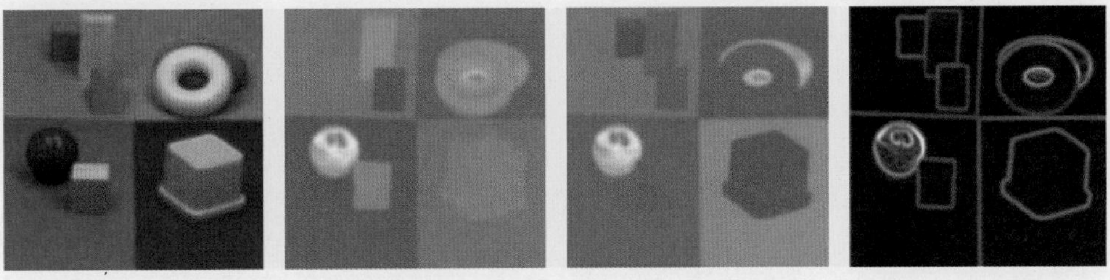

图 6.7　归一化彩色 C_λ表示的第一阶光谱导数，$C_{\lambda\lambda}$表示的第二阶光谱导数，以及梯度量 C_w 的示例。请注意，强度边缘被抑制，而高光仍然存在

简化朗伯反射模型的进一步扩展是要包括彩色光源。最初，在式(6.12)中，我们通过严格的假设 $e(\lambda, \boldsymbol{x}) = c$ 来指定白光。我们通过允许空间强度波动放宽了假设，并引入了空间波动项 $i(\boldsymbol{x})$。现在，我们通过允许使用有色光源来进一步放松我们的模型，导致产生 $e(\lambda)i(\boldsymbol{x})$项，该项既可以模拟光源的光谱，也可以模拟强度范围内的空间波动：

$$E(\lambda,\boldsymbol{x})=e(\lambda)i(\boldsymbol{x})s(\lambda,\boldsymbol{x}) \tag{6.29}$$

在这里，为了简化表示，我们将几何项 $m^b(\boldsymbol{x})$吸收到空间波动 $i(\boldsymbol{x})$中。扩展的朗伯反射模型使我们能够导出与照明无关的不变性。请注意，光谱导数或空间导数将分别作用于 e（光谱导数）或 i（空间导数），而将另一个视为常数。两种导数都将作用于 s。因此，通过采用二阶导数，我们有可能消除光源和几何形状的变化。

让我们从扩展朗伯反射模型的一阶光谱导数开始，得出：

$$E_\lambda(\lambda,\boldsymbol{x})=\frac{\partial}{\partial\lambda}\{e(\lambda)i(\boldsymbol{x})s(\lambda,\boldsymbol{x})\} \tag{6.30}$$

$$=i(\boldsymbol{x})\frac{\partial e(\lambda)s(\lambda,\boldsymbol{x})}{\partial\lambda} \tag{6.31}$$

$$=i(\boldsymbol{x})s(\lambda,\boldsymbol{x})\frac{\partial e(\lambda)}{\partial\lambda}+i(\boldsymbol{x})e(\lambda)\frac{\partial s(\lambda,\boldsymbol{x})}{\partial\lambda} \tag{6.32}$$

在这里，我们看到了基于导数不变性的全部功能，因为微分的链式规则将模型中每个单独因素的影响分开来了。因此，将光谱导数 E_λ 用强度 E 归一化可以得到：

$$\frac{E_\lambda(\lambda,\boldsymbol{x})}{E(\lambda,\boldsymbol{x})}=\frac{1}{e(\lambda)}\frac{\partial e(\lambda)}{\partial\lambda}+\frac{1}{s(\lambda,\boldsymbol{x})}\frac{\partial s(\lambda,\boldsymbol{x})}{\partial\lambda} \tag{6.33}$$

现在，所得结果由与光源反射光谱有关的、仅取决于 λ 的项以及与体反射率有关的、取决于 λ 和 $\boldsymbol{x}$ 的项构成。对 $\boldsymbol{x}$ 计算偏微分，

$$\frac{\partial}{\partial\boldsymbol{x}}\left\{\frac{E_\lambda(\lambda,\boldsymbol{x})}{E(\lambda,\boldsymbol{x})}\right\}=\frac{\partial}{\partial\boldsymbol{x}}\left\{\frac{1}{s(\lambda,\boldsymbol{x})}\frac{\partial s(\lambda,\boldsymbol{x})}{\partial\lambda}\right\} \tag{6.34}$$

仅取决于 λ 的项消失了，即结果只取决于物体的反射率。因此，

$$N_{\lambda\boldsymbol{x}}=\frac{\partial}{\partial\boldsymbol{x}}\left\{\frac{E_\lambda(\lambda,\boldsymbol{x})}{E(\lambda,\boldsymbol{x})}\right\} \tag{6.35}$$

$$=\frac{E_{\lambda x}E-E_\lambda E_x}{E^2} \tag{6.36}$$

即对于局部强度变化和在朗伯反射下的光源彩色不变。这种情况下的二阶光谱导数是通过进一步对 λ 微分获得的：

$$N_{\lambda\lambda\boldsymbol{x}}=\frac{E_{\lambda\lambda x}E^2-E_{\lambda\lambda}E_xE-2E_{\lambda x}E_\lambda E+2E_\lambda^2E_x}{E^3} \tag{6.37}$$

此处的一个观察结果是，显然只能通过考虑局部像素值之间的比较来实现彩色恒常性，在这里通过使用高斯导数滤波器进行边缘检测来实现。如果将不变量 C 的导数与上述推导的 N 表达式进行比较，则 $C_{\lambda\boldsymbol{x}}$ 实际上等于 $N_{\lambda\boldsymbol{x}}$。因此，当使用 C 不变边缘检测器时，可以期望已经实现了光源光谱的某种独立性。不变边缘的幅度 N_w 可以通过下式得到：

$$N_w=\sqrt{N_{\lambda\boldsymbol{x}}^2+N_{\lambda\boldsymbol{y}}^2+N_{\lambda\lambda\boldsymbol{x}}^2+N_{\lambda\lambda\boldsymbol{y}}^2} \tag{6.38}$$

它产生的梯度大小与局部强度变化和光源的彩色无关。因此，该边缘检测器是彩色恒定的，并且对于阴影和影调不变。请注意，根据**比尔·朗伯**定律，上述推导的朗伯模型的光反射表达式也适用于透射情况。回顾式(3.24)中的定律，并考虑我们对彩色光源的上述假设，我们得到：

$$E(\lambda,\boldsymbol{x})=e(\lambda)i(\boldsymbol{x})\exp[-d(\boldsymbol{x})c(\boldsymbol{x})\alpha(\lambda,\boldsymbol{x})] \tag{6.39}$$

$$=e(\lambda)i(\boldsymbol{x})t(\lambda,\boldsymbol{x}) \tag{6.40}$$

其中，t 表示总消光系数。注意它与式(6.29)相似。因此，根据比尔·朗伯定律，上面得出的表达式也适用于透明材料。在这种情况下，N 不变量对于局部照明强度和照明彩色的改变具有鲁棒性。该属性如图 6.8 所示。

6.1.5 双色反射模型的微分不变量

我们继续分析微分不变量，现在转向 3.2 节的双色反射模型。考虑简化的双色反射模型，

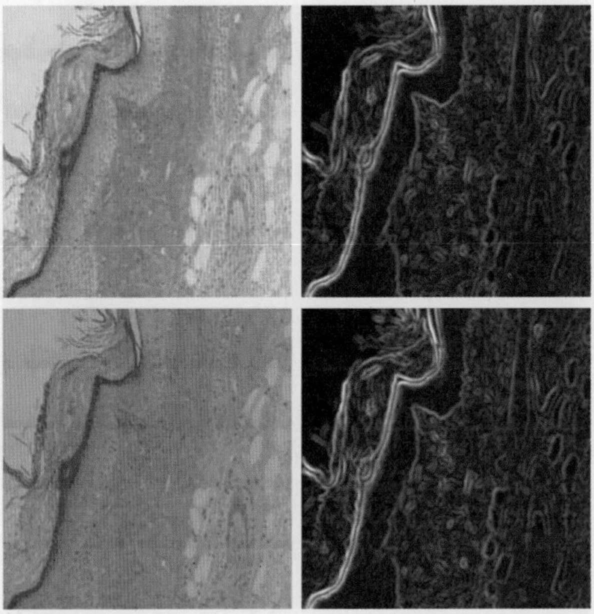

图 6.8　使用卤素光源在 3400 K 和 2500 K 时，上皮组织切片在透射光显微镜上应用彩色常数梯度幅度 N_w 的示例。所得边缘与照明彩色变化引起的色差无关

$$E(\lambda,\boldsymbol{x})=m^b(\boldsymbol{x})c^b(\lambda,\boldsymbol{x})+m^i(\boldsymbol{x}) \tag{6.41}$$

在这里我们假设一个中性界面导致镜面反射，直接反射按标量因子 m^i 减少光源的光谱。因此，该模型描述了通过 c^b 项的有色表面反射、通过 m^b 项的影调、通过 m^i 项的高光以及隐藏在几何项 m^b 和 m^i 中的阴影和（局部）强度变化。注意，几何项与波长无关。因此，对波长的偏微分给出：

$$E(\lambda,\boldsymbol{x})=\frac{\partial}{\partial\lambda}\left\{m^b(\boldsymbol{x})c^b(\lambda,\boldsymbol{x})\right\} \tag{6.42}$$

$$=m^b(\boldsymbol{x})\frac{\partial c^b(\lambda,\boldsymbol{x})}{\partial\lambda} \tag{6.43}$$

结果取决于几何项 m^b 和目标的朗伯反射系数 c^b 。现在可以通过再次微分获得不变性：

$$E_{\lambda\lambda}(\lambda,\boldsymbol{x})=\frac{\partial^2}{\partial\lambda^2}\left\{m^b(\boldsymbol{x})c^b(\lambda,\boldsymbol{x})\right\} \tag{6.44}$$

$$=m^b(\boldsymbol{x})\frac{\partial^2 c^b(\lambda,\boldsymbol{x})}{\partial\lambda^2} \tag{6.45}$$

之后将它们归一化：

$$\frac{E_{\lambda\lambda}(\lambda,\boldsymbol{x})}{E_{\lambda}(\lambda,\boldsymbol{x})}=\frac{\dfrac{\partial c^b(\lambda,\boldsymbol{x})}{\partial\lambda}}{\dfrac{\partial^2 c^b(\lambda,\boldsymbol{x})}{\partial\lambda^2}} \tag{6.46}$$

因此，E_λ和 $E_{\lambda\lambda}$的比值对于高光、阴影和影调不变，并产生不变的 H：

$$H=\arctan\left(\frac{E_\lambda}{E_{\lambda\lambda}}\right) \tag{6.47}$$

由于下面的解释以及数值稳定性，引入了 arctan。

要解释 H，可以考虑以二阶截断的λ_0处的局部泰勒展开：

$$E(\lambda_0+\Delta\lambda)\approx E(\lambda_0)+\Delta\lambda E_\lambda(\lambda_0)+\frac{1}{2}\Delta\lambda^2 E_{\lambda\lambda}(\lambda_0) \tag{6.48}$$

$E_\lambda(\lambda_0+\Delta\lambda)$在$\Delta\lambda$处取到函数极值，一阶导数为零：

$$\frac{\mathrm{d}}{\mathrm{d}\lambda}\{E(\lambda_0+\Delta\lambda)\}=E_\lambda(\lambda_0)+\Delta\lambda E_{\lambda\lambda}(\lambda_0)=0 \tag{6.49}$$

因此，对于原点λ_0附近的$\Delta\lambda$，有：

$$\Delta\lambda_{\max}=-\frac{E_\lambda(\lambda_0)}{E_{\lambda\lambda}(\lambda_0)} \tag{6.50}$$

总之，特性 H 与材料的色调（即 arctan $\lambda_{\max}$）有关。对于 $E_{\lambda\lambda}(\lambda_0)<0$，结果最大，并且描述了带通（棱镜）的彩色，而对于 $E_{\lambda\lambda}(\lambda_0)>0$，结果最小，表明了带阻（狭缝）的彩色。

对 H 不变量借助空间微分可得到：

$$H_{\boldsymbol{x}}=\sqrt{\frac{E_{\lambda\lambda}E_{\lambda\boldsymbol{x}}-E_\lambda E_{\lambda\lambda\boldsymbol{x}}}{E_\lambda^2+E_{\lambda\lambda}^2}} \tag{6.51}$$

进一步得到梯度幅度：

$$H_w=\sqrt{H_x^2+H_y^2} \tag{6.52}$$

除了与色调有关的 H 之外，还可以得出饱和度 S 的表达式：

$$S=\frac{1}{E}\sqrt{E_\lambda^2+E_{\lambda\lambda}^2} \tag{6.53}$$

请注意，饱和度 S 与局部强度变化以及阴影和影调无关，但与高光有关。现在，读者可以轻松得出这一结论。色调和饱和度的不变性如图 6.9 所示。

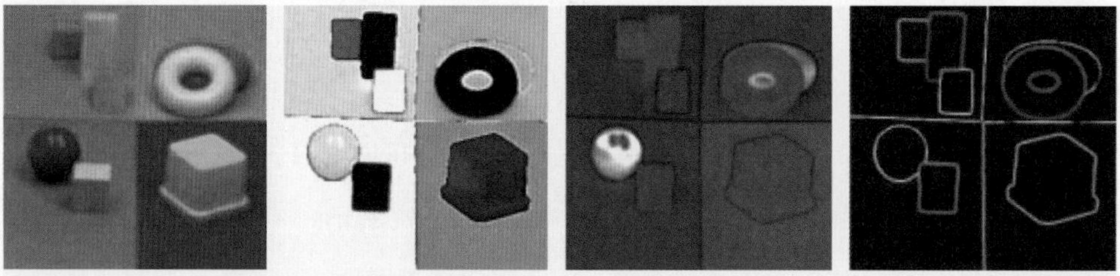

(a) (b) (c) (d)

图 6.9　与 H 相关的不变量的示例。(a)示例图像；(b)H；(c)派生表达式 S；(d)梯度幅度 H_w。H 和 H_w 图像中的强度变化和高光被抑制。S 图像在彩色边界处显示出较低的纯度，这是由于边界两侧的彩色混合所致。对于所有图片，$\sigma_{\boldsymbol{x}}=1$ 个像素，图像尺寸为 256 × 256 像素

众所周知，色调的常用表达方式对噪声敏感。在高斯导数框架中，高斯平滑提供了噪声和细节灵敏度之间的权衡。图 6.10 显示了噪声对各种$\sigma_{\boldsymbol{x}}$的色调梯度幅度 H_w 的影响。对于较大的观察尺度$\sigma_{\boldsymbol{x}}$，噪声对色调边缘检测的影响可以大大降低。

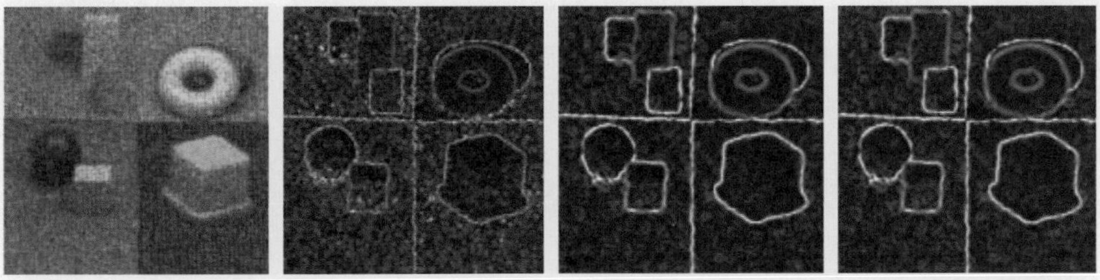

图 6.10　白色加性噪声对梯度幅度 H_w 的影响。独立的高斯零均值噪声被添加到每个 RGB 通道，SNR = 5，针对 $\sigma_x = 1$，$\sigma_x = 2$ 和 $\sigma_x = 4$ 的像素确定 H_w。注意，色调梯度 H_w 对较大 σ_x 的噪声鲁棒性

6.1.6　完全彩色不变量小结

本章推导了各种不变量。不变量集合可以由不变性的广度来排序，其中，较宽泛的集合相比较较严格的集合可以忽略更大的干扰因子集合（图 6.11）。表 6.1 总结了这组干扰因素。

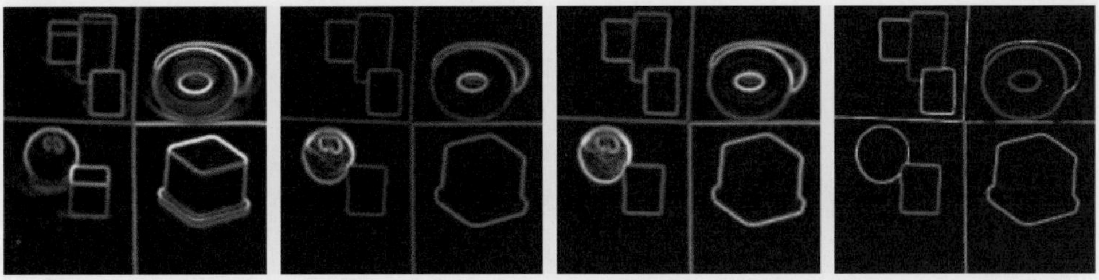

图 6.11　总彩色边缘强度度量的示例。从显示的 E_w 看，它不是不变的。请注意，此图像显示强度、彩色和高光边界。此外，还显示了对阴影不变的 C_w 和 N_w，最后显示了对阴影和高光不变的 H_w。强度和高光对不同不变量的影响符合表 6.1

表 6.1　各种彩色不变量集合及其对特定成像条件不变性的总结

不变量集合	视线方向	表面朝向	高光	照明方向	照明强度	照明彩色
H	+	+	+	+	+	–
N	+	+	–	+	+	+
C	+	+	–	+	+	–
E	–	–	–	–	–	–

注：不变性用“+”表示，而对成像条件的灵敏度则用“–”表示。注意，反射光谱能量分布 E 对所有条件都敏感。

该表提供了在已知成像条件下使用最小不变量集合的解决方案，因为 $H \subset N \subset C \subset E$。在未知记录环境的情况下，该表提供了从宽到窄的层次结构。因此，可以应用针对不变特征提取的增量策略。如参考文献[65]中所述，不变量的组合为边缘类型的分类开辟了道路。某些不变量的边缘消失表明其原因是阴影、镜面反射率或是材料边界。

6.1.7　二维中的几何彩色不变量

到目前为止，我们已经基于 1-D 的光谱域和空间域中的导数，建立了彩色不变描述符。

当以 2-D 方式应用时，结果取决于图像内容的方向。为了获得有意义的图像描述，推导出相对于平移、旋转和缩放不变的描述符至关重要。对于灰度值的亮度 L，几何不变量已经获得[66]。平移和缩放不变性是通过检查（高斯）尺度空间获得的，它是研究图像特征的尺度行为的自然表示[60]。Florack 等[66]通过系统地考虑局部规范坐标，利用旋转不变性扩展了高斯尺度空间。坐标轴 w 和 v 分别与梯度和等照度线的切线方向对齐。因此，一阶梯度规范不变性是亮度梯度的幅度。

$$L_w = \sqrt{L_x^2 + L_y^2} \tag{6.54}$$

注意，根据定义，一阶等照度线的规范不变量为零。二阶不变量由下式给出：

$$L_{vv} = \frac{L_x^2 L_{yy} - 2L_x L_y L_{xy} + L_x^2 L_{xx}}{L_w^2} \tag{6.55}$$

与等照度线曲率有关：

$$L_{vw} = \frac{L_x L_y (L_{yy} - L_{xx}) - (L_x^2 - L_y^2) L_{xy}}{L_w^2} \tag{6.56}$$

与流线曲率有关：

$$L_{ww} = \frac{L_x^2 L_{xx} + 2L_x L_y L_{xy} + L_y^2 L_{yy}}{L_w^2} \tag{6.57}$$

还与等密度线有关。这些空间结果可以与之前建立的彩色不变性组合，方法是用相应的彩色不变性的导数直接替换上面各 L 的空间导数。更多详细信息可参见参考文献[67]。

6.2 准不变量

光度不变性理论对图像**差分结构**的直接扩展是，将图像转换为光度不变性表达（第 4 章），例如归一化 RGB 或色调表示，然后将导数应用于这些表达以获得光度不变性导数。这仅在一定程度上是成功的，主要问题是由用于计算光度不变性表达的非线性变换引起的，非线性导致光度不变性表达的不稳定性（通常在暗区或非彩色区）。因此，基于此表达形式的导数继承了不稳定性。这种观察是本章的出发点，在这里我们导出了一组称为**准不变量**的光度不变图像导数。这组导数仅基于线性运算，因此不会遇到上述问题。准不变量理论与 Zickler 等人的彩色子空间理论密切相关[68]。

如本章介绍中所述，准不变量的一个缺点是它们仅适用于特征检测，不适用于特征描述。但是，准不变量的一个优点是，与基于完整光度变量的检测器相比，准不变量更稳定，并且具有更高的鉴别能力。在边缘检测的情况下，这意味着准不变边缘检测器能获得更好的边缘定位，并能够检测到更多的彩色过渡。

6.2.1 双色反射模型中的边缘

回想 3.2 节，双色反射模型将光学不均匀材料的体反射（目标彩色）分量和表面反射（镜面反射或高光）分量分开了。如果我们假设阴影没有显著着色，已知光源 $\boldsymbol{c}^i = (\alpha, \beta, \gamma)^{\mathrm{T}}$

和中性界面反射，则 RGB 矢量 $\boldsymbol{f}=(R,G,B)^{\mathrm{T}}$ 可以看成是两个矢量的加权和，如式(3.9)：

$$\boldsymbol{f}(\boldsymbol{x})=e(\boldsymbol{x})\left[m^b(\boldsymbol{x})\boldsymbol{c}^b(\boldsymbol{x})+m^i(\boldsymbol{x})\boldsymbol{c}^i(\boldsymbol{x})\right] \tag{6.58}$$

其中，$\boldsymbol{c}^b$ 是体反射率的彩色，$\boldsymbol{c}^i$ 是表面反射率的彩色，m^b 和 m^i 是分别表示体反射和表面反射的相应幅度的标量。在这里，我们引入参数 $e(\boldsymbol{x})$来描述光源强度随空间坐标 $\boldsymbol{x}$ 的变化。

根据双色反射模型，可以推导出光度不变量（例如，归一化的 RGB 或色调）。这些不变量的缺点是不稳定。归一化的 RGB 在零强度附近不稳定，色调则在黑白轴上未定义(4.5 节)。

通过分析 RGB 直方图中的 RGB 值可以避免不稳定性[28-29]。在这里，我们不关注零阶结构（RGB 值），而是关注图像的一阶结构（图像的边缘）。可以通过采用不变量的零阶表示形式（例如色调）的导数，将光度不变性理论直接扩展到一阶滤波器。但是，这些滤波器将继承光度不变量的不期望有的不稳定性。准不变导数是得出光度不变导数的另一种方法。

式(6.58)的双色反射模型的空间导数针对图像的光度导数结构得出以下方程式：

$$\boldsymbol{f_x}=em^b\boldsymbol{c_x^b}+\left(e_{\boldsymbol{x}}m^b+em_{\boldsymbol{x}}^b\right)\boldsymbol{c}^b+\left(em_{\boldsymbol{x}}^i+e_{\boldsymbol{x}}m^i\right)\boldsymbol{c}^i \tag{6.59}$$

在此，下标表示空间差异。由于我们假设已知光源和中性界面反射，因此 $\boldsymbol{c}^i$ 与 $\boldsymbol{x}$ 无关。式(6.59)中的导数是 3 个加权矢量的总和，它们是依次由体反射率、阴影−影调和镜面反射引起的。

对式(6.59)进行更详细的研究很有趣。图像的彩色导数由 3 部分组成。事实证明，如果我们知道 RGB 值（$\hat{\boldsymbol{f}}$），我们实际上可以预测 $\hat{\boldsymbol{f}}_{\boldsymbol{x}}$ 的 3 个分量的方向。为此，我们首先看一下导致阴影−影调变化的第二部分。我们看到（在没有界面反射的情况下），这些方向是由 $\boldsymbol{c}^b$ 给出的，与 $\hat{\boldsymbol{f}}=\frac{1}{\sqrt{R^2+G^2+B^2}}(R,G,B)^{\mathrm{T}}$ 的方向一致。帽子符号用于表示单位矢量。我们将此方向称为阴影−影调方向，因为所有阴影−影调变化都在该方向上。图 6.12(a)给出了 RGB 立方体中阴影−影调方向的矢量场的一部分。阴影−影调本身由代表两个不同物理现象的两个标量组成。首先，$e_{\boldsymbol{x}}m^b$ 表示强度的变化，它对应于阴影边缘。$em_{\boldsymbol{x}}^b$ 是几何系数的变化，它表示影调边缘。

接下来，我们考虑式(6.59)的第三部分，即镜面方向 $\boldsymbol{c}^i$，其中镜面几何系数 $m_{\boldsymbol{x}}^i$ 发生了变化。在图 6.12(b)中，$\boldsymbol{c}^i$ 表示白光源的情况，其中 $\hat{\boldsymbol{c}}^i=[1\ 1\ 1]^{\mathrm{T}}/\sqrt{3}$。镜面反射方向乘以两

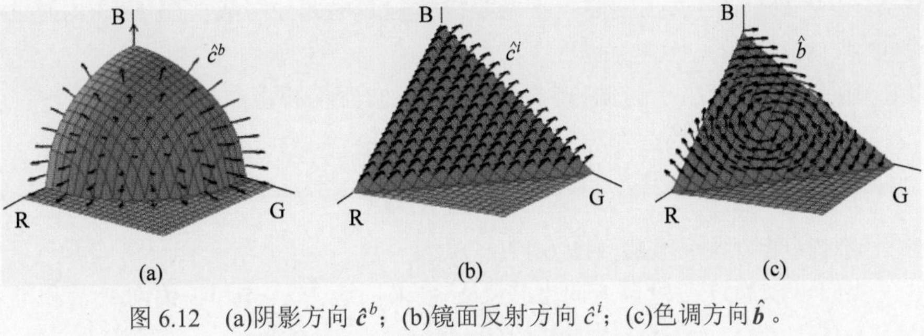

图 6.12　(a)阴影方向 $\hat{\boldsymbol{c}}^b$；(b)镜面反射方向 $\hat{c}^i$；(c)色调方向 $\hat{\boldsymbol{b}}$。
资料来源：经许可转载，©2005 年 IEEE

个因子。首先，em_x^i 是由视点、物体和光源之间的角度变化引起的几何系数变化。其次，术语 $e_x m^b$ 表示镜面反射上方的阴影边缘。

描述材料过渡的式(6.59)的第一部分的方向是未知的。但是，有了导致边缘产生的两个原因的方向，我们就可以构造一个垂直于这两个向量的第三方向（图 6.12(c)）。此方向称为色调方向 $\hat{\boldsymbol{b}}$，由外积计算得出：

$$\hat{\boldsymbol{b}} = \frac{\hat{\boldsymbol{f}} \times \hat{\boldsymbol{c}}^i}{\left|\hat{\boldsymbol{f}} \times \hat{\boldsymbol{c}}^i\right|} \tag{6.60}$$

如果 $\hat{\boldsymbol{f}}$ 和 $\hat{\boldsymbol{c}}^i$ 平行，我们将 $\hat{\boldsymbol{b}}$ 定义为零矢量。注意，色调方向不等于体反射率发生变化的方向 $\hat{\boldsymbol{c}}_b^i$。但是，由于它垂直于导致边缘的其他两个原因，因此我们知道色调方向的变化只能归因于体反射率的变化。

总之，图像中边缘的出现有 3 种原因：色调、阴影–影调和镜面变化。我们指出了 3 个方向：阴影–影调方向、镜面反射方向和色调方向。现在可以通过将图像导数 $\boldsymbol{f}_x$ 投影到这些方向来构造准不变导数。

6.2.2 光度变量和准不变量

为了构造准不变量，将图像的导数 $\boldsymbol{f}_x = (R_x, G_x, B_x)^{\mathrm{T}}$ 投影到 6.2.1 节中找到的 3 个方向上。如果它们因物理原因而变化，我们将其称为**变量**；如果它们对物理原因不响应，则将其称为**准不变量**。例如，导数在阴影–影调方向上的投影会导致阴影–影调变量。因为色调方向垂直于这些事件的变化，所以导数在色调方向上的投影导致阴影–影调–镜面准不变量。将变量和准不变量相加得出图像导数 $\boldsymbol{f}_x$。因此，可以通过从图像导数中减去准不变量来计算变量，反之亦然。

导数在阴影–影调方向上的投影称为阴影–影调变量，定义为

$$\boldsymbol{S}_x = \left(\boldsymbol{f}_x \cdot \hat{\boldsymbol{f}}\right)\hat{\boldsymbol{f}} \tag{6.61}$$

黑点表示向量的内积。第二个 $\hat{\boldsymbol{f}}$ 表示变量的方向。阴影–影调变量是导数的一部分，可能由阴影或影调引起。由于色调和镜面反射方向与阴影–影调方向相关，因此 $\boldsymbol{S}_x$ 的一部分可能是由色调或镜面反射的变化引起的。

减去变量后剩下的称为**阴影–影调准不变量**，用上标 c 表示：

$$\boldsymbol{S}_x^c = \boldsymbol{f}_x - \boldsymbol{S}_x \tag{6.62}$$

准不变量 $\boldsymbol{S}_x^c$ 由导数中的不是由阴影–影调边缘引起的那部分组成（图 6.13(b)），因此它仅仅包含镜面和色调边缘。

可以将相同的推理应用于镜面方向，并获得镜面变量和镜面准不变量：

$$\begin{cases} \boldsymbol{O}_x = \left(\boldsymbol{f}_x \cdot \hat{\boldsymbol{c}}^i\right)\hat{\boldsymbol{c}}^i \\ \boldsymbol{O}_x^c = \boldsymbol{f}_x - \boldsymbol{O}_x \end{cases} \tag{6.63}$$

镜面准不变量对高光边缘不敏感（图 6.13(c)）。

最后，我们可以通过在色调方向上投影导数来构造阴影–影调–镜面变量和准不变量：

$$\begin{cases} \boldsymbol{H}_{\boldsymbol{x}} = \left(\boldsymbol{f}_{\boldsymbol{x}} \cdot \hat{\boldsymbol{b}}\right)\hat{\boldsymbol{b}} \\ \boldsymbol{H}_{\boldsymbol{x}}^{c} = \boldsymbol{f}_{\boldsymbol{x}} - \boldsymbol{H}_{\boldsymbol{x}} \end{cases} \tag{6.64}$$

$\boldsymbol{H}_{\boldsymbol{x}}^{c}$不包含镜面或阴影–影调边缘（图 6.13(d)）。

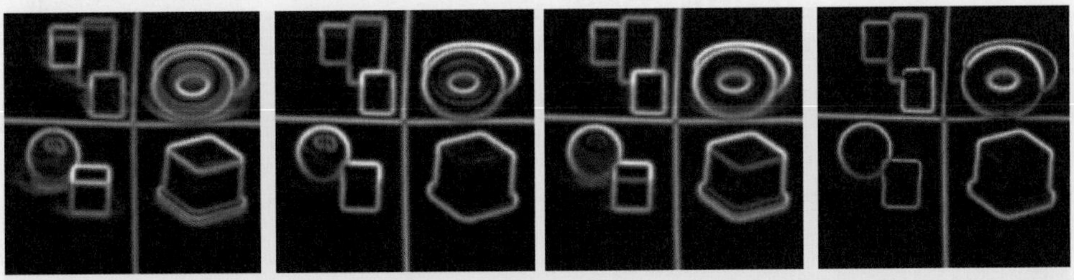

(a)　(b)　(c)　(d)

图 6.13　适用于图 6.15(a)的各种导数：(a)彩色梯度（$\boldsymbol{f}_{\boldsymbol{x}}$）；(b)阴影–影调准不变量（$\boldsymbol{S}_{\boldsymbol{x}}^{c}$）；(c)镜面准不变量（$\boldsymbol{O}_{\boldsymbol{x}}^{c}$）；(d)镜面–阴影–影调准不变量（$\boldsymbol{H}_{\boldsymbol{x}}^{c}$）

6.2.3　准不变量与完全不变量的联系

本节研究准不变量和完全不变量之间的联系。事实证明两者之间在 RGB 空间中存在几何联系。这种联系为准不变量和完全不变量的稳定性和噪声鲁棒性提供了启示。

以阴影方向为分量之一的正交变换是球坐标变换。对 RGB 彩色空间的变换会产生球彩色空间或 rθφ 彩色空间。变换是：

$$\begin{aligned} r &= \sqrt{R^2+G^2+B^2} = |\boldsymbol{f}| \\ \theta &= \arctan\left(\frac{G}{R}\right) \\ \varphi &= \arcsin\left(\frac{\sqrt{R^2+G^2}}{\sqrt{R^2+G^2+B^2}}\right) \end{aligned} \tag{6.65}$$

由于 r 指向阴影–影调方向，因此其导数对应于 $\boldsymbol{S}_{\boldsymbol{x}}$：

$$r_{\boldsymbol{x}} = \frac{RR_{\boldsymbol{x}}+GG_{\boldsymbol{x}}+BB_{\boldsymbol{x}}}{\sqrt{R^2+G^2+B^2}} = \boldsymbol{f}_{\boldsymbol{x}} \cdot \boldsymbol{f} = |\boldsymbol{S}_{\boldsymbol{x}}| \tag{6.66}$$

准不变量 $\boldsymbol{S}_{\boldsymbol{x}}^{c}$ 是垂直于阴影–影调方向的平面中的导数能量。$\theta\varphi$平面的导数为

$$\left|\boldsymbol{S}_x^c\right| = \sqrt{(r\varphi_x)^2+(r\sin\varphi\theta_x)^2} = r\sqrt{(\varphi_x)^2+(\sin\varphi\theta_x)^2} \tag{6.67}$$

为了保留 RGB 空间的度量，将角度导数乘以其相应的尺度因子，这些尺度因子来自球坐标变换。对于无光泽的表面，θ 和φ都与 m^b 无关（将式(6.65)代入式(6.58)）。因此，根号里面的部分是阴影–影调不变量。

通过球坐标变换，找到了准不变量和完全不变量之间的关系。准不变量$|\boldsymbol{S}_{\boldsymbol{x}}^{c}|$与完全不变量 $s_{\boldsymbol{x}} = \sqrt{(\varphi_{\boldsymbol{x}})^2+(\sin\varphi\theta_{\boldsymbol{x}})^2}$ 之间的差别是与 r 的乘积，即强度的 L_2 范数（式(6.65)）。用几何术语来说，沿阴影–影调方向减去该部分后剩余的导数向量不会投影到球体上以生成不变量。此投影引入了针对低强度的完整阴影–影调不变量的不稳定性：

$$
\begin{aligned}
&\lim_{r\to 0} s_{\boldsymbol{x}} \quad \text{不存在} \\
&\lim_{r\to 0}\left|\boldsymbol{S}_{\boldsymbol{x}}^{c}\right| = 0
\end{aligned}
\tag{6.68}
$$

第一个极限来自于$\varphi_{\boldsymbol{x}}$和$\theta_{\boldsymbol{x}}$的极限在零点都不存在。第二个极限可以从$\lim_{r\to 0} r\varphi_{\boldsymbol{x}}$和$\lim_{r\to 0} r\theta_{\boldsymbol{x}}$得出。结论是，完全不变量与$|\boldsymbol{f}|$相乘解决了不稳定问题。因此，准不变量在低强度区域中保持稳定，而完全不变量在这些区域中不稳定。

阴影-影调不变量和准不变量的响应示例如图 6.14 所示。在图 6.14(a)中，展示了红色与蓝色边缘的合成图像。蓝色强度沿 y 轴减小。高斯不相关的噪声被添加到 RGB 通道。在图 6.14(b)中，展示了归一化的 RGB 响应，低强度时的不稳定性清晰可见。对于阴影-影调准不变量（图 6.14(c)），没有发生不稳定，只是在低强度下响应会减弱。注意，不稳定区域会引起麻烦，因为阴影-影调边缘倾向于产生低强度区域。

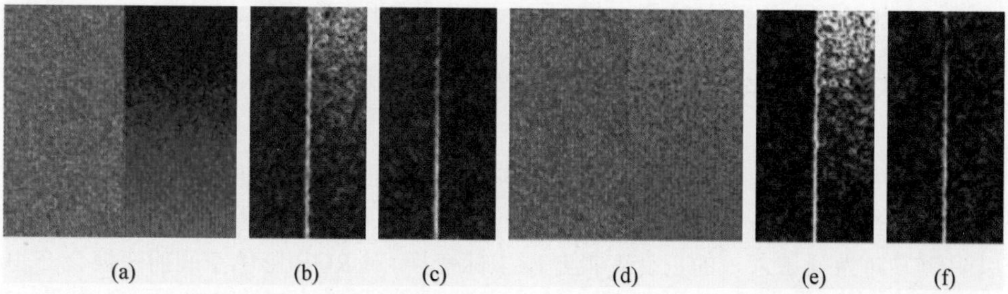

图 6.14　(a)红蓝色边缘处蓝色块的强度沿向上方向减小；(b)归一化的 RGB 导数的响应；(c)阴影-影调准不变量（$\boldsymbol{S}_{\boldsymbol{x}}^{c}$）的响应；(d)红蓝色边缘处蓝色块的饱和度沿向上方向降低；(e)色调导数（h_x）的响应；(f)镜面-阴影-影调准不变量（$\boldsymbol{H}_{\boldsymbol{x}}^{c}$）的响应

镜面变量所伴随的正交归一化变换被称为对立彩色空间。对于已知的光源 $\boldsymbol{c}^i=(\alpha,\beta,\gamma)^{\mathrm{T}}$，变换由下式给出：

$$
\begin{aligned}
o_1 &= \frac{\beta R-\alpha G}{\sqrt{\alpha^2+\beta^2}} \\
o_2 &= \frac{\alpha\gamma R+\beta\gamma G-(\alpha^2+\beta^2)B}{\sqrt{(\alpha^2+\beta^2+\gamma^2)(\alpha^2+\beta^2)}} \\
o_3 &= \frac{\alpha R+\beta G-\gamma B}{\sqrt{\alpha^2+\beta^2+\gamma^2}}
\end{aligned}
\tag{6.69}
$$

变量与它们补的关系是：$|O_{\boldsymbol{x}}|=o_{3\boldsymbol{x}}$和$\left|O_{\boldsymbol{x}}^{c}\right|=\sqrt{o_{1\boldsymbol{x}}^2+o_{2\boldsymbol{x}}^2}$。

如 6.2.2 节所述，阴影-影调-镜面准不变量同时垂直于阴影-影调方向和镜面方向。满足此约束的正交变换是色调-饱和度-强度变换。实际上，它是对立色轴 o_1 和 o_2 上的极坐标变换：

$$
\begin{aligned}
h &= \arctan\left(\frac{o_1}{o_2}\right) \\
s &= \sqrt{{o_1}^2+{o_2}^2} \\
i &= o_3
\end{aligned}
\tag{6.70}
$$

h 的变化在色调方向上发生，因此色调方向上的导数等于阴影–影调–镜面准不变量：

$$\left|\boldsymbol{H}_{\boldsymbol{x}}^{c}\right| = s \cdot h_{\boldsymbol{x}} \tag{6.71}$$

与比例因子 s 的乘积来自以下事实：对于极坐标变换，角度导数要乘以半径。

色调 h 是众所周知的阴影–影调–镜面完全不变量。式(6.71)提供了完全不变量 $h_{\boldsymbol{x}}$ 的导数与准不变量$|\boldsymbol{H}_{\boldsymbol{x}}^{c}|$之间的联系。色调的一个缺点是，它在黑白轴上的点（即对小的 s）处未定义。因此，色调的导数是无界的。在 6.2.2 节中，我们将准不变量推导为空间导数的线性投影。对于这些投影，$0 < |\boldsymbol{H}_{\boldsymbol{x}}^{c}| < |\boldsymbol{f}_{\boldsymbol{x}}|$，因此阴影–影调–镜面准不变量是有界的。应当指出，对准不变量和完全不变量来说，围绕灰度轴的微小变化会导致导数的方向或“彩色”发生较大变化，例如，从蓝色变为红色。但是，准不变的优点是范数在这些情况下仍然有限。例如，在图 6.14(d)中，展示了红色与蓝色的边缘。蓝色块沿 y 轴变得趋向于无色。在图 6.14(e)中清晰可见灰度值的不稳定性，而在图 6.14(f)中，准不变量的响应仍保持稳定。

完全不变量具有**强光度不变性**，这意味着它们相对于物理光度参数是不变的。例如，在归一化 RGB 的情况下，几何项 m^b 是不变的。因此，此类不变量的一阶导数响应不包含任何阴影变化。我们的方法确定了阴影–影调边缘呈现在 RGB 立方体中的方向。然后使用此方向来计算准导数，该准导数具有完全不变量的属性，即忽略阴影–影调边缘。然而，准不变量关于 m^b 不是不变的。对于阴影–影调准不变量，在阴影–影调方向 $\boldsymbol{c}^b$ 上将该部分从式(6.59)减去给出

$$\boldsymbol{f}_{\boldsymbol{x}} = em^b\left(\boldsymbol{c}_{\boldsymbol{x}}^b - \boldsymbol{c}_{\boldsymbol{x}}^b \cdot \hat{\boldsymbol{c}}^b\right) \tag{6.72}$$

对于 m^b 和 e 来说，这显然不是不变的。因此，准不变量被认为仅具有**弱光度不变性**。以类似的方式，镜面–阴影–影调准不变量也可以证明取决于 m^b 和 e。

准不变性仅具有弱光度不变性这一事实意味着它们依赖于 m^b 和 e，这限制了它们的适用性。它们不能用于在不同情况下（例如基于内容的图像检索）比较边缘响应的特征描述。但是，它们可用于基于特征检测的应用程序，例如阴影–边缘不敏感的图像分割、阴影–影调–镜面独立的角点检测和边缘分类。

准不变量的主要优点是在加性均匀噪声的情况下它们对噪声的响应与信号无关，准不变量中的噪声也是加性且均匀的，因为它是图像导数的线性投影。这意味着噪声失真在图像上是恒定的。我们已经看到，完全不变量与准不变量的区别在于它们随信号相关因子（强度或饱和度）缩放，因此它们的噪声响应也取决于信号。通常，阴影–影调完全不变量在低强度周围表现出高噪声失真，而阴影–影调–镜面完全不变量对于无色轴的周围点具有较高的噪声依赖性，如图 6.14 所示。整个图像中不均匀的噪声水平阻碍了对完全不变量的进一步处理。

光度变量和准不变量的第 2 个优点是它们以相同的单位表示（即，作为导数的投影，它们以每个像素的 RGB 值表示）。这样可以定量比较它们的响应。图 6.15 给出了一个示例。

图 6.15(c)和图 6.15(d)放大了图像中沿两条线的响应。图 6.15(c)中的线穿过两个目标边缘和几个高光边缘。它很好地显示了高光变量能几乎完美地遵循线中间镜面反射边缘的总导数能量。在图 6.15(d)中，描绘了一条穿过两个目标边缘和三个阴影–影调边缘的线。同样，阴影–影调变量遵循三个阴影边缘的梯度。一个简单的**分类方案**如图 6.15(b)所示。请

注意，由于完全不变量的单位不同，因此无法进行定量比较。

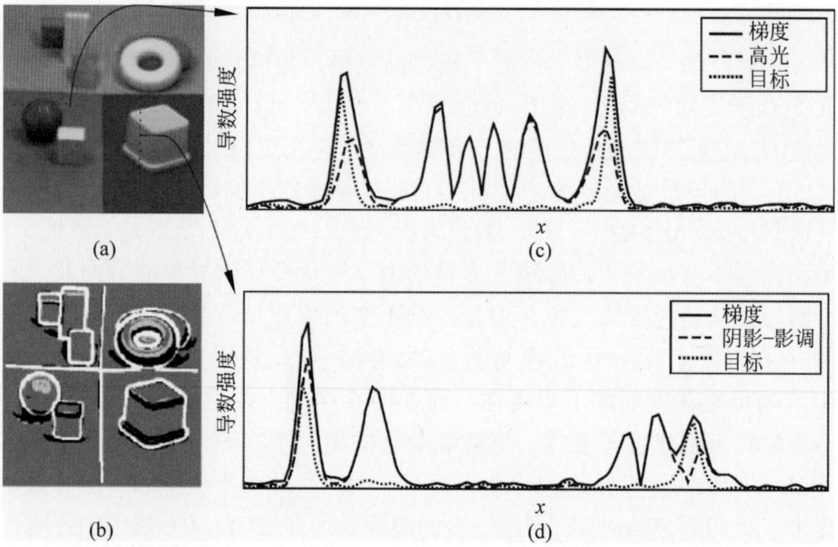

图 6.15 (a)具有两条重叠点线的输入图像，它们绘制在(c)和(d)中；(b)边缘分类结果，具有白色目标边缘，黑色阴影边缘和浅灰色高光边缘；(c)和(d)是沿(a)所示线的导数强度。资料来源：经许可可转载，©2005 年 IEEE

6.2.4 完全不变量和准不变量的局部化和鉴别能力

在本节中，我们将在**边缘检测**任务上比较准不变量和完全不变量的性能。我们比较了基于边缘位移和鉴别能力的两种方法。

为了研究所提出的不变量的鉴别能力和边缘位移，研究了对 PANTONE 彩色系统的 1012 种不同彩色之间的边缘检测（图 6.16）。PANTONE 彩色跨越色度空间中的凸、非三角形集，因此可以将它们视为各种墨水的混合物。该集合代表自然表面的反射光谱，因为大多数反射函数可以通过 5～7 个参数的线性模型建模[69]。色彩在彩色空间中均匀分布。在 5200 K 日光模拟器（Little Light，Grigull，Jungingen，德国）下，RGB 相机（Sony DXC-930P）

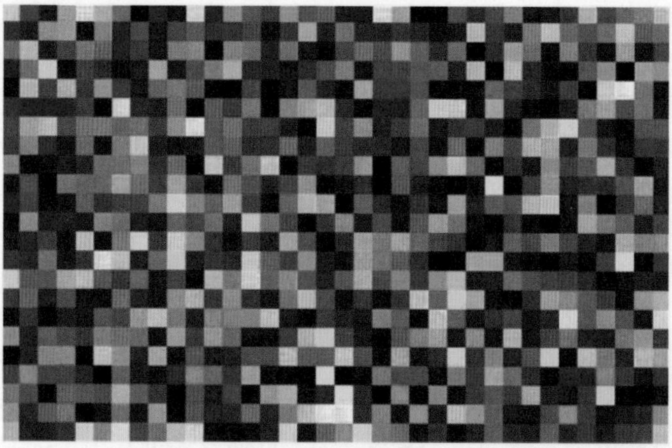

图 6.16 PANTONE 彩色的示例，用于计算各种光度不变量的鉴别能力

记录了 1012 种 PANTONE 彩色。

在本实验中，我们将两个 PANTONE 色块组合到一幅图像中并执行边缘检测。我们通过测量边缘位移和鉴别能力来评估边缘检测的质量。鉴别能力用可以区分的不同边缘数目来衡量。随着光度不变性的增加，这一数值有望下降。在 PANTONE 彩色系统的 1012 种不同彩色之间进行边缘检测[70]。通过大尺寸的高斯平均运算，将 PANTONE 中的色块减少成一个 RGB 值。1012 个不同的 RGB 值中的每一个都与所有其他 RGB 值组合在一起，因此总共有 $N = 1012 \times 1011/2 = 511\,566$ 个边缘，色块边长 $M = 32$ 像素。通过计算实际边缘周围 20 个像素区域中微分能量的最大响应路径来确定边缘位置。这给出一个边缘估计，将其与实际边缘进行比较。我们定义了两个误差度量。第一个是平均偏移量Δ:

$$\Delta = \frac{\sum_{\{x_{i,j};|x_{i,j}-x_0|>0.5\}} \left|x_{i,j}-x_0\right|}{N \bullet M} \tag{6.73}$$

其中，$x_{i,j}$ 是第 i 个边缘的第 j 个边缘像素。由于实际边缘位于两个像素之间，因此将等于一半像素的位移视为完美匹配。第二个误差度量是丢失边缘的百分比ε。将一个边缘分类为未命中，如果该边缘的变化：

$$\operatorname{var}(i) = \frac{1}{M}\sum_{j=1}^{M}\left|x_{i,j} - \frac{1}{M}\sum_{k} x_{i,k}\right| \tag{6.74}$$

大于 1 个像素。对于高斯导数，选择尺度$\sigma = 1$。实验是在叠加了标准偏差分别为 5 和 20 的不相关高斯噪声下进行的。

结果展示在表 6.2 中。标准图像导数 $\boldsymbol{f_x}$ 显示出非常小的边缘位移，并且能够区分大多数色块。这并不奇怪，因为 PANTONE 的彩色被设计成看起来不同。从不变量的结果看到了理论上可以预期的两个观察结果。首先，我们可以看到增加不变性会降低鉴别能力并增加边缘位移。例如，光度阴影-影调不变边缘检测器无法区分具有相同材料反射率但强度不同的色块。其次，在边缘检测方面，准不变量优于完全不变量。与完全不变量相比，准不变量的边缘位移大约只有一半，而缺失的边缘数量也大约只有一半。这也是可以预期的，因为准不变量不具有完全不变量的非线性不稳定性。因此，在特征检测的情况下，建议应用准不变量。但是，特征描述需要完全的光度不变性，我们还将在第 14 章中更详细地说明。

表 6.2　六个不同边缘检测器的位移Δ 和丢失边缘的百分比ε

噪声 →		5		20	
检测器 ↓	不变性	Δ	ε / %	Δ	ε / %
$\boldsymbol{f_x}$	—	0.003	0.1	0.07	2.4
$\boldsymbol{S_x^c}$	s	0.03	1.1	0.38	11.7
C	S	0.20	2.5	1.34	25.9
$\boldsymbol{H_x^c}$	s & h	0.29	6.5	0.86	25.2
H	S & H	0.77	11.5	2.03	39.2
N	I	0.23	2.7	1.50	28.9

注：实验添加了标准偏差为 5 和 20 的高斯噪声。对于每个边缘检测器，给出了光度不变性：s 表示阴影-影调不变性，h 表示镜面不变性，i 表示光源不变性。大写用来表示完全不变。

6.3 本章小结

在本章中，讨论了如何将光度不变性理论扩展到图像的微分结构。概述了基于完全不变性和准不变性的两种方法。

完全不变量来自微分学，旨在消除光度模型中不需要的因素。通过应用高斯测量框架，将推导出的理论不变量转换为图像特征。这些特征是通过将高斯平滑和微分滤波器进行适当的组合而获得的，这些组合应用于对立的彩色通道。已经给出了朗伯反射模型和双色反射模型的完全不变量的示例和推导。

准不变量源自双色反射模型，并已通过局部归一化因子证明与完全光度不变量有所不同。这些准不变量不具有完全光度不变量的固有不稳定性。理论和实验结果表明，在特征值检测中，准不变量具有比完全光度不变量更好的噪声特性和鉴别能力，并且引入的边缘位移小于完全光度不变量。缺乏完整的光度不变性限制了准不变量的适用性，因此准不变量不能用于特征提取。

第 7 章　基于机器学习的光度不变性

包含 José M. Álvarez 和 Antonio M. López 的贡献*

如前几章所示，彩色模型的选择对于许多计算机视觉算法都非常重要，因为选择的彩色模型会将等效类引入实际算法。由于有许多可用的彩色模型，因此固有的困难是如何自动选择单个彩色模型，或者如何选择彩色模型的加权子集以为特定任务产生最佳结果。其后的障碍是如何为算法获得合适的融合方案，以便将结果合并到合适的设置中。在前面的章节中，物理反射模型（例如，朗伯或双色反射）用于导出彩色不变模型。但是，这种方法可能太局限了，无法对可以同时保持不同反射率机制的真实世界场景进行建模。现在，我们不再关注通过单一反射模型对世界建模，而是关注如何通过机器学习获得彩色不变性。

学习过程是基于对正例（例如，要识别的特定目标的彩色图像块）的选择，以获得彩色不变量系综（集合）。当然，训练示例应包括大范围的像素值，以获得所有可能捕获目标的成像条件。使用这些训练样本的目的是获得在不变性（可重复性）和鉴别力（区分性）之间达到适当平衡的彩色集合。

在本章中，将介绍一种使估计误差最小的学习方法。该方法还适合处理顺序数据。加权方案用于合并随时间变化的观测动态。考虑到新数据及其时间顺序，该集合会定期更新。本章的组织如下。首先，讨论基于学习的融合方案。其次，将数据随时间的演变包含进来。最后，将该方法用于两种应用：面部皮肤检测和**道路检测**（RD）。可以在参考文献[71]中找到更多信息。

7.1　从多样化的集合中学习

在机器学习中，考虑多个**分类器**之间差异而进行多个分类器的组合是一种提高单个分类器性能的强大技术[72-74]。组件之间不一致的程度称为**多样性**。组合策略的一个有希望的子集是那些在生成集合过程中使用多样性的策略[74]。例如，梅尔维尔（Melville）和穆尼（Mooney）[75]认为多样性是集体成员与集体预测之间的分歧。Jacobs[76]提出了一种最小方差估计器，其中估计集合的方差最大可与任何输入特征的方差一样大。Stokman 和 Gevers [77]在定义整体的过程中使用了 Markowitz 多元化标准[78]。该方法假定每个描述符都可以由单峰分布表征，并计算提供最大特征鉴别的最佳组合。然而，在实践中，训练数据的分布通

* 经 Springer Science+Business Media B.V.的许可，部分内容转载自：*Learning Photometric Invariance for Object Detection*, by José M. Álvarez, Theo Gevers and Antonio M. López, in *International Journal of Computer Vision*, Volume 90(1), pp 45–61, March 2010. ©2010 Springer.

常不是单峰的，导致估计误差会被用于计算系综集合的二次优化技术而最大化[79]。

对于给定的组合策略，正确选择其组件对于提高策略的性能很重要。理想的情况是使用一组误差不相关的分类器。然后，可以将这些分类器进行组合以最大限度地减少故障的影响。实际上，一组相似分类器的组合不会胜过单个成员[74]。当使用学习步骤以适应特定分类问题（例如，提升、集成和随机森林）时，通过选择适当的分类器可获得的改进甚至更大。为了促进学习过程，系统使用与要识别的目标相对应的训练数据（即正例）和背景（即负例）。在训练步骤中仅使用正例数据的系统更为可取，因为获得负例或未知示例的全面表达通常是不可行的。此外，如果负例数据选择不当，可能会导致分类精度降低[80]。

因此，学习阶段仅基于正例。目的是通过组合不同的彩色模型（观测值）来模拟在变化的成像条件（视图）下记录均匀着色的图像区域（目标）。在每个视图中，图像区域都包含多个像素（观察样本）。接下来，使用单个值（预期彩色 $E[\xi_O]$）以及与该值偏差很小的 σ_O 对该区域的彩色建模：

$$O=E\left[\xi_O\right]\pm\sigma_O \tag{7.1}$$

表 7.1 给出了定义，图 7.1 说明了建模过程。

表 7.1 符号和彩色相关的术语之间的定义和对应关系

抽象术语	彩色术语
目标 O	均匀着色的图像区域
视图	在不同成像条件下（如照明、影调）记录的图像区域
目标表达 ξ_i	使用第 i 个彩色模型的期望值，与成像条件无关
观察 $\tilde{\xi}_{ij}$	在第 j 个视图中使用第 i 个彩色模型的期望值
观察样本 ξ_{ijl}	用于估计第 j 个视图的第 i 个彩色模型数据分布的像素值

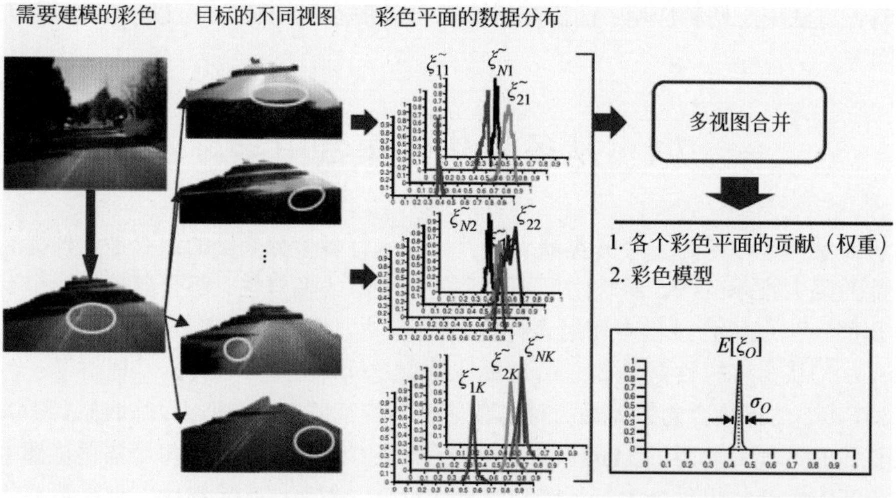

图 7.1 结合来自不同视图的不同彩色模型的信息，对图像区域的彩色进行建模

为了建立模型，假设可以获得目标 K 个视图的 N 个不同观测值的 L 个不同样本（ξ_{ijl}，$i\in[1,2,\cdots,N]$，$j\in[1,2,\cdots,K]$，$l\in[1,2,\cdots,L]$）。这些样本对应在变化的成像条件（例如，阴影、高光和照明）下成像的同一目标，产生除与设备相关的记录噪声以外的观察结果的

变化。对每个观测值提供多个样本以减少噪声的影响。估计目标的一组 N 个正交和非冗余表达（$\xi_1, \xi_2, \cdots, \xi_N$），并通过对每个观测 $E[\xi_i]$的代表性（期望）值的加权线性组合来建模目标：

$$E[\xi_O] = \sum_{i=1}^{N} w_i E[\xi_i] \tag{7.2}$$

其中，$\boldsymbol{w} = [w_1, w_2, \cdots, w_N]$是每个观察值对最终组合的贡献。此外，目标片的标准偏差为

$$\begin{aligned}
\sigma_O^2 &= E\left\{\left(E[\xi_O] - \overline{E[\xi_O]}\right)^2\right\} \\
&= E\left\{\left(\sum_{i=1}^{N} w_i E[\xi_i] - \sum_{i=1}^{N} w_i \overline{E[\xi_i]}\right)^2\right\} \\
&= E\left\{\left(\sum_{i=1}^{N} w_i E[\xi_i] - \overline{E[\xi_i]}\right)^2\right\} \\
&= E\left\{\left(\sum_{i,j=1}^{N} w_i w_j E[\xi_i] - \overline{E[\xi_i]} E[\xi_j] - \overline{E[\xi_j]}\right)^2\right\} \\
&= \sum_{i,j=1}^{N} w_i w_j \sigma_{ij} \\
&= \boldsymbol{w \Sigma w}^{\mathrm{T}}
\end{aligned} \tag{7.3}$$

其中$\boldsymbol{\Sigma}$是协方差矩阵，表示当观察条件发生变化时观察值之间的现有关系。

为了估计每个观测值的代表性（期望）值 $E[\xi_i]$，采用了多视图框架。该框架使用两个不同的步骤来表征从每个观测获得的信息。首先，借助可用样本的数据分布（ξ_{ijl}）计算每个视图的每个观测值的中心值（ξ_{ij}）。特别地，使用可用于第 i 个观测的第 j 个视图的样本模式（$\tilde{\xi}_{ij}$）。使用该中心值，该算法将偏斜分布的影响最小化，从而将估计误差最小化。其次，假定每个可用视图具有相同的出现概率，则在给定不同视图 $E[\xi_i]$值的情况下估计观察值的期望值。特别是，每个视图的中心值的平均值为

$$E[\xi_i] = \frac{1}{K} \sum_{j=1}^{K} \tilde{\xi}_{ij} \tag{7.4}$$

剩下的就是对 w_i 的估计。观察结果的适当组合会给出一个模型，该模型中目标的期望值（$E[\xi_O]$）接近参考值（$E[\xi_{O_R}]$），并且其方差最小。这样，该组合减小了由于改变观察条件而导致的与期望值的偏差。该参考值可以是在理想采集条件下获得的值。因此，计算 w_i 可以被看作如下优化问题：

$$\text{最小化} \quad \sum_{i,j=1}^{N} w_i w_j \sigma_{ij} \tag{7.5}$$

$$\text{使服从} \quad E[\xi_O] \geqslant E[\xi_{O_R}]$$

$$\sum_{i=1}^{N} w_i = 1 \tag{7.6}$$

约束条件是观测的总贡献之和必须为 1。

二次优化技术[81]可用于求解式(7.5)，并提供称为**有效前沿**[79]的一组最优解（有效集合）。也就是说，有效前沿包含 $E[\xi_O]$的不同值以及使相应σ_O 最小化的关联权重。但是，二次优化技术倾向于选择具有吸引力特性的组件。这样，就不会选择具有较小吸引力的组件。当估计误差可能最大时就是这种情况[79][82]。因此，为了处理估计误差并提高集合的多样性，采用了重采样技术。这种重采样技术使用**蒙特卡洛仿真**来获得一组有效的集合，称为**重采样前沿**[83]。位于此重采样前沿上的集合由权重向量组成，这些权重向量是给定特定期望值时的有效前沿的平均值。重采样的有效集合的性能优于使用二次优化技术获得的那些集合[82][84]。

最后，使用**夏普比率**（SR）从位于最有效前沿上的集合中选择最合适的集合[85]。该比率是对经过方差调整的预期收益的单个统计性能的测度，定义为

$$\mathrm{SR}=\frac{E\left[\xi_i\right]}{\sigma_O} \tag{7.7}$$

最大的 SR 对应于获得最高性能的前沿集合。如果存在基准集合 ξ_R，则在前沿集合中的集合的性能（P_e）计算如下：

$$P_e=\frac{1}{\left(\left|E\left[\xi_O\right]-\xi_R\right|\right)\sigma_O} \tag{7.8}$$

其中最高的性能对应于最合适的集合。

上面的权重计算和集合选择方法总结如下：

（1）使用训练数据和二次规划技术估算有效前沿。此前沿由从最小方差集合变化到最大期望值集合的那些集合所组成。将最小和最大收益之差分成 m 个等级。

（2）估计训练数据的协方差矩阵$\boldsymbol{\Sigma}$和期望值 $E[\xi_i]$：

$$E\left[\xi_i\right]=\frac{1}{K}\sum_{j=1}^{K}\xi_{ij} \tag{7.9}$$

$$\boldsymbol{\Sigma}=\left(\sigma_{i,j}\right) \tag{7.10}$$

其中 K 是视图数。

（3）使用步骤（2）中的训练输入重新采样，对输入的多元分布进行 D 次提取。次数 D 反映了训练数据中的不确定程度。从采样序列中计算一个新的协方差矩阵。估计误差将导致与步骤（2）中的协方差矩阵和均值向量不同。

（4）计算在步骤（3）中得出的输入的有效前沿。计算沿着前沿的 m 个均匀分布点的最佳集合权重。

（5）重复步骤（3）和步骤（4）各 P 次。计算每个观察值的平均集合权重：

$$\overline{w}_i^{\text{resampled}}=\frac{1}{P}\sum_{i,m=1}^{P} w_{im} \tag{7.11}$$

其中 w_{im} 表示沿着前沿第 i 个观测的第 m 个集合的权重矢量。

（6）通过原始训练数据中的方差-协方差矩阵评估平均集合的前沿，以获得重采样前沿。

（7）从前沿中选择表现出最高性能的集合（需要选择式(7.7)或式(7.8)）。

7.2 时域集合学习

在本节中，对模型进行扩展，以考虑到观察结果随时间的变化（例如，从静止图像到视频）。关键思想是在对参数 $E[\xi_1], E[\xi_2], \cdots, E[\xi_N]$和$\boldsymbol{\Sigma}$的估计中包括时间信息。计算这些参数时，考虑给定观察的每个视图向最终集合提供相同的信息。但是，由于数据序列的动态性质，本地观测应该比远距离观测更为重要。这样，算法的修改包括使用时间序列分析来预测观测值的期望值，而不是简单地考虑视图的平均值。

为了表达数据的动态结构（观测和集合），使用了加权过程。此外，还考虑了观测值内方差的动态结构。有两种模型可以处理此类变化：指数加权移动平均值（EWMA）和广义自回归条件异方差（GARCH）。这两个模型都假定观测的动力学中存在序列相关性，结果就是这两个模型对较新数值的权重都比对较旧数值的权重高。在本章中，使用 EWMA 模型的主要原因是它的简单性（可估计较少的参数）以及应付输入数据的标准偏差变化的能力[86-87]。

EWMA 使用衰减因子来权衡每个过去观测值的变化。最新的观测结果比旧的观测结果具有更高的权重。使用 EWMA，优化过程的输入参数推导如下：

$$E[\xi_i]=\frac{1}{\sum_{j=1}^{K}\lambda^{j-1}}\sum_{j=1}^{K}\lambda^{j-1}\tilde{\xi}_{ij} \tag{7.12}$$

$$\boldsymbol{\Sigma}=(\sigma_{nm})=(1-\lambda)\sum_{j=1}^{K}\lambda^{j-1}\left(\tilde{\xi}_{nj}-E[\tilde{\xi}_n]\right)\left(\tilde{\xi}_{mj}-E[\tilde{\xi}_m]\right) \tag{7.13}$$

其中λ是衰减因子。这个因子决定了对近期观测值的加权程度，还决定了波动率测度在大幅度回升后将回落至较低水平的速度。较低的衰减对最近的观测值给予较高的加权权重。K 是过去观察的数量，与上一节不同，那里 K 是每个观察可使用的不同视图的数量。这里可以将参数K设置为无穷大，因为对于遥远的观测，加权过程将迅速减少为零。由于$0<\lambda<1$，当 $n\to\infty$时，有$\lambda^n\to 0$，因此该模型最终会将零权重放在过去很久的观测值上。

7.3 为区域检测学习彩色不变量

在本节中，上述方法将应用于基于彩色的**区域检测**。换句话说，使用一组由彩色变量和不变量组成的彩色模型，在变化的成像条件下记录图像中目标区域的检测。目的是**借助学习**从彩色模型中来获得彩色不变性，以获得多样化的彩色不变量集合。

每个可能的彩色变换模型都被视为对同一目标（彩色区域）的观察，并且每个视图都对应于不同的成像条件，例如**照明**、观察和光照变化。此外，该区域内的每个像素对应于观察值的不同采样值。因此，对该算法的正确解释如下：O 是彩色（不变）平面/模型最终组合的数据分布，$E[\xi_O]$和σ_O 分别为中心值和方差。$E[\xi_i]$是使用多视图过程估算的第 i 个彩色（不变）平面的期望值，即首先考虑来自每个视图的像素的数据分布，然后考虑视图的平均值，最后，w_i 表示第 i 个彩色模型对最终集合的贡献。

在训练过程（即估计 $E[\xi_O]$、σ_O 和 w_i）中，按下列步骤依次进行：

（1）选择一组包含要检测目标的训练图像，它们在不同的采集条件（例如，变化的照明）下成像。

（2）使用训练区域中像素的数据分布，为每幅训练图像（i-th）和每个彩色模型（j-th）选择一个感兴趣的区域，估计 $\tilde{\xi}_{ij}$。

（3）估计这些值的相关矩阵$\boldsymbol{\Sigma}$。当图像采集条件变化时，该矩阵包含有关每个彩色模型的相对变化的信息。

（4）使用蒙特卡洛方法，将每个视图的每种彩色模型的中心值和协方差矩阵作为输入数据，估计权重 $\boldsymbol{w}$。

（5）分别使用式(7.2)和式(7.3)计算 $E[\xi_O]$和σ_O。

（6）最后，如下计算模型的 SNR_O。

$$\text{SNR}_O = \frac{E[\xi_O]}{\sigma_O} \tag{7.14}$$

然后，在分类期间，执行以下步骤：

（1）将图像转换为彩色模型（与训练期间相同），然后应用在训练阶段获得的权重 $\boldsymbol{w}$ 进行合并。这样将得到灰度图像。

（2）通过在每个像素处用局部平均值除以局部标准偏差，估算信噪比 SNR。使用每个像素的矩形区域（$M \times N$ 像素）估算 SNR。

（3）计算每个像素的 SNR_O 和局部 SNR 之间的误差。误差越小，彩色越相似。

（4）阈值化误差图像 e 以获得最终的二进制模板 C：

$$C(x,y)=\begin{cases}1, & e(x,y)<T \\ 0, & \text{其他}\end{cases} \tag{7.15}$$

使用自动阈值化技术（例如 isodata 方法）可获得合适的 T 值[88]。

最后，如果需要时间适应，则执行以下步骤：

（1）使用分类过程对第一帧图像中的像素进行分类。

（2）使用当前结果来估计该帧图像的每个彩色模型的中心值。将这些中心值添加到历史数据中。

（3）使用 7.2 节中描述的 EWMA 过程估算优化过程的输入参数（$\boldsymbol{\Sigma}$和 $E[\xi_1], E[\xi_2],\cdots, E[\xi_N]$）。

（4）考虑与初始训练阶段相同的 SNR 和参考数据，从前沿中选择最佳集合。

（5）使用新的集合来处理接下来输入的图像。

为了提供对混合成像条件（例如照明、阴影、高光和相互反射）的鲁棒性，在前面的章节中已经讨论了表现出不同光度不变性的各种彩色模型（参见表 7.2）。例如，对于双色反射模型，归一化的彩色 rgb 在很大程度上不会改变相机视点、物体位置以及入射光的方向和强度。有关彩色模型及其不变性的概述，请参见表 7.3。除了前面章节中描述的模型之外，还包括参考文献[89]中提出的照度不变量（$\mathfrak{I}$）。该彩色不变量需要一个校准参数，即不变量的方向，它是相机的固有参数。现在，可以通过遵循参考文献[89]中描述的校准过程或通过使用从单幅图像[90]或从一组图像[91]来确定不变量的过程找到该不变量方向。前者包括在白天不同光照下获取麦克白（Macbeth）彩色检查器的图像，然后通过分析从这些图像生成的对数色度图来获得不变量方向。后者考虑单个图像的熵以计算不变量方向。最后，该方法使用一定范围内所有可能的不变量方向生成不变量图像。最佳方向是使相应的光照不变量图像的熵最小的方向[90]。

表 7.2　从 RGB 值推导对立彩色空间、归一化的 rgb、HSV 和 CIE Lab 彩色空间

对立彩色空间	归一化的 **rgb**
$\begin{bmatrix} O_1 \\ O_2 \\ O_3 \end{bmatrix} = \begin{bmatrix} \frac{1}{\sqrt{2}} & \frac{-1}{\sqrt{2}} & 0 \\ \frac{1}{\sqrt{6}} & \frac{1}{\sqrt{6}} & \frac{-2}{\sqrt{6}} \\ \frac{1}{\sqrt{3}} & \frac{1}{\sqrt{3}} & \frac{1}{\sqrt{3}} \end{bmatrix} \begin{bmatrix} R \\ G \\ B \end{bmatrix}$	$r = \frac{R}{R+G+B}$ $g = \frac{G}{R+G+B}$ $b = \frac{B}{R+G+B}$
HSV	**CIE Lab**
$\begin{bmatrix} V \\ V_1 \\ V_2 \end{bmatrix} = \begin{bmatrix} \frac{1}{3} & \frac{1}{3} & \frac{1}{3} \\ \frac{-1}{\sqrt{6}} & \frac{-1}{\sqrt{6}} & \frac{2}{\sqrt{6}} \\ \frac{1}{\sqrt{6}} & \frac{-2}{\sqrt{6}} & \frac{1}{\sqrt{6}} \end{bmatrix} \begin{bmatrix} R \\ G \\ B \end{bmatrix}$ $H = \arctan \frac{V_2}{V_1}$ $S = \sqrt{V_1^2 + V_2^2}$	$\begin{bmatrix} X \\ Y \\ Z \end{bmatrix} = \begin{bmatrix} 0.490 & 0.310 & 0.200 \\ 0.177 & 0.812 & 0.011 \\ 0.000 & 0.010 & 0.990 \end{bmatrix} \begin{bmatrix} R \\ G \\ B \end{bmatrix}$ $L = 116\left(\frac{Y}{Y_0}\right)$ $a = 500\left[\left(\frac{X}{X_0}\right) - \left(\frac{Y}{Y_0}\right)\right]$ $b = 200\left[\left(\frac{Y}{Y_0}\right) - \left(\frac{Z}{Z_0}\right)\right]$ X_0, Y_0 和 Z_0 是参考白色点的坐标

表 7.3　针对不同类型照明变化的彩色模型的不变性（源自表 7.2），即光强度（LI）或光色（LC）的变化和（或）偏移[92]

彩色空间分类法	光强度变化	光强度偏移	光强度变化和偏移	光色变化	光色变化和偏移
RGB	–	–	–	–	–
O_1, O_2	–	+	–	–	–
O_3，强度，L	–	–	–	–	–
饱和度（S）	–	+	+	–	–
色调（H）	+	+	+	–	–
r, g, a, b	+	–	–	–	–
$\mathfrak{I}$	+	+	+	+	+

注：不变性用“+”表示，缺乏不变性用“–”表示。

考虑表 7.3 中的所有彩色模型，可以获得一组彩色变量和不变量，以分别实现独特性和可重复性。下一步是获取非冗余子集。协方差矩阵$\boldsymbol{\Sigma}$提供了有关彩色模型之间的相关性的信息。可以使用主成分分析（PCA）进行此分析[93]。然后，彩色模型之间的相关性由每个彩色模型的载荷表示（图 7.2）。PCA 的输入数据是包含每个彩色模型的每个视图（ξ_{ij}）的期望值矩阵。加载空间中的两点越近，它们（以及它们对应的彩色模型）的相关性就越

高。主成分的数量取决于数据和变化量。对代表每个聚类的彩色模型的选择（例如，图 7.2 中的 S 或 b）可借助 Hartigan 的单峰检验得到[94]。以这种方式，就可获得正交（可变量/不变量）和非冗余（不相关）的彩色模型子集。

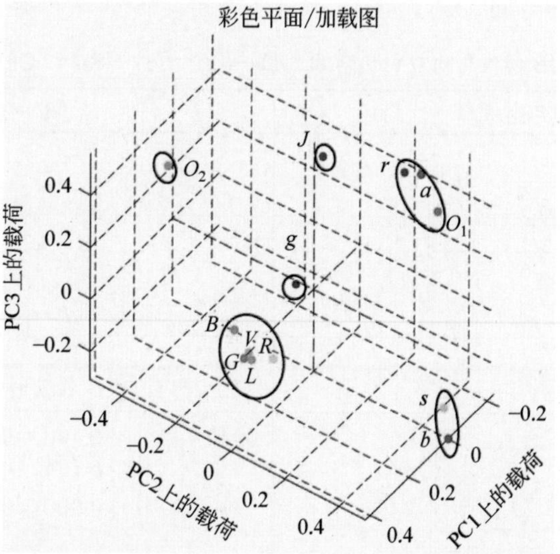

图 7.2 PCA 用于减少训练数据内的冗余。使用每种彩色模型的载荷图进行分析。此示例对应于人脸数据库中的训练集

7.4 实　　验

在本节中，上述算法将应用于两个不同的数据库：①Caltech Face 数据库[95]和②车载摄像头拍摄的道路序列。第一个应用是要在 Caltech 图像数据集中检测面部皮肤。第二个应用是在不受控制的成像条件下检测道路。我们使用了 13 种彩色模型（$\mathfrak{I}$，R，G，B，r，g，O_1，O_2，L，a，b，S，V）。因为第三个对立色 O_3 提供的是 V 已提供的强度信息，所以将其排除在外。此外，由于 HSV 彩色空间中的色调分量 H 在接近无色轴时的不稳定性[96]而被排除了出去。另外，使用参考文献[91]中提出的方法完成计算 $\mathfrak{I}$ 所需的校准。最后，将用于导出 CIE Lab 彩色空间的参考白点设置为 D65 白点（$X_0 = 0.9505$，$Y_0 = 1.0000$，$Z_0 = 1.0888$）[25]。

7.4.1 误差测度

使用基于像素的度量提供定量评估；参见表 7.4，从中计算出以下误差测度：质量、检测准确度、检测率和有效性（参见表 7.5）。每种测度都提供了对方法性能的不同见解。质量考虑了方法所提取数据的完整性及其正确性。检测准确度，也称为**精确度**，是结果有效的概率。检测率或召回率，是检测到真实数据的概率。有效性是权衡检测准确度与检测率的单一度量。进一步，在每个数据集上都将使用方法的性能与现有算法进行了比较，并利用 Wilcoxon 统计显著性检验进行了算法之间的成对比较[97]。

表 7.4　相依表

		真值	
		无目标	有目标
检测结果	无目标	TN	FN
	有目标	FP	TP

注：基于正确或不正确分类像素的数量来评价算法。

表 7.5　用于评估不同算法性能的逐像素测度

逐像素测度	定义	逐像素测度	定义
质量（$\hat{g}$）	$\hat{g}=\frac{TP}{TP+FP+FN}$	检测率（DR）	$DR=\frac{TP}{TP+FN}$
检测准确度（DA）	$DA=\frac{TP}{TP+FP}$	有效性（F）	$F=\frac{2DA\bullet DR}{DA+DR}$

注：这些测度是使用相依表（表 7.4）中的条目定义的。

7.4.2　皮肤检测：静止图像

为了检测面部的皮肤像素，使用了 Caltech 的“正面面部图像数据库”。该图像数据库包含从 27 个不同的人在不同的光照、表情和背景下拍摄的 450 张面部图像。这些图像中的面部外观明显受到不同照明、阴影、肤色等的影响（图 7.3）。真值是通过手动分割数据库中的所有图像来生成的。通过从 100 幅（随机选择的）不同图像中手动选择 100 个不同的色块来获得训练集。单峰性测试用于丢弃不适当的色块。最后，使用 58 个色块进行训练，占数据库中面部像素总数的 1%。注意，因为同时考虑了相同目标类别的不同实例，协方差矩阵（$\boldsymbol{\Sigma}$）不仅包含了照明条件下的变化，而且还包含了目标外观上的变化（即肤色变化）。使用 7.3 节中描述的步骤计算彩色模型集。表 7.6 列出了所获得的一组权重。

图 7.3　来自 Caltech[95]的正面面部图像数据库的示例图像

表 7.6 实验获得的权重集

	$\mathfrak{I}$	R	G	B	r	g	O_1	O_2	L	a	b	S	V
皮肤	−0.017	—	—	—	—	0.022	—	0.013	0.176	0.652	0.154	—	—
道路	0.929	—	—	—	0.157	0.342	0.266	−0.024	—	−0.356	−0.082	−0.452	0.220

注：“—”对应于 PCA 程序未选择的彩色模型。

这些权重表明 a 和 b 占主导地位，反映出淡红色的色彩（即皮肤）。结果示例如图 7.4 所示。对于每幅原始图像（图 7.4(a)），提供了加权组合（图 7.4(b)）和皮肤数据分布（图 7.4(c)）。

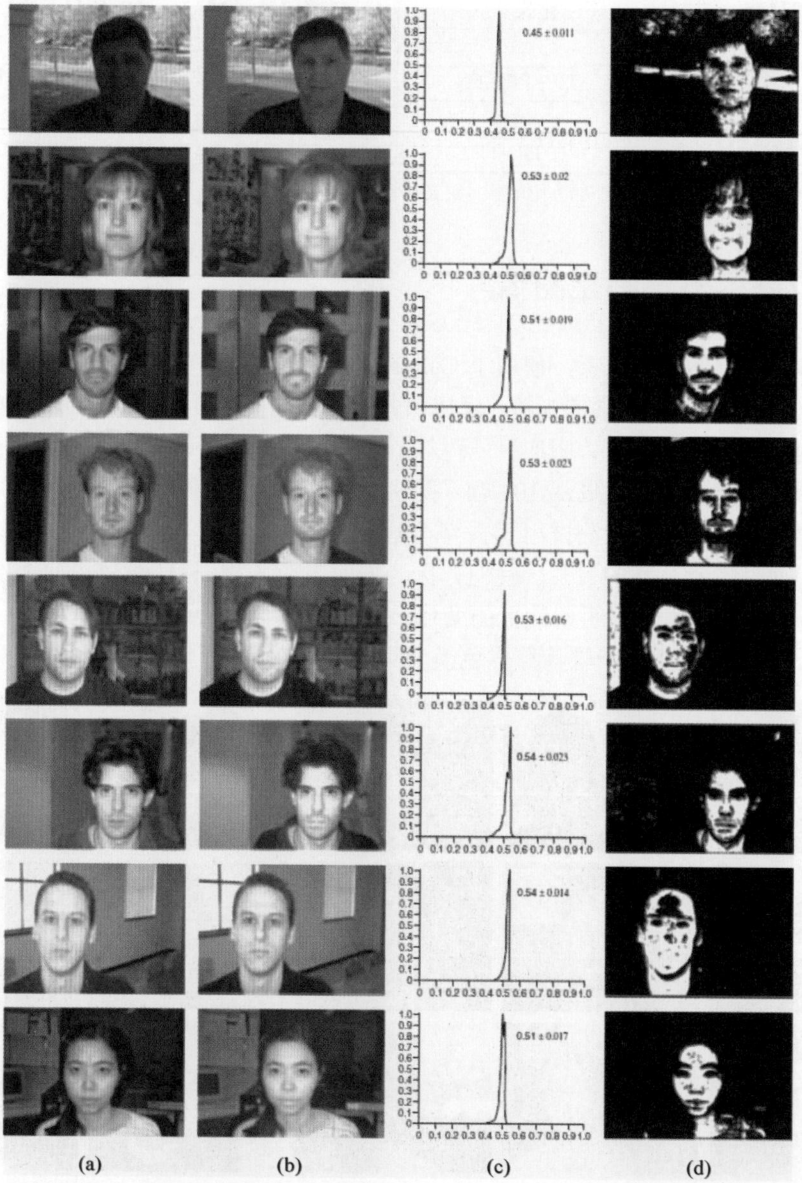

图 7.4 常规皮肤检测结果（第二次皮肤实验）。(a)原始图像；(b)彩色模型的加权组合；(c)图像中皮肤像素值的分布；(d)皮肤检测结果。资料来源：经许可转载，©2010 年 Springer

此外，数据库中所有皮肤像素均被收集，不同彩色模型值的分布如图 7.5 所示。为了进行比较，仅考虑表 7.3 中每组里的一种彩色模型。可见，尽管光色和肤色发生了变化，该学习方法仍导致像素的单峰分布，即在适当组合彩色模型时，可以补偿照明的变化。请注意，其他彩色模型的像素值不是正态分布的，因此会导致均值和标准偏差值出现错误。

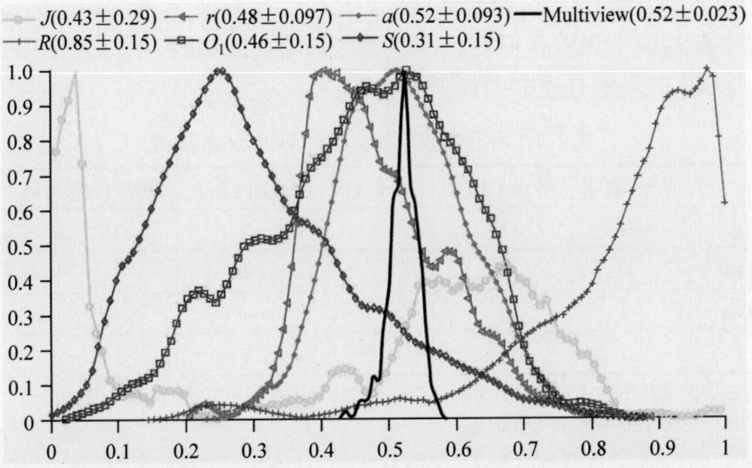

图 7.5　根据不同彩色模型得到的数据库中所有皮肤像素值的分布。图例中列出了每个通道的平均值和标准偏差。资料来源：经许可转载，©2010 年 Springer

该方法的性能与其他 6 种皮肤检测算法进行了比较。其中 3 种在 RGB [98]/CbCr [99]和 HS [100]彩色空间中使用固定边界。第四种是在 RGB 空间中使用高斯混合的统计方法。请注意，这些方法经过专门设计和微调以检测皮肤。其他两种方法对应于 Jacobs [76]和 Stokman and Gevers [77]提出的（更为通用的）融合方案。相同的训练集用于训练不同的检测方案，结果摘要列于表 7.7。另外，Wilcoxon 试验的结果示于表 7.8。从这些结果可以得出以下结论。首先，除了基于 RGB 的方法外，学习算法在总体性能（质量和有效性）方面优于其他算法。尽管如此，基于 RGB 的方法、基于 HS 方法和 RGB 统计方法仍提供了更好的检测率。这意味着这些方法以较低的鉴别力为代价，为皮肤类别的变异性提供了更高的不变性。就检测准确度而言，该学习方法优于所有其他方法，包括基于 RGB 的方法。也就是说，通

表 7.7　Caltech 人脸数据库上不同检测算法的性能

检测算法	$\hat{g}$	检测准确度	检测率	*F*
基于 RGB 的方法[98][101]	**0.640 ± 0.19**	0.694 ± 0.20	**0.884 ± 0.17**	**0.761 ± 0.17**
基于 CbCr 的方法[99]	0.259 ± 0.18	0.309 ± 0.21	0.548 ± 0.31	0.379 ± 0.23
基于 HS 的方法[100]	0.443 ± 0.21	0.514 ± 0.21	0.807 ± 0.28	0.585 ± 0.21
RGB 统计[102]	0.510 ± 0.23	0.635 ± 0.23	0.723 ± 0.28	0.643 ± 0.22
最小方差[76]	0.189 ± 0.03	0.195 ± 0.03	0.190 ± 0.02	0.318 ± 0.05
单视图融合[77]	0.314 ± 0.24	0.365 ± 0.26	0.636 ± 0.34	0.430 ± 0.27
多视图[a]	0.410 ± 0.23	0.703 ± 0.18	0.497 ± 0.20	0.550 ± 0.15
多视图（我们的方法）	0.589 ± 0.18	**0.756 ± 0.22**	0.718 ± 0.11	0.713 ± 0.17

注：粗体值指示最好性能。[a]没有进行彩色模型选择。

过我们的方法所提供的正确分类的皮肤像素与检索到的皮肤像素数量之间的比率更高。这源于皮肤像素值的最终分布（图 7.5）。但是，由于皮肤外观和光照变化都很大，因此该方法的总体性能低于 RGB 方法。这些大的变化会在每个视图中生成不是单峰的数据分布，除了在非常小的皮肤斑块之外。进一步，未观察到的光照条件和人的外观（在训练期间）会移动皮肤的分布（图 7.4(c)），从而降低性能。此外，尽管基于 RGB 的方法在低强度（由于照明和阴影）的情况下失败，但是只有少数这种类型的实例，事实上，图像数据集中只有 3%的图像显示出严重的强度和阴影变化。

表 7.8 用于皮肤检测实验的 Wilcoxon 测试

		基于 RGB	基于 CbCr	基于 HS	RGB 统计	最小方差	单视图	多视图[a]
多视图	$\hat{g}$	**–1**	**1**	**1**	**1**	**1**	**1**	**1**
	DA	1	**1**	**1**	**1**	**1**	**1**	–1
	DR	**–1**	**1**	**–1**	**–1**	**1**	**1**	**1**
	F	**–1**	**1**	**1**	**1**	**1**	**1**	**1**

注：正值表示学习方法优于其他方法。负值表示我们的方法没有明显更好。
粗体值表示学习方法此时优于其他方法。
[a] 用于皮肤检测实验的 Wilcoxon 测试。

7.4.3 视频中的道路检测

本章讨论的另一个应用是 RD。为了检测视频中的道路，考虑使用 800 多个图像序列来分析观测结果的动态性质。该视频序列是使用车载摄像机录制的。目的是使用彩色摄像机检测行驶中车辆前方的（未被遮挡的）道路。所使用的图像包括不同的背景、遮挡物和杂乱目标（车辆）的出现，以及在光照变化下的不同道路外观。

训练集包含 15 个不同的路段，这些路段是从 15 个不同（随机）的图像中手动选择的。选择过程避免了连续的图像索引。这些路段包含不同的照明（如阴影和高光），它们占序列中道路像素总数的不到 0.053%。最合适彩色模型的选择由 7.3 节中描述的 PCA 程序执行。总体获得的权重列在表 7.6 中，那里还显示了不变彩色模型的主要权重，该不变彩色模型对应于与照明变化（例如，阳光投射和阴影）无关的无色表面。

此外，还考虑了数据的顺序性质。因此，一旦计算出道路的最佳集合，就可以仅考虑时间上接近的图像进行调整，即使用 7.2 节中描述的过程来估计优化过程的输入参数（$E[\xi_1]$, $E[\xi_2],\cdots,E[\xi_N]$和$\boldsymbol{\Sigma}$）。为了估计它们，使用了一个时间缓冲区，考虑了每个所选彩色模型在每帧图像中检测到的道路的中心值（图 7.6）。因此，假设彩色模型之间的相关性随时间保持不变。为了避免可能的异常值（当前结果中的虚警），使用了可靠的统计信息。根据经验，式(7.12)中的衰减因子（λ）固定为 0.5。然后，考虑这些新的 $E[\xi_1]$, $E[\xi_2],\cdots$, $E[\xi_N]$和$\boldsymbol{\Sigma}$值，在每帧图像中重新计算最优集合。

为了在考虑时间信息的情况下提高评估性能，考虑了两种不同更新技术的道路预期值与当前值之间的误差（图 7.7）。更新技术是采样和保持以及 EWMA。前者使用在所有图像序列上借助训练样本估算出的固定最优集合。后者使用衰减因子（$\lambda = 0.5$）来根据可用的新数据更新最优集合。如图 7.7 所示，随着时间的推移更新集合时，误差明显降低。也就是说，如果考虑到可用的新数据以调整集合，则道路数据分布将根据新的照明条件进行相应修改，从而获得更准确的结果。但是，由于使用了固定的集合（采样和保持），未观察到（不在训练集中）的光照条件或由于道路外观而导致的变化会使道路数据分布发生变化。此外，对这两种方法的跟踪误差（Ψ）和历史 SR（S_h）的分析（表 7.9）表明，就跟踪数据库中所有图像的道路中心值而言，自适应方法具有更好的性能。

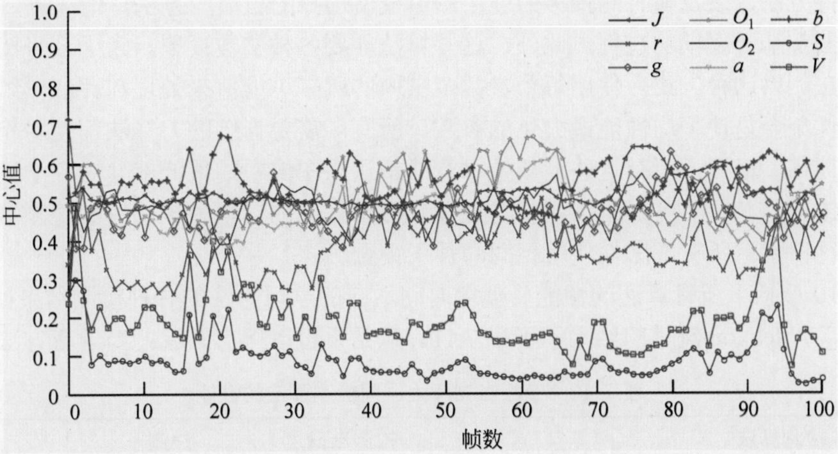

图 7.6　观测的中心值是使用每帧结果的可靠统计信息估算的。这些值被用于重新计算最佳集合

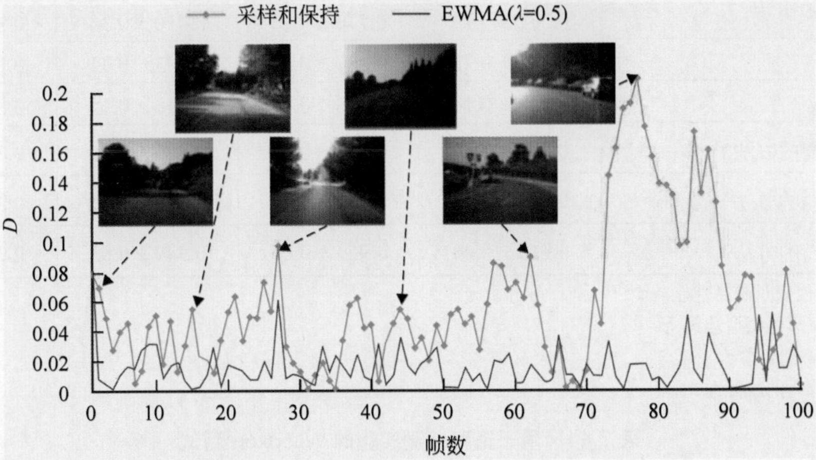

图 7.7　各帧图像预期道路值的误差之间的比较。为了清楚起见，从原始视频序列中每 100 帧选择 1 帧。当出现无法观察的照明条件时，该误差会更高。资料来源：经许可转载，©2010 年 Springer

表 7.9　道路实验的跟踪误差（Ψ）和历史 SR（S_h）

	Ψ	S_h
采样和保持	0.002212	0.001
EWMA（$\lambda = 0.5$）	**0.000257**	**8.331**

注：粗体值表示最高性能。

Ψ 越低，性能越好，而 S_h 越高，性能越好。

此外，还使用了其他 3 种算法来处理视频序列。第一种算法是在参考文献[103]中提出并在参考文献[104]中使用的 HSI RD 算法。HSI 彩色空间用于处理照明变化条件下的一般户外场景[105-106]。第二种算法是参考文献[91]中介绍的光源不变算法。第三种算法基于 rg 空间中的 2-D 直方图[107]。此外，考虑了参考文献[76]和[77]中提出的两种融合方法。最后，考虑了学习方法的 3 个不同实例：没有彩色模型选择的采样和保持，使用彩色模型选择的采样和保持方法，以及随时间推移的使用彩色模型选择的自适应方法。请注意，HSI 和光源不变算法都基于逐帧的过程。此外，这些算法需要各种参数设置。为了公平比较，使用了蛮力方法。以这种方式，使用每个参数范围内的所有可能值来处理和评估一组图像。参数值的最优集合是使平均性能最大化的参数。所有（需要训练的）算法都使用相同的道路像素进行训练。最后，所有这些最新技术算法都认为图像中的最低部分对应于道路，并且距离车辆约 4m。在这种考虑下，仅将与放置在图像底部的一组种子相关的检测结果作为道路像素进行检索。所有方法都使用相同的种子集合。

表 7.10 概括了所有算法的性能。使用时间适应的学习方法的各种检测结果如图 7.8 所示。另外，Wilcoxon 测试的结果示于表 7.11。从结果可以得出结论：当学习方法随着时间

表 7.10　道路数据库上不同检测算法的性能

检测算法	$\hat{g}$	检测准确度	检测率	F
基于 HSI 的 RD[103]	0.673 ± 0.12	0.927 ± 0.12	0.729 ± 0.15	0.798 ± 0.09
不变 RD[91]	0.798 ± 0.13	0.019 ± 0.15	0.866 ± 0.10	0.870 ± 0.10
基于 rg 模型[107]	0.272 ± 0.19	0.770 ± 0.23	0.410 ± 0.34	0.391 ± 0.29
最小方差[76]	0.137 ± 0.22	0.237 ± 0.30	0.193 ± 0.31	0.187 ± 0.28
单视图融合[77]	0.680 ± 0.14	0.936 ± 0.02	0.716 ± 0.15	0.801 ± 0.10
多视图（我们的方法）[a]	0.801 ± 0.36	0.714 ± 0.10	0.826 ± 0.05	0.746 ± 0.07
多视图（我们的方法）[b]	0.810 ± 0.09	**0.976 ± 0.04**	0.828 ± 0.09	0.893 ± 0.05
多视图（我们的方法）[c]	**0.915 ± 0.06**	0.963 ± 0.05	**0.949 ± 0.05**	**0.954 ± 0.03**

注：粗体值表示最高性能。

[a] 没有彩色模型选择。

[b] 没有时间适应。

[c] 具有时间适应性。

表 7.11　用于道路检测实验的 Wilcoxon 测试

		基于 HSI 的 RD	不变 RD	基于 rg 模型	最小方差	单视图	多视图[a]	多视图[b]
多视图	$\hat{g}$	−1	**1**	**1**	**1**	**1**	**1**	**1**
	DA	**1**	**1**	**1**	**1**	**1**	**1**	**1**
	DR	−1	**1**	−1	−1	**1**	**1**	**1**
	F	−1	**1**	**1**	**1**	**1**	**1**	**1**

注：正值表示学习方法的效果明显更好。负值表示该方法没有优于其他方法。

粗体值表示学习方法何时优于其他方法。

[a] 没有进行彩色模型选择。

[b] 没有进行时间调整。

图 7.8　用于检测道路的学习算法的结果。资料来源：经许可转载，©2010 年 Springer

的推移而适应时，除了 HSI 方法和非自适应方法的检测准确度外，其执行效果都明显优于其他方法。与这两种方法提供的结果相比，学习方法提供的结果略有过度检测。但是，关于整体表现（质量和有效性），学习方法表现最佳。这意味着学习算法在不变性（检测率）和鉴别能力（检测精度）之间取得了更好的权衡。

结果表明，当存在高亮或车道标记时，该方法会产生假阴性（未检测到的道路像素）。此外，当存在大量假阳性时，该算法会用一些图像以进行恢复。因此，当用于估计整体的输入数据有偏差时，性能会下降。这可以通过在可用的新数据中添加更多约束（例如单峰性测试）来改善效果。此外，可以通过对检测到的道路像素进行聚类以区分同一帧中的不同照明条件来提高性能。

7.5 本章小结

在本章中，通过从彩色模型中学习得出光度不变性，仅使用正例即可获得多样化的彩色不变性集合。讨论了一种用于组合彩色模型的方法，以提供一种多视图方法来最小化估计误差。这样，该方法对于数据不确定性是鲁棒的，并能产生合适的多样化彩色不变量集合。此外，通过预测随时间变化的观测结果，将学习方法扩展到处理时间数据。

第 3 部分

彩色恒常性

第 8 章　光源估计和色彩适应

显式地针对光源的彩色来校正图像，从而生成输入图像的变换版本，称为**彩色恒常性**。人类的视觉具有纠正光源彩色影响的自然趋向[108-111]，但是与这种能力有关的机制尚未被完全理解。Land 和 McCann 的早期工作[13-14][112]产生了视网膜皮层（retinex）理论。该理论认为视网膜和皮层都参与了该过程。许多计算模型都是基于这种感性理论得出的[113-115]。但是，计算模型仍不能完全解释观察者所观察到的彩色恒常性。卡夫和布雷纳德[116]测试了几种解决人类彩色恒常性的计算理论的能力，但发现每种理论都留下了相当大的剩余恒常性。换句话说，在没有对应于计算模型的特定线索的情况下，人类在某种程度上仍然感觉到恒常的彩色[116]。另外，关于人类彩色恒常性的观察也不能轻易地应用于计算模型：Golz 和 Macleod[117-118]表明，彩色场景统计信息会影响人类彩色恒常性的准确性，但是当映射到计算模型时，这种影响充其量也是非常弱的[119]。本书中未作进一步探讨的最新进展包括：计算彩色恒常性的建议，即针对特定图像的最佳方法是基于场景的统计[120-121]；人类彩色恒常性的建议，即除了上下文线索外，彩色记忆可能也起着重要作用[122-125]。

尽管将人类彩色恒常性的最新进展带到更接近计算水平，或者将计算进展映射到人类的解释上是很有趣的，但本章的重点是彩色恒常性算法，而不是感知上合理的模型。例如，考虑图 8.1 中的图像。这些图像显示了不同光源对场景感知的影响。计算彩色恒常性的算法的意图是对目标图像进行校正，以使其与标准图像（即在中性或白光源下拍摄的图像）相同。

图 8.1　不同光源对测试图像影响的展示。在这些图像中，唯一的变量是光源的彩色。计算彩色恒常性算法的目的是校正这些图像，以使它们在视觉上看起来是相同的。
来源：使用从参考文献[126]中获取的数据绘制的图像

图 8.2 概述了通常用于彩色恒常性的方法，本章也遵循该方法。首先，对于在未知照明情况下记录的输入图像，估计光源的色彩。其次，在第二步中，将此色彩用于变换输入图像，以使其看起来像是在标准光源下拍摄的。最后，返回没有光源彩色引起的任何偏差的输出图像。本部分讨论的方法涉及第一步（光源估计）。第二步称为**色适应/色彩适应**，将在 8.2 节中进行简要介绍，但此处不再赘述。请注意，第 9～11 章中讨论的所有光源估计算法均基于光源在空间上均匀的假设，即，假设光源的色彩在图像的每个位置都相同。尽管很容易想到违反此假设的场景，例如，室内图像描述了多个具有不同光谱光源的房间，

或者室外图像场景的一部分落在阴影中，而其他部分处在明亮的阳光下，但大部分图像都满足单个光源的假设。目前，只有相对较少的能够处理多个光源的方法被提出。例如，Finlayson 等[127]和 Barnard 等[128]提出了一种基于视网膜皮层的方法，该方法明确地假设场景中存在被多个光源照亮的表面。另一种基于视网膜皮层的方法[129]使用立体图像来导出图像中存在的表面上的 3-D 信息，从而能够将材料过渡与局部光彩色的变化区分开，但是立体信息通常并不可用，而且不容易获得。Ebner [130]还提出了一种基于光源过渡平滑假设的方法。该方法通过将图像与核函数（例如，高斯核或指数核）进行卷积，将局部空间的平均彩色用于对光源的局部估计。最后，在参考文献[131]中，采用人机交互来指定图像中由不同光源照明的位置。所有这些方法均基于以下假设：光源彩色从一种彩色平滑地变化到另一种彩色。虽然这方面的研究很有趣，但本章将不对其进行进一步的研究。

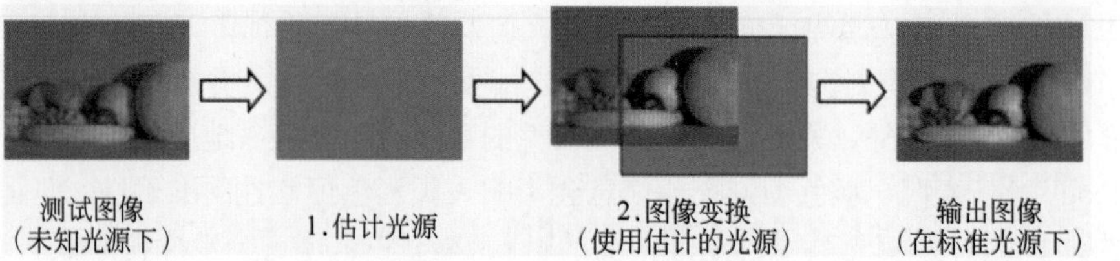

图 8.2 在步骤 1 中，估算在未知照明下记录的输入图像的光源。然后，在步骤 2 中，该光源用于校正输入图像以生成输出图像

8.1 光源估计

回顾第 3 章，在朗伯反射的假设下，图像 $\boldsymbol{f}_{\mathrm{RGB}} = (R, G, B)^{\mathrm{T}}$ 的图像值取决于光源的彩色 $e(\lambda)$，表面反射率特性 $s(\lambda, \boldsymbol{x})$和相机灵敏度函数$\rho^c$（$c \in \{R, G, B\}$）：

$$f^c(\boldsymbol{x}) = m^b(\boldsymbol{x})\int_\omega e(\lambda)\rho^c(\lambda)s(\lambda,\boldsymbol{x})\mathrm{d}\lambda \tag{8.1}$$

其中，ω是可见光谱，λ是光的波长，$\boldsymbol{x}$ 是空间坐标，m^b 是对在 $\boldsymbol{x}$ 处反射的总体光有贡献的朗伯阴影项。光源光谱、相机感光度函数和表面反射率函数通常由可见光谱ω中的 m 个离散样本给出。因此，连续形式的式(8.1)经常被数字形式所代替：

$$f^c(\boldsymbol{x}) = m^b(\boldsymbol{x})\sum_{i=1}^{m} e(\lambda_i)\rho^c(\lambda_i)s(\lambda_i,\boldsymbol{x})\Delta\lambda \tag{8.2}$$

其中λ_i是样本点，$\Delta\lambda$是样本宽度。

为了创建一个更现实的模型，同时仍然遵循朗伯反射模型的简单假设，Shafer [26]建议添加一个“**漫射光**”项。漫射光被认为具有低强度，并且来自各个方向的光量相等：

$$f^c(\boldsymbol{x}) = \int_\omega e(\lambda)\rho^c(\lambda)s(\lambda,\boldsymbol{x})\mathrm{d}\lambda + \int_\omega a(\lambda)\rho^c(\lambda)\mathrm{d}\lambda \tag{8.3}$$

其中 $a(\lambda)$是模拟漫射光的术语。使用此式，由于日光既包含点光源（太阳）又包含来自天空的漫射光，因此可以更精确地模拟日光下的目标。但是，各个方向上漫射光均相等的假设实际上并不成立。一个更现实的近似是认为漫射光取决于图像中的位置：

$$f^c(\boldsymbol{x}) = \int_\omega e(\lambda)\rho^c(\lambda)s(\lambda,\boldsymbol{x})\mathrm{d}\lambda + \int_\omega \overline{a(\lambda,\boldsymbol{x})}\rho^c(\lambda)\mathrm{d}\lambda \tag{8.4}$$

在这里我们假设位置的依赖关系是很少有的，这由上画线表示。

通常，对光源的估算要使用式(8.1)。仅基于式(8.4)的方法很少，这些方法将在第 10 章中进行讨论。但是，即使假设式(8.1)给出的成像简化形式，仍然很难解决光源估计的问题。从该式中可以看出，图像值 $\boldsymbol{f}$ 取决于表面固有特性 s 和场景光源的光谱。当这两个中的任何一个变化时，图像值也会变化，而实际上我们只希望在表面属性变化时观察到图像值的变化。例如，在基本的计算机视觉任务（例如图像和场景分割以及目标识别和跟踪）中，如果不适当考虑照明的变化，可能会造成很大的困难。此外，彩色恒常性是使用数码相机成像中的基本过程：如果在捕获数字图像期间未对图像彩色进行适当的色彩校正，则图像将与摄影师对场景的观察不符。因此，为了获得场景的稳定数字再现，重要的是尽可能地消除光源的影响。为了仍然保持场景的自然表现，通常将彩色光源的效果替换为标准光源，即白色或中性光源。

请注意，如果图像由 n 个不同的表面组成，则使用式(8.2)可获得 $3n$ 个已知值：对每个彩色通道和每个表面有一个已知值（假设图像由 3 个彩色通道组成，例如，红色 R、绿色 G 和蓝色 B）。从这些已知的图像值中，我们希望恢复 n 个真实的表面反射率属性以及单个光源。但是，由于光源、表面和相机灵敏度函数由 m 个离散样本给出，因此要求解的参数数量总计为 $m(n+1)$。当假定 $m \geqslant 3$ 时，很明显，未知数量比已知数量多：$3n < m(n+1)$，而不管图像中不同表面的数量如何。即使我们假设并不需要完全恢复光源的数字光谱（而是使用下一节中描述的色彩适应技术在中性光源下表示图像），未知数$(3n+3)$仍超过已知数。因此，很明显，光源估计是一个约束不足的问题，如果没有进一步的假设就无法解决。

8.2　色彩适应

在估计光源的彩色之后，必须对图像进行变换。这种变换将改变所有彩色的外观，从而使图像看起来是在白色光源（例如 D65）下记录的。这可以通过**色彩适应**[132]来实现。大多数适应变换是使用锥体响应的线性缩放来建模的，最简单的形式是独立缩放 3 个彩色通道[33]：

$$\begin{bmatrix} R_c \\ G_c \\ B_c \end{bmatrix} = \begin{bmatrix} d_R & 0 & 0 \\ 0 & d_G & 0 \\ 0 & 0 & d_B \end{bmatrix} \begin{bmatrix} R_e \\ G_e \\ B_e \end{bmatrix} \tag{8.5}$$

其中，$d_i = e_i / \sqrt{3(e_R^2 + e_G^2 + e_B^2)}$，$i \in \{R, G, B\}$。尽管此模型只是光源变化的近似值，并且可能由于高光和相互反射等干扰效应而无法准确地模拟光度变化，但该模型已被广泛接受为色彩校正模型[133-134][50]，而且它为后续章节中介绍的许多彩色恒常性算法奠定了基础。

一种更准确的表示方法是，在进行变换（例如**布拉德福德变换**[135]或 **CMCCAT2000 变换**[136]）之前，先增强锥体响应。后者定义为

$$\begin{bmatrix} X_c \\ Y_c \\ Z_c \end{bmatrix} = \boldsymbol{M}_{\mathrm{CMC}}^{-1} \begin{bmatrix} d_X & 0 & 0 \\ 0 & d_Y & 0 \\ 0 & 0 & d_Z \end{bmatrix} \boldsymbol{M}_{\mathrm{CMC}} \begin{bmatrix} X_e \\ Y_e \\ Z_e \end{bmatrix} \tag{8.6}$$

其中，d_X、d_Y 和 d_Z 是通过将对应的 XYZ 矢量与 M_{CMC} 相乘，根据真实和白色光源的三刺激值计算得出的。矩阵 $\boldsymbol{M}_{\mathrm{CMC}}$ 由 Li 等给出[136]：

$$\boldsymbol{M}_{\mathrm{CMC}}=\begin{bmatrix}0.7982 & 0.3389 & -0.1371\\ -0.5918 & 1.5512 & 0.0406\\ 0.0008 & 0.0239 & 0.9753\end{bmatrix} \tag{8.7}$$

请注意，此变换是为三刺激值 XYZ 定义的，因此在应用此变换之前，必须将 RGB 图像转换为 XYZ，并在变换后将其转换回 RGB。

如前所述，在某些情况下，对角模型过于严格。对基于此模型的彩色恒常性算法，此类情况可能会很麻烦。为了克服这个问题，Finlayson 等[34]通过向对角模型添加偏移项来解决此问题，从而给出了**对角偏移模型**：

$$\begin{bmatrix}R^c\\ G^c\\ B^c\end{bmatrix}=\begin{bmatrix}\alpha & 0 & 0\\ 0 & \beta & 0\\ 0 & 0 & \gamma\end{bmatrix}\begin{bmatrix}R^u\\ G^u\\ B^u\end{bmatrix}+\begin{bmatrix}o_1\\ o_2\\ o_3\end{bmatrix} \tag{8.8}$$

与对角模型的差距反映在偏移项$(o_1, o_2, o_3)^{\mathrm{T}}$中。理想情况下该项将为零，这是对角模型有效的情况。

有趣的是，通过偏移量，对角模型还考虑了漫射照明，如式(8.3)所示。为了获得式(8.4)的位置相关的漫射照明，可以使用以下称为**局部对角偏移模型**的模型：

$$\begin{bmatrix}R^c\\ G^c\\ B^c\end{bmatrix}=\begin{bmatrix}\alpha & 0 & 0\\ 0 & \beta & 0\\ 0 & 0 & \gamma\end{bmatrix}\begin{bmatrix}R^u\\ G^u\\ B^u\end{bmatrix}+\begin{bmatrix}\overline{o_1(\boldsymbol{x})}\\ \overline{o_2(\boldsymbol{x})}\\ \overline{o_3(\boldsymbol{x})}\end{bmatrix} \tag{8.9}$$

该模型在与对角模型有偏差（例如饱和色），漫射光（假设位置的相关性很少）和遮挡照明时鲁棒性更高。第 10 章介绍了使用对角模型的修改版的方法。

第 9 章　使用低层特征的彩色恒常性

本书中讨论的第一类光源估计算法是静态方法，或者是应用于具有固定参数设置的输入图像的方法。区分两个子类型：①基于低层统计量的方法；②基于物理的双色反射模型的方法。

9.1　通用灰色世界

这种类型的最著名和最常用的假设是**灰色世界假设**[137]：在中性光源下的场景中的平均反射率是**无色的**。在原始工作中，使用该假设得出短波、中波和长波区域的平均反射率相等，但是通常使用更强的场景无色反射率定义[138-139]：

$$\frac{\int s(\lambda,\boldsymbol{x})\mathrm{d}\boldsymbol{x}}{\int \mathrm{d}\boldsymbol{x}}=g(\lambda)=k \tag{9.1}$$

以避免做进一步的假设。常数 k 在无反射 0（黑色）与全反射 1（白色）之间，并且积分在场景范围内。对于这样的具有无色反射率的场景，认为反射的彩色等于光源的彩色，因为

$$\frac{\int f^c(\boldsymbol{x})\mathrm{d}\boldsymbol{x}}{\int \mathrm{d}\boldsymbol{x}}=\frac{1}{\int \mathrm{d}\boldsymbol{x}}\iint_\omega e(\lambda)s(\lambda,\boldsymbol{x})\rho^c(\lambda)\mathrm{d}\lambda\mathrm{d}\boldsymbol{x} \tag{9.2}$$

$$=\int_\omega e(\lambda)\rho^c(\lambda)\left[\frac{\int s(\lambda,x)\mathrm{d}\boldsymbol{x}}{\int \mathrm{d}\boldsymbol{x}}\right]\mathrm{d}\lambda \tag{9.3}$$

$$=k\int_\omega e(\lambda)\rho^c(\lambda)=ke^c \tag{9.4}$$

Fubini 定理用于交换积分阶。归一化的光源彩色通过 $\hat{\boldsymbol{e}}=(\hat{e}^R,\hat{e}^G,\hat{e}^B)^{\mathrm{T}}=k\boldsymbol{e}/|k\boldsymbol{e}|$来计算。

另外，不去计算所有像素的平均彩色，而是对图像进行分割并计算所有分割部分的平均彩色可以改善灰色世界算法的性能[140-141]。由于**灰色世界**对大且均匀的彩色表面敏感，而这通常会导致基本假设失败的场景，因此该预处理步骤可以改善结果。在计算场景平均彩色之前对图像进行分割将减少这些较大的均匀着色块的影响。相关的方法试图识别图像中固有的灰色表面，也就是说，它们试图找到在彩色光源下的表面，如果在白色光源下渲染，这些表面会呈现灰色[142-144]。当精确地恢复时，这些表面为估算光源提供了强有力的线索。最后，van de Weijer 等[145]提出了一种使用类似原理的方法，他们基于一个被称为“**绿草假说**”的假设：图像中语义类的平均反射率等于数据库中语义主题的平均反射率。该假设由以下等式表示：

$$\sum_{\boldsymbol{x}\in T^s}\boldsymbol{f}(\boldsymbol{x})=k\mathrm{diag}(\boldsymbol{d}^s)\boldsymbol{e}^s \tag{9.5}$$

$$\boldsymbol{d}^s=\sum_{x\in D^s}\boldsymbol{F}(x) \tag{9.6}$$

其中，T^s 是图像 $\boldsymbol{f}$ 中分配给语义主题 s 的像素的索引集，$\boldsymbol{F}$ 是训练数据集中所有像素的集合，D^s 是训练数据集中分配给语义主题 s 的所有像素的索引，$\boldsymbol{e}^s$ 是基于主题 s 的光源彩色的估计。首先，将任何输入图像中的像素分类为训练集中考虑的任一语义类。其次，使用式(9.5)得出一个光源假设。最后，利用分类区域的语义似然度，将假设组合成一个最终估计值（例如，根据语义内容的似然度选择具有最高概率的假设）。

另一个众所周知的假设是**白片假设**[14]：RGB 通道中的最大响应是由**完美的反射率**引起的。具有完美反射特性的表面将反射所有其接收到的光。因此，这种完美反射率的彩色恰好是光源的彩色。在实践中，通过分别考虑彩色通道来缓解理想反射率的假设，从而产生了**最大 RGB** 算法。此方法通过计算单独的彩色通道中的最大响应来估算光源：

$$\max_{\boldsymbol{x}} f^c(\boldsymbol{x}) = ke^c \tag{9.7}$$

应当注意，最大 RGB 方法不需要将分离通道的最大值设置在同一位置。图 9.1 对此进行了说明。一幅圆球图像的 3 个彩色通道的最大值恰好重合并且对应于白片。但是，带有纸张的图像中 3 个彩色通道的最大值来自 3 个不同的像素。由于名称“最大 RGB”和“白片”通常都用于表示同一算法，因此有可能会造成混淆，在使用该算法时应予以考虑。

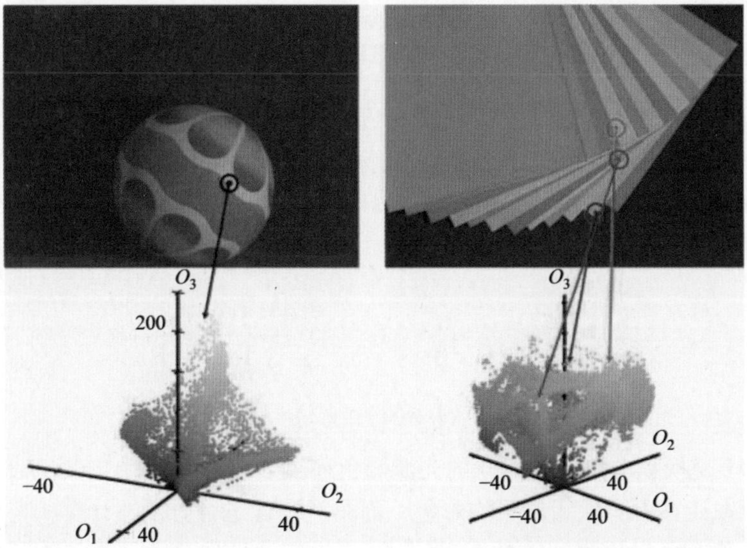

图 9.1 最大 RGB 方法的两个插图。带有纸张的图像显示出 3 个彩色通道中的最大响应不必对应于同一白片，甚至不必对应于同一像素。资料来源：上一行图像取自参考文献[44]

相关的算法在光源估计之前对图像进行某种平滑处理[130][146]。该预处理步骤对“白片”算法的性能具有类似的影响，就像在灰色世界上进行分割一样。在这种情况下，降低了噪声点像素（具有意外的高强度）的影响，从而提高了“白片”方法的准确性。局部空间平均彩色（LSAC）方法[130]的另一个优点是，它可以提供像素级光源估计。因此，它不需要在光谱均匀的光源下捕获图像。参考文献[147-148]中对最大 RGB 算法进行了分析，结果表明，除了预处理策略外，图像的动态范围还会对该方法的性能产生重大影响。

在参考文献[138]中，“白片”和灰色世界算法被证明是更通用的 Minkowski 框架的特殊实例：

$$\mathcal{L}^c(p)=\left[\frac{\int (f^c)^p(\boldsymbol{x})\mathrm{d}\boldsymbol{x}}{\int \mathrm{d}\boldsymbol{x}}\right]^{1/p}=ke^c \tag{9.8}$$

将 $p=1$ 代入式(9.8)等效于计算 $f(\boldsymbol{x})$的平均值，即 $\boldsymbol{L}(1)=[L_R(1), L_G(1), L_B(1)]^{\mathrm{T}}$ 等于灰色世界算法。当 $p=\infty$时，式(9.8)给出计算 $f(\boldsymbol{x})$的最大值，即 $\boldsymbol{L}(\infty)$等于“白片”算法。通常，为了获得合适的值，需要针对手头的数据集调整 p。因此，对于不同的数据集，此参数的最佳值可能会有所不同。

作为灰色世界算法的最终扩展，考虑了局部平均。式(9.8)给出的范数计算是全局平均运算，它忽略了像素之间重要的局部相关性。该局部相关可用于减少噪声的影响。如 Barnard 的研究[141]所述，作为预处理步骤的局部平滑被证明对彩色恒常性算法有益。为了利用这种局部相关性，引入了具有高斯滤波器 G^σ的局部平滑[146]，其标准偏差为σ（$f^\sigma=f\otimes G^\sigma$）：

$$\left[\frac{\int [(f^c)^\sigma(\boldsymbol{x})]^p\,\mathrm{d}\boldsymbol{x}}{\int \mathrm{d}\boldsymbol{x}}\right]^{1/p}=ke^c \tag{9.9}$$

9.2 灰色边缘

上述彩色恒常性方法的假设基于图像中存在的彩色（即，像素值）分布。参考文献[139]中提出了结合更高阶图像统计信息（以图像导数形式），从而产生了**灰色边缘假说**，即场景中反射率差异的平均值是无色的：

$$\frac{\int |s_{\boldsymbol{x}}^\sigma(\lambda,\boldsymbol{x})|\mathrm{d}\boldsymbol{x}}{\int \mathrm{d}\boldsymbol{x}}=g(\lambda)=ke^c \tag{9.10}$$

下标 $\boldsymbol{x}$ 表示尺度为σ的空间导数。使用灰色边缘假设，可以根据以下公式得出的图像中的平均彩色导数来计算光源彩色：

$$\frac{\int (f^c)_{\boldsymbol{x}}(\boldsymbol{x})\mathrm{d}\boldsymbol{x}}{\int \mathrm{d}\boldsymbol{x}}=\frac{1}{\int \mathrm{d}\boldsymbol{x}}\iint_\omega e(\lambda)s_{\boldsymbol{x}}(\lambda,\boldsymbol{x})\rho^c(\lambda)\mathrm{d}\lambda\mathrm{d}\boldsymbol{x} \tag{9.11}$$

$$=\int_\omega e(\lambda)\rho^c(\lambda)\left[\frac{\int s_{\boldsymbol{x}}(\lambda,x)\mathrm{d}\boldsymbol{x}}{\int \mathrm{d}\boldsymbol{x}}\right]\mathrm{d}\lambda \tag{9.12}$$

$$=k\int_\omega e(\lambda)\rho^c(\lambda)=ke^c \tag{9.13}$$

其中，$|(f^c)_{\boldsymbol{x}}(\boldsymbol{x})|=|C_{\boldsymbol{x}}(\boldsymbol{x})|$，$C=\{R, G, B\}$。灰色边缘假设源自观察到的图像的彩色导数分布形成相对规则的椭圆形形状，其长轴与光源重合[149]。在图 9.2 中，描绘了 3 幅图像的彩色导数分布。彩色导数将旋转到对立彩色空间如下所示：

$$O_{1\boldsymbol{x}}=\frac{R_{\boldsymbol{x}}-G_{\boldsymbol{x}}}{\sqrt{2}} \tag{9.14}$$

$$O_{2\boldsymbol{x}}=\frac{R_{\boldsymbol{x}}+G_{\boldsymbol{x}}-2B_{\boldsymbol{x}}}{\sqrt{6}} \tag{9.15}$$

$$O_{3x}=\frac{R_x+G_x+B_x}{\sqrt{3}} \tag{9.16}$$

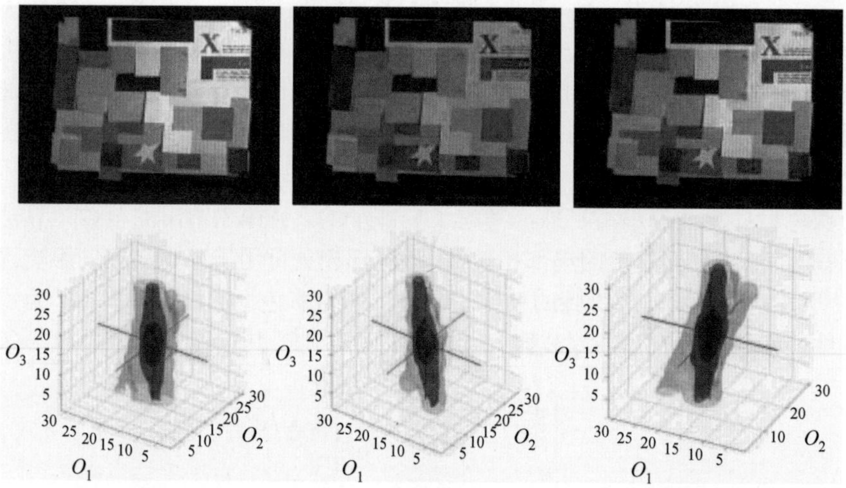

图 9.2 在不同光源下对同一场景的 3 个采集结果[44]。在底行中，显示了彩色导数的分布，其中坐标轴表示对立彩色导数，并且表面表示出现次数相等的导数值，而较暗的表面表示更密集的分布。注意，随着光源的变化，导数分布方向也变化。资料来源：经许可转载，©2007 IEEE

在对立彩色空间中，O_3 与白光方向重合。对于在白光下渲染的场景（最左侧的图像），导数的分布沿 O_3 轴（即白光轴）居中。一旦更改了光源的彩色（如中间和右侧的图像），彩色导数的分布将不再与白光轴重合。换句话说，基于灰色边缘假设的彩色恒常性可以解释为偏斜彩色导数分布，以使平均导数处于 O_3 方向。

与基于灰色世界的彩色恒常性方法类似，可以对灰色边缘假设进行调整，以接纳 Minkowski 范数：

$$\left(\frac{\int |(f^c)_{\boldsymbol{x}}^{\sigma}(\boldsymbol{x})|^p \mathrm{d}\boldsymbol{x}}{\int \mathrm{d}\boldsymbol{x}}\right)^{1/p}=ke^c \tag{9.17}$$

基于此式的彩色恒常性假定场景中反射率导数的 p-阶 **Minkowski 范数**是无色的。需要区分两种特殊情况。对于 $p=1$，光源是通过对通道导数进行常规平均操作得出的。对于 $p=\infty$，根据场景中的最大导数计算光源。来自灰色世界和灰色边缘假设的彩色恒定性之间的相似之处很明显。可以基于以下一般假设得出的低级特征，将这两种方法组合在一个彩色恒常性方法的单一框架中：

$$\left(\int \left|\frac{\partial^n (f^c)_\sigma(\boldsymbol{x})}{\partial \boldsymbol{x}^n}\right|^p \mathrm{d}\boldsymbol{x}\right)^{1/p}=k(e^c)^{n,p,\sigma} \tag{9.18}$$

对 $\int \mathrm{d}\boldsymbol{x}$ 的除法已合并到常数 k 中。除了已经讨论过的假设（灰色世界、最大 RGB，Minkowski 范数和灰色边缘）之外，很明显的是，该框架还包括基于更高阶的彩色恒常性。高阶导数与人眼的中心–环绕机制相对应，以获得恒定的色彩，例如已在众所周知的“中心–环绕”视网膜皮层算法（例如参考文献[113]和[150]）中使用。可以根据彩色强度到接收场中心的距离来加权彩色强度的影响，该距离通常由高斯函数的差计算得出。

式(9.18)的光源估算描述了基于低照明水平的光源估算的框架。该框架基于 3 个变量对光源彩色产生不同的估计：

（1）图像结构的阶数 n 用来确定该方法是灰色世界还是灰色边缘算法的参数。灰色世界方法基于 RGB 值，而灰色边缘方法基于 n 阶的空间导数。通常，基于高阶的**彩色恒常性**方法只研究高达 $n = 2$ 的方法。

（2）Minkowski 范数 p，它确定从中估算最终光源的多次测量的相对权重。较高的 Minkowski 范数强调较大的度量值，而较低的 Minkowski 范数给各个度量以相同的权重。

（3）用σ表示的局部测量的尺度。对于一阶或更高阶估计，此局部尺度与使用高斯导数计算的微分运算相结合。对于零阶灰度世界方法，此局部尺度是由高斯平滑操作施加的。

表 9.1 给出了通常考虑的由式(9.18)的框架给出的光源估计实例化的概况。

表 9.1　不同光源估计方法及其假设的概况。这些光源估计都是式(9.18)的实例

名称	符号	公式	假设
灰度世界	$e^{0,1,0}$	$(\int f^c(x)\mathrm{d}x) = ke^c$	场景中的平均反射率是无色的
最大 RGB	$e^{0,\infty,0}$	$(\int \lvert f^c(x)\rvert^\infty \mathrm{d}x)^{1/\infty} = ke^c$	场景中的最大反射率是无色的
灰色阴影	$e^{0,p,0}$	$(\int \lvert f^c(x)\rvert^p \mathrm{d}x)^{1/p} = ke^c$	场景的 Minkowski p-范数是无色的
通用灰色世界	$e^{0,p,\sigma}$	$(\int \lvert (f^c)^\sigma(x)\rvert^p \mathrm{d}x)^{1/p} = ke^c$	场景的 Minkowski p-范数在局部平滑后是无色的
灰色边缘	$e^{1,p,\sigma}$	$(\int \lvert (f^c)_x^\sigma(x)\rvert^p \mathrm{d}x)^{1/p} = ke^c$	图像导数的 Minkowski p-范数是无色的
最大边缘	$e^{1,\infty,\sigma}$	$(\int \lvert (f^c)_x^\sigma(x)\rvert^\infty \mathrm{d}x)^{1/\infty} = ke^c$	场景中的最大反射率差是无色的
二阶灰色边缘	$e^{2,p,\sigma}$	$(\int \lvert (f^c)_{xx}^\sigma(x)\rvert^p \mathrm{d}x)^{1/p} = ke^c$	二阶导数的 Minkowski p-范数是无色的

基于式(9.1)的彩色恒常性方法的一个优点是，它们都基于低计算要求的运算。实际上，（平滑的）RGB 值或导数的 p 阶 Minkowski 范数可以非常快地计算（甚至在专用硬件上是实时的）。此外，该方法不需要用已知光源下拍摄的图像数据库进行校准，而这对于更复杂的彩色恒常性是必需的，例如在后续章节中讨论的那样。

引入灰色边缘方法后，进行了一些扩展。首先，Chen 等通过光照约束增强了灰色边缘[151]。此外，Chakrabarti 等[152]明确了建模像素之间的空间依赖性。与灰色边缘相比，此方法的优势在于它能够以有效的方式学习像素之间的依存关系，但是训练阶段确实依赖于广泛的图像数据库。最后，Gijsenij 等[153]指出，不同类型的边缘可能包含各种数量信息。他们扩展了灰色边缘方法以合并一般的加权方案（将更高的权重分配给某些边缘），从而得到了加权的灰色边缘。提出了基于物理的加权方案，结论是镜面边缘有利于光源的估计。这些加权方案的引入导致了更准确的光源估计，但却是以（包括计算和实现）复杂性为代价的。

9.3 基于物理的方法

虽然大多数方法是基于式(3.23)的简单朗伯模型，但是某些方法遵循式(3.21)采用了成像的双色反射模型。这些方法使用有关光源和场景中目标之间的物理交互作用的信息，称为基于物理的方法。这些方法利用双色模型来约束光源。基本假设是一个表面的所有像素都落在RGB彩色空间中的平面上。如果找到了对应于各种不同表面的多个这样的平面，则可使用那些平面的相交来估计光源的彩色。已经提出了使用镜面反射或高光的各种方法[154-157]。此类方法的原理是，如果找到的像素满足式(3.21)中的体反射系数 m^b 为（接近）零，则这些像素的彩色与光源的彩色相似或相同。但是，所有这些方法都有一些缺点：镜面反射的检索具有挑战性，并且会发生彩色削波。后者有效地消除了镜面像素的可用性（与其他像素相比，镜面像素更可能被裁剪）。

Finlayson 和 Schaefer 提出了另一种基于物理学的方法[158]。该方法使用双色反射模型将单个表面的像素投影到色度空间中。然后，通过使用黑体辐射器的普朗克轨迹对一组可能的光源进行建模。该普朗克轨迹与表面的双色线相交以恢复光源的彩色。从理论上讲，即使场景中仅存在一个表面，该方法也可以估算光源。但是，它确实需要对图像中的所有像素进行分割，以便标识所有唯一的表面。或者，可以使用由多个平面组成的多线性模型来描述图像中的彩色，这些平面同时围绕着由光源[159-160]定义的轴。这消除了预分割的问题，但是确实依赖于可以识别任何给定材料的代表色的观察。在参考文献[161]中，放宽了这些要求，从而产生了两个哈夫变换投票程序。

9.4 本章小结

本章讨论的彩色恒常性方法是基于低层信息的方法。这些方法不依赖于训练数据，参数也不依赖于输入图像，因此被称为静态方法。这种方法的优点是实现简单（通常只需要几行代码）和执行快速。此外，只要适当选择参数，估计的准确性就可以很高。最后的这个要求也是这种方法的最大弱点之一，因为不正确的参数选择会严重降低性能。而且，最佳参数的选择是相当不透明的，尤其是在没有输入数据先验知识的情况下。所讨论的基于物理学的方法比式(9.18)中给出的框架受参数选择的影响要小，但准确性也较低（即使对于正确选择的参数而言）。

第 10 章　使用色域方法的彩色恒常性

色域映射算法由 Forsyth [162]提出。它基于这样的假设：在现实世界的图像中，对于给定的光源，只能观察到有限数量的彩色。因此，图像彩色的任何变化（即，与在给定光源下可以观察到的彩色不同的彩色）是由光源的彩色偏差引起的。在给定的光源下可以出现的这种有限的彩色集合被称为**规范色域** C，它是在训练阶段通过在一个已知光源（称为**规范光源**）下观察尽可能多的表面而发现的。

色域映射的流程如图 10.1 所示。通常，色域映射算法将在未知光源下拍摄的图像（即要估计其光源的图像）以及预先计算出来的规范色域作为输入（请参见图 10.1 中的步骤 1 和步骤 2）。通过将训练图像的所有彩色聚合到一个色域中来获得预先计算的规范色域。训练图像是在相同光源下采集的或是经过校正的（因此看起来好像是在相同光源下采集的）。训练彩色的组合集合称为规范色域。接下来，该算法包含三个重要步骤：

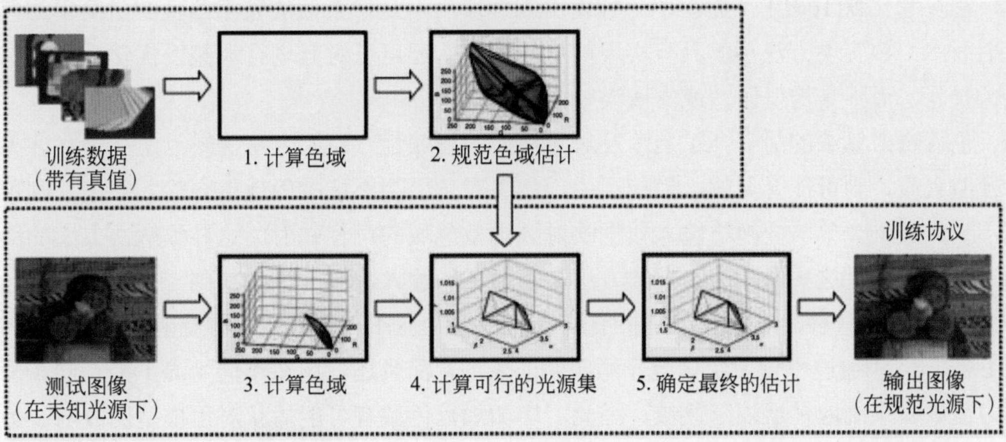

图 10.1　基于色域的算法概述。训练阶段包括学习具有各种给定输入图像特征的模型（步骤 1），从而得到规范色域（步骤 2）。测试协议包括将学习的模型应用于输入图像中计的特征（步骤 3 和步骤 4）。最后，从一组可行的光源中选择一个光源估计值（步骤 5），并将该估计值用于校正输入图像

（1）通过假设输入图像中的彩色能够代表未知光源的色域，估计未知光源的色域。因此，输入图像的所有彩色都收集在输入色域 I 中。输入图像的色域用作图 10.1 中的特征。

（2）确定**可行映射**的集合 M，即，可以应用于输入图像的色域并且导致结果完全位于规范色域之内的所有映射。在对角映射的假设下，存在将未知光源的色域转换为规范色域的唯一映射。然而，由于通过使用一幅输入图像的色域简单地估计未知光源的色域，因此实际上获得了多个映射。集合 M 中的每个映射 i 都应将输入色域完全纳入规范色域内：

$$M_i I \in C \tag{10.1}$$

这对应于图 10.1 中的步骤 4，其中学习的模型（如规范色域）与输入特征（如输入色域）一起用于得出光源彩色的估计值。

（3）应用估计器从可行映射集合中选择一个映射（图 10.1 中的步骤 5）。所选择的映射可以应用于规范光源，以获得对未知光源的估计。参考文献[162]中提出的原始方法使用启发式方法，即导致最鲜艳场景的映射（即具有最大迹线的对角矩阵）是最合适的映射。简单的选择是可行映射集的平均值或加权平均值[163]。

这些是色域映射算法的基本步骤。已经提出了几个扩展。在参考文献[164-165]中考虑了实现中的困难，其中指出色域映射算法也可以在色度空间（R/B、G/B）中计算。在色度空间中计算的主要优点是问题的复杂性较低。2-D 方法更易于可视化，而 2-D 的实现则不太复杂。但是，此 2-D 方法的性能略低于 3-D 方法的性能。这与可行的光源组（可行映射组，图 10.1 中的步骤 4）的透视畸变有关，该畸变是由原始图像转换为 2-D 色度值而引起的。为了解决这个问题，Finlayson 和 Hordley[165-166]提出在选择最合适的映射之前将 2-D 可行集先映射回到 3-D。这对应于图 10.1 中经过稍微修改的步骤 4。在参考文献[167-168]中提出了解决实现困难的其他方法。在参考文献[167]中，使用了凸规划来引入一种有效的实现方法。此实现方法将问题重新构造为一组线性方程式，这样其性能与原始方法相似。最后，在参考文献[168]中，提出了一种使用立体块而不是像素值的完整凸包的更简单的色域映射版本。该实现方法不仅具有实现简单的优势，还可以对其进行调整以优化一组图像的最大误差，而不是均值误差或中值误差。

色域映射算法的另一个扩展涉及对角模型的依赖性。原始方法的缺点之一是，如果对角模型失败，则可能会无解。换句话说，如果对角模型不能准确地拟合输入数据，则可能找不到通过一个单一变换将输入数据映射到规范色域的可行映射。这导致解决方案的集合为空。一种避免这种情况的启发式方法是逐渐增加输入色域，直到找到一个非空的可行集为止[141][169]。另一种启发式方法是扩展规范色域的大小。Finlayson [164]将规范色域提高了 5%，而 Barnard [163]通过不仅使用规范光源照明的表面，而且还使用在不同光源下捕获的表面来学习色域以系统地扩展规范色域。因此，增加规范色域有可能捕获对角模型的故障。另一种策略是在规范色域的计算过程中模拟镜面反射，这样即使在没有空解的情况下也有可能提高色域映射方法的性能[170-171]。或者，为避免这种空解的情况，有人提出了称为**对角偏移模型**的扩展[34]。在常规线性变换的基础上，该模型还允许转换输入彩色，从而有效地在模型中引入一些松弛。所有这些修改都在图 10.1 的步骤 5 中实现。

最后，Finlayson 等提出了一个有趣的扩展[172]，它被称为**色域约束的光源估计**。从本质上讲，它也是设计来以避免对角模型失效时出现空解的方案。通过仅考虑有限数量的可能光源，该方法有效地将光源估计的问题简化成为**光源分类**的问题。它为每种可能的光源学习一个规范的色域。然后，通过将输入色域与每个规范色域匹配，选择最佳匹配作为最终估计值，以估计输入图像的未知光源。通过限制可能的光源，这种方法可以向系统内添加先验知识。如果没有先验知识可用，则可以通过对各种现实世界和合成光源进行建模来提供通用解决方案。

10.1　使用导数结构的色域映射

如上所述，色域映射基于以下假设：在特定光源下只能观察到有限的一组彩色。自然界中的多种现象（例如模糊）和成像条件（例如缩放）可能导致彩色混合。因此，如果在特定光源下观察到两种彩色，则在该光源下也可以观察到介于两者之间的所有彩色，因为在特定光源下可以看到的所有可能彩色的集合形成了凸包（色域）。在参考文献[173]中，通过证明上述内容不仅适用于图像值，而且适用于每个**图像值的线性组合**，从而扩展了色域理论。因此，对光源的正确估计还将把通过图像值的线性组合构造的每个色域映射回到以相同的线性操作构造的规范色域。

10.1.1　对角偏移模型

原始的色域映射[162]设计来用于由朗伯反射构成的场景。对于这样的场景，对角模型通常足以校正光源的彩色。但是，在更现实的条件下，对角模型可能会过于严格，因此色域映射将找不到任何解决方案（这种情况称为**零解问题**）。例如，这可能是由于饱和的彩色、规范色域中未显示表面的存在或镜头中的散射（遮挡照明）引起的。为了克服这个问题，Finlayson 等[34]提出使用式(8.8)的对角偏移模型，并描述了使用该对角偏移模型的色域映射的另一种实现方式。本章的其余部分基于式(8.8)和式(8.9)，用于图像的色彩校正。

10.1.2　像素值线性组合的色域映射

在参考文献[162]中，给出了图像值形成色域，以及在光源变化下的色域变换遵循式(8.5)中给出的模型。此外，在 10.1.1 节已指出，在光源变化下的色域变换也可以通过式(8.8)和式(8.9)建模。在这里，我们将研究由图像值的线性组合形成的图像色域。

考虑一组图像值：

$$\boldsymbol{F}=\left\{\boldsymbol{f}_1,\boldsymbol{f}_2,\cdots,\boldsymbol{f}_n\right\} \tag{10.2}$$

其中 $\boldsymbol{f}=\{R,G,B\}$。图像特征 $\boldsymbol{g}$ 是图像值 $\boldsymbol{g}=\boldsymbol{w}^{\mathrm{T}}\boldsymbol{F}$ 的线性组合。

如果考虑**冯・克里斯模型**，则在两个不同光源下拍摄的图像目标值之间的关系可用对角模型 $\boldsymbol{f}=\boldsymbol{D}\boldsymbol{f}'$ 来建模。对于特征 $\boldsymbol{g}$，下式成立：

$$\begin{aligned}\boldsymbol{g}&=\boldsymbol{w}^{\mathrm{T}}\boldsymbol{F}=w_1\boldsymbol{f}_1+w_2\boldsymbol{f}_2+\cdots+w_n\boldsymbol{f}_n\\&=w_1\boldsymbol{D}\boldsymbol{f}_1'+w_2\boldsymbol{D}\boldsymbol{f}_2'+\cdots+w_n\boldsymbol{D}\boldsymbol{f}_n'\\&=\boldsymbol{D}(w_1\boldsymbol{f}_1'+w_2\boldsymbol{f}_2'+\cdots+w_n\boldsymbol{f}_n')\\&=\boldsymbol{D}(\boldsymbol{w}^{\mathrm{T}}\boldsymbol{F}')=\boldsymbol{D}\boldsymbol{g}'\end{aligned} \tag{10.3}$$

已证明对于测量 $\boldsymbol{g}$，对角模型也成立。上面的内容很重要，因为它表明色域映射也可以在作为图像值 $\boldsymbol{f}$ 的线性组合的所有测量 $\boldsymbol{g}$ 上执行。

接下来，如果我们考虑 $\boldsymbol{f}=\boldsymbol{D}\boldsymbol{f}'+\boldsymbol{o}$ 给出的对角偏移模型，则

$$
\begin{aligned}
\boldsymbol{g} &= \boldsymbol{w}^{\mathrm{T}}\boldsymbol{F} = w_1\boldsymbol{f}_1 + w_2\boldsymbol{f}_2 + \cdots + w_n\boldsymbol{f}_n \\
&= w_1(\boldsymbol{D}\boldsymbol{f}_1' + \boldsymbol{o}) + w_2(\boldsymbol{D}\boldsymbol{f}_2' + \boldsymbol{o}) + \cdots + w_n(\boldsymbol{D}\boldsymbol{f}_n' + \boldsymbol{o}) \\
&= \boldsymbol{D}(\boldsymbol{w}^{\mathrm{T}}\boldsymbol{F}') + \left(\sum_{i=1}^{n} w_i\right)\boldsymbol{o} = \boldsymbol{D}\boldsymbol{g}' + \left(\sum_{i=1}^{n} w_i\right)\boldsymbol{o}
\end{aligned}
\tag{10.4}
$$

因此，为了估计 $\boldsymbol{g}'$和 $\boldsymbol{g}$ 之间的光源变化，我们必须估计对角矩阵 $\boldsymbol{D}$ 和偏移 $\boldsymbol{o}$。但是，在特殊情况下，$\sum_{i=1}^{n} w_i = 0$，项 $\boldsymbol{o}$ 就消掉了。可以将类似的推理应用于式(8.9)的局部对角偏移模型。在这种情况下，我们必须确保所有在 $\boldsymbol{g}$ 中线性组合的图像值 $\boldsymbol{f}_n$ 均取自可以将偏移 $\boldsymbol{o}$ 视为常数的局部邻域。因此，为了在局部对角偏移模型下执行色域映射，线性组合 $\boldsymbol{g}$ 必须满足两个限制：权重 $\boldsymbol{w}$ 应当总计为零，值 $\boldsymbol{f}_n$ 应该来自局部邻域。这两个限制都被图像导数滤波器满足：滤波器权重之和等于零，并且由于它是一个滤波器，因此取自局部邻域。这使得图像导数对于色域映射特别有吸引力，因为与零阶图像值色域相反，它们允许在更通用的局部对角偏移模型下估计光源模型。

在参考文献[173]中，研究了基于图像的统计性质（基于其导数结构）的色域映射。借助 N-jet（请参见参考文献[174-175]）可在完整意义上描述图像的导数结构。在参考文献[173]中，考虑了直至二阶结构的色域，其由下式给出：

$$
\left\{\boldsymbol{f}, \boldsymbol{f}_{\boldsymbol{x}}, \boldsymbol{f}_{\boldsymbol{y}}, \boldsymbol{f}_{\boldsymbol{xx}}, \boldsymbol{f}_{\boldsymbol{xy}}, \boldsymbol{f}_{\boldsymbol{yy}}\right\} \tag{10.5}
$$

其中通过在导数滤波器的尺度上与高斯函数进行卷积来为图像 $\boldsymbol{f}$ 计算导数：

$$
\boldsymbol{f} \otimes \frac{\partial}{\partial x} G^{\sigma} = \frac{\partial}{\partial x}(\boldsymbol{f} \otimes G^{\sigma}) \tag{10.6}
$$

由于这些导数滤波器都是线性滤波器，因此从式(10.3)可得出，N-jet 的色域在光源变化下的行为与正常零阶色域相似。

10.1.3 N-jet 色域

当使用导数（N-jet）图像时，色域映射算法的基本步骤仍相同。但是，当使用导数时，在构造色域（规范色域和输入色域）期间，色域中捕获的值是对称的（例如，如果存在从表面 a 到表面 b 的过渡，则从表面 b 到表面 a 的过渡也应包括在色域中）。此外，请注意，对角模型只能由严格的正元素组成。对于基于像素的色域映射，此限制是自然施加的，但是一阶和二阶色域可能包含负值也可能包含正值。因此，在实施过程中，应确保找到的对角映射仅包含严格的正元素。还要注意，基于像素和导数信息的算法的复杂度保持不变（因此可以忽略运行时间的差异）。

在图 10.2 中，显示了不同 N-jet 图像色域的几个示例。从这些图像可以推出基于像素的色域（$\boldsymbol{f}$ 的色域）、基于边缘的色域（即 $\boldsymbol{f}_x$ 和 $\boldsymbol{f}_y$ 的色域）以及使用高阶统计量的色域（即 $\boldsymbol{f}_{xx}$、$\boldsymbol{f}_{xy}$ 和 $\boldsymbol{f}_{yy}$ 的色域）。尽管 $\boldsymbol{f}_{xx}$、$\boldsymbol{f}_{xy}$ 和 $\boldsymbol{f}_{yy}$ 的色域是从同一场景计算的，唯一的区别是光源的彩色发生了变化，但它们的色域却大不相同。

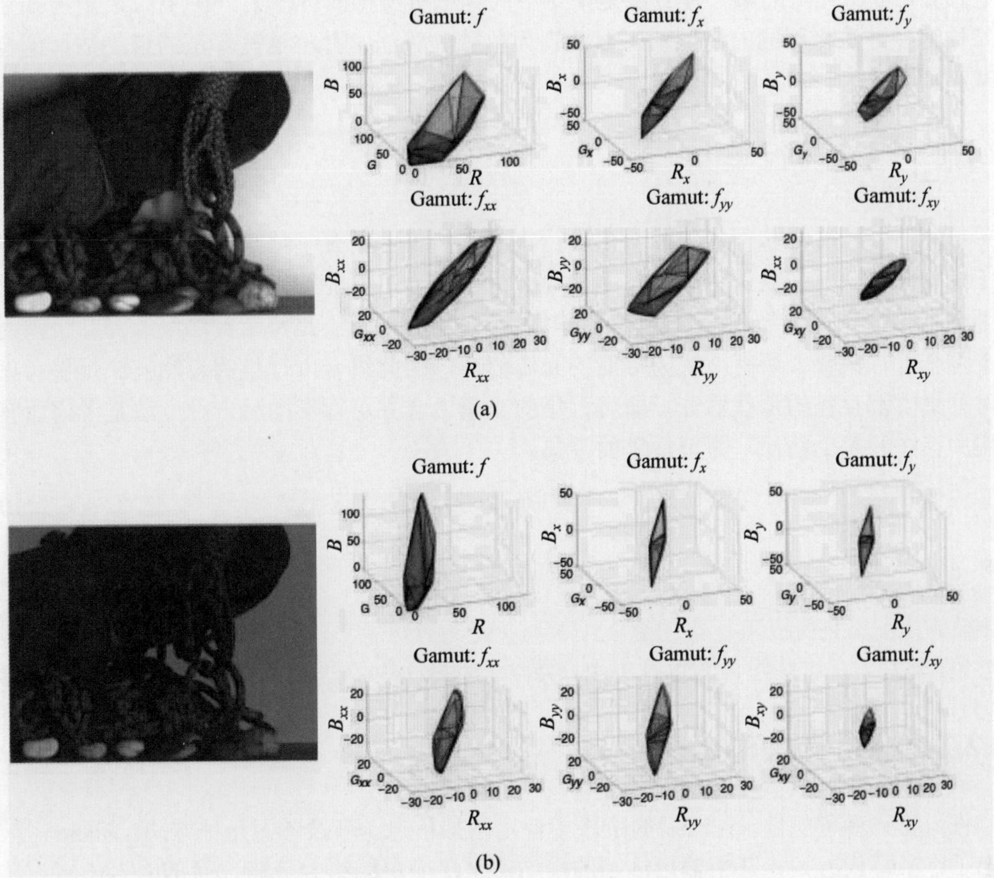

图 10.2　在两个不同光源下拍摄的场景中不同 N-jet 图像的色域示例（来自参考文献[44]的图像）。所显示的是使用存在于像素值（f），边缘（f_x 和 f_y）或更高阶统计量（f_{xx}、f_{xy} 和 f_{yy}）中的信息而得到的相应图像的色域。将两幅图像色域的同一种类型的信息（例如，图像(a)的 f_x 与图像(b)的 f_x）进行比较可以清楚地显示出不同 N-jet 的辨别力

10.2　色域映射算法的组合

将其他信息纳入光源估计是有益的[176]。这可以通过补充算法[177-178]或结合像素值使用更高阶的统计信息[120]来完成。在本节中，目标是结合这两种不同的基于导数色域映射算法的方式，以提供额外的信息来估计光源。

使用附加信息会引入两个互斥的机会来提高性能。首先，可以减少色域映射算法里估计值的不确定性。其次，可以增加找到正确光源估计的可能性。通常，色域映射算法会生成一组光源估计值，称为**可行集**。从这种可行的集合中，使用某种方法选择一个最终的光源估计值。一方面，如果可行集的尺寸很大，那么选择错误估计的可能性就比较大，也就是说，最终估计的不确定性就比较高。另一方面，较小的可行集导致将正确的光源包含在该组内的可能性较低。如果可以通过使用不同的 N-jet 图像找到彼此不同的多个可行集，那么我们可以选择增大或减小最终可行集的大小。直观上，与较大的可行集相比，较小的可行集会导致更准确的光源估计。

10.2.1 节中提出的第一种方法是组合不同算法所获得的可行集。在 10.2.2 节中描述的第二种组合方法将不同的色域映射算法视为单独的算法，并将这些算法的最终估计值合并在一起。

10.2.1 组合可行集

每个色域映射算法都会生成一个**可行集**，其中包含所有对角映射，这些对角映射将输入图像的色域映射到规范色域内。因此，可行集是一组可能的光源。由于所有色域映射算法都会生成这样的集合，因此可以将这些集合用于组合，而不是每个算法仅选择一个映射。由于每个可行集代表所有被认为可能的光源估计，因此组合可行集的自然方法是仅考虑所有可行集中都存在的那些估计，即可行集的交集。合并可行集的另一种方法是考虑所有可行集中存在的每个估计，即可行集的并集：

$$\hat{M}_{\text{intersect}} = \bigcap_i M_i \tag{10.7}$$

$$\hat{M}_{\text{union}} = \bigcup_i M_i \tag{10.8}$$

其中，$\hat{M}_{\text{intersect}}$ 是所有可行集的交集，$\hat{M}_{\text{union}}$ 是所有可行集的并集，而 M_i 是算法 i 生成的可行集。然后，在这些组合的可行集上，类似于色域映射算法的第三步，应用一个估计器。

10.2.2 组合算法输出

作为第二种可能性，在较后的阶段中使用附加信息。可以考虑几种方法。Bianco 等[177]提出了许多替代方案，其中输出规则的平均值是最简单的组合策略，而 No-N-Max 方法是最有效的。后一种方法是输出的简单平均值，但不包括与其他估计具有最大距离的 N 个估计，其中 N 为可调参数。令 D_j 为方法 j 的估计值与所有其他考虑的算法的距离之和：

$$D_j = \sum_{i=1}^{n} d(\boldsymbol{e}_j, \boldsymbol{e}_i) \tag{10.9}$$

其中 $d(\boldsymbol{e}_k, \boldsymbol{e}_k) = 0$。然后，所有 n 个估计均基于其对应的 D 值进行排序，即 $D_i < D_j < D_k \Rightarrow \boldsymbol{e}_i < \boldsymbol{e}_j < \boldsymbol{e}_k$。最后，可以将 No-$N$-Max 的计算表示为

$$\hat{\boldsymbol{e}}_{\text{No}-N-\text{Max}} = \frac{\sum_{i=1}^{n-N} \boldsymbol{e}_i}{n-N} \tag{10.10}$$

应该注意的是，$\boldsymbol{e}_i$ 是光源估计值排名列表中的第 i 个估计值。此外，$\hat{\boldsymbol{e}}$ 是 n 种算法的组合结果，N 是排除的估计数。因此，$N = 0$ 时就等于所有估计值的简单平均值。

10.3 本章小结

本章介绍了基于色域实现**彩色恒常性**的方法。除了传统的色域映射之外，还描述了一种合并了图像差分特性的扩展。虽然基于色域方法的主要优点是优美的基础理论和潜在的高精度。但是，正确的实施需要一些努力，而适当的预处理对精确度有很大的影响。

第 11 章　基于机器学习的彩色恒常性

第三类算法使用在训练数据上学习的模型来估算光源。事实上，第 10 章中基于色域的方法也可以被认为是基于学习的方法，但是由于这种方法在彩色恒常性研究中很有影响力，因此已单独进行了讨论。

使用机器学习技术的初始方法是基于神经网络的[179]。神经网络的输入由输入图像的二值化色度直方图组成，输出是估计光源的两个色度值。使用这种方法时，如果正确地进行了训练，即使仅仅存在很少几个不同的表面，也可以提供准确的彩色恒常性，但是训练阶段仍需要大量的训练数据。类似的方法将支持向量回归[180-182]或线性回归技术（例如岭回归和核回归[183-185]）应用于相同类型的输入数据。另外，在参考文献[186]中提出了薄板样条插值方法，以在非均匀采样的输入空间（训练图像）上插值光源的彩色。

11.1　概 率 方 法

相关彩色[187]通常被认为是色域映射方法的离散实现，但实际上它是一个更通用的框架，其中包括其他基于低层统计的方法，例如灰度世界和“白片”方法。规范色域被相关矩阵代替。首先，将色度空间划分为有限数量的基元，其次，计算在光源 $\boldsymbol{e}_i$ 下坐标出现的概率，就可以计算出已知光源 $\boldsymbol{e}_i$ 的相关矩阵。对于所考虑的每种可能的光源，都计算一个相关矩阵。再次，将从输入图像获得的信息与相关矩阵中的信息进行匹配，以获得针对每个所考虑光源的概率。光源 $\boldsymbol{e}_i$ 的概率表示在此光源下捕获当前输入图像的似然度。最后，使用这些概率，例如使用最大似然[187]或 Kullback-Leibler 散度[188]，选择一个光源作为场景光源。

使用低层统计量的其他方法基于贝叶斯公式。已提出了几种将反射率和光源的可变性建模为随机变量的方法。然后根据以图像强度数据为条件的后验分布来估计光源[189-191]。然而，事实证明，高斯分布的独立反射率假设太强了（除非了解并应用到诸如室外目标识别之类的特定应用[192]）。Rosenberg 等[193]使用邻近像素相关的假设将这些假设替换为非参数模型。此外，Gehler 等[194]指出，当使用精确的先验照明和反射率时，可以获得与现有技术竞争的结果。

11.2　使用输出统计的组合

尽管可用方法种类繁多，但没有任何一种彩色恒常性方法可以被认为是通用的。所有算法都基于容易出错的假设或简化，并且没有一种方法可以保证对所有图像都获得满意的结果。为了能够在完整的图像集而不仅仅是在图像子集上获得良好的结果，可以组合多种算法来估计光源。结合彩色恒常性算法的首次尝试是基于结合多种方法的输出[177-178][195]。

在参考文献[195]中，考虑了使用线性（光源估计的加权平均值）和非线性（基于对所考虑方法估计的神经网络）融合方法的三种彩色恒常性方法。结果表明，在最小均方意义上优化权重的加权平均值可以实现最佳性能，优于各个考虑的单个方法以及非线性组合方法（例如多层感知器神经网络）。如果组合了 n 个算法，则加权平均值定义为

$$\overline{\boldsymbol{e}} = \sum_{i=1}^{n} w_i \boldsymbol{e}_i \tag{11.1}$$

其中 $\sum_{i=1}^{n} w_i = 1$。平均值只是加权平均值的一个特殊实例：$w_1 = w_2 = \cdots = w_n$。

在参考文献[177]中评估了其他基于统计的常规组合方法。这些策略包括所有估计的简单均值，两个最接近估计值的均值以及除去了 N 个最遥远的估计（即，不包括与其他估计值相距最远的估计值，记为 No-N-Max）。后一种策略可产生最佳性能，请参见 10.2.2 节。

在参考文献[178]中，使用了与式(11.1)中定义的加权平均值相似的方法，将基于统计的方法与基于物理的方法结合在一起。但是，所使用的两种算法的输出与常规彩色恒常性算法的输出有些不同。两种方法都返回一组预定光源的似然性，其中每个元素代表相应光源是用于创建当前图像光源的概率。在组合了这些概率矢量的后验之后，选择具有最高概率的光源作为最终估计光源。这些结果比单独使用这两种方法中的任何一种都更准确，但是由于使用的彩色恒常性方法的输出必须遵循特定（不规则）的标准，因此组合方法并不像 Cardei 和 Funt [195]提出的共识方法那样通用。

11.3 使用自然图像统计的组合

Gijsenij 和 Gevers [120-121]提出了一种完全不同的策略，并不是将多种算法的输出组合成一个更准确的估计。他们使用自然图像的固有属性为每个输入图像选择最合适的彩色恒常性方法。他们的方法基于以下观察：所有彩色恒常性方法（特别是第 9 章中讨论的方法）都是基于对图像中存在的彩色（边缘）分布的假设。例如，灰色世界算法假定在中性光源下拍摄的场景中的平均彩色是无色的，而灰色边缘算法则假定平均边缘是无色的。此外，在第 10 章中，已表明彩色之间的空间依赖性（例如，边缘）结合产生了更多受约束的色域，从而总体上提高了彩色恒常性的准确性。这意味着现实世界图像中的一组可能的相邻彩色值（即彩色边缘）比该组可能的像素值受到更多限制。因此，局部空间信息的使用将提供比像素值更稳定的色域以计算彩色恒常性。此外，当场景中的边缘种类繁多时，可以获得更高的精度（另请参见参考文献[173]）。就不同表面的数量而言，相同的观察对于灰色世界算法是有效的[169][196]。因此，彩色恒常性方法很大程度上取决于图像中彩色和彩色边缘的分布。自然图像统计数据可用于描述这些分布。

11.3.1 空间图像结构

图像结构是确定从哪个场景拍摄的图像有价值的识别线索。参考文献[197]指出图像的功率谱（边缘响应的分布）是场景类型的特征。此外，参考文献[198]指出边缘响应的分布

可以通过威布尔分布来建模。在场景分类的背景下，从功率谱和威布尔分布推导出的特征已成功地得到了应用[198-200]。在参考文献[121]中，重点是使用两个参数集成的**威布尔分布**[198]对自然图像统计数据进行建模：

$$w(x)=C\exp\left(-\frac{1}{\gamma}\left|\frac{x}{\beta}\right|^{\gamma}\right) \tag{11.2}$$

其中，x 是单个彩色通道中对高斯导数滤波器的边缘响应，C 是归一化常数，$\beta>0$ 是分布的比例参数，而$\gamma>0$ 是形状参数。该分布的参数指示（自然）图像的边缘统计。实际上，图像的对比度由β（即分布的宽度）表示，而**粒度尺寸**由γ（即分布的峰值）表示。因此，β值越高表示对比度越高，而γ值越高表示粒度尺寸越小（纹理越细）。

为了拟合威布尔分布，使用高斯导数滤波器计算边缘响应。通过一阶导数、二阶导数和三阶导数的边缘分布所拟合的威布尔参数之间存在高度相关性。因此，尽管以不同的方向测量，单个滤波器类型仍足以评估图像的空间统计[198]。

在图 11.1 中，显示了具有相应边缘分布的图像示例，这些图像的边缘分布可以通过威布尔拟合近似。选择强度通道是为了便于说明，因为很难展示 6-D 边缘分布（每个 R、G 和 B 通道的β和γ）。为单独的彩色通道计算的边缘分布和相应的威布尔拟合给出了相似的绘图。这些图像是示例，在这些示例中，使用相应类型信息（即像素值、边缘或二阶过渡）的不同彩色恒常性算法表现最佳（基于角度误差）。

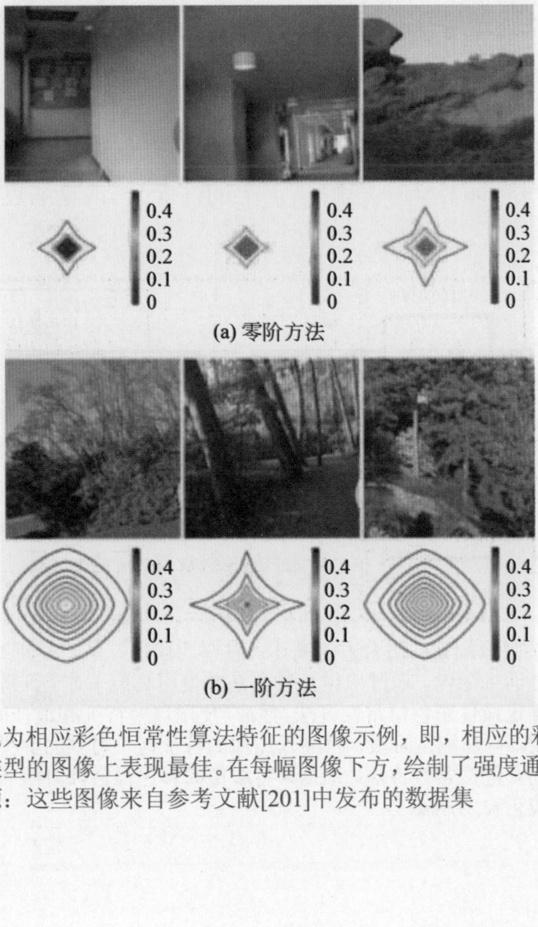

图 11.1　可以被视为相应彩色恒常性算法特征的图像示例，即，相应的彩色恒常性算法将在这些类型的图像上表现最佳。在每幅图像下方，绘制了强度通道中边缘的分布。资料来源：这些图像来自参考文献[201]中发布的数据集

(c) 二阶方法

图 11.1（续）

从与图 11.1 中的图像一起显示的边缘分布中，可以清楚地看到图 11.1 中的图像及其对应的**彩色恒常性**算法之间的关系。基于像素的算法（即零阶）在纹理很少的图像上比高阶方法（一阶和二阶）表现得更好。这反映出围绕原点聚集的边缘分布（许多具有很少或零能量的边缘）。高阶方法需要更多的边缘信息才能获得准确的光源估计值，这反映在峰分布不那么尖锐的边缘分布中。

11.3.2 算法选择

使用威布尔分布作为边缘分布的参数化，可以捕获多个特征，例如边缘的数量以及纹理和对比度的数量。Gijsenij 和 Gevers 使用此参数化（β和γ）为给定图像选择最合适的彩色恒常性算法。该算法旨在将几种彩色恒常性算法的估计值合并为一个更准确的估计值。确切地说，令 M 为要组合的算法集，其中 M_i 表示算法 i。此外，用$\varepsilon_i(j)$表示在图像 j 上算法 i 的估计准确度（即算法 i 在图像 j 上的性能）。该算法包括以下步骤（另请参见图 11.2）。

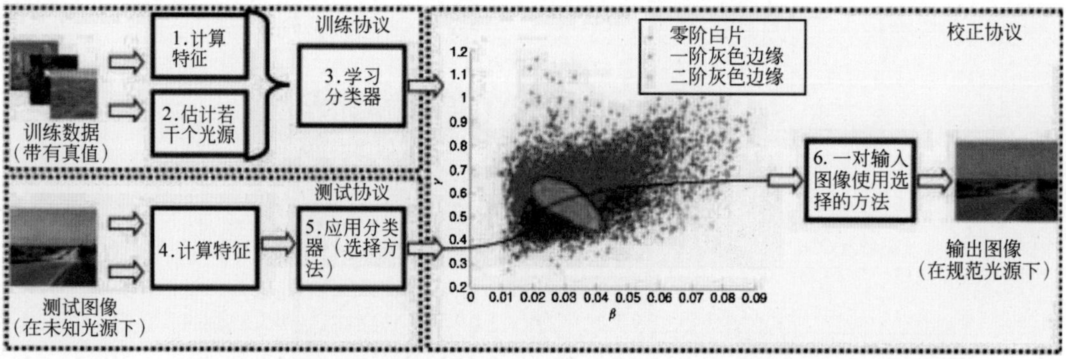

图 11.2 使用自然图像统计的组合方法概述。在学习阶段，从一组训练图像中提取特征。对于每幅训练图像，通过应用几种方法并使用真值（对于训练图像应存在）评估性能来确定最佳彩色恒常性方法。然后，使用这些特征和最佳的彩色恒常性方法，学习分类器。在测试阶段，将输入图像的特征与学习到的分类器结合使用，以确定最佳的彩色恒常性方法。最后，将选定的彩色恒常性方法应用于输入图像，并相应地校正输入图像

（1）计算所有图像的图像统计量$\omega \in R_{p\times q}$，其中 p 是计算的特征数量，q 是图像数量，即ω_{ij}是第 j 幅图像的第 i 个特征。为简单起见，省略了下标 i，因此ω_j指示代表第 j 幅图像的图像统计量的特征矢量。该步骤对应于图 11.2 中的框 1。

（2）标记训练集中的所有图像（图 11.2 中的框 2）。图像 j 的标签 y_j 是根据图像 j 的算法性能得出的：

$$y_j = \arg\min_i \{\varepsilon_i(j)\} \tag{11.3}$$

（3）根据训练数据学习分类器（参见图 11.2 中的框 3）。尽管可以使用任何分类器，但参考文献[121]中的作者仍使用 MoG 分类器[202]。给定彩色恒定性算法（标签）y_j，图像 j 的观测图像统计量ω_j的似然度用 k 个高斯分布的加权和来计算：

$$p(\omega_j | y_j) = \sum_{m=1}^{k} \alpha_m G(\omega_j, \mu_m, \Sigma_m) \tag{11.4}$$

其中，α_m 是高斯分量的正权重（均值和方差分别定义为μ_m 和Σ_m），满足 $\sum_{m=1}^{k} \alpha_m = 1$。模型的参数是通过使用期望最大化（EM）算法进行训练来学习的。

（4）将学习到的（MoG）分类器应用于测试数据，并将最大后验概率的算法分配给当前图像 j（图 11.2 中的框 4～框 6）。通过计算分类器的最大后验概率，可以为当前图像选择最合适的彩色恒常性算法。将该彩色恒常性算法用于当前图像，其他算法被忽略。

可以分别为每个 R、G 和 B 通道计算威布尔参数。然而，这些彩色通道是高度相关的[203]。因此，在计算这些参数之前，首先将图像转换到去相关的彩色空间中。为此，在参考文献[121]中使用了对立色空间（请参见 4.2 节）。除了威布尔参数化，在参考文献[204-207]中探索了各种其他特征，以预测给定图像的最合适算法。这些方法之间最明显的区别在于提取特征，即算法的第（1）步。

11.4　使用语义信息的方法

使用机器学习技术的另一种方法是尝试使用某种语义信息来估计光源。

11.4.1　使用场景类别

Gijsenij 和 Gevers [120-121][208]建议根据场景类别动态确定应将哪种彩色恒常性算法用于特定图像。他们提出，场景语义可以掌控彩色恒常性的过程。例如，类似森林的场景显示出相似的边缘分布（参见图 11.2 和图 11.3）。接下来，将 11.3 节中讨论的方法用于推导出针对此类相似场景的最佳彩色恒常性算法，例如，一阶灰色边缘方法通常最适合于类似森林的场景。

一方面，某些类别的边缘分布方差比其他类别大。例如，高速公路类别的大多数图像的β值低，而且γ值低，表示对比度低且边缘少。另一方面，市内道路类别的图像通常会有很大的差异。但是，即使对于这一类别，也可以观察到大多数图像的γ值较低，而β值的变化较大。

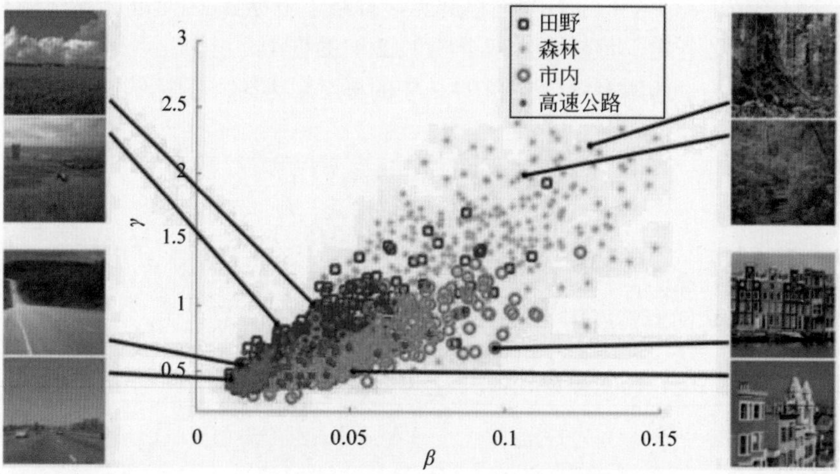

图 11.3 基于 O_3 的威布尔参数的散点图来自于多个类别的图像(在参考文献[209]中定义)。从该图可以看出，来自相同场景类别的图像具有相似的威布尔参数（尽管存在一定程度的重叠)。将这些统计数据与在 11.3 节中学习到的统计数据进行比较，可以使我们将特定的彩色恒常性算法与特定的语义类别相联系

图 11.3 显示了 4 种不同场景的图像统计信息。尽管存在一定程度的重叠，但该图确实显示出相同语义类别的图像通常具有相似的图像统计信息。使用此观察结果，可以实现对相同场景类别的图像进行彩色恒常性算法的监督选择。通过将输入图像分类为这些图像类别之一（在参考文献[199-200]和参考文献[210]中由用户干预监督或由场景识别系统无监督实现），可以将相应的彩色恒常性算法应用于该类图像以获得性能类似于自动选择算法的性能。

Bianco 等[211]提出了使用场景类别的另一种方法，其显式地使用室内−室外分类器。当输入图像被分类为室内图像时，他们建议使用灰色影调方法。将图像分类为室外图像时应使用二阶灰度边缘方法。除了这两个类别外，他们还建议对这两个类别（室内/室外）中任一类别中概率较低的图像使用“不确定”类别。此类图像最好通过通用方法来解决，为此，他们使用多个估计值的加权平均值。卢等[212-213]建议不是去区分室内和室外图像，而是使用阶段分类器来区分中等级别的语义类，称为**分级**[214]。这样得到了一种彩色恒常性方法，该方法明确使用 3-D 场景信息来估算光源的彩色。

11.4.2 使用高层视觉信息

Van de Weijer 等[145]提议从一组**光源假设**中选择最佳的光源估计，而不是将图像分类为特定的类别以根据相应的类别使用不同的彩色恒常性方法。这里使用关于世界的先验知识，根据语义内容的似然性进行可能的光源估计。换句话说，算法选择将能够生成最合理输出图像的光源作为最终的光源估计，例如，具有蓝色而不是紫色的天空以及绿色而不是带红色草地的输出图像。

为了能够评估光源假设的似然性，必须创建一个模型来计算图像在白光源下出现的可

能性。为此，将图像建模为语义类（例如天空、草地、道路和建筑物）的混合体。每个类别均由视觉单词的分布来描述，视觉单词由三种模态（纹理、彩色和位置）描述。举例来说，考虑一幅有天空和草地的图像。该图像将包含从天空和草地的分布中提取的视觉单词。给定这些视觉单词，我们将尝试推断图像中存在哪些语义类。给定推断的语义类别和视觉单词，可以计算图像的可能性，这称为图像的**语义似然性**。

在参考文献[145]中使用了称为概率隐语义分析[215]的生成模型。图像被建模为隐主题的混合体。主题是图像中的语义类，例如天空、草地、道路、建筑物等。它们通过视觉单词的分布来描述。作为视觉描述符，在规则网格上从图像中提取 20×20 像素的色块。每个色块或视觉单词都通过 3 种模态来进行描述：

（1）纹理，用 SIFT 描述符[55]描述。

（2）彩色，由色块上的高斯平均 RGB 值描述。

（3）位置，通过在图像上叠加 8 × 8 的规则单元格来描述。

给定一组图像 $F=\{\boldsymbol{f}_1,\boldsymbol{f}_2,\cdots,\boldsymbol{f}_N\}$，分别以视觉词汇表 $V=\{v_1,v_2,\cdots,v_M\}$来描述，这些视觉单词可认为是由隐主题 $Z=\{z_1,z_2,\cdots,z_K\}$生成的。在 PLSA 模型中，一个视觉单词 v 在图像 $\boldsymbol{f}$ 中和光源 $\boldsymbol{e}$ 下的条件概率为

$$P(v|\boldsymbol{f},\boldsymbol{e})=\sum_{z^e\in Z^e}P(v|z^{\boldsymbol{e}})P(z^{\boldsymbol{e}}|\boldsymbol{f}) \tag{11.5}$$

其中 $z^{\boldsymbol{e}}$ 表示主题分布是根据在光源 $\boldsymbol{e}$ 下获取的数据集而计算出来的。与 Verbeek 和 Triggs [216] 的方法类似，假设给定主题，前述 3 种模态是独立的：

$$P(v|z)=P(v^{\mathrm{T}}|z)P(v^{\mathrm{C}}|z)P(v^{\mathrm{P}}|z) \tag{11.6}$$

其中 v^{T}、v^{C} 和 v^{P} 依次是纹理、彩色和位置单词。分布 $P(z|\boldsymbol{f})$和各个 $P(v|z)$是离散的，可以使用 EM 算法进行估算[215]。

这里的目标是计算在白光源下拍摄图像的机会，根据贝叶斯定律，该机会为

$$P(\boldsymbol{w}|\boldsymbol{f})\propto P(\boldsymbol{f}|\boldsymbol{w})P(\boldsymbol{w}) \tag{11.7}$$

如果假定光源上的分布 $P(\boldsymbol{w})$均匀，则可以将式(11.5)重写为

$$P(\boldsymbol{w}|\boldsymbol{f})\propto P(\boldsymbol{f}|\boldsymbol{w})P(\boldsymbol{w})=\prod_{m=1}^{M}P(v_m|\boldsymbol{f},\boldsymbol{w}) \tag{11.8}$$

$$=\prod_{m=1}^{M}\sum_{z^w\in Z^w}P(v_m|z^{\boldsymbol{w}})P(z^{\boldsymbol{w}}|\boldsymbol{f}) \tag{11.9}$$

其中 $P(v_m|z^{\boldsymbol{w}})$表示从白光下拍摄的图像来学习视觉单词的主题分布。

图 11.4 给出了这种方法的概况。给定在未知光源下记录的输入图像，首先生成一组光源假设（步骤 1）。Van de Weijer 等[145]建议同时使用自下而上和自上而下的方法（步骤 2 和步骤 3）。然后，将这些假设中的每一个用于校正输入图像，并使用式（11.9）计算每幅校正后的图像的**语义似然性**（步骤 4）。为简单起见，考虑当光源发生变化时纹理描述符不发生变化（在最终实现中，将为每个光源重新计算纹理描述符）。当光源的彩色发生变化时（通过将假设之一应用于输入图像），彩色单词 v^{C} 会发生变化，因此 $P(v^{\mathrm{C}}|z)$、$P(v|z)$和 $P(z|\boldsymbol{f})$被改变了。现在通过 $P(v^{\mathrm{C}}|z)$与 $P(v^{\mathrm{T}}|z)P(v^{\mathrm{P}}|z)$组合分布的对应关系来给出用于评估假设的语义似然性。这意味着，当光源生成的彩色单词与纹理和位置信息一致时，光源变得更有可

能（例如，代表绿色的彩色单词与描述草地的纹理单词更有可能同时出现，与图像顶部的天空纹理一起出现的可能性更高的是蓝色）。在图 11.4 所示的图像中，该方法将光源估计为红色，因为在对此光源进行校正之后，该图像可以被解释为蓝天下的绿草地。

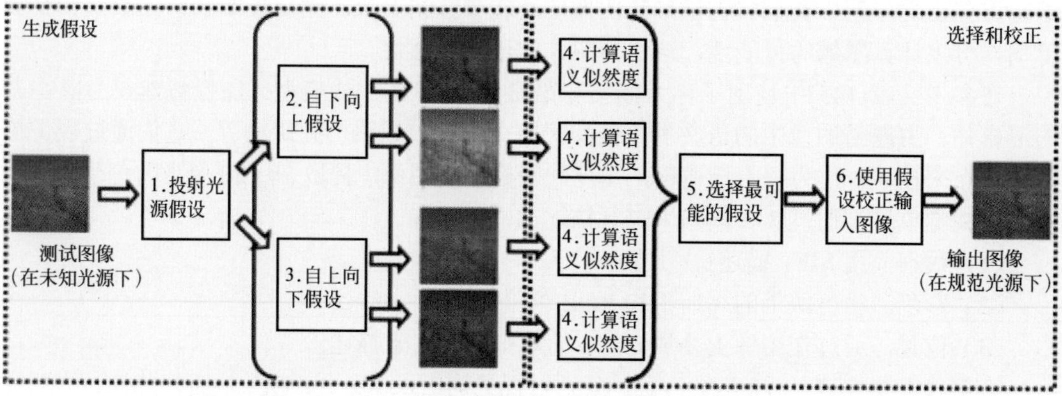

图 11.4 使用高层视觉特征的组合方法概况。首先，提出几种光源假设。可以使用自下而上和自上而下的方法（如作者在参考文献[145]中建议的那样）或使用任何其他方法来完成。然后，使用式(11.9)计算所有假设的语义似然性。最后，选择最可能的光源假设作为最终估计，并用于校正输入图像

这种方法与 Manduchi[217]的工作密切相关，他使用了一幅测试图像与在白光下拍摄的一幅训练图像中所标记类别之间的彩色相似性。这些类在语义上没有意义，因为它们被标记为“Ⅰ类”与“Ⅱ类”等。使用高斯彩色分布来描述这些类，彩色相似性用于估计测试光源彩色的图像。将每个像素分配给一个类别和一个光源，以优化图像的似然性。该方法具有的优点是，在一幅图像中允许有多个光源，但是只在有与测试图像相似的单个训练图像可用时，该方法才能证明成功。这可能是由于类别说明的鉴别能力有限而导致的，其中忽略了彩色空间中的多模态以及纹理和位置信息。最后，在参考文献[218]中提出了另一种类似的方法，其中术语**“记忆彩色”**用于指代与目标类别具体相关的彩色。这些特定目标的彩色被用于优化估计的光源。

11.5 本 章 小 结

与独立方法相比，基于学习的方法所具有的优势是可以针对特定数据（例如室内或室外图像）进行调整。本章介绍了几种没有训练阶段就无法操作的方法。首先，介绍了学习低层统计信息的方法，例如回归技术和贝叶斯方法。这样的方法通常很容易实现，但是由于所学习的模型非常不透明，因此输出通常不太直观。之后，讨论了使用高层统计信息和语义的方法。由于此类方法在给定输入图像的情况下选择适当的彩色恒常性方法，因此它们比其他基于学习的方法更直观。此外，这种方法的准确性已被证明是最优的。但是，使用多个单一算法意味着它们在本质上比仅使用单个单一算法要慢。

第 12 章　彩色恒常性方法的评价

对光源估计算法的评估需要具有已知场景光源的图像（真值）。常规实验设置如下。首先，如果算法需要，则将部分数据用于训练。其次，使用数据库的每幅剩余图像估计光源的彩色，并将其与真值进行比较。12.1 节讨论了各种公开可用的数据集。进行比较需要有一些相似性度量或距离度量，如 12.2 节所述。还存在其他的设置，这依赖于应用。例如，Funt 等[219]描述了一种评估彩色恒常性算法作为目标识别预处理步骤的有用性的实验。但是，在本章中，预期的应用是针对光源彩色校正输入图像，即白平衡。

12.1　数　据　集

可以区分用于评估彩色恒常性方法的两种类型的数据：高光谱数据和 RGB 图像。与具有 RGB 图像的数据集相比，包含高光谱数据集的数据库通常较小（图像较少），并且变化也较小。高光谱数据的主要优点是，可以使用许多不同的光源在各种光源下逼真地绘制同一场景，因此可以对这些方法进行系统的评估。但是，光源的模拟通常不包括真实世界的效果，例如相互反射和不均匀性。因此，对 RGB 图像的评估会导致更实际的性能评估。理想情况下，两种类型的数据都需要使用以全面评估彩色恒常性方法[141][169]。

12.1.1　高光谱数据

Barnard 等组建了一个经常使用的高光谱数据库[44]。该库由 1995 个表面反射光谱和 287 个光源光谱组成。这些反射光谱和光源光谱可用于生成范围广泛的表面（RGB 值），从而可以系统地评估彩色稳定性。福斯特等创建了另一个对评估彩色恒常性算法特别有用的数据库[126][220]。这两个库分别包含 8 个自然场景，可以使用各种光源光谱（未提供）将其转换为任意数量的图像。最后，由 Parraga 等建立的数据库[221]包含 29 个具有低分辨率（256 × 256 像素）的高光谱图像。

12.1.2　RGB 数据

在实际情况下，具有 RGB 图像的数据库可提供有关算法性能的更多信息。逼真地评估彩色恒常性方法的第一步涉及由 11 种不同光源照亮的孤立目标[44]。11 种不同的灯包括：3 种不同的荧光灯、4 种不同的白炽灯和 4 种结合了蓝色滤光片的白炽灯，选择它们以尽可能地覆盖自然和人造光源的范围。完整的数据库包含 22 个具有最小镜面反射的场景，9 个具有介电镜面反射的场景，14 个具有金属镜面反射的场景以及 6 个具有至少一个荧光表面的场景。通常，对于光源估计，使用 31 个场景的子集，该子集仅由具有最小反射率和介电反射率的场景组成。即使这些图像包含几个不同的光源和场景，图像的变化还是有限的。

Ciurea 和 Funt[201]编写了一个更多样化的数据库。该数据库包含超过 11 000 幅图像，这些图像从在各种成像条件（包括室内、室外、沙漠、城市景观和其他设置）下录制的 2 小时视频中提取。所有图像被划分在不同位置拍摄的 15 个不同的剪辑中。真值是通过对相机附加一个灰色球体来获取的，该球体显示在图像的右下角。显然，在实验过程中应屏蔽此灰色球体，以免对算法造成偏差。图 12.1(a)中显示了此数据集中的一些图像例子。

(a) SFU数据集示例图像

(b) 彩色检查器集示例图像

图 12.1 用于实验的两个数据集的一些示例：(a)SFU 数据集；(b)彩色检查器集

该数据集的主要缺点是某些图像之间存在相关性。由于图像是从视频序列中提取的，因此某些图像的内容相当相似。将图像分为训练集和测试集时，应特别考虑这一点。此数据集的另一个问题是相机将未知的后处理过程应用于图像，包括伽马校正和压缩。最近在参考文献[222]中提出了一个类似的数据集。尽管该数据集中的图像数量（83 张室外图像）与之前的数据集不具有可比性，但是这些图像没有相关性，并且可以按照 XYZ 格式使用，所以可被视为质量更好。此外，在参考文献[223]中提出了对数据集的扩展，其中引入了具有变化环境（例如，森林、海边、雪山和高速公路）的另外的 126 幅图像。

盖勒等[194]介绍了一个新的数据库，其中包含 568 张室内和室外图像。这些图像的真值是使用放置在场景中的 MacBeth 彩色检查器获得的。该数据库的主要优点是图像的质量（无需校正），但是图像的变化不如包含 11 000 多幅图像的数据集那么大。图 12.1(b)中显示了此数据集中的一些图像。最后，Shi 和 Funt 生成了一组 105 幅高动态范围图像[147-148]。这些图像使用 4 个彩色检查器来捕获真值，并由同一场景的多次曝光构成。

12.1.3 小结

表 12.1 给出了可用数据集的概况。通常，可以区分在真实世界的 RGB 图像和具有受控照明条件的图像。后一种类型的数据（包括高光谱图像）主要用于辅助新算法的开发和对方法的系统分析。应尽可能避免做出有关基于此类数据集的已有方法性能的结论，因为调整任何算法以获得较高的性能相对容易。现实世界中的 RGB 图像更适合于比较算法，因为此类数据可能是大多数彩色恒常性算法预期应用的目标数据。

表 12.1　对数据集及其优点和缺点的总结

数据集	优点	缺点
SFU 高光谱集[44]（1995 个表面光谱）	种类繁多，允许系统化的评价	最佳情况下的性能评估
福斯特等集[126][220]（8 + 8 幅图像）	高质量高光谱图像，真实世界自然场景	有限数量的数据
布里斯托尔集[221]（28 幅图像）	高光谱图像，真实世界自然场景	低质量图像
SFU 集[44]（223+ 98 + 149 + 59 幅图像）	用校正的相机拍摄	实验室设置
灰球 SFU 集[201]（11346 幅图像）	最大的可用数据集	图像之间存在相关性
巴塞罗那集（83 + 126 幅图像）	不相关的图像，具有高质量 XYZ 数据	图像数量少，短时帧
彩色检查器集[194]（568 幅图像）	高质量图像，不相关数据	中等变化
HDR 图像[147-148]（105 幅图像）	不相关数据	图像数量少

12.2 性 能 评 估

性能度量通过将估计的光源与真值相比较来评估光源估计算法的性能。由于彩色恒常性算法只能将光源的彩色恢复到一个乘法常数（即不估算光源的强度），因此距离度量可计算归一化 RGB 的相似度：

$$r=\frac{R}{R+G+B} \tag{12.1}$$

$$g=\frac{G}{R+G+B} \tag{12.2}$$

$$b=\frac{B}{R+G+B} \tag{12.3}$$

可以推导出各种距离度量。Gijsenij 等[224]提出了一种针对彩色恒常性算法的不同度量的分类方法。他们区分基于数学的度量、基于感知的度量和特定于彩色恒常性的度量。

12.2.1 数学距离

在彩色恒常性研究中，两个常用的性能指标是欧氏距离和角度误差，后者可能更广泛地被使用。**角度误差**测量估计的光源 $\boldsymbol{e}_e$ 与真值 $\boldsymbol{e}_u$ 之间的角度距离，并定义为

$$d_{\text{angle}}(\boldsymbol{e}_e,\boldsymbol{e}_u)=\arccos\left(\frac{\boldsymbol{e}_e\bullet\boldsymbol{e}_u}{\|\boldsymbol{e}_e\|\bullet\|\boldsymbol{e}_u\|}\right) \tag{12.4}$$

其中，$\boldsymbol{e}_e\bullet\boldsymbol{e}_u$ 是两个光源的点积，$\|\bullet\|$是矢量的欧氏范数。

欧氏距离 d_{euc} 实际上是更通用的 Minkowski 距离家族的特殊实例，记为 d_{Mink}：

$$d_{\text{Mink}}(\boldsymbol{e}_e,\boldsymbol{e}_u)=\left(|r_e-r_u|^p+|g_e-g_u|^p+|b_e-b_u|^p\right)^{\frac{1}{p}} \tag{12.5}$$

其中 p 是对应的 Minkowski 范数。有 3 种特殊情况是众所周知的：$p=1$ 的曼哈顿距离（d_{man}）、$p=2$ 的欧氏距离（d_{euc}）和 $p=\infty$的切比雪夫距离（d_{sup}）。

12.2.2 感知距离

如果彩色恒常性算法的目标是获得与参考图像相同的输出图像，即在标准的（通常为白色）光源下拍摄的同一场景的图像，那么感知距离度量对于评价就是一个很好的选择。为此，首先将光源估计的彩色和真值转换为不同的（人类视觉）彩色空间，然后将它们进行比较。在参考文献[224]中，距离是在（近似）感知均匀的彩色空间 CIELAB 和 CIELUV[225]中测量的。有关这些彩色空间的更多信息，请参见第 4 章。此外，除了显示 CIELAB 彩色之间的欧氏距离之外，还计算了 CIEDE2000 [226]，因为该度量已证明更为统一并且被认为是在工业应用中最新的技术。最后，参考文献[224]中的作者提出了加权欧氏距离测度（记为**感知欧氏距离** PED），其灵感来自人眼光谱灵敏度的不均匀性：

$$\mathrm{PED}(\boldsymbol{e}_e,\boldsymbol{e}_u)=\sqrt{w_R(r_e-r_u)^2+w_G(g_e-g_u)^2+w_B(b_e-b_u)^2} \tag{12.6}$$

其中 $w_R+w_G+w_B=1$。此距离度量允许为一个彩色通道中的偏差分配更高的权重，因为此特定彩色通道中的偏差可能比其他通道中的偏差对两幅图像之间的感知差异有更强的影响。

12.2.3 彩色恒常性距离

讨论两个彩色恒常性特定的距离。第一个是**彩色恒常性指数**（CCI）[108]，也称为 Brunswik 比率[227]，通常用于测量感知彩色恒常性[110][126]。它定义为人类观察者获得的适应量与根本没有适应的比率：

$$\mathrm{CCI}=\frac{b}{a} \tag{12.7}$$

其中，b 定义为从估计光源到真实光源的距离，而 a 定义为从真实光源到白色参考光的距离。在评估期间，将使用几种不同的彩色空间来计算 a 和 b 的值。

第二个称为**色域相交**[224]，它利用在给定光源下可能出现的彩色的色域。它基于色域映射算法的基础假设，即在给定光源下，只能观察到有限数量的彩色。两个光源的全色域之间的差异表示这两个光源之间的差异。例如，如果两个光源相同，则在这两个光源下可能出现的色域将会重合，而如果两个光源之间的差异较大，则色域之间的相似性将较小。色域相交的量度是在估计的光源下出现的彩色相对于在真实的真值光源下出现的彩色的分数。

$$d_{\text{gamut}}(\boldsymbol{e}_e,\boldsymbol{e}_u)=\frac{\mathrm{vol}(\mathcal{G}_e\cap\mathcal{G}_u)}{\mathrm{vol}(\mathcal{G}_u)} \tag{12.8}$$

其中，$\mathcal{G}_i$ 是光源 i 下所有可能彩色的色域，而 $\mathrm{vol}(\mathcal{G}_i)$ 是该色域的体积。通过将对应于光源 i 的对角映射应用于规范色域来计算色域 $\mathcal{G}_i$。

12.2.4 感知分析

在大多数情况下，例如当应用程序要在白光源下获得图像的准确再现时，距离度量应准确反映输出图像的质量。在参考文献[224]中，针对该要求分析了上面讨论的距离度量。为此，进行了一些心理物理实验，其中在校准的 LCD 监视器上向人类受试者显示了 4 幅图像（见图 12.2）。顶部的两幅图像是相同的参考图像，代表测试场景。底部的两幅图像对应于在原始测试场景（某个彩色光源下的场景）使用两种不同彩色恒常性算法的输出结果。首先，要求受试者将每幅底部图像的再现彩色与顶部参考进行比较。对场景的整体彩色印象和局部图像细节彩色都要考虑。其次，受试者指出底部两幅图像中的哪幅具有最佳色彩再现。通过测试各种不同的彩色恒常性算法，从而得出了基于人类观察的排名。最后，将该排名与不同的距离度量相关联（每个距离度量可用于生成一个排名）。

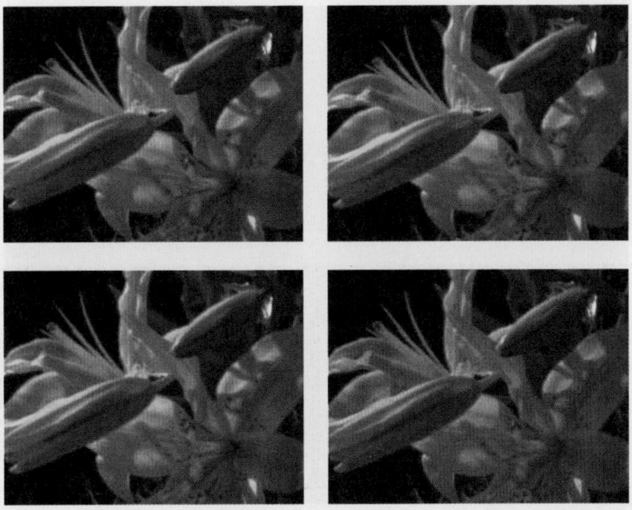

图 12.2　实验的屏幕截图。受试者指出两幅底部图像中的哪一幅（来自两个不同的彩色恒常性算法）与顶部参考图像最匹配。有关实验设置的更多详细信息，请参见参考文献[224]

受试者评估了两个不同数据集的质量。第一个数据集包含 8 幅高光谱图像[126]，每幅图像在 4 个不同的光源下绘制。第二个数据集包含来自灰球 SFU 数据集[201]的 50 幅图像。表 12.2 给出了两个数据集上各种距离量度的相关系数。应当注意，相关系数在两个数据集之间相对稳定。此外可见，经常使用的角度误差与输出图像的感知质量具有相当好的相关性（实际上，角度误差与诸如 CIEDE2000 之类的感知距离度量相当）。但是，角度误差的主要缺点是，角度误差完全忽略了误差的方向。例如，请参见图 12.3，其中显示了与白色具有相同偏差（从左到右，与白色的偏差为 1°、5°、10°和 20°）的色块。注意与参考色（白色）具有相似偏差的色块的彩色变化。这表明两种方法在同一幅图像上可能具有相似的角度误差，但会导致输出图像完全不同。显然，这也反映在输出图像的感知质量上。

表 12.2　相对于从人类受试者得出的主观测量，使用几种距离度量和几种彩色空间的相关系数ρ概况

度量	福斯特等数据[126]的ρ	灰球 SFU 数据[201]的ρ
d_{angle}	0.895	0.926
d_{man}	0.893	0.930
d_{euc}	0.890	0.928
d_{sup}	0.817	0.906
d_{euc}–$L^*a^*b^*$	0.894	0.921
ΔE^*_{00}–$L^*a^*b^*$	0.896	0.916

续表

度量	福斯特等数据[126]的ρ	灰球 SFU 数据[201]的ρ
d_{euc}–$L^*u^*v^*$	0.864	0.925
d_{euc}–$C+h$	0.646	0.593
d_{euc}–C	0.619	0.562
d_{euc}–h	0.541	0.348
$PED_{proposed}$	0.960	0.957
CCI (d_{angle})	0.895	0.931
CCI ($d_{euc, RGB}$)	0.893	0.929
CCI ($d_{euc, L^*a^*b^*}$)	0.905	0.921
CCI ($d_{euc, L^*u^*v^*}$)	0.880	0.927
d_{gamut}	0.965	0.908

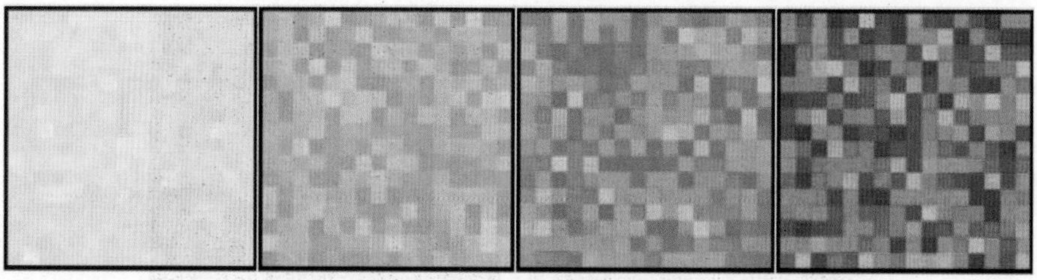

图 12.3 角度误差示意图。显示的色块与白色的角度偏差分别为 1°、5°、10°和 20°。注意与参考色具有相似偏差的色块的彩色变化

为了考虑误差的方向，参考文献[224]的作者提出了感知欧氏距离（或 PED），通过该距离，可以对某些彩色通道中的偏差分配更高的权重。对权重空间进行了详尽的搜索，得出的权重组合为（w_R，w_G，w_B）=（0.26，0.70，0.04）。该距离度量与输出图像的感知质量的相关性明显高于角度误差[224]。但是，最佳权重组合取决于所使用的数据集。这意味着需要进行心理物理实验，该实验使用完整数据集中有代表性的一个小子集来获得最佳权重。使用这些最佳权重，可以对彩色恒常性算法的性能做出更可靠的推断。如果没有这种心理物理实验，则角度误差对于距离测量来说是不错的选择。

最后，参考文献[224]中的实验用于引入**感知意义**的概念。比较两种算法时，将比较这两种算法在一组图像上的误差。但是，一种算法导致较低的误差这一事实可能并不总是能证明该算法优于另一种算法的结论。还必须考虑差异程度。一个不容忽视的重要问题是观察到的改善是否明显。在参考文献[224]中，已表明当使用角度误差作为距离度量时，对于人类观察者而言，应该获得至少 5 %~ 6%的相对改善才能观察到。例如，如果方法 A 的角度误差为 10°，则至少需要 0.6°的改善；否则，人们将看不到这种改善。

12.3 实　验

在评估整个数据集而不是单幅图像上的彩色恒常性算法的性能时，需要将所有单幅图像的性能汇总为一个统计量。这通常是通过获取数据集中所有图像的角度误差的均值、均

方根值或中值来完成的。如果误差度量是正态分布的，则均值是描述分布的最常用度量，而均方根值可提供标准偏差的估计值。但是，如果度量不是正态分布的，例如，如果分布严重偏斜或包含许多离群值，则中值更适合用于汇总基础分布[228]。

12.3.1　比较算法性能

从以前的工作中可以知道，角度误差不是正态分布的[196]。为了测试感知欧氏距离是否满足正态分布，进行了与参考文献[196]类似的实验。在图 12.4 中，绘制了来自 RGB 图像数据集[201]的 11 000 幅图像上的“白片”算法的误差，从中可以清楚地看出，角度误差和感知欧氏距离均不是正态分布的。两种度量的分布在较低的误差率下具有较高的峰值，并且具有较长的尾巴。对于这样的分布，已知平均值不是一个很好的汇总统计量。因此，以前有人提出使用中值来描述中心趋势[196]。另外，为了提供更多有关误差的完整分布信息，可以计算箱线图或计算三元均值而不是中值。箱线图用于可视化给定彩色恒常性方法的误差度量的基本分布，作为汇总统计信息的补充。这种汇总统计量可以是 Hordley 和 Finlayson [196]提出的中值；也可以是三元均值，它是对异常值具有鲁棒性的统计量（中值相对于诸如均方根值之类的统计数据的主要优势)，但仍要注意分布中的极值[229-230]。可以将三元均值 TM 计算为第一、第二和第三分位数（即 Q_1、Q_2 和 Q_3）的加权平均值：

$$TM = 0.25Q_1 + 0.5Q_2 + 0.25Q_3 \tag{12.9}$$

第二分位数 Q_2 是分布的中值/中位数，第一分位数 Q_1 和第三分位数 Q_3 均称为**转折点**（分别称为较小四分位数和较大四分位数)。换句话说，三元均值可以描述为中值和转折点的中值的平均值。

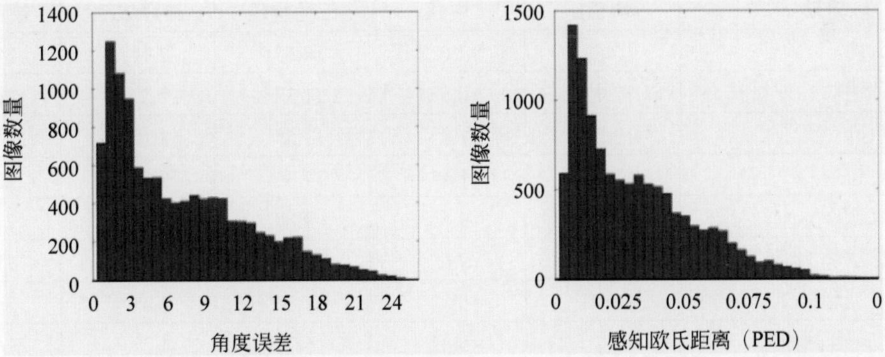

图 12.4　为“白片”算法估算的光源误差分布，该算法是从一组超过 11000 幅图像中获得的

12.3.2　评价

两个数据集被用于评估各种方法[231]。评估的两个数据集是灰球 SFU 集和彩色检查器集（请注意，本章中使用的数据来自参考文献[232]）。选择这些集合的原因是它们的尺寸（它们是迄今为止可用的两个最大集合），它们的性质（这些集合由不受约束的环境中的实际图像组成）以及它们的基准状态（灰球 SFU 集合被广泛使用，最近的彩色检查器集有潜

力被广泛使用）。有关使用的数据集的确切详细信息请参见参考文献[231]。

基于交叉验证，所有算法都使用相同的设置进行训练。通过将数据划分为 15 个部分来执行对灰球 SFU 集的训练，在此确保将相关图像（即同一场景的图像）分组在同一部分中。接下来，对该方法的 14 部分数据进行训练，并对剩余那部分进行测试。此过程重复 15 次，因此每幅图像在测试集中只出现一次，并且来自同一场景的所有图像将同时出现在训练集中或在测试集中。彩色检查器集采用了更简单的三重交叉验证。这三重由数据集的作者提供。这种基于交叉验证的过程还用于为静态算法（优化 p 和σ）和基于色域的算法（优化滤波器大小σ）学习最佳参数设置。另外，基于回归的方法是使用 LIBSVM [233]实现的，并且针对二进制直方图的直方条数量和支持向量回归（SVR）参数进行了优化。最后，将所有基于组合的方法应用于一组选定的静态方法：使用式(9.18)，我们系统地生成了 9 种使用像素值的方法，8 种使用一阶导数的方法和 7 种使用二阶导数的方法。根据相应方法的详细信息，部署以下策略。将 No-*N*-Max 组合方法[177]应用于 6 个方法的子集（使用基于交叉验证的相同过程查找 6 个方法的最佳组合）；将使用高层视觉信息的方法[145]应用于完整的方法集（将语义主题的数量设置为 30），并将**使用自然图像统计**信息的方法[120-121]应用于 3 种方法的子集（一种基于像素、一种基于边缘以及一种基于二阶导数，使用相同的交叉验证程序找到最佳的组合）。

12.3.2.1 灰球 SFU 数据集

表 12.3 列出了 SFU 数据集的结果。一些示例结果如图 12.5 所示。基于像素的色域映射方法的效果与灰度边缘方法相似，但是从这些结果来看，简单的方法（例如“白片”和

表 12.3 在线性灰球 SFU 数据集上的几种方法的性能（11 346 张图像）

方法	均值μ	中值	三元均值	最好 25%	最差 25%
什么也不做	15.6°	14.0°	14.6°	2.1°	33.0°
白片（$\boldsymbol{e}^{0,\infty,0}$）	12.7°	10.5°	11.3°	2.5°	26.2°
灰度世界（$\boldsymbol{e}^{0,1,0}$）	13.0°	11.0°	11.5°	3.1°	26.0°
通用灰度世界（$\boldsymbol{e}^{0,p,\sigma}$）	12.6°	11.1°	11.6°	3.8°	23.9°
一阶灰度边缘（$\boldsymbol{e}^{1,p,\sigma}$）	11.1°	9.5°	9.8°	3.2°	21.7°
二阶灰度边缘（$\boldsymbol{e}^{2,p,\sigma}$）	11.2°	9.6°	10.0°	3.4°	21.7°
空间相关（无回归）	12.7°	10.8°	11.5°	2.4°	26.0°
空间相关（有回归）	12.7°	5.3°	5.7°	1.2°	16.1°
使用逆强度色度空间	14.7°	11.0°	11.6°	3.2°	32.7°
基于像素的色域映射	11.8°	8.9°	10.0°	2.8°	24.9°
基于边缘的色域映射	13.7°	11.9°	12.3°	3.7°	26.9°
相交：完整 1-jet	11.8°	8.9°	10.0°	2.8°	24.9°
回归（SVR）	13.1°	11.2°	11.8°	4.4°	25.0°
统计组合（No-*N*-Max）	10.3°	8.2°	8.8°	2.7°	21.2°
使用高层视觉信息	9.7°	7.7°	8.2°	2.3°	20.6°
使用自然图像统计	9.9°	7.7°	8.3°	2.4°	20.8°

灰度世界）不适用于当前的预处理策略。如所期望的，基于组合的方法优于单一算法，其中使用高层视觉信息的光源估计与使用自然图像统计的光源估计之间的差异可以忽略不计（即在统计上不显著）。

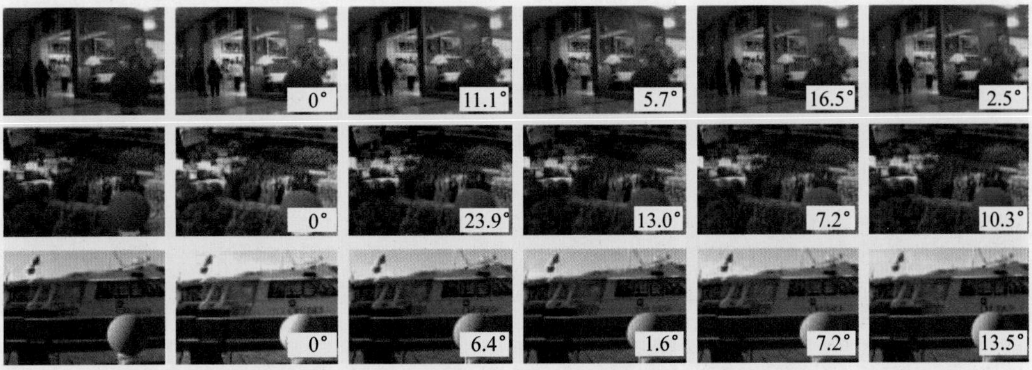

图 12.5　应用于几种测试图像的各种方法的一些示例结果。角度误差显示在图像的右下角。从左到右，使用的方法是：对应完美彩色恒常性的真值，灰度世界，二阶灰度边缘，逆强度色度空间和高层视觉信息

12.3.2.2　彩色检查器集

表 12.4 给出了该数据集的结果，一些示例结果如图 12.6 所示。在此数据集上，基于边缘方法（即灰度边缘、空间相关性和基于边缘的色域映射）的性能明显比基于像素方法（例

表 12.4　几种方法在线性彩色检查器上的性能 [a]

方法	均值μ	中值	三元均值	最好 25%	最差 25%
什么也不做	13.7°	13.6°	13.5°	10.4°	17.2°
白片（$\boldsymbol{e}^{0,\infty,0}$）	7.5°	5.7°	6.4°	1.5°	16.2°
灰度世界（$\boldsymbol{e}^{0,1,0}$）	6.4°	6.3°	6.3°	2.3°	10.6°
通用灰度世界（$\boldsymbol{e}^{0,p,\sigma}$）	4.7°	3.5°	3.8°	1.0°	10.1°
一阶灰度边缘（$\boldsymbol{e}^{1,p,\sigma}$）	5.4°	4.5°	4.8°	1.9°	10.0°
二阶灰度边缘（$\boldsymbol{e}^{2,p,\sigma}$）	5.1°	4.4°	4.6°	1.9°	10.0°
空间相关（无回归）	5.9°	5.1°	5.4°	2.4°	10.8°
空间相关（有回归）	4.0°	3.1°	3.3°	1.1°	8.5°
使用逆强度色度空间	13.6°	13.6°	13.5°	9.5°	18.0°
基于像素的色域映射	4.1°	2.5°	3.0°	0.6°	10.3°
基于边缘的色域映射	6.7°	5.5°	5.8°	2.1°	13.7°
相交：完整 1-jet	4.1°	2.5°	3.0°	0.6°	10.3°
贝叶斯	4.8°	3.5°	3.9°	1.3°	10.5°
回归（SVR）	8.1°	6.7°	7.2°	3.3°	14.9°
统计组合（No-*N*-Max）	4.3°	3.4°	3.7°	1.4°	8.5°
使用高层视觉信息	3.5°	2.5°	2.6°	0.8°	8.0°
使用自然图像统计	4.2°	3.1°	3.5°	1.0°	9.2°

注：[a] 源自参考文献[232]拍摄的 568 幅图像。

如色域映射和灰度世界）的性能差。但是，可以看出，两类方法在“困难”图像（即该方法估计光源不准确的图像，见最差 25%的列）上的误差相似。这表明使用低层信息方法（静态算法或基于学习的方法）的性能受到存在信息的限制。从基于组合方法的性能可以看出，需要使用多种算法来减少这些“困难”图像的误差。使用高层视觉信息和自然图像统计的方法在整体性能提升上不是很高，它们在统计上也类似于基于像素的色域映射，但是在这些困难的图像上，它们可以获得最大的准确度提高（平均角度误差在最差 25%的图像中从 10.3°分别降到 8.0°和 9.2°）。因此，为了获得能够准确估计任何类型图像上光源的鲁棒彩色恒常性算法，有必要组合几种方法。

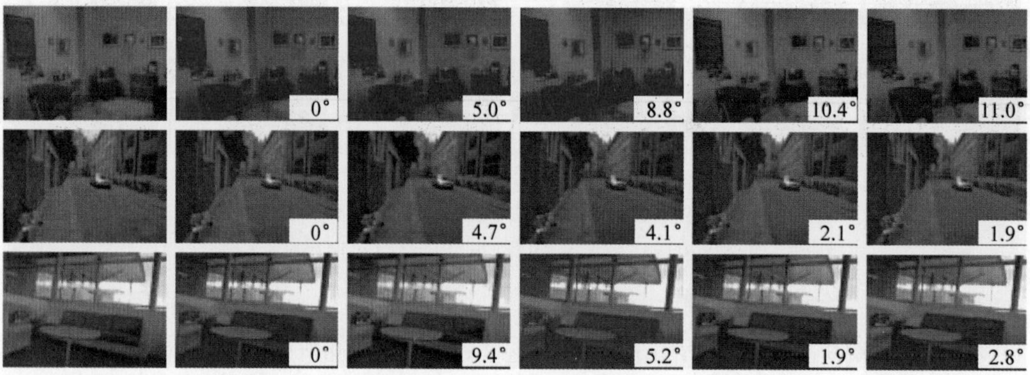

图 12.6 应用于几种测试图像的各种方法的一些示例结果。角度误差显示在图像的右下角。从左到右，使用的方法是：对应完美彩色恒常性的真值，“白片”，一阶灰度边缘，基于像素的色域映射和使用自然图像统计信息

12.4 本 章 小 结

在本章中，评价了几种常用的光源估计方法。此外，在第 9～11 章中，还讨论了各种不同的方法。对于计算彩色恒常性算法而言，重要的标准是训练数据的需求、估计的准确性、方法的计算运行时间、方法的透明性、实现的复杂性以及可调参数的数量。表 12.5 总结了所讨论的方法。

表 12.5 对不同方法优缺点的小结

方法	章节	优点	缺点
静态（使用低层统计）	9.1 节和 9.2 节	易于实施，准确适当的参数，执行快	参数选择不透明，劣质参数不准确
静态（基于物理）	9.3 节	不需训练，执行快，参数少	实现困难，性能一般
基于色域	第 10 章	优美的基本理论，潜在的高准确度	需要训练数据，实施困难，需要适当的预处理
基于学习（使用低层统计）	11.1 节和 11.2 节	可针对特定数据集进行调整，实施简单	需要训练数据，执行慢
基于学习（使用高层统计）	11.3 节	潜在的高准确度，直观	需要训练数据，本质上比单一方法慢，实施困难
基于学习（使用语义）	11.4 节	潜在的高准确度，结合了语义信息	需要训练数据，实施困难，执行慢

如 9.1 节和 9.2 节所述，使用低层统计的方法不依赖于训练数据，参数也不依赖于输入数据。这种方法称为**静态**。现有的方法包括灰色世界，“白片”和合并高阶统计信息的扩展。这种方法的优点是实现简单（通常只需要几行代码）和执行快速。只要选择参数适当，估计的准确性就可以很高；否则，不正确的参数选择会严重降低性能。此外，最佳参数的选择是相当不透明的，尤其是在没有输入数据先验知识的情况下。9.3 节中讨论的基于物理的方法受参数选择的影响比较小，但准确性也比较低（即使对于正确选择的参数也是如此）。

第 10 章介绍了基于色域的方法，包括结合图像差分特性的扩展。基于色域方法的主要优点是优美（elegant）的基本理论和潜在的高准确度。但是，正确的实施需要一些努力，而预处理的选择对准确度有很大的影响。

最后，第 11 章介绍了没有训练阶段就无法操作的方法。11.1 节和 11.2 节讨论了学习低层统计信息的方法，例如回归技术和贝叶斯方法。这类方法的优点是（相对）易于实现，并且可以针对特定数据（例如室内或室外图像）进行调整。这类方法的缺点是，由于学习的模型非常不透明，因此输出通常不太直观。另一方面，如 11.3 节和 11.4 节所述，使用高层统计和语义的方法通常非常直观，因为可以预先预测将为特定输入图像选择哪种方法。此外，这种方法的准确性已被证明属于最先进的技术。但是，使用多个单一算法意味着它们在本质上比仅使用单个单一算法要慢。

第 4 部分

彩色特征提取

第 13 章　彩色特征检测

包含 Arnold W. M. Smeulders 和 Andrew D. Bagdanov 的贡献*

诸如边缘、角点和显著点之类的基于差异的特征已经被广泛用于各种应用程序中，例如匹配、目标识别和目标跟踪。许多应用考虑基于亮度的特征。在本章中，我们讨论用于检测图像中**彩色特征**的算法。正如我们将看到的，与基于亮度的特征相比，彩色特征具有多个优势。首先，我们可以应用第 6 章中讨论的光度不变性理论，该理论使我们能够检测光度不变性特征。其次，彩色在将显著性赋予图像方面起着重要作用。

从数学角度来看，从亮度信号到彩色信号的扩展就是从标量信号到矢量信号的扩展。这种变化伴随着一些数学上的障碍。将现有的基于亮度的运算符直接应用到单独的彩色通道上，以及随后的结果组合通常会失败。例如，在导数相反的情况下，将分离通道的导数简单相加进行结合会导致抵消[234-235]，如图 13.1 所示。对于图 13.1(a)右侧的蓝-红色和青绿-黄色边缘，红色和蓝色通道中的矢量指向相反的方向，求和可能会导致零边缘响应，而实际上明显地存在显著的边缘。同样，对于更复杂的局部特征（例如角点和 T 形交点），不同通道的组合也会带来问题。将角点检测器应用于分离的通道会导致在蓝色通道中检测到单个拐角。但是，没有证据表明在任何分离的通道中圆的边界上都有交叉点。结果，来自各个通道的角点信息的组合将失败。在本章的第一部分中，我们研究如何以有原则的方式组合彩色通道的差分结构。

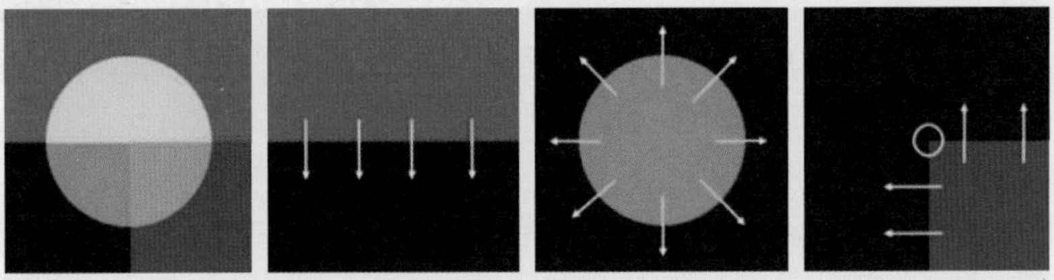

(a)　(b)　(c)　(d)

图 13.1　(a)示例图像以及示例图像的(b)红色通道、(c)绿色通道和(d)蓝色通道。叠加的箭头指示分离通道中的梯度方向，而圆圈则指示角点检测。请注意，尽管在分离的通道中仅检测到一个角点，但是原始彩色图像具有 4 个角点

本章的第二部分是关于图像中显著彩色特征的检测[149]。在本章中，我们使用术语**显著性**来指代图像中具有较高信息含量的事件。在这里，我们从信息理论的角度使用信息内容，从中我们知道，例如，罕见事件比频繁事件更具信息意义。在图 13.2(b)中，描绘了在

* 经许可，部分内容转载自：*Robust Photometric Invariant Features from the Color Tensor*, by J. van de Weijer, Th. Gevers, and A.W.M. Smeulders, in *Transactions of Image Processing*, Volume 15(1). ©2006 IEEE; *Boosting Color Saliency in Image Feature Detection*, in *Transactions of Pattern Analysis and Machine Intelligence*, Volume 28(1). ©2006 IEEE.

暗淡的背景上包含五彩鸟的图像的彩色梯度。出乎意料的是，对于标准彩色渐变的图像，鸟和背景之间的边界受边缘支配，这是由背景强度变化引起的。对于人类观察者来说，鸟和背景之间的过渡很明显。在本章的第二部分中，我们研究彩色图像统计信息，目的是查找图像中具有最高信息含量的边缘。将要说明的方法称为**彩色自举**。图 13.2(c)给出了该方法的结果：鸟类和背景之间的重要过渡产生了最突出的响应。

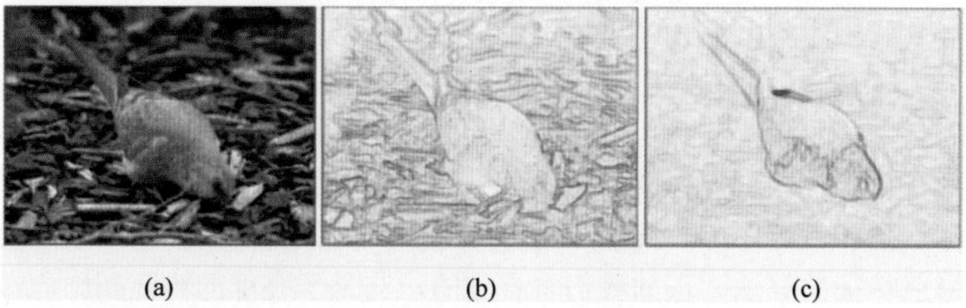

图 13.2 (a)输入彩色图像；(b)彩色梯度图像；(c)彩色提升的图像导数。彩色梯度边缘不能反映人类在背景和五彩鸟之间观察到的清晰边缘。通过彩色提升算法检测到的显著边缘与人类发现的重要边缘重合

13.1 彩 色 张 量

在这里，我们讨论**彩色张量**在彩色特征计算中的应用。我们还将研究如何将第 6 章中研究的光度不变性理论与本章中介绍的基于微分的特征相结合。

让我们研究一下彩色特征的几个期望属性。第一，这些特征应针对其应用所需的光度变化。这样可以确保意外的物理事件（例如阴影和镜面反射）不会影响结果。第二，特征必须对噪声具有鲁棒性，并且不应包含不稳定性。尤其对于完整的光度不变特性，不稳定性需要重视。第三，该理论应普遍适用，以确保可以将其应用于有关亮度图像特征的大量文献。我们从张量非常适合将彩色图像的一阶导数进行组合的观察开始。第四，我们将展示如何将基于张量的特征与光度导数结合起来，以进行光度不变**特征检测**和**特征提取**。最后，我们表明，对于不适合准不变性的特征提取应用程序（请参阅第 6 章），可以引入能增强特征提取能力的不确定性度量。

正如我们在本章开头所看到的，即使图像中存在明显的结构，简单地将各种彩色通道的**差分结构**相加也可能导致抵消。图 13.3 对此进行了进一步说明。与其去相加通道的方向信息（在[0, 2π)上定义），不如对朝向信息（在[0, π)上定义）求和。张量数学提供了一种这样的方法，对于该方法，相反方向上的矢量相互增强。张量描述的是局部朝向，而不是方向。更准确地说，矢量的张量及其旋转 180°的对应矢量是相等的。因此，我们将张量用作**彩色特征检测**的基础。

给定一幅图像 $\boldsymbol{f}$，其**结构张量**由 Bigun 等给出[236]：

$$\boldsymbol{G}=\begin{pmatrix} \overline{f_x^2}, & \overline{f_x f_y} \\ \overline{f_x f_y} & \overline{f_y^2} \end{pmatrix} \tag{13.1}$$

其中下标表示空间导数，上横线表示与高斯滤波器的卷积。注意，结构张量的计算涉及两个尺度：计算导数的尺度和张量尺度（空间导数平均的尺度）。结构张量描述图像的局部差

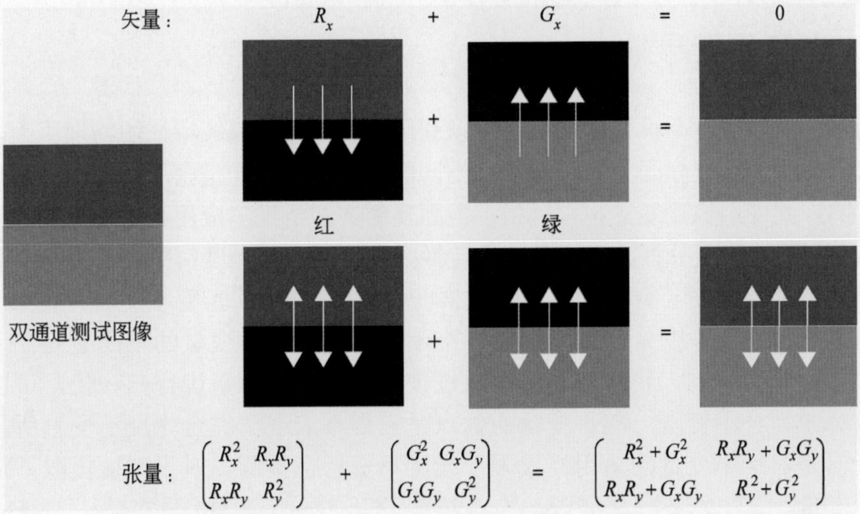

图 13.3　在具有两个通道 R 和 G 的彩色图像中进行边缘检测的示例。在简单矢量求和的情况下，由于红色和绿色通道中的导数 R_x 和 G_x 抵消，因此未检测到边缘。基于张量的边缘检测将是成功的，因为结构张量编码朝向而不是方向。红色和绿色通道的结构张量相互增强，最后检测到清晰的边缘

分结构，并且适合于发现诸如边缘和角点之类的特征[234][237-238]。对于多通道图像 $\boldsymbol{f}=[f_1, f_2,\cdots,f_n]^{\mathrm{T}}$，结构张量由下式给出：

$$\boldsymbol{G}=\left(\frac{\overline{\boldsymbol{f}_x\cdot\boldsymbol{f}_x}}{\overline{\boldsymbol{f}_y\cdot\boldsymbol{f}_x}},\frac{\overline{\boldsymbol{f}_x\cdot\boldsymbol{f}_y}}{\overline{\boldsymbol{f}_y\cdot\boldsymbol{f}_y}}\right) \tag{13.2}$$

在 $\boldsymbol{f}=(R, G, B)$的情况下，可得到彩色张量：

$$\boldsymbol{G}=\left(\frac{\overline{R_x^2+G_x^2+B_x^2}}{\overline{R_xR_y+G_xG_y+B_xB_y}},\frac{\overline{R_xR_y+G_xG_y+B_xB_y}}{\overline{R_y^2+G_y^2+B_y^2}}\right) \tag{13.3}$$

在本章的后面，我们推导光度导数的确定性度量。该度量可以用作彩色张量中的权重。对于伴随加权函数 w_x 和 w_y 的导数，它们为每个度量 $\boldsymbol{f}_x$ 和 $\boldsymbol{f}_y$ 指定权重，结构张量定义为

$$\boldsymbol{G}=\left(\frac{\dfrac{\overline{w_x^2\boldsymbol{f}_x\cdot\boldsymbol{f}_x}}{\overline{w_x^2}}}{\dfrac{\overline{w_yw_x\boldsymbol{f}_y\cdot\boldsymbol{f}_x}}{\overline{w_yw_x}}},\frac{\dfrac{\overline{w_xw_y\boldsymbol{f}_x\cdot\boldsymbol{f}_y}}{\overline{w_xw_y}}}{\dfrac{\overline{w_y^2\boldsymbol{f}_y\cdot\boldsymbol{f}_y}}{\overline{w_y^2}}}\right) \tag{13.4}$$

已知张量的元素在空间轴的旋转和平移下是不变的。为了证明不变量，我们使用 $\frac{\partial}{\partial x}\boldsymbol{Rf}=\boldsymbol{Rf}_x$ 的事实，其中 $\boldsymbol{R}$ 是旋转算子，

$$\overline{(\boldsymbol{Rf}_x)^{\mathrm{T}}\boldsymbol{Rf}_y}=\overline{\boldsymbol{f}_x^{\mathrm{T}}\boldsymbol{R}^{\mathrm{T}}\boldsymbol{Rf}_y}=\overline{\boldsymbol{f}_x^{\mathrm{T}}\boldsymbol{f}_y} \tag{13.5}$$

这里，根据 $\boldsymbol{f}\cdot\boldsymbol{f}=\boldsymbol{f}^{\mathrm{T}}\boldsymbol{f}$ 重写了内积。

13.1.1 光度不变导数

使用彩色图像的一个很好的动机是可以利用光度信息来理解特征的物理原因。例如，可以将像素归类为具有相同的彩色但具有不同的强度，这可能是由于图像中的阴影或影调变化引起的。此外，像素差异也可以指示镜面反射。对于许多应用程序，重要的是将场景附带信息与材料边缘区分开。当彩色图像转换为亮度时，该光度信息会丢失。

可以通过使用不变导数计算结构张量来获得式(13.2)中的光度不变性。在第 6 章中，我们得出了光度完全不变量和准不变量。准不变量与完全不变量的不同之处在于它们在物理参数方面有所不同。我们还看到，通过使用信号相关标量进行归一化，可以从准不变量中计算出完全不变量。准不变量的优点是它们不表现出完全光度不变量所共有的不稳定性。但是，准不变量的适用性仅限于光度不变特征检测。对于特征提取，需要完全的光度不变量。

我们将在这里简要总结第 6 章的相关结果。双色模型（有关更多详细信息请参见第 3 章）将光学不均匀材料的反射划分为界面（镜面）反射和体（漫反射）反射分量：

$$\boldsymbol{f}=e(m^b\boldsymbol{c}^b+m^i\boldsymbol{c}^i) \tag{13.6}$$

其中 $\boldsymbol{c}^b$ 是体反射的彩色，$\boldsymbol{c}^i$ 是界面反射（即镜面反射或高光）的彩色，m^b 和 m^i 是表示相应反射的标量，e 是光源的强度。对于无光泽表面，没有界面反射，因此模型会更进一步简化为

$$\boldsymbol{f}=em^b\boldsymbol{c}^b \tag{13.7}$$

可以通过计算式(13.6)的空间导数来计算图像的光度导数结构：

$$\boldsymbol{f_x}=em^b\boldsymbol{c}_{\boldsymbol{x}}^b+(e_{\boldsymbol{x}}m^b+em_{\boldsymbol{x}}^b)\boldsymbol{c}^b+(em_{\boldsymbol{x}}^i+e_{\boldsymbol{x}}m^i)\boldsymbol{c}^i \tag{13.8}$$

空间导数是 3 个加权向量的总和，依次表示物体的反射率，影调阴影和镜面反射变化。从式(13.7)中可以得出，对于无光泽表面，阴影–影调方向平行于 RGB 矢量，即 $\boldsymbol{f}\parallel\boldsymbol{c}^b$。镜面反射方向遵循光源彩色已知的假设。

对于无光泽表面（$m^i=0$），空间导数在阴影–影调轴上的投影会产生包含所有能量的阴影–影调变量，这可以用阴影和影调引起的变化来解释。从总导数 $\boldsymbol{f_x}$ 中减去阴影–影调变量 $\boldsymbol{S_x}$ 会得到阴影–影调准不变量：

$$\boldsymbol{S_x}=\left(\boldsymbol{f_x}\cdot\hat{\boldsymbol{f}}\right)\hat{\boldsymbol{f}}=\left[em^b\left(\boldsymbol{c}_{\boldsymbol{x}}^b\cdot\hat{\boldsymbol{f}}\right)+(e_{\boldsymbol{x}}m^b+em_{\boldsymbol{x}}^b)\left|\boldsymbol{c}^b\right|\right]\hat{\boldsymbol{f}}$$

$$\boldsymbol{S}_{\boldsymbol{x}}^{\boldsymbol{c}}=\boldsymbol{f_x}-\boldsymbol{S_x}=em^b\left[\boldsymbol{c}_{\boldsymbol{x}}^b-\left(\boldsymbol{c}_{\boldsymbol{x}}^b\cdot\hat{\boldsymbol{f}}\right)\hat{\boldsymbol{f}}\right] \tag{13.9}$$

它不包含由阴影和影调引起的派生能量。矢量上的帽子符号表示单位矢量。完全阴影–影调不变量是通过用强度幅度$|\boldsymbol{f}|$对准不变量 $\boldsymbol{S}_{\boldsymbol{x}}^{c}$ 进行归一化得出的：

$$\boldsymbol{S}_x=\frac{\boldsymbol{S}_x^c}{|\boldsymbol{f}|}=\frac{em^b}{em^b\left|\boldsymbol{c}^b\right|}\left[\boldsymbol{c}_x^b-\left(\boldsymbol{c}_x^b\right)\cdot\hat{\boldsymbol{f}}\right] \tag{13.10}$$

它对于 m^b 是不变的。

对于阴影–影调–镜面准不变量的构造，我们引入与光源方向 $\hat{\boldsymbol{c}}^i$ 和阴影–影调方向 $\hat{\boldsymbol{f}}$ 垂直的色调方向：

$$\hat{\boldsymbol{b}}=\frac{\hat{\boldsymbol{f}}\times\hat{\boldsymbol{c}}^{i}}{\left|\boldsymbol{f}\times\boldsymbol{c}^{i}\right|} \tag{13.11}$$

导数 $\boldsymbol{f_x}$ 在色调方向上的投影会导致阴影−影调−镜面准不变量：

$$\boldsymbol{H_x^c}=\left(\boldsymbol{f_x}\bullet\hat{\boldsymbol{b}}\right)\hat{\boldsymbol{b}}=em^b\left(\boldsymbol{c_x^b}\bullet\hat{\boldsymbol{b}}\right)+\left(e_{\boldsymbol{x}}m^b+em_{\boldsymbol{x}}^b\right)\left(\boldsymbol{c}^b\bullet\boldsymbol{b}\right) \tag{13.12}$$

如果假设在镜面反射范围内不发生阴影−影调变化，则此等式的第二部分为零，因为这样 $(e_x m^b + em_x^b) = 0$ 或 $(\boldsymbol{c}^b \bullet \boldsymbol{b}) = (\boldsymbol{f} \bullet \boldsymbol{b}) = 0$。来自空间导数 $\boldsymbol{f_x}$ 的准不变量 $\boldsymbol{H_x^c}$ 会产生阴影−影调−镜面反射变量 $\boldsymbol{H_x}$：

$$\boldsymbol{H_x}=\boldsymbol{f_x}-\boldsymbol{H_x^c} \tag{13.13}$$

通过将准不变量除以饱和度可以计算出完整的阴影−影调不变量。在垂直于光源方向的平面上进行投影之后（等于在光源方向上减去该部分），饱和度等于彩色矢量的范数 $\boldsymbol{f}$。因此，最终不变量为

$$\boldsymbol{h_x}=\frac{\boldsymbol{H_x^c}}{\left|\boldsymbol{f}-\left(\boldsymbol{f}\bullet\hat{\boldsymbol{c}}^i\right)\hat{\boldsymbol{c}}^i\right|}=\frac{em^b}{em^b\left|\boldsymbol{c}^b-\left(\boldsymbol{c}^b\bullet\hat{\boldsymbol{c}}^i\right)\hat{\boldsymbol{c}}^i\right|}\left(\boldsymbol{c_x^b}\bullet\hat{\boldsymbol{b}}\right) \tag{13.14}$$

表达式 $\boldsymbol{h}_x$ 对于 m^i 和 m^b 都是不变的。

13.1.2　彩色坐标变换的不变性

从物理角度看，不随坐标轴旋转变化的特征是有意义的。这个出发点已经应用于图像几何特征的设计中，例如，它导致了梯度和拉普拉斯算子[62]。对于物理上有意义的彩色特征的设计，不仅期望关于空间坐标变化的不变性，而且期望关于彩色坐标系旋转的不变性。用不同测量设备对同一光谱空间特征的测量应产生相同的结果。

对于彩色图像，值以 RGB 坐标系表示。实际上，用 3 个探针对无限维的希尔伯特空间进行了采样，从而产生了红色、绿色和蓝色通道（图 13.4）。为了使彩色坐标系上的操作在物理上有意义，它们应与希尔伯特空间中 3 个轴的正交变换相独立。正交归一化彩色坐标系的一个示例是对立色空间（图 13.4(b)）。对立色空间横跨与 RGB 轴定义的子空间相同的

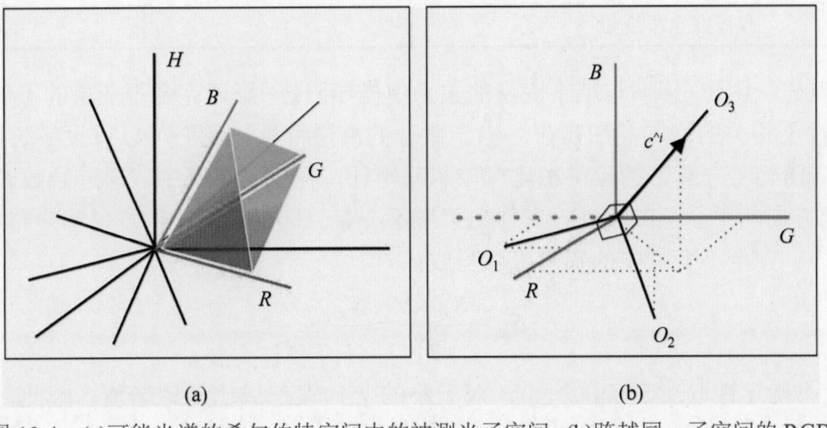

图 13.4　(a)可能光谱的希尔伯特空间中的被测光子空间；(b)跨越同一子空间的 RGB 坐标系和替代的正交归一化彩色坐标系。资料来源：经许可转载，©2006 IEEE

子空间，因此两个子空间应产生相同的特征。

通过将局部空间导数投影到RGB立方体中的3个光度轴上，我们得出了光度准不变量。可以将这些与式(13.2)的结构张量结合使用，以进行光度准不变特征检测。我们希望这些特征与彩色坐标框架的偶然选择无关。结果就是，彩色坐标的旋转应导致准不变导数的相同旋转。例如，对于阴影–影调准变量 $\boldsymbol{S}_x$，可以通过以下方式证明

$$\left[\left(\boldsymbol{R}\boldsymbol{f}_x\right)^{\mathrm{T}}\boldsymbol{R}\hat{\boldsymbol{f}}\right]\left(\boldsymbol{R}\hat{\boldsymbol{f}}\right)=\left(\boldsymbol{f}_x^{\mathrm{T}}\boldsymbol{R}^{\mathrm{T}}\boldsymbol{R}\hat{\boldsymbol{f}}\right)\left(\boldsymbol{R}\hat{\boldsymbol{f}}\right)=\boldsymbol{R}\left(\boldsymbol{f}_x^{\mathrm{T}}\hat{\boldsymbol{f}}\right)\hat{\boldsymbol{f}}=\boldsymbol{R}\boldsymbol{S}_x \tag{13.15}$$

其中 $\boldsymbol{R}$ 是旋转运算符。其他光度学变量和准不变量也有类似的证明。阴影–影调完全不变量相对于彩色坐标变换的不变性源自以下事实：$|\boldsymbol{Rf}| = |\boldsymbol{f}|$。对于阴影–影调–镜面反射的完全不变量，旋转不变性由以下事实证明：两个矢量之间的内积在旋转下保持相同，因此$|\boldsymbol{Rf}-(\boldsymbol{Rf}\cdot\boldsymbol{R}\hat{c}^i)\boldsymbol{R}\hat{c}^i| = |\boldsymbol{R}[\boldsymbol{f}-(\boldsymbol{f}\cdot\hat{c}^i)\hat{c}^i]|$。由于结构张量的元素对于式(13.5)的彩色**坐标变换**也是不变的，因此将准不变量与结构张量组合得到的准不变结构张量对于彩色坐标变换也是不变的。

13.1.3 鲁棒的完全光度不变性

在 13.1.1 节中，描述了准不变量和完全不变量的导数。就鉴别能力而言，准不变量优于完全不变量，并且对噪声更鲁棒（6.2.4 节）。但是，准不变量不适用于需要特征提取的应用。这些应用比较各种图像之间的光度不变值，并且需要完全的光度不变性（表 13.1）。光度完全不变量的缺点是它们在 RGB 立方体的某些区域不稳定。例如，阴影–影调和镜面反射的不变量在灰度轴附近不稳定。这些不稳定性极大地降低了不变导数的适用性，因为原始像素彩色值的较小偏差可能导致不变导数的较大偏差。为了解决这个问题，我们讨论了一种描述光度不变导数不确定性的度量，从而实现了稳健的光度完全不变特征检测。这类不确定性度量还可以对 6.1 节中描述的完全不变量推导出来。

表 13.1 不同不变量在特征检测和提取中的适用性

不变量	检测	提取
准不变量	+++	–
完全不变量	+	+
鲁棒完全不变量	++	++

我们首先从阴影–影调与准不变量的关系中推导阴影–影调完全不变量的不确定性。我们假设加性不相关的均匀高斯噪声。由于微分的高通特性，我们可以假设零阶信号（$|\boldsymbol{f}|$）的噪声与一阶信号（$\boldsymbol{S}_x^c$）的噪声相比可以忽略不计。在 13.1.1 节中，通过导数$\boldsymbol{f}_x$在垂直于阴影–影调方向的平面上的线性投影得出了准不变量。因此，$\boldsymbol{f}_x$ 中的均匀噪声将导致 $\boldsymbol{S}_x^c$ 中的均匀噪声。完全不变量中的噪声可以写成：

$$\tilde{\boldsymbol{S}}_x=\frac{\boldsymbol{S}_x^c+\sigma}{|\boldsymbol{f}|}=\frac{\boldsymbol{S}_x^c}{|\boldsymbol{f}|}+\frac{\sigma}{|\boldsymbol{f}|} \tag{13.16}$$

$\tilde{\boldsymbol{S}}_x$的测量不确定性取决于$|\boldsymbol{f}|$的大小。对于小的$|\boldsymbol{f}|$，误差成比例地增加。因此，最好用函数 $w = |\boldsymbol{f}|$加权完全阴影–影调不变量，以使基于彩色不变量的彩色张量能够鲁棒。

对于阴影–影调–镜面不变量，加权函数应当与饱和度成正比，因为

$$\tilde{h}_x = \frac{H_x^c + \sigma}{|s|} = \frac{H_x^c}{|s|} + \frac{\sigma}{|s|} \tag{13.17}$$

因此，$w = |s|$应当用作色调导数$\tilde{h}_x$的加权函数（图 13.5）。在有边缘的位置，饱和度下降，并且饱和度使色调测量的确定性降低。准不变量（图 13.5(d)）等于加权色调，因为在测量中加入了确定性，所以它比完全不变导数更稳定。利用导出的加权函数，我们可以计算鲁棒的光度不变张量（式(13.4)）。

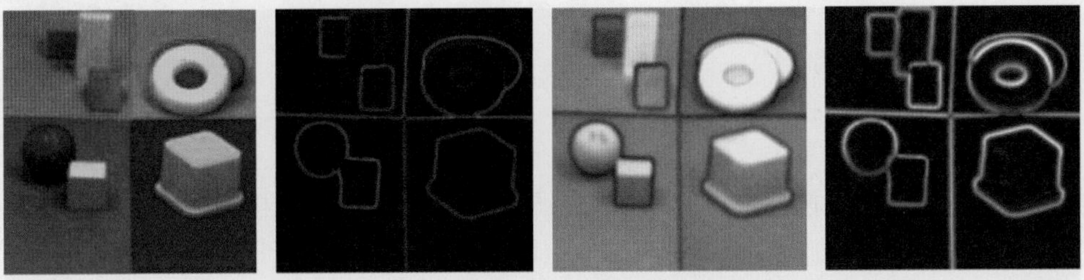

(a)　(b)　(c)　(d)

图 13.5　(a)测试图像；(b)色调导数；(c)饱和度；(d)准不变量

13.1.4　基于彩色张量的特征

在本节中，我们通过汇总可以从彩色张量得出的特征来展示该方法的一般性。在 13.1.1 节和 13.1.3 节中，我们描述了如何计算不变导数。根据手头的任务，应该或者使用准不变量进行检测，或者使用鲁棒的完全不变量进行提取。本节中的特征将针对 $\boldsymbol{g}_x$ 派生。通过用以下项之一来替换 $\boldsymbol{g}_x$ 的内积：

$$\left\{ \overline{\boldsymbol{f}_x \cdot \boldsymbol{f}_x},\quad \overline{\boldsymbol{S}_x^c \cdot \boldsymbol{S}_x^c},\quad \overline{\frac{\boldsymbol{S}_x^c \cdot \boldsymbol{S}_x^c}{|\boldsymbol{f}|^2}},\quad \overline{\boldsymbol{H}_x^c \cdot \boldsymbol{H}_x^c},\quad \overline{\frac{\boldsymbol{H}_x^c \cdot \boldsymbol{H}_x^c}{|\boldsymbol{s}|^2}} \right\} \tag{13.18}$$

以获得所需的光度不变特征。

科研人员提出了许多可以从结构张量中得出的特征，他们设计了朝向模式的特征[175]。**朝向模式**（例如，指纹图像）被定义为到处都具有主导朝向的模式。对于朝向模式，除了常规目标图像外，还需要其他数学方法。目标图像的局部结构由阶跃边缘描述，而对于朝向模式，局部结构被描述为一组线（屋顶边缘）。线在小尺度范围内生成相反的矢量。因此，对于在朝向模式上的几何运算，需要相对矢量彼此增强的方法。这是与所有彩色图像所遇到的问题相同的问题，在该问题中，不仅会出现朝向模式的反向矢量，而且不同通道中的阶跃边缘也会出现反向矢量。因此，在两个领域中都发现了类似的方程式。除了朝向估计，朝向模式研究还提出了许多其他估计[236-240]。这些操作基于结构张量的调整，也可以应用于彩色结构张量。现在，我们将研究其中一些基于张量的特征。

13.1.4.1　基于本征值的特征

我们首先描述从张量本征值得出的特征。张量的**本征值分析**给出两个本征值定义为

$$\lambda_1=\frac{1}{2}\left[\overline{\boldsymbol{g}_x\cdot\boldsymbol{g}_x}+\overline{\boldsymbol{g}_y\cdot\boldsymbol{g}_y}+\sqrt{\left(\overline{\boldsymbol{g}_x\cdot\boldsymbol{g}_x}-\overline{\boldsymbol{g}_y\cdot\boldsymbol{g}_y}\right)^2+\left(2\overline{\boldsymbol{g}_x\cdot\boldsymbol{g}_y}\right)^2}\right]$$
$$\lambda_2=\frac{1}{2}\left[\overline{\boldsymbol{g}_x\cdot\boldsymbol{g}_x}+\overline{\boldsymbol{g}_y\cdot\boldsymbol{g}_y}-\sqrt{\left(\overline{\boldsymbol{g}_x\cdot\boldsymbol{g}_x}-\overline{\boldsymbol{g}_y\cdot\boldsymbol{g}_y}\right)^2+\left(2\overline{\boldsymbol{g}_x\cdot\boldsymbol{g}_y}\right)^2}\right] \tag{13.19}$$

λ_1的方向表示突出的局部朝向：

$$\theta=\frac{1}{2}\arctan\left(\frac{2\overline{\boldsymbol{g}_x\cdot\boldsymbol{g}_y}}{\overline{\boldsymbol{g}_x\cdot\boldsymbol{g}_x}-\overline{\boldsymbol{g}_y\cdot\boldsymbol{g}_y}}\right) \tag{13.20}$$

可以将λs 结合以提供以下局部描述符：

- $\lambda_1+\lambda_2$描述了总的局部导数能量。
- λ_1是最突出朝向的导数能量。
- $\lambda_1-\lambda_2$描述了线能量[241]。用噪声贡献的能量λ_2校正了突出朝向上的导数能量。
- λ_2描述垂直于突出的局部朝向的导数能量，该导数能量用于选择要跟踪的特征[242]。

13.1.4.2 彩色哈里斯检测器

经常使用的特征检测器是哈里斯角点检测器[53]。彩色哈里斯算子H可以根据结构张量的本征值写成：

$$\begin{aligned}H\boldsymbol{f}&=\overline{\boldsymbol{g}_x\cdot\boldsymbol{g}_x}\,\overline{\boldsymbol{g}_y\cdot\boldsymbol{g}_y}-\overline{\boldsymbol{g}_x\cdot\boldsymbol{g}_y}^2-k\left(\overline{\boldsymbol{g}_x\cdot\boldsymbol{g}_x}+\overline{\boldsymbol{g}_y\cdot\boldsymbol{g}_y}\right)^2\\&=\lambda_1\lambda_2-k\left(\lambda_1+\lambda_2\right)^2\end{aligned} \tag{13.21}$$

角点检测结果如图 13.6 所示。可以看出，阴影–影调准不变量检测器不检测阴影–影调角点，而阴影–影调–镜面准不变量也忽略了镜面角点。

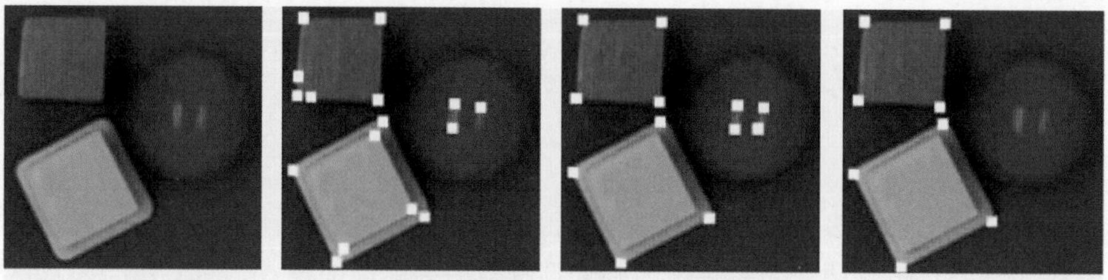

(a) (b) (c) (d)

图 13.6 (a)输入图像，哈里斯角点检测器的结果基于：(b)RGB 梯度（f_x）；(c)阴影–影调准不变量（S_x^c）；(d)阴影–影调–镜面准不变量（H_x^c）

13.1.4.3 彩色坎尼边缘检测

我们通过修改**坎尼边缘检测**算法以允许矢量输入数据来说明基于本征值的特征的使用。该算法包括以下步骤：

（1）计算空间导数$\boldsymbol{f_x}$，并根据需要将它们组合为准不变量（式(13.9)或式(13.12)）。

（2）计算最大本征值（式(13.19)）及其朝向（式(13.20)）。

（3）在突出方向上对λ_1应用非最大抑制。

在图 13.7 中，显示了几种使用光度准不变量的彩色坎尼边缘检测结果。结果表明，基于亮度的方法（图 13.7(a)）漏检了图 13.7(b)中基于 RGB 的方法可正确检测到的几个边缘。

此外，还演示了通过光度不变性去除虚假边缘的方法。在图 13.7(c)中，边缘检测对阴影和影调变化具有鲁棒性，并且仅检测材料边缘和镜面边缘。在图 13.7(d)中，仅描绘了材料边缘。

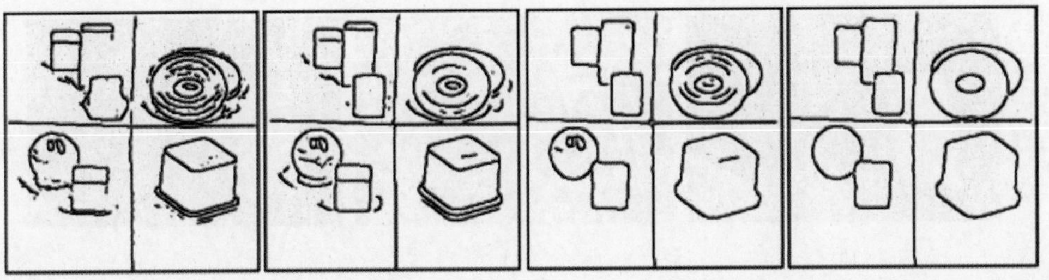

(a) (b) (c) (d)

图 13.7 坎尼边缘检测，依次基于(a)亮度导数、(b)RGB 导数、(c)阴影–影调准不变量和(d)阴影–影调–镜面准不变量

13.1.4.4 彩色对称检测器

式(13.2)的结构张量也可以看作微分能量在两个互相垂直轴上的局部投影，即 $\boldsymbol{u}_1=[1\ 0]^{\mathrm{T}}$ 和 $\boldsymbol{u}_2=[0\ 1]^{\mathrm{T}}$，

$$\boldsymbol{G}^{\boldsymbol{u}_1,\boldsymbol{u}_2}=\begin{bmatrix}\overline{(\boldsymbol{G}_{x,y}\boldsymbol{u}_1)\cdot(\boldsymbol{G}_{x,y}\boldsymbol{u}_1)} & \overline{(\boldsymbol{G}_{x,y}\boldsymbol{u}_1)\cdot(\boldsymbol{G}_{x,y}\boldsymbol{u}_2)}\\ \overline{(\boldsymbol{G}_{x,y}\boldsymbol{u}_1)\cdot(\boldsymbol{G}_{x,y}\boldsymbol{u}_2)} & \overline{(\boldsymbol{G}_{x,y}\boldsymbol{u}_2)\cdot(\boldsymbol{G}_{x,y}\boldsymbol{u}_2)}\end{bmatrix} \tag{13.22}$$

其中 $\boldsymbol{G}_{x,y}=(\boldsymbol{g}_x,\boldsymbol{g}_y)$。从变换的李群中，可以得出垂直投影的其他几种选择[237-238]。它们包括对圆形、螺旋形和**星形结构**的特征提取。

以星形和圆形探测器为例。基于 $\boldsymbol{u}_1=[(x\ y)^{\mathrm{T}}]/\sqrt{x^2+y^2}$ 的矢量与圆形模式的导数一致，而基于 $\boldsymbol{u}_2=[(-y\ x)^{\mathrm{T}}]/\sqrt{x^2+y^2}$ 的矢量与星状模式的导数一致（垂直矢量场）。这些矢量可用于通过式(13.22)计算相适应的结构张量。仅对角线上的元素非零，并且等于

$$\boldsymbol{H}=\begin{bmatrix}H_{11} & H_{12}\\ H_{21} & H_{22}\end{bmatrix} \tag{13.23}$$

其中 $H_{12}=H_{21}=0$ 且

$$\boldsymbol{H}_{11}=\overline{\frac{x^2}{x^2+y^2}\boldsymbol{g}_x\cdot\boldsymbol{g}_x}+\overline{\frac{2xy}{x^2+y^2}\boldsymbol{g}_x\cdot\boldsymbol{g}_y}+\overline{\frac{y^2}{x^2+y^2}\boldsymbol{g}_y\cdot\boldsymbol{g}_y} \tag{13.24}$$

$$\boldsymbol{H}_{11}=\overline{\frac{x^2}{x^2+y^2}\boldsymbol{g}_y\cdot\boldsymbol{g}_y}-\overline{\frac{2xy}{x^2+y^2}\boldsymbol{g}_x\cdot\boldsymbol{g}_y}+\overline{\frac{y^2}{x^2+y^2}\boldsymbol{g}_x\cdot\boldsymbol{g}_x} \tag{13.25}$$

此处，λ_1 描述了对圆形结构有贡献的微分能量，而 λ_2 描述了对星形结构有贡献的微分能量。与式(13.5)中给出的证明相似，可以证明式(13.23)的元素在 RGB 空间的变换下是不变的。

我们将圆**对称检测器**应用于包含乐高积木的图像（图 13.8）。因为我们知道积木块内的彩色保持不变，所以对式(13.13)的阴影–影调–镜面反射变量 $\boldsymbol{H}_x$ 进行了圆检测。阴影–影调–镜面反射变量包含所有导数能量，除去只能由材料边缘引起的能量。利用阴影–影调–镜面反射变量，可根据式(13.23)计算圆形能量 λ_1 和星形能量 λ_2。将圆形能量除以总能量可得出局部圆形度的描述符（图 13.8(b)）：

$$C=\frac{\lambda_1}{\lambda_1+\lambda_2} \tag{13.26}$$

根据 C 的叠加最大值（图 13.8(c)）很好地估计出了圆心。

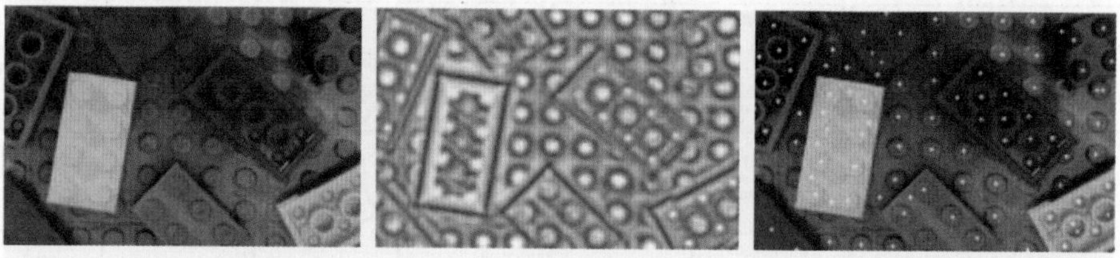

(a) (b) (c)

图 13.8 (a)输入图像；(b)圆度系数 C；(c)检测到的圆

13.1.4.5 彩色曲率

曲率是可以从参考文献[240]中提出的结构张量中推出的另一个特征。局部微分结构和抛物线模型函数之间的拟合可以写为曲率的函数。找到该函数的最佳值可得出局部曲率的估计值。对于矢量数据，曲率方程为

$$\mathcal{K}=\frac{\overline{w^2\boldsymbol{g}_v\cdot\boldsymbol{g}_v}-\overline{w^2}\cdot\overline{\boldsymbol{g}_w\cdot\boldsymbol{g}_w}-\sqrt{\left(\overline{w^2}\cdot\overline{\boldsymbol{g}_w\cdot\boldsymbol{g}_w}-\overline{w^2\boldsymbol{g}_v\cdot\boldsymbol{g}_v}\right)^2+4\overline{w^2}\cdot\overline{w\boldsymbol{g}_v\cdot\boldsymbol{g}_w}^2}}{2\overline{w^2}\cdot\overline{w\boldsymbol{g}_v\cdot\boldsymbol{g}_w}} \tag{13.27}$$

其中 $\boldsymbol{g}_v$ 和 $\boldsymbol{g}_w$ 是计量坐标的导数。

在圆检测示例中演示了光度不变朝向和曲率估计的使用。由于阴影、影调和镜面事件会影响特征提取，因此很难识别圆形对象。我们将以下算法应用于圆检测：

（1）计算空间导数 $\boldsymbol{f}_x$，并根据需要将它们组合为准不变量（式(13.9)或式(13.12)）。

（2）用式(13.20)计算局部朝向，并用式(13.27)计算曲率。

（3）计算**哈夫空间** $H(R, x^0, y^0)$ [243]，其中 R 是圆的半径，x^0 和 y^0 表示圆的中心。朝向和曲率的计算将每个像素的投票数减少到 1。例如，对于位置 $\boldsymbol{x}=(x_1, y_1)$的像素：

$$R=1/\mathcal{K}$$
$$\begin{cases} x^0=x^1+\dfrac{1}{\mathcal{K}}\cos\theta \\ y^0=y^1+\dfrac{1}{\mathcal{K}}\sin\theta \end{cases} \tag{13.28}$$

每个像素都用导数能量 $\sqrt{\boldsymbol{f}_x\cdot\boldsymbol{f}_x}$ 投票。

（4）计算哈夫空间中的最大值。这些最大值指示圆心及其半径。

在图 13.9 中，给出了圆检测的结果。基于亮度的圆检测会因图像中的光度变化而引起错误。在检测到 5 个球之前必须检测 9 个圆圈。对于基于阴影–影调–镜面准不变量的方法，哈夫空间中五个最突出的峰与圆的半径和中心点的合理估计值一致。在图 13.9(c)中，给出了一个室外示例，其中阴影部分覆盖了目标。

13.1.4.6 彩色光流

光流也可以根据结构张量来计算。这最初是由 Simoncelli [244]提出的，并已在参考文献

(a)　(b)　(c)

图 13.9　(a)基于亮度检测到的圆；(b)基于阴影–影调–镜面准不变量检测到的圆；(c)基于阴影–影调–镜面准不变量检测到的圆

[245]和[246]中扩展为彩色。多通道点的矢量随时间保持恒定[247-248]：

$$\frac{\mathrm{d}\boldsymbol{g}}{\mathrm{d}t}=\mathbf{0} \tag{13.29}$$

微分得出以下方程组：

$$\boldsymbol{G}_{x,y}\boldsymbol{v}+\boldsymbol{g}_t=\mathbf{0} \tag{13.30}$$

其中 $\boldsymbol{v}$ 表示光流。为了解决奇异性问题并稳定光流计算，我们遵循 Simoncelli 等人的方法[244]并假设高斯窗口内的流量恒定。求解式(13.30)得出以下光流方程：

$$\boldsymbol{v}=\overline{(\boldsymbol{G}_{x,y}\cdot\boldsymbol{G}_{x,y})^{-1}}\,\overline{\boldsymbol{G}_{x,y}\cdot\boldsymbol{g}_t}=\boldsymbol{M}^{-1}\boldsymbol{b} \tag{13.31}$$

以及

$$\boldsymbol{M}=\begin{bmatrix}\overline{\boldsymbol{g}_x\cdot\boldsymbol{g}_x} & \overline{\boldsymbol{g}_x\cdot\boldsymbol{g}_y}\\ \overline{\boldsymbol{g}_y\cdot\boldsymbol{g}_x} & \overline{\boldsymbol{g}_y\cdot\boldsymbol{g}_y}\end{bmatrix} \tag{13.32}$$

和

$$\boldsymbol{b}=\begin{bmatrix}\overline{\boldsymbol{g}_x\cdot\boldsymbol{g}_t}\\ \overline{\boldsymbol{g}_y\cdot\boldsymbol{g}_t}\end{bmatrix} \tag{13.33}$$

基于 RGB 的彩色光流的假设是 RGB 像素值随时间保持恒定（式(13.29)）。由于阴影或亮度波动的光源（例如太阳）而导致的亮度变化不能导致光流。通过假设色度随时间恒定可以解决此问题。对于光度不变的光流，由于光流估计是基于比较多个帧内（提取的）边缘响应，所以完全不变量是必要的。因此，可以通过以下方式之一替换 $\boldsymbol{g}_x$ 的内积来获得光度不变的光流：

$$\left\{\frac{\overline{\boldsymbol{S}_x^c\cdot\boldsymbol{S}_x^c}}{\overline{|\boldsymbol{f}|^2}},\ \frac{\overline{\boldsymbol{H}_x^c\cdot\boldsymbol{H}_x^c}}{\overline{|\boldsymbol{s}|^2}}\right\} \tag{13.34}$$

图 13.10 给出了真实场景中的彩色光流示例。在更改光源位置的同时，对静态目标拍摄了多幅帧图像。通过更改影调和移动阴影，使结果违反亮度约束。由于相机和物体均未移动，因此地面真实光流为零。违反亮度约束会干扰基于 RGB 的光流估计（图 13.10(b)）。阴影–影调不变的光流估计受亮度约束的干扰少得多（图 13.10(c)）。但是，流量估计在某些边缘附近仍然不稳定。鲁棒的阴影–影调不变光流具有最佳效果，并且仅在低梯度区域不稳定（图 13.10(d)）。

(a) (b) (c) (d)

图 13.10 (a)目标场景的第 1 帧，上面叠加了滤波器尺寸；(b)RGB 梯度光流；(c)阴影−影调不变光流；(d)鲁棒的阴影−影调不变光流

13.1.5 实验：鲁棒特征点检测和提取

在这里，针对光度变化、不变量的稳定性以及对噪声的鲁棒性，比较了完全不变量、准不变量和鲁棒完全不变量。此外，检查了不变量检测和提取特征的能力（另请参见表 13.2）。该实验使用光度不变的哈里斯角点检测器（式(13.21)）进行，并在包含 23 幅图像的土壤-47 多目标集[249]上执行（图 13.11(a)）。

(a) (b) (c)

图 13.11 (a)土壤-47 图像示例；(b)阴影−影调失真与阴影−影调准不变量哈里斯点叠加在一起；(c)镜面失真和阴影−影调−镜面哈里斯点叠加在一起

首先，测试不变量的特征检测准确度。对于每幅图像和不变量，提取 20 个最突出的哈里斯点。接下来，将不相关的高斯噪声添加到数据中，并对每幅图像进行 10 次哈里斯点检测。表 13.2 给出了在无噪声情况下与哈里斯点不对应的点的百分比。基于准不变量的哈里

表 13.2 错误检测点的百分比和错误分类点的百分比[a]

标准方差噪声		检测误差/%		提取误差/%	
		5	20	5	20
阴影−影调	准不变量	5.1	20.2	100	100
	完全不变量	11.7	50.1	8.7	56.6
	鲁棒完全不变量	6.4	37.7	3.0	35.3
阴影−影调−镜面	准不变量	9.7	46.6	100	98.2
	完全不变量	38.8	75.5	62.3	84.0
	鲁棒完全不变量	15.7	60.2	9.8	66.6

注：带下画线的值表示最低误差。

[a] 分类基于不变信息的提取。叠加了标准偏差 5 和标准偏差 20 的不相关高斯噪声。

斯点检测器优于其他方法。完全不变量的不稳定性可以通过鲁棒完全不变量得到部分修复。但是，考虑检测目的，准不变量仍然是最佳选择。

接下来，测试不变量的特征提取。同样，在无噪声图像中检测到最突出的 20 个哈里斯点。对于这些点，通过 $\sqrt{\lambda_1+\lambda_2-2\lambda_n}$ 提取光度不变微分能量，其中λ_n是对同时影响λ_1和λ_2能量的噪声的估计。为了模拟图像的光度变化，我们对图像应用以下光度失真（与式(13.6)比较）

$$g(\boldsymbol{x})=\alpha(\boldsymbol{x})\boldsymbol{f}(\boldsymbol{x})+\beta(\boldsymbol{x})\boldsymbol{c}^i+\eta(\boldsymbol{x}) \tag{13.35}$$

其中$\alpha(\boldsymbol{x})$是模仿类似于阴影和影调效果变化的平滑函数，$\beta(\boldsymbol{x})$是模仿镜面反射的平滑函数，而$\eta(\boldsymbol{x})$是高斯噪声。为了测试阴影–影调提取，选择$\alpha(\boldsymbol{x})$在 0 到 1 之间变化，并且取$\beta(\boldsymbol{x})$为 0。为了测试阴影–影调–镜面不变量，选择$\alpha(\boldsymbol{x})$恒定为 0.7 和$\beta(\boldsymbol{x})$在 0 到 50 之间变化。光度失真后，在相同的 20 个点处提取微分能量。如果在失真情况和无噪声情况之间的微分能量偏差小于 10%，则认为提取是正确的。结果在表 13.2 中给出。不适合提取的准不变量具有 100%的误差。完全不变量具有更好的结果，但是随着信噪比的降低，其性能将急剧下降。根据 13.1.3 节中的理论，鲁棒完全不变量成功地提高了性能。

13.2 彩色显著性

视觉显著性是使场景的某些部分从周围环境中脱颖而出的性质。设计显著性的计算模型是计算机视觉研究的活跃领域[250]。众所周知，彩色在显著性中起着重要的作用[251]。在本节中，我们研究如何计算显著的彩色特征。

显著性对于基于局部特征的图像表达应用尤其重要。对于这些应用，选择最显著的局部特征很重要。局部特征越显著，最终图像描述就越好且越紧凑。索引目标和目标类别作为显著点的集合已成功地用于多种应用领域，例如图像匹配、基于内容的检索、学习和识别[55][252-253]。

显著点的示例是图像中表现出几何结构的局部特征，例如 T 形交点、角点和对称点。基于显著点的应用通常由三个阶段组成：①定位特征的特征检测阶段；②在检测到的位置提取局部描述的提取阶段；③将提取的描述符与描述符数据库进行匹配的匹配阶段。在这里，我们研究如何在特征检测阶段利用**彩色显著性**。

显著特征检测器的一个例子是哈里斯角点检测器[53]。在图 13.12 中，给出了一个基于若干输入信号的**哈里斯检测器**的示例。查看基于亮度和 RGB 检测器的结果时，我们发现它们几乎是相同的。显然，主导基于亮度检测器的黑白变化也主导了 RGB 检测器。两个检测器均未检测到彩色显著的披肩。在本节中，我们开发一种称为**彩色提升**的技术，该技术着重于图像中信息最丰富的彩色事件。

彩色提升技术是通用的，因为它可以应用于基于图像导数的现有显著点检测器。通常，显著点检测器是从显著图派生的，该显著图描述了图像中每个位置的显著性。对于彩色图像，显著点是显著图的最大值，该显著图将尺度σ固定的邻域中的导数矢量进行比较：

$$s=H^{\sigma}\left(\boldsymbol{f}_x,\boldsymbol{f}_y\right) \tag{13.36}$$

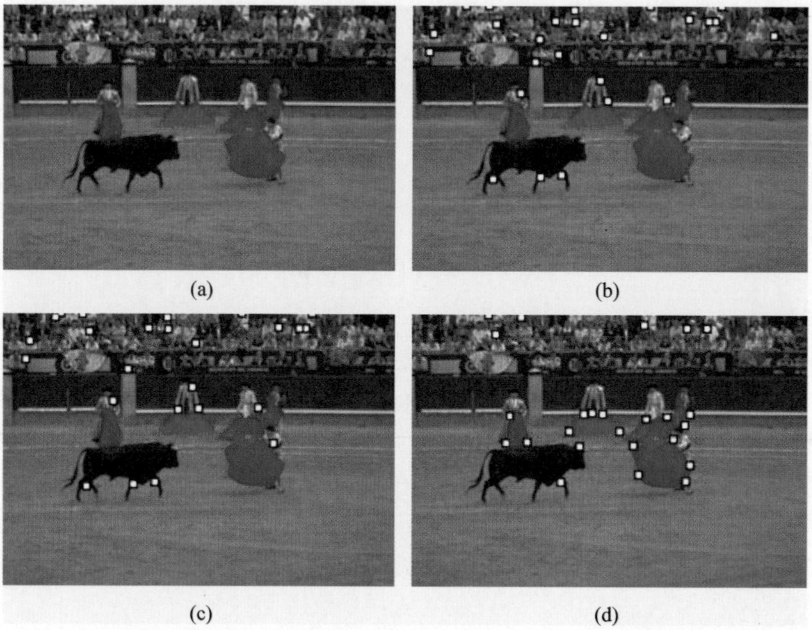

图 13.12 (a)输入图像。接下来各图分别显示了(b)基于亮度、(c)RGB 和(d)彩色提升的显著哈里斯点。对于每个检测器，描绘了 25 个最显著的点。只有彩色提升检测器在显著的披肩上找到了角点

其中 H 是显著性函数，下标表示关于参数的微分。这种类型的**显著性图**可见参考文献[53，235，237，239，254]。导数矢量对局部显著性结果的影响取决于其矢量范数$|\boldsymbol{f}_x|$。因此，具有相等范数的矢量对局部显著性具有同等影响。挑战不是从矢量范数中得出显著性，而是要对显著性函数进行调整，以使具有相同**彩色独特性**的矢量对显著性函数具有相同的影响。

13.2.1 彩色独特性

显著点检测的有效性取决于提取的显著点的独特性。在显著点的位置，提取局部邻域并通过局部图像描述符进行描述。描述符的独特性定义了表达的简洁性和显著点的鉴别力。兴趣点的独特性在于其信息内容。

局部块的信息内容可以通过查看局部彩色 1-jet 描述符的独特性来测量

$$\boldsymbol{v}=\begin{bmatrix} R & G & B & R_x & G_x & B_x & R_y & G_y & B_y \end{bmatrix}^{\mathrm{T}} \tag{13.37}$$

该彩色描述符的信息内容包括更复杂的局部彩色描述符（例如色差不变描述符）的信息内容，因为这些复杂描述符是根据式(13.37)的元素计算得出的。

根据信息理论，已知事件的信息内容取决于事件的发生频率或概率。很少发生的事件更具参考价值。信息内容对其概率的依赖性由下式给出：

$$I(\boldsymbol{v})=-\log[p(\boldsymbol{v})] \tag{13.38}$$

其中 $p(\boldsymbol{v})$是描述符 $\boldsymbol{v}$ 的概率。由式(13.37)给出的描述符的信息内容是通过假设零阶信号和一阶导数的独立概率近似得出的：

$$p(\boldsymbol{v})=p(\boldsymbol{f})p(\boldsymbol{f}_x)p(\boldsymbol{f}_y) \tag{13.39}$$

为了提高由式(13.36)定义的显著点检测器的信息内容，导数的概率 $p(\boldsymbol{f}_x)$应该很小。

我们现在可以更精确地重申我们的目标，即找到一个变换 $g: \mathbb{R}^3 \to \mathbb{R}^3$，为此：

$$p(\boldsymbol{f}_x)=p(\boldsymbol{f}_x')\leftrightarrow|g(\boldsymbol{f}_x)|=|g(\boldsymbol{f}_x')| \tag{13.40}$$

这意味着具有相等信息内容的两个矢量 $\boldsymbol{f}_x$ 和 $\boldsymbol{f}_x'$对显著性函数具有相同的影响。通过函数 g 获得的变换称为**彩色显著性提升**。对于 $p(\boldsymbol{f}_y)$，类似的方程式成立。一旦找到了彩色提升函数 g，就可以使用

$$s=H^{\sigma}\left[g(\boldsymbol{f}_x),g(\boldsymbol{f}_y)\right] \tag{13.41}$$

式(13.36)的经典显著性是根据局部邻域中导数的朝向和梯度强度得出的。彩色提升后，显著性基于这些导数的朝向和信息内容。梯度强度已被信息内容取代，从而更好地表达了显著性检测器的目的。

由式(13.40)可以通过分析导数的概率来找到**彩色提升**函数 g。$\boldsymbol{f}_x$ 的通道，$\{R_x, G_x, B_x\}$，由于客观世界的物理原因而相互关联。客观世界中的光度事件，例如光源的影调和反射，以明确定义的方式影响 RGB 值。在研究彩色导数的统计之前，需要将这些导数转换到与这些光度事件无关的彩色空间中。

13.2.2　基于物理的去相关

在这里，我们描述 3 种对 RGB 空间进行不同划分的彩色坐标变换。这些变换与 6.2 节中用于获得光度不变性的变换相同。在这里，我们使用相同的彩色变换将空间导数 $\boldsymbol{f}_x$ 解相关到光度变量和光度不变量的轴上。

13.2.2.1　球面彩色空间

球面彩色变换（图 13.13(a)）由下式给出：

$$\begin{bmatrix}\theta\\ \varphi\\ r\end{bmatrix}=\begin{bmatrix}\arctan\left(\dfrac{G}{R}\right)\\ \arcsin\left(\dfrac{\sqrt{R^2+G^2}}{\sqrt{R^2+G^2+B^2}}\right)\\ \sqrt{R^2+G^2+B^2}\end{bmatrix} \tag{13.42}$$

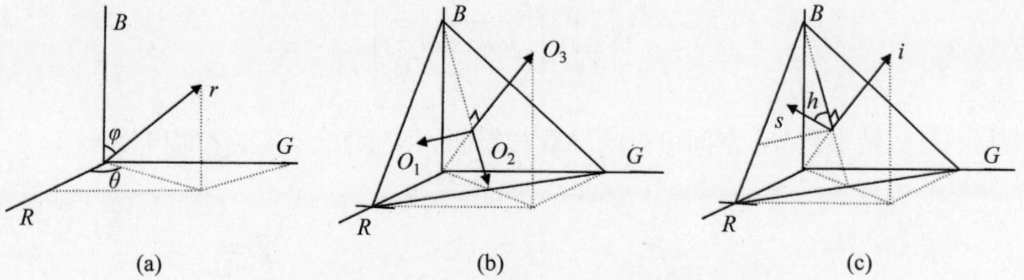

图 13.13　球面、对立色和色调–饱和度–强度坐标系

通过以下方法将空间导数转换到球面坐标系：

$$S(\boldsymbol{f}_x)=\boldsymbol{f}_x^S=\begin{bmatrix} r\sin\varphi\theta_x \\ r\varphi_x \\ r_x \end{bmatrix}=\begin{bmatrix} \dfrac{G_x R-R_x G}{\sqrt{R^2+G^2}} \\ \dfrac{R_x RB+G_x GB-B_x(R^2+G^2)}{\sqrt{R^2+G^2}\sqrt{R^2+G^2+B^2}} \\ \dfrac{R_x R+G_x G+B_x B}{\sqrt{R^2+G^2+B^2}} \end{bmatrix} \tag{13.43}$$

比例因子来自变换的雅可比行列式。它们确保导数范数在变换时保持不变，因此$|\boldsymbol{f}_x|=|\boldsymbol{f}_x^s|$。在球面坐标系中，导数矢量是阴影–影调变量分量 $\boldsymbol{S}_x=[0 \quad 0 \quad r_x]^{\mathrm{T}}$ 与阴影–影调准不变量分量 $\boldsymbol{S}_x^c=[r\sin\varphi\theta_x \quad r\varphi_x \quad 0]^{\mathrm{T}}$ 的总和。

13.2.2.2 对立彩色空间

对立彩色空间（图 13.13(b)）由下式给出：

$$\begin{bmatrix} O_1 \\ O_2 \\ O_3 \end{bmatrix}=\begin{bmatrix} \dfrac{R-G}{\sqrt{2}} \\ \dfrac{R+G-2B}{\sqrt{6}} \\ \dfrac{R+G+B}{\sqrt{3}} \end{bmatrix} \tag{13.44}$$

其导数的转换如下：

$$O(\boldsymbol{f}_x)=\boldsymbol{f}_x^o=\begin{bmatrix} o_{1x} \\ o_{2x} \\ o_{3x} \end{bmatrix}=\begin{bmatrix} \dfrac{1}{\sqrt{2}}(R_x-G_x) \\ \dfrac{1}{\sqrt{6}}(R_x+G_x-2B_x) \\ \dfrac{1}{\sqrt{3}}(R_x+G_x+B_x) \end{bmatrix} \tag{13.45}$$

对立彩色空间会针对镜面变化导数去相关。将导数划分为镜面变量分量 $\boldsymbol{O}_x=[0 \quad 0 \quad O_{3x}]^{\mathrm{T}}$ 和镜面准不变分量 $\boldsymbol{O}_x^c=[O_{1x} \quad O_{2x} \quad 0]^{\mathrm{T}}$。

13.2.2.3 色调–饱和度–强度彩色空间

色调–饱和度–强度（图 13.13(c)）由下式给出：

$$\begin{bmatrix} h \\ s \\ i \end{bmatrix}=\begin{bmatrix} \arctan\left(\dfrac{O_1}{O_2}\right) \\ \sqrt{{O_1}^2+{O_2}^2} \\ O_3 \end{bmatrix} \tag{13.46}$$

将空间导数转换到 hsi 空间可去除导数与镜面、阴影和影调变化的相关，

$$H(\boldsymbol{f}_x)=\boldsymbol{f}_x^h=\begin{bmatrix} sh_x \\ s_x \\ i_x \end{bmatrix}=\begin{bmatrix} \dfrac{R(B_x-G_x)+G(R_x-B_x)+B(G_x-R_x)}{\sqrt{2(R^2+G^2+B^2-RG-RB-GB)}} \\ \dfrac{R(2R_x-G_x-B_x)+G(2G_x-R_x-B_x)+B(2B_x-R_x-B_x)}{\sqrt{6(R^2+G^2+B^2-RG-RB-GB)}} \\ \dfrac{R_x+G_x+B_x}{\sqrt{3}} \end{bmatrix} \tag{13.47}$$

阴影-影调-镜面变量由 $\boldsymbol{H}_x = [0 \quad 0 \quad i_x]^{\mathrm{T}}$ 给出，阴影-影调-镜面准不变量由 $\boldsymbol{H}_x^c = [sh_x \quad s_x \quad 0]^{\mathrm{T}}$ 给出。

由于矢量的长度不会因坐标变换而改变，因此导数的范数在所有 3 个表达中均相同 $|\boldsymbol{f}_x|=|\boldsymbol{f}_x^c|=|\boldsymbol{f}_x^o|=|\boldsymbol{f}_x^h|$。对于对立彩色空间和色调-饱和度-强度彩色空间，光度变化方向由强度的 L_1 范数给出。对于球面坐标系，该变量等于强度的 L_2 范数。

我们讨论的 3 个彩色空间将各种物理事件的彩色空间去相关。在去相关的彩色空间中，频繁的物理变化（例如强度变化）只会影响光度学变量轴。我们将检查这些去相关的彩色空间中彩色导数的统计信息。

13.2.3　彩色图像的统计

如 13.2.1 节所述，描述符的信息内容取决于导数的概率。在这里，我们调查去相关彩色空间中彩色导数的统计。从统计数据中，我们旨在找到等概率曲面的数学描述，即所谓的等显著曲面，因为对这些曲面的描述会得到式(13.40)的解。

参考文献[255]给出了 **Corel 数据库中彩色图像的统计**数据，该数据库排除黑白图像后有 40000 幅图像。在图 13.14 中，给出了各种彩色坐标系的一阶导数 $\boldsymbol{f}_x$ 的分布。等显著曲面显示出非常简单的结构，近似与椭圆体相似。对于所有 3 个彩色空间，第三坐标轴都与最大变化轴（即强度）重合。对于对立彩色坐标系和球面坐标系，使用旋转矩阵 $\boldsymbol{R}^{\phi}$旋转第一坐标轴和第二坐标轴，以使第一坐标轴与最小变化轴重合

$$\begin{aligned} \left(r\sin\tilde{\varphi}\tilde{\theta}_x, r\tilde{\varphi}_x\right)^{\mathrm{T}} &= \boldsymbol{R}^{\phi}\left(r\sin\varphi\theta_x, r\varphi_x\right)^{\mathrm{T}} \\ \left(\tilde{O}_{1x}, \tilde{O}_{2x}\right)^{\mathrm{T}} &= \boldsymbol{R}^{\phi}\left(O_{1x}, O_{2x}\right)^{\mathrm{T}} \end{aligned} \tag{13.48}$$

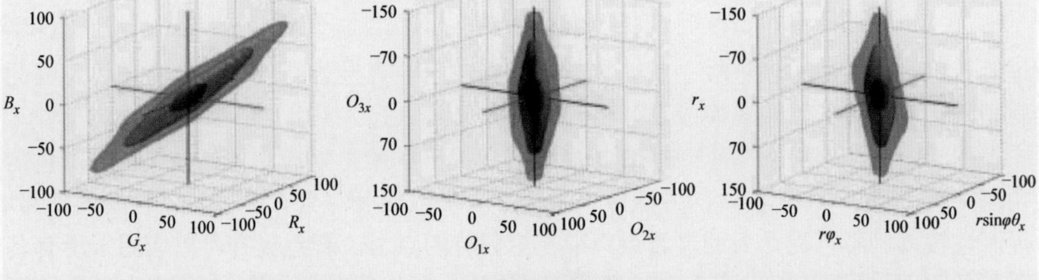

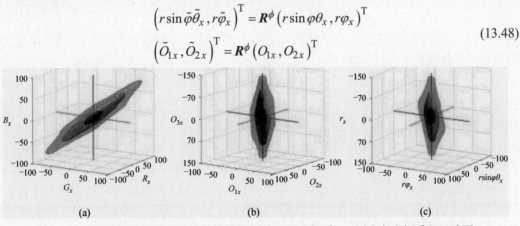

图 13.14　Corel 图像数据库变换后的导数在(a)RGB 坐标系、(b)对立色坐标系和(c)球面坐标系中的分布直方图。这 3 个平面对应于等显著面，这些面包含（从暗到亮）像素总数的 90%、99%和 99.9%。资料来源：经许可转载，©2006 IEEE

其中波浪号指示轴对齐的彩色空间变换。类似地，对齐的变换由 $\tilde{S}(\boldsymbol{f}_x)=\boldsymbol{f}_x^{\tilde{S}}$ 和 $\tilde{O}(\boldsymbol{f}_x)=\boldsymbol{f}_x^{\tilde{O}}$ 给出。对齐轴后，可以用椭圆体去近似导数直方图的等显著面：

$$\left(\alpha h_x^1\right)^2+\left(\beta h_x^2\right)^2+\left(\gamma h_x^3\right)^2=R^2 \tag{13.49}$$

其中，$\boldsymbol{h}_x=h(\boldsymbol{f}_x)=[h_x^1 \quad h_x^2 \quad h_x^3]^{\mathrm{T}}$，$h$ 是 $\tilde{S}$、$\tilde{O}$ 或 H 变换之一。

我们可以计算参数α、β和γ，这些参数描述了来自大型数据集的导数分布。在这里，我们显示了来自 Corel 数据集的包含 1000 幅随机选择图像的子集的结果。我们对数据集的直方图进行如下椭圆拟合。首先，对立色空间和球面变换的轴通过式(13.48)对齐。接下来，通过拟合等显著面来导出椭球的轴，该等显著面包含 Corel 数据集直方图中 99%的像素。表 13.3 总结了各种变换的结果。各种彩色空间中的轴之间的关系清楚地确认了 RGB 立方体中亮度轴的优势，因为亮度轴的乘数γ 比彩色轴乘数α 和β小得多。

表 13.3 对$\sigma=1$ 的高斯导数计算的 Corel 数据集的椭球参数

	$\boldsymbol{f}_x$	$\boldsymbol{f}_x^{\tilde{S}}$	$\boldsymbol{f}_x^{\tilde{O}}$	$\boldsymbol{f}_x^{\tilde{h}}$
α	0.577	0.851	0.850	0.858
β	0.577	0.515	0.524	0.509
γ	0.577	0.099	0.065	0.066

13.2.4 提升彩色显著性

现在回到我们的目标，即将彩色独特性结合进显著点检测。或者，在数学上找到相同信息内容的矢量对显著性函数具有相同影响的变换。在 13.2.3 小节中，我们看到了具有相同显著性的导数构成了一个椭圆体。由于式(13.49)等于

$$\left(\alpha h_x^1\right)^2+\left(\beta h_x^2\right)^2+\left(\gamma h_x^3\right)^2=\left|\boldsymbol{\Lambda} h\left(\boldsymbol{f}_x\right)\right|^2 \tag{13.50}$$

所以下式成立：

$$p\left(\boldsymbol{f}_x\right)=p\left(\boldsymbol{f}_x'\right)\leftrightarrow\left|\boldsymbol{\Lambda} h\left(\boldsymbol{f}_x\right)\right|=\left|\boldsymbol{\Lambda} h\left(\boldsymbol{f}_x'\right)\right| \tag{13.51}$$

其中$\boldsymbol{\Lambda}$是一个 3×3 对角矩阵，这里$\Lambda_{11}=\alpha$，$\Lambda_{22}=\beta$，$\Lambda_{33}=\gamma$。$\boldsymbol{\Lambda}$被限制为$\Lambda_{11}^2+\Lambda_{22}^2+\Lambda_{33}^2=1$。所需的显著性提升函数（式(13.40)）如下：

$$g\left(\boldsymbol{f}_x\right)=\boldsymbol{\Lambda} h\left(\boldsymbol{f}_x\right) \tag{13.52}$$

通过旋转色轴，然后对轴进行重新缩放，可以将定向的等显著椭球体转换为球体。因此，具有相同显著性的矢量被转换成具有相同长度的矢量。

在图 13.15 中，给出了基于 RGB 梯度和彩色提升的哈里斯检测器的结果。从彩色信息的角度来看，基于 RGB 梯度的方法效果不佳。大多数显著点具有黑色和白色的局部邻域，且显著性较低。彩色提升后的显著点集中在更独特的点上。彩色提升可以应用于所有基于导数的检测器。在本章的简介中，我们已在图 13.2 中看到了一个彩色提升图像梯度的示例。

应当注意，彩色提升会对检测器的信噪比产生负面影响。取决于手头的任务，与信噪比相比，独特性可能不那么需要。为了平衡这两个标准，我们引入了一个参数α，该参数

图 13.15 (a)和(c)Corel 输入图像；(b)和(d)哈里斯检测器（红色点）和具有彩色提升的哈里斯检测器（黄色点）的结果。红点主要与黑白事件重合，而黄点着重于彩色点

允许在最佳信噪比特性$\alpha=0$和最佳信息内容$\alpha=1$之间进行选择。

$$g^{\alpha}\left(\boldsymbol{f}_x\right)=\alpha \Lambda h\left(\boldsymbol{f}_x\right)+(1-\alpha) h\left(\boldsymbol{f}_x\right) \tag{13.53}$$

对于$\alpha=0$，这等于基于彩色梯度的显著点检测。

13.2.5 彩色独特性的评估

为了评估显著点检测器，以下两个标准被认为是重要的：

（1）**独特性**，显著点应集中于发生概率较低的事件。

（2）**重复性**，显著点检测应该在变化的观察条件下保持稳定，例如几何变化和光度变化。

大多数显著点检测器是根据这些标准[256]设计的。在本小节和下一小节中，我们将分别研究彩色提升如何影响独特性和重复性。我们首先在本节中分析**彩色独特性**。

我们选择了哈里斯点检测器（13.1.4 节）来测试彩色提升。在参考文献[256]中，哈里斯检测器已被证明在"形状"的独特性和重复性方面均优于其他检测器。它可通过用$g(\boldsymbol{f}_x)$和$g(\boldsymbol{f}_y)$替换$\boldsymbol{f}_x$和$\boldsymbol{f}_y$而如下计算：

$$H^{\alpha}\left(\boldsymbol{f}_x,\boldsymbol{f}_y\right)=\overline{\boldsymbol{f}_x\cdot\boldsymbol{f}_x}\,\overline{\boldsymbol{f}_y\cdot\boldsymbol{f}_y}-\overline{\boldsymbol{f}_x\cdot\boldsymbol{f}_y}^{2}-k\left(\overline{\boldsymbol{f}_x\cdot\boldsymbol{f}_x}+\overline{\boldsymbol{f}_y\cdot\boldsymbol{f}_y}\right)^{2} \tag{13.54}$$

显著点检测器的彩色独特性由提取显著点位置的描述符的信息内容来描述。从式(13.38)和式(13.39)的组合可知，总信息是通过将零阶部分和一阶部分的信息相加得出的，即$I(\boldsymbol{v})=I(\boldsymbol{f})+I(\boldsymbol{f}_x)+I(\boldsymbol{f}_y)$。这些部分的信息内容由直方图计算得出：

$$I\left(\boldsymbol{f}\right)=-\sum_{i} p_i \log(p_i) \tag{13.55}$$

其中p_i是$\boldsymbol{f}$的直方图中直方条的概率。

表 13.4 中显示了每幅图像 20 个和 100 个显著点的结果。除了绝对信息内容，还计算了相对于基于彩色梯度的**哈里斯检测器**的信息内容的相对信息增益。为此，将单幅图像的信息内容定义为

$$I=-\sum_{j=1}^{n}\log[p(v_j)] \tag{13.56}$$

其中 $j=1,2,\cdots,n$，n 是图像中的显著点数目。在此，从全局直方图计算出 $p(v_j)$，从而可以比较每幅图像的结果。信息内容增加或减少 5%的变化被认为是具有实质性的。

表 13.4 显著点检测器的信息内容

方法	20 个点			100 个点		
	信息内容	增加/%	减少/%	信息内容	增加/%	减少/%
f_x	20.4	—	—	20.0	—	—
$\|f_x\|_1$	19.9	0	1.4	19.8	0	0.8
$\tilde{\boldsymbol{S}}_x^c$	22.2	45.5	10.1	20.4	9.1	17.7
$\boldsymbol{f}_x^{\tilde{S}}$	22.3	49.4	0.6	20.8	13.1	1.3
$\tilde{\boldsymbol{O}}_x^c$	22.6	51.4	12.9	20.5	12.0	34.2
$\boldsymbol{f}_x^{\tilde{O}}$	<u>23.2</u>	<u>62.6</u>	0.0	<u>21.4</u>	<u>21.5</u>	0.9
$\boldsymbol{H}_x^c$	21.0	21.7	43.4	19.0	1.8	77.4
$\boldsymbol{f}_x^h$	23.0	57.2	0.3	21.3	16.7	1.1
随机	14.4	0	99.8	14.4	0	100

注：带下画线的值表示最低误差值。

（1）以信息内容计量。

（2）发生信息内容实质性减少（−5%）或增加（+5%）的图像的百分比。每幅图像使用 20 个和 100 个显著点进行实验。

通过 $\boldsymbol{f}_x^{\tilde{O}}$ 获得了最高的信息含量，$\boldsymbol{f}_x^{\tilde{O}}$ 是对立导数的彩色显著性提升版本。与基于彩色梯度的检测器相比，提升处理可使信息内容增加 7%～13%。在 Corel 数据集的图像上，这可导致图像 22%～63%的实质性增加。当增加每幅图像的显著点数时，彩色提升的优势就会减弱。这是由于许多图像中的彩色线索数量有限所致。还值得注意的是，亮度（$\|\boldsymbol{f}_x\|_1$）与基于 RGB（$\boldsymbol{f}_x$）的哈里斯检测之间的差异有多么小。由于强度方向也主导 RGB 导数，因此使用 RGB 梯度而不是基于亮度的哈里斯检测只会导致 1%的图像中的信息含量有实质性的增加。

13.2.6 重复性

前面描述了两个用于显著点检测的标准，即独特性和重复性。设计彩色提升算法时，要着眼于彩色的独特性，同时采用其所用运算符的几何特征。让我们仔细看看彩色提升如何影响重复性。我们确定了两种影响 $g(\boldsymbol{f}_x)$重复性的现象。首先，通过提升彩色显著性，进行各向异性变换。这将负面地降低信噪比，这会对重复性产生负面影响。其次，由于对光度不变量方向比光度变量方向提升得更多，我们针对场景意外变化（例如阴影）提高了鲁棒性，从而提高了重复性。让我们更详细地分析这两种效果。

13.2.6.1 信噪比

对于各向同性的不相关噪声ε，测得的导数 $\hat{\boldsymbol{f}}_x$ 可以写为

$$\hat{\boldsymbol{f}}_x=\boldsymbol{f}_x+\varepsilon \tag{13.57}$$

而彩色显著性提升之后，有

$$g\left(\hat{\boldsymbol{f}}_x\right)=g\left(\boldsymbol{f}_x\right)+\Lambda\varepsilon \tag{13.58}$$

注意，在正交曲线变换下各向同性噪声保持不变。假设最坏的情况是 $\boldsymbol{f}_x$ 仅在光度变化方向上具有信号，则噪声可以写为

$$\frac{\left|g\left(\boldsymbol{f}_x\right)\right|}{\left|\Lambda\varepsilon\right|}\approx\frac{\Lambda_{33}\left|\boldsymbol{f}_x\right|}{\Lambda_{11}\left|\varepsilon\right|} \tag{13.59}$$

因此，信噪比降低了$\Lambda_{11}/\Lambda_{33}$，这会对几何和光度学变化的重复性产生负面影响。

通过添加均匀的、不相关的$\sigma=10$高斯噪声，可以检查由彩色显著性提升引起的重复性损失。这能很好地表明信噪比的损失，这反过来又会影响其他变化下的重复性结果，如缩放、照明变化和几何变化。通过比较在噪声图像中检测到的哈里斯点与无噪声图像中检测到的哈里斯点来测量重复性。表 13.5 中的结果与式(13.59)的期望相对应，即Λ_{11}和Λ_{33}之间的差异越大，重复性越差。

表 13.5　添加高斯不相关噪声后仍可检测到的哈里斯点百分比

	20 个点	100 个点
$\boldsymbol{f}_x$	88	84
$\Vert\boldsymbol{f}_x\Vert_1$	88	83
$\boldsymbol{f}_x^{\tilde{S}}$	62	54
$\boldsymbol{f}_x^{\tilde{O}}$	51	41
$\boldsymbol{f}_x^{h}$	52	42

在图 13.16 中，给出了由σ参数确定的信息内容和重复性与彩色提升的关系（式(13.53)）。通过将彩色提升用于对立彩色空间来执行实验。结果表明，信息量的增加是以鲁棒性为代价的。根据应用，需要选择彩色显著性提升的量。

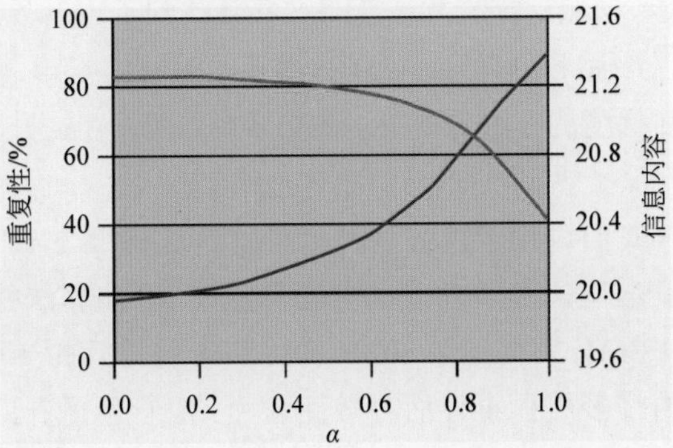

图 13.16　信息内容（蓝线）和重复性（红线）与彩色显著性提升量的函数关系

13.2.6.2　光度鲁棒性

影响重复性的第二个现象是**光度鲁棒性**的提高。通过提高彩色显著性，光度变化方向的影响会减小，而准不变方向的影响会增加。结果就是在诸如照度和视点改变的光度变化

下的重复性增加。

图 13.17 对光照条件变化情况下的两个图像序列测试了重复性的依赖性[57]。该实验是通过对球面彩色空间应用彩色提升来进行的，因为阴影–影调引起的变化也沿着球面系统的光度变化方向。对于这些实验，可以观察到两个相互交织的现象：随着α的增加，光度不变性得到改善，而信噪比降低了。对于坚果序列，具有非常突出的阴影和影调变化，光度不变性是主要的；而对于水果篮序列，获得的光度不变性仅在中等α值下稍微改善了性能。对于总彩色显著性提升$\alpha = 1$，由于信噪比的损失，重复性的损失是很大的。

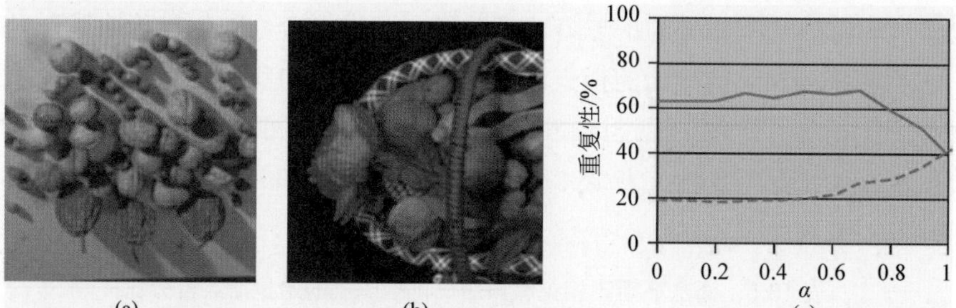

(a) (b) (c)

图 13.17 (a)和(b)照明条件变化的两个序列的两个帧；(c)重复性是两个序列的彩色显著性提升量的函数。虚线表示坚果序列，实线表示水果篮序列

13.2.7 通用性说明

原则上，可以将彩色显著性提升应用于所有可以根据局部导数编写的函数。还要注意，原则上，提升理论也可以应用于图像的高阶导数。在这里，我们给出一些其他示例。首先，我们将显著性提升应用于焦点检测器[254]。检测器聚焦于局部对称结构的中心。在图 13.18(b)中，展示了显著性图。在图 13.18(c)中，展示了显著性提升后的结果。尽管对焦点检测已经是从亮度到彩色的扩展，但是黑白过渡仍然主导着结果。只有提升了彩色显著性之后，图像中不太关心的黑白结构才被忽略，并且找到了大多数红色的中国标志牌。通过对线性**对称检测器**[237]应用彩色提升，可以获得类似的性能差异。该检测器着眼于角点和交叉点结构。基于 RGB 梯度的方法主要关注黑白事件，而仅在提升彩色显著性之后才能找到更加突出的标志牌。

作为最后的说明，我们讨论彩色显著性提升对基于梯度方法的作用。在图 13.18 的第三列中，将彩色提升应用于基于梯度的分割算法[257]。该算法找到全局最优区域和边界。图 13.18(b)和 13.18(c)分别描述了 RGB 梯度和彩色提升的梯度。尽管基于 RGB 梯度的分割会因背景中的许多黑白事件而分散注意力，但彩色提升的分割找到了显著的交通标志。

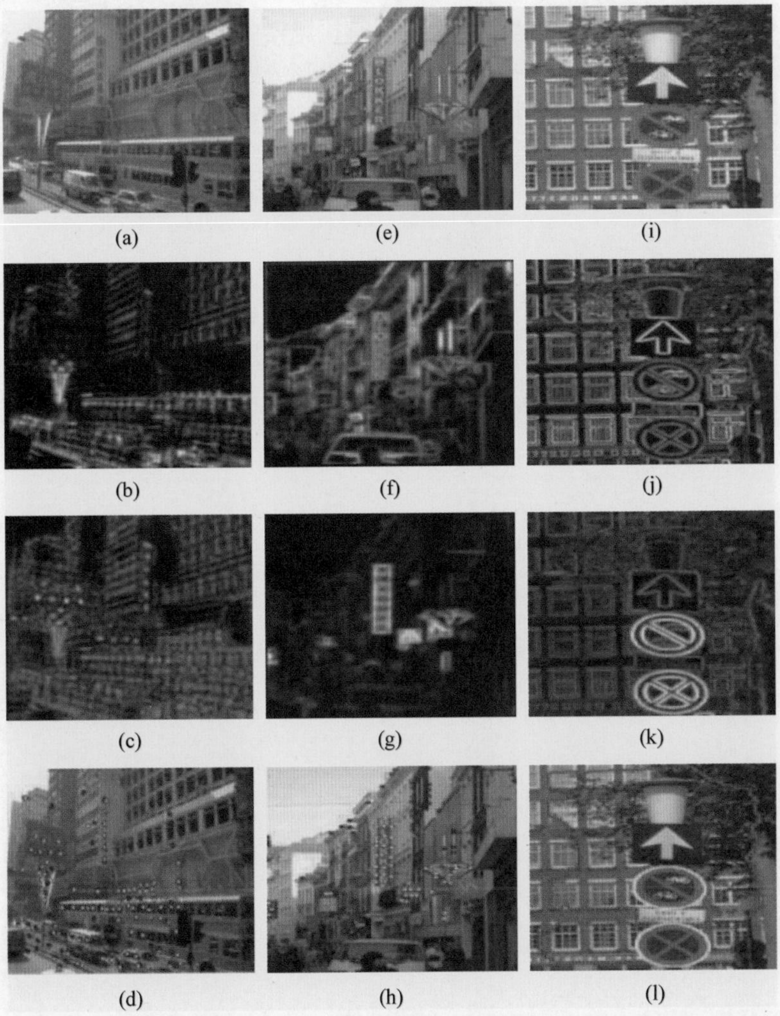

图 13.18　在序列输入图像中，基于 RGB 梯度的显著性图，彩色提升的显著性图，以及带有红色点（线）的结果（基于梯度的方法）和在显著性提升后带有黄色点（线）的显著点的结果。焦点的结果在(a)～(d)中，对称点的结果在(e)～(h)中，全局最优区域和边界方法的结果在(i)～(l)中

13.3　本 章 小 结

在本章中，我们探讨了彩色特征的几个方面。首先，我们讨论了一个结合基于张量的特征和光度不变性理论的框架。这些特征的张量基础可确保不同通道中的相对矢量不会相互抵消，而是彼此增强。为了克服因转换为光度完全不变量而导致的不稳定性，我们引入了不确定性度量来结合完全不变量。将该不确定性度量合并到彩色张量中以生成可靠的光度不变特征。

其次，显著性检测器的设计中明确包含了彩色的独特性。可以将这种称为**彩色显著性提升**的方法合并到主要关注于形状独特性的现有检测器中。显著性提升基于对彩色图像导数的统计分析。等显著性导数在彩色导数直方图中形成椭球。利用这一事实来调整导数，可以使相同的显著性指示对显著性图具有相同的影响。实验表明，彩色显著性提升大大增加了检测点的信息内容。

第 14 章　彩色特征描述

包含 Gertjan J. Burghouts 的贡献*

在前面的章节中，我们概述了从彩色图像中提取不变特征的理论。第 6 章所述的完全不变量的优点在于，它们可以捕获固有的场景或目标属性，对各种任意成像条件（例如局部照明、阴影和光源的彩色）都具有鲁棒性。因此，这些不变特征非常适合于借助所谓图像描述符刻画图像内容。在本章中，我们展示此类不变彩色描述符的适用性。Burghouts 和 Geusebroek [258]以及 van de Sande 等人[259]采用了此处描述的很多原则。

许多计算机视觉任务在很大程度上取决于局部特征的提取和匹配。**目标识别**是典型的情况，其中收集局部信息以获得用于识别先前学习目标的证据。最近，人们已经将重点放在检测和识别局部（弱）仿射不变区域上[55][57][260-262]。这里的基本原理是对平面区域根据众所周知的定律进行变换。成功的方法依赖于将局部坐标系固定到显著图像区域，从而形成描述局部朝向和比例的椭圆。在将局部区域转换为其规范形式之后，图像描述符应该能够很好地捕获不变区域的外观。正如 Mikolajczyk 和 Schmid [252]所指出的，椭圆区域的检测随图像（弱透视）变换而相应改变，而它们覆盖的归一化图像模式和从它们推导出的图像描述符通常对于几何变换而言是不变的。通过将图像描述符设计为光度不变的，可以进一步增强识别性能，以使由于影调和光照变化而引起的局部强度变换对区域描述没有影响或影响很小。目标识别中的最新方法可以对强度图像的平均值和标准偏差进行归一化[55][252][263]。此外，使用高斯滤波器及其导数的图像测量作为以几何和光度不变的方式来检测和表征图像内容的方法正变得越来越流行。从图像处理的角度来看，高斯滤波器具有有趣的特性，尤其是它们对噪声的鲁棒性[264]、旋转可操纵性[265]以及它们在多尺度设置中的适用性[54]。文献中提出的许多基于强度的描述符都基于高斯(导数)测量[53][57][253][266-267]。

我们认为扩展到基于彩色的描述符是因为彩色具有较高的鉴别力。在许多情况下，仅通过其彩色特征就可以很好地识别目标[43][46-47][268-270]。但是，获得光度不变性并非易事，因为意外的照明和记录条件会以复杂的方式影响观察到的彩色。针对彩色特征已对光度不变性进行了深入的研究[46-47][50][58][164][187]。迄今为止，最成功的局部图像描述符是 Lowe 的 SIFT 描述符[55]。SIFT 描述符对图像区域内的高斯梯度分布进行编码。SIFT 描述符是一个有 128 个直方条的直方图，它总结了 8 个朝向和 16 个位置上的局部朝向梯度。这很好地表示了空间强度模式，同时对较小的变形和定位误差具有鲁棒性。如今，已有许多修改和改进，其中包括 PCA-SIFT [271]、GLOH [57]、快速近似 SIFT [272]和 SURF [273]。这些基于区域的描述符对于平面的总体照明条件实现了高度不变性。尽管旨在检索相同的目标片，但类似

---

* 经许可，部分内容转载自：*Performance Evaluation of Local Colour Invariants*, by G.J. Burghouts and J.M. Geusebroek, in *Computer Vision and Image Understanding*, Volume 113 (1), pp. 48–62, 2009. ©2009 Elsevier.

SIFT 的功能在按特征包进行一般场景和目标分类的方法中也非常成功[274]。

重要的研究问题是：基于彩色的描述符是否在实践中确实比对应的基于灰度的描述符好。答案取决于获得与灰度描述符中实现的相似不变性水平所必需的高斯导数的非线性组合的稳定性。例如，当对图像进行 JPEG 压缩时，光度不变量会失真，因为压缩会使彩色通道的像素值和空间布局失真比强度失真更多。在这里，我们提供一个与灰度描述符相比而对局部彩色描述符进行的研究。

对于（仿射）区域检测，存在许多性能良好的方法[149][252][254][275-278]。因此，我们将专注于完全光度不变导数描述符的性能，以及它们与彩色 SIFT 描述符的组合。此外，为了实现基于灰度强度的描述符和基于彩色的描述符之间的公平比较，我们要求基于强度和基于彩色的特征具有相同的几何不变性。高斯导数框架可轻松满足此要求。

为了评估局部灰度和彩色不变性，我们采用了得到广泛使用的 Mikolajczyk 和 Schmid 方法[57]。在该文中，作者提出了通过将一幅图像与另一幅图像进行区域匹配来评估描述符性能的方法。使用两幅图像之间的单应性确定正确的匹配。我们采取参考文献[57]的度量来评估鉴别力和不变性。此外，我们在记录条件上采用了多种多样的形式，例如照明强度的变化、相机视点的变化、图像模糊和 JPEG 压缩。在参考文献[57]的基础上，我们还使用在不同照明彩色和照明方向时记录的图像以扩展该图像集。这些条件引起了图像记录的显著变化。有关在不同照明方向时记录图像的说明请参见图 14.1～图 14.4。

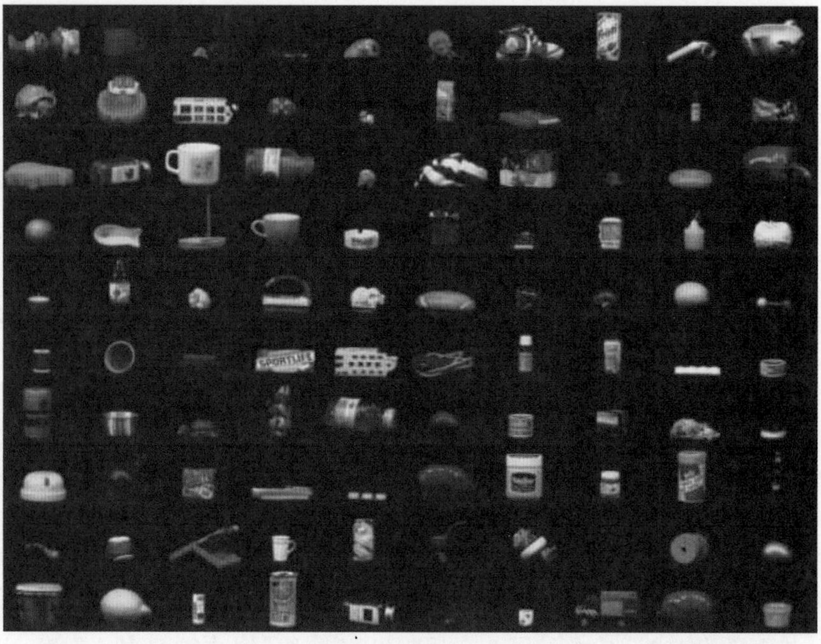

图 14.1　ALOI 集合[198]中各种目标的图示。给出了集合中目标的随机样本

我们将评估框架[57]中使用的图像数量扩展到 26 000 幅，代表在 26 个成像条件下记录的 1000 个目标。此外，我们进一步将参考文献[57]中的评估框架分解为公共区域描述符所基于的局部灰度值不变量的水平。我们仅检测彩色转换来测量光度不变量的性能。这样，我们评估了高斯灰度值和彩色不变导数的性能。最后，我们建立了特定于彩色不变性的性能标准，指出了相对于光度变化的不变性水平，并评估了区分各种光度效应的能力。

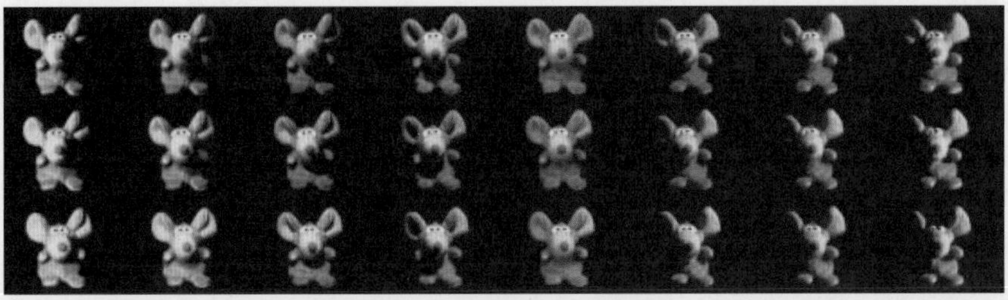

图 14.2 在半球形照明时记录的 ALOI 的示例目标，以及在降低仰角的光源下记录的图像。有关详细信息，请参见参考文献[198]

图 14.3 在不同的照明彩色时记录的 ALOI 的示例目标

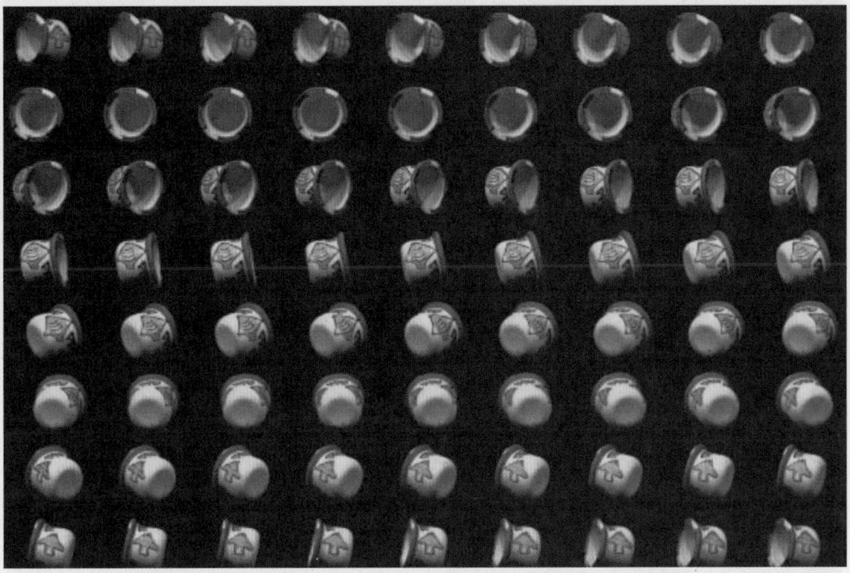

图 14.4 在不同视角下记录的来自 ALOI 的示例目标

14.1 基于高斯导数的描述符

基于三个评估标准，我们将第 6 章中的局部灰度值导数与彩色不变导数进行了比较：

- **鉴别力**。建立每个不变量区分图像区域的能力。鉴别力是通过区域匹配的质量来衡量的，类似于参考文献[57]。Lowe [55]提出的成功匹配策略基于这样的基本原理：对于目标的识别，只需要正确匹配该目标的几个区域即可。在实验框架中将其推到了极限，并考虑了一个目标的一个区域与数据库中 1000 个区域的匹配：同一个目标的一个有噪声的实现与 999 个其他目标的匹配。在有噪声的条件下，我们考虑由模糊、JPEG 压缩和平面外目标旋转（视点变化）引起的图像变形，以及由照明方向和照明彩色的改变所引起的光度变化。精确度和查全率刻画了所评估的不变量的鉴别能力。

- **不变性或鲁棒性**。如上所述，但是现在我们确定正确匹配数量的降低受成像条件或图像变换而逐渐恶化的函数，与参考文献[279]类似。如同鉴别力，我们测试的条件是模糊、JPEG 压缩、照明方向、视点变化和照明彩色。召回率的下降反映了所检查的不变量的恒常性。
- **信息内容**。我们建立每个不变量区分真实的彩色过渡，同时在由阴影、影调和高光引起的与目标无关的过渡下保持不变的能力。因此，我们同时评估每个不变量区分彩色过渡及其对光度失真不变的能力。请注意，这与上面的两个实验不同，因为这里我们评估该性质以区分光度条件下的变量和不变量，从而隔离了对识别性能的可能影响。

对于来自 **ALOI 数据库**[67]的 1000 个对象，我们考虑以下成像条件：JPEG 压缩、模糊以及视点、照明方向和照明彩色的变化。图 14.5 展示了对一些目标的成像条件。图 14.6 展示了光度不变梯度成像示例。

(a)

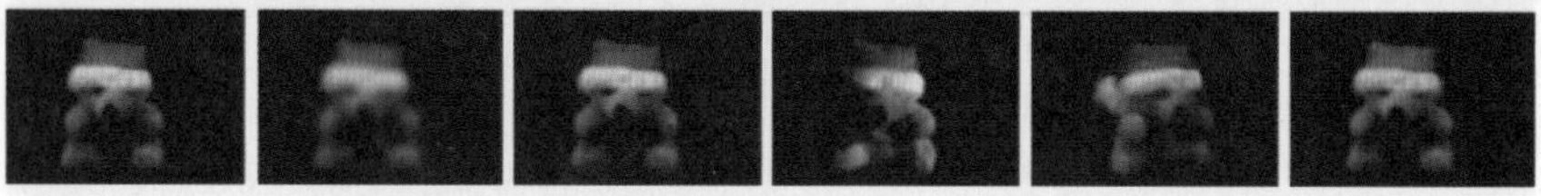

(b)

图 14.5 (a)中描述了从 ALOI 集合中随机选择的目标（100 个示例目标）。成像和测试条件依次在(b)中显示：参考图像、模糊（σ= 2.8 像素，图像尺寸 192 × 144 像素）、JPEG 压缩（50%）、照明方向变化（从右侧，30°）、视点变化（30°）、照明彩色变化（3075 K→2175 K）

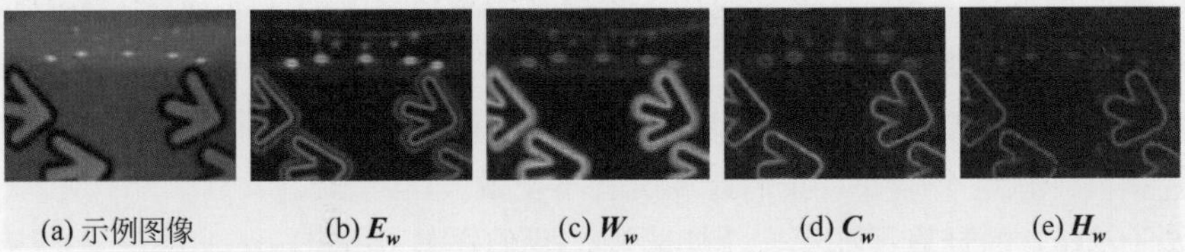

图 14.6　光度不变梯度。E_W 不是光度不变量；W_W 对照明强度不变；C_W 对阴影和影调不变；而 H_W 对阴影、影调和高光不变

对于每幅目标图像，我们确定其区域。为了与文献保持一致，我们确定**哈里斯仿射区**[252]。正如参考文献[57]中指出的那样，为建立区域的正确匹配，要么应该固定摄像机视点，要么应该考虑使用单应性将自己限制在或多或少的平坦场景中。对于 3-D 对象，平坦场景的断言失败。为解决此问题，我们考虑使用固定的摄像机视点记录的图像。但是，视点变化的情况也需要解决。因此，对于每个目标，我们手动选择目标内部的单个区域，让该区域在原始图像和视点变化下记录的图像之间最一致。我们将该区域从原始图像复制到所有其余成像条件的图像中（示例请参见图 14.7）。请注意，由于我们仅处理目标内部的区域，因此黑色背景不会影响实验。此外，尝试从 1000 个选定区域中查找一个区域可以看作在 1000 幅杂乱目标图像中搜索一个区域，对于这些目标，所有选定区域都是可见的。加上图像变换和成像条件的变化，总共提供了 26000 个区域。这些区域在尺寸和各向异性方面都有很大差别（图 14.7(b)和 14.7(c)）。真值可在 ALOI 数据库的网站上公开获得[198]。

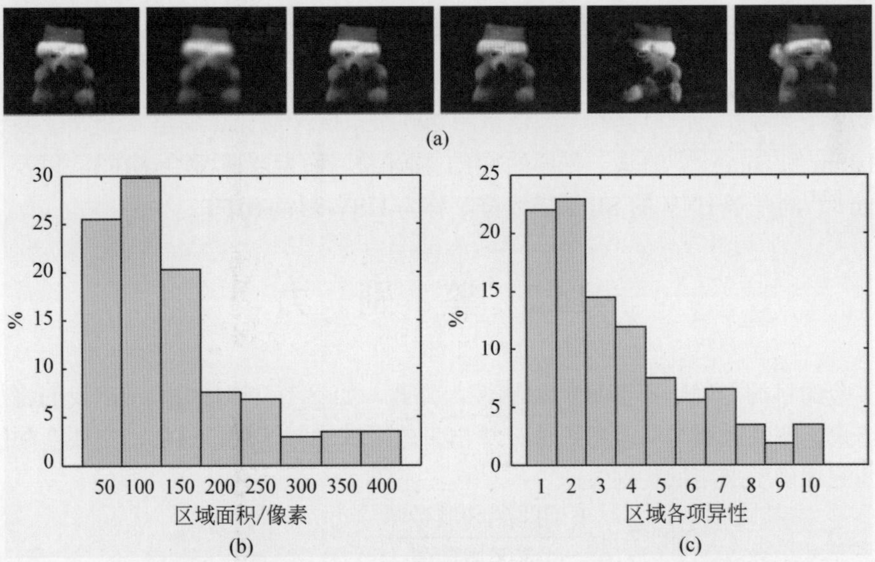

图 14.7　(a)参考图像、模糊、JPEG 压缩、照明彩色变化、照明方向变化和视点变化的图像区域。对于除视点改变以外的所有成像条件，相机是固定的，因此区域设置相同。对于相机视点的更改，我们手动选择了最稳定的区域。(b)区域表面大小和(c)各向异性（其中各向异性=1 表示各向同性）的直方图

接下来，我们计算每个区域的不变量。为了与文献保持一致，我们按参考文献[252]所示对区域进行归一化。我们考虑两个实验：

- **单个位置计算**：在第一个实验中，我们从一个位置计算不变梯度。我们通过以固定尺度（即区域大小的三分之一）进行计算来实现。对于每个区域，我们确定图像梯度 E_w 最大的位置。对于所有复制的区域（请参见上面关于区域提取的说明），该位置相同。从这个位置，我们计算所有不变量。
- **基于 SIFT 的计算**：在第二个实验中，我们在与 Mikolayzcyk 的计算[57]相同的归一化区域中计算 SIFT 描述符，但 SIFT 描述符内的灰度值梯度被不变的彩色梯度之一代替。

对于性能评估，我们考虑以下几组不变梯度（表 14.1）。不变量名称的扩展名“SIFT”表示基于 SIFT 的计算；否则，将考虑单个位置的高斯不变量。实验中还包含原始 SIFT，它等效于 *W*-灰度 SIFT。我们在基于 *H* 和 *C* 的彩色描述符中包括强度梯度 W_w。尽管乍看之下这似乎是矛盾的，但正交归一化的强度和强度归一化的彩色信息已证明在匹配中有效。

表 14.1 灰度值和彩色不变量

不变量	梯度	性质	式	彩色 SIFT 名称
E-灰度	$\{E_w\}$	非光度不变量	—	—
E-彩色	$\{E_w, E_{\lambda w}, E_{\lambda\lambda w}\}$	非光度不变量	(6.9)	—
W-灰度	$\{W_w\}$	对局部强度等级不变	—	（灰度）SIFT
W-彩色	$\{W_w, W_{\lambda w}, W_{\lambda\lambda w}\}$	对局部强度等级不变	(6.9)	*W*-彩色 SIFT
C-灰度	$\{W_w, C_{\lambda w}, C_{\lambda\lambda w}\}$	对局部强度等级不变，还对阴影和影调不变	(6.28)	*C*-彩色 SIFT
C-彩色	$\{W_w, H_w\}$	对局部强度等级不变，还对阴影、影调和高光不变	(6.52)	*H*-彩色 SIFT

为了与原始 SIFT 描述符进行合理比较，我们使用 PCA 将所有彩色 SIFT 描述符的维数减少到 128 个（协方差已根据参考图像里的 200 个示例区域计算确定）。此外，我们将评估 Abdel-Hakim 和 Farag[280]的基于色调的 SIFT 描述符，称为**色调-彩色-SIFT**；以及 Bosch 和 Zisserman[281]的基于 HSV 的 SIFT 描述符，称为 **HSV-彩色-SIFT**。

14.2 鉴 别 力

该实验的目的是确定**不变量**的独特性。为此，如参考文献[57]所示，我们将从失真图像计算出来的图像区域与从参考图像计算出来的区域进行匹配。通过确定要匹配区域的召回率和匹配精确度来测量鉴别力：

$$\text{召回率} = \frac{\text{正确匹配区域数量}}{\text{对应区域数量}} \tag{14.1}$$

$$\text{精确度} = \frac{\text{正确匹配区域数量}}{\text{正确匹配区域数量} + \text{错误匹配区域数量}} \tag{14.2}$$

在此，召回率表示相对于数据集中对应区域真值情况的正确匹配区域数量。精确度表示所有返回的匹配中正确匹配的相对数量。召回率的定义有些特殊，它基于一对一与真值的对应进行匹配，所以它与信息检索中使用的定义有所不同。我们实验的目的是正确匹配所有区域（召回率为 1），理想情况下不存在失配（精确度为 1）。

我们考虑参考文献[57]中采用的最近邻匹配。光度不变值之间的距离是根据马哈拉诺比斯距离计算得出的（协方差已根据参考图像里的 200 个示例区域计算确定）。在各种阈值上，评估正确和错误匹配的次数以获得召回率与精确度的关系曲线。好的描述符会在此曲线上产生小的衰减，反映出在保留更多图像区域的同时保持了较高的精确度。

我们随机抽取区域测试集，并使用 1000 倍交叉验证来衡量数据集的性能。为了最终获得允许比较各种彩色不变性的图表，我们更改了每个实验要匹配的区域数。对于从一个位置计算出的不变量，将与单个区域进行比较的区域数量设置为 20。我们认为 20 个图像点之间的成功区别是基于点的描述符的最低要求。对于基于 SIFT 的不变量计算，由于基于区域的描述更加独特，因此我们增加了此数字。与一个区域进行比较的区域数量在 100 和 500 之间，具体取决于成像条件的难度。我们认为 100 个区域之间的成功区别是基于区域的描述符的最低要求。我们认为成功区别 500 个区域足以满足实际的计算机视觉任务；这与参考文献[57]和参考文献[279]中的验证一致。

不变梯度的 SIFT 区域匹配结果如图 14.8 所示。使用实线绘制所有光度不变量。所有基于彩色的不变量都使用红线绘制，而基于灰度值的不变量则用黑线绘制。

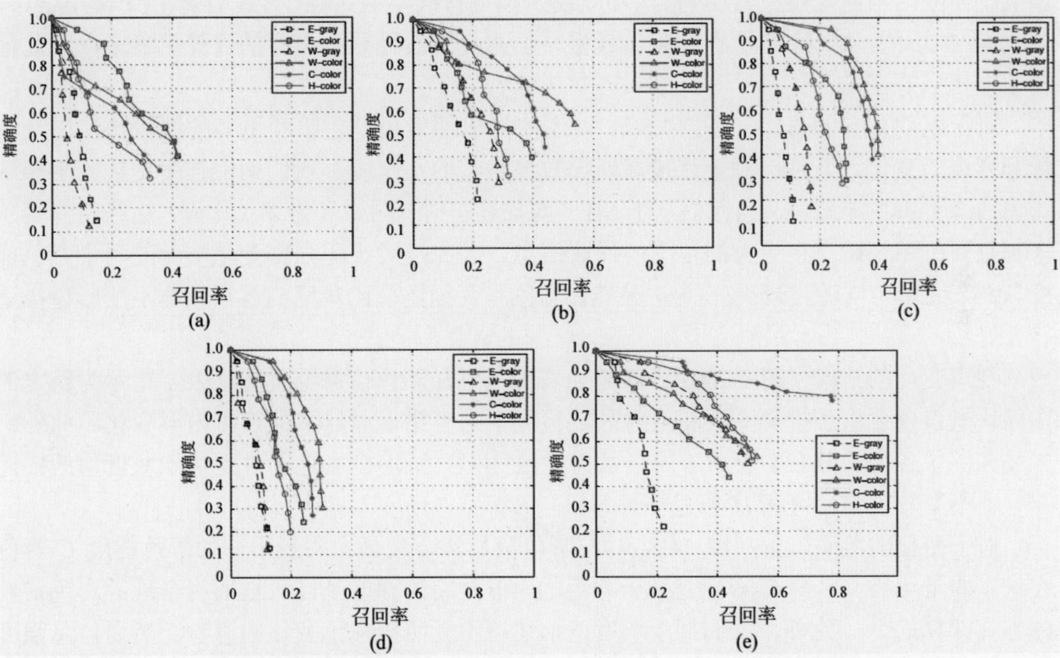

图 14.8　光度不变梯度的鉴别力。(a)模糊（$\sigma=1$ 像素），1 对 20；(b)JPEG 压缩（50%），1 对 20；(c)照明方向（30°），1 对 20；(d)视点变化（30°），1 对 20；(e)照明彩色（2100K），1 对 20

总体而言，所有彩色不变量的性能均优于基于灰度值的功能。灰度导数 *E*-灰度和 *W*-灰度被基于彩色的描述符所超越，除非在照明彩色变化的情况（图 14.8(e)）。在那种情况下，归一化强度的 *W*-灰度表现合理，但正如预期的那样，仍然被许多基于彩色的不变量所超过。

与其他彩色不变量相比，*H*-彩色的性能有点令人失望。这里有两个效应起作用。首先，该描述符少一个彩色信息通道，如果增加饱和度通道可能实现更好的鉴别能力。但是，在那种情况下，人们最多也只能期望获得与 *W*-彩色相似的性能。稍后将在讨论彩色 SIFT 描述符性能时进行比较。影响 *H*-彩色特征的第二个问题是由式(6.52)的分母归一化引起的不稳定性。对于不饱和的彩色，该式将变得不稳定，因此呈灰色。高斯滤波器导致的模糊增强了这种效果，因为边界处的彩色（我们在此设置中评估的彩色）被混合了。因此，*H*-彩色似乎不适合基于高斯导数的区域描述符。

如图 14.8(a)所示，模糊效果使图像值变得平滑。因此，细节丢失了，但是没有引入光度变化。没有光度不变属性的彩色渐变 *E*-彩色效果最佳。除了由于附加模糊导致的性能下降之外，该图还清楚地说明了使用彩色信息时鉴别能力的提高。

如图 14.8(b)所示，使用 JPEG 压缩图像会使彩色值失真得比强度通道更严重。尽管如此，彩色信息还是与众不同的，因为对强度水平不变的彩色梯度 *W*-彩色的效果最佳。在召回率-精确度曲线的开头，人们清楚地看到了强度和彩色信息正交化的优势，因为 *W*-彩色，*C*-彩色和 *H*-彩色的性能都明显优于所有通道都与强度相关的 *E*-彩色。在后一种情况下，SIFT 描述符的所有值都会被 JPEG 压缩严重破坏。对于不变的彩色描述符，强度通道将因压缩而受到相对轻微的破坏，而彩色通道仍然会增加额外的鉴别能力。压缩效果在召回率-精确度曲线的尾部变得更具影响力，那里由于描述符的不稳定性，导致 *H*-彩色下降得很早，其次是 *C*-彩色。尽管 *W*-彩色的起步较慢，但由于非线性导数组合的计算更稳定，因此最终效果相当好。

对于照明方向的变化（图 14.8(c)），主要的成像效果是更暗和更亮的图像块，以及阴影和影调的变化。但是，对于测量高斯导数描述符的小尺度，我们期望强度变化比阴影和影调边缘更占主导地位。当评估基于 SIFT 的描述符时，阴影和影调（几何）边缘将变得越来越重要，该描述符在更大的范围内捕获信息。因此，对于随强度变化不变的两个彩色梯度，*W*-彩色和 *C*-彩色都表现良好。显然，彩色不变描述符比灰度描述符和非不变彩色描述符要好。

视点变化的结果（图 14.8(d)）清楚地表明了添加彩色信息的优势。人工指示为稳定的图像块里仅包含由于投影变换和仿射区域检测中的小错误而导致的信息内容变化。此外，光场在图像各处的分布会有所不同，从而导致 *W*-彩色和 *C*-彩色的性能优于灰度值的描述符、非不变彩色描述符和 *H*-彩色描述符。

对于变化的照明彩色（图 14.8(e)），彩色值显然会失真。阴影不变的彩色梯度 *C*-彩色在这里非常可靠。尽管 *C*-彩色是基于彩色的，但是它的梯度是以可被证明合理的彩色常数的方式计算的[67]。此外，人们期望灰度值描述符不受照明彩色变化的影响。然而，总强度的变化仍存在，使得直接使用 *E*-灰度是不可行的。强度归一化不变 *W*-灰度表现合理，但缺乏使用彩色而带来的鉴别力。

图 14.9 显示了将不变量插入 SIFT 描述符时的判别力。该图的组织与图 14.8 相同。实验设置中的唯一例外是增加了与单个区域匹配的区域数量。此数量随成像条件而变化，为 100 或 500，以在性能图中获得合适的分辨率。此外，请注意，这里添加了文献中的两个额外方法，即色调-彩色 SIFT 描述符[280]和 HSV-彩色 SIFT 描述符[281]。

总体而言，基于 SIFT 的不变量计算的相对性能在很大程度上对应于单点不变量的相对性能。基于彩色的 SIFT 对阴影和影调效果不变，*C*-彩色 SIFT 表现最佳。

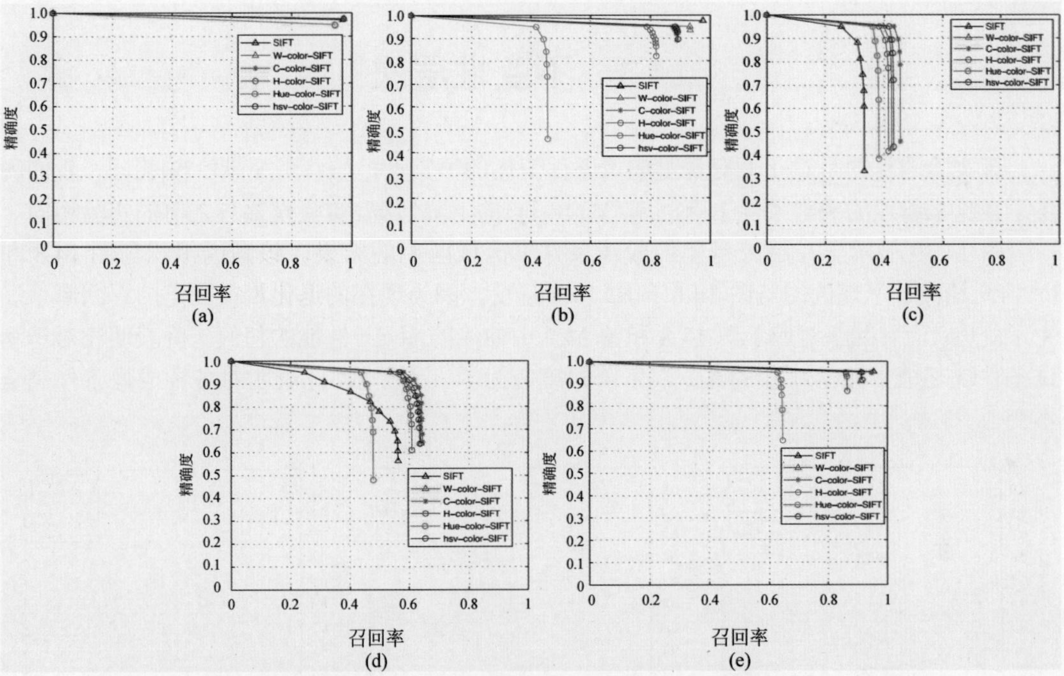

图 14.9　插入 SIFT 描述符时，光度不变梯度的鉴别能力。(a)模糊（$\sigma = 1$ 像素），1 对 500；(b)JPEG 压缩（50%），1 对 500；(c)照明方向（30°），1 对 100；(d)视点变化（30°），1 对 100；(e)照明彩色（2100K），1 对 500

通常，与单点计算相比，基于 SIFT 的计算显著提高了鉴别能力。在模糊（图 14.9(a)）、JPEG 压缩（图 14.9(b)）和照明彩色变化（图 14.9(e)）的情况下，几乎所有彩色和灰度值描述符都表现良好。注意，在照明彩色变化的情况下，*C*-彩色 SIFT 描述符的性能与基于强度的 SIFT 描述符一样好，这意味着该描述符的**彩色恒常性**很高。

考虑照明方向或视点变化时，鉴别力下降（图 14.9(a)和图 14.9(b)）。使用 SIFT 描述符很难区分这些情况。在这些情况下，基于彩色的 SIFT 描述符优于基于灰度值的 SIFT 描述符。特别在这些情况下，对阴影和影调效果不变的基于彩色的 SIFT（*C*-彩色 SIFT）非常有鉴别力。这可以通过 SIFT 描述符捕获图像结构的较大空间区域来解释。因此，SIFT 描述符更可能捕获阴影和影调（目标几何）的效果，但 *C*-不变量会抵消这些效果。

与 *W*-彩色 SIFT 和 *C*-彩色 SIFT 相比，对阴影和高光不变的 *H*-彩色 SIFT 通常表现不是很独特。缺乏鉴别能力会影响模糊下的色调-彩色 SIFT、*H*-彩色 SIFT 和 SIFT 的性能。此外，基于色调的描述符，色调-彩色 SIFT 和 *H*-彩色 SIFT 受到 JPEG 压缩和照明彩色变化的影响。色调-彩色 SIFT 的独特性通常远小于 *H*-彩色 SIFT 的独特性。因此，仅使用色调并不是独特的区域属性。HSV-彩色 SIFT 的独特性通常比 *H*-彩色 SIFT 的独特性更高。因此，HSV 彩色空间中的饱和度 *S* 是一个独特的属性。然而，如前所述，由于不稳定性，HSV-彩色 SIFT 的独特性通常小于 *W*-彩色 SIFT 和 *C*-彩色 SIFT。

14.3 不变性层次

该实验的目的是建立不变量对成像条件变化的恒常性。与参考文献[279]相同，我们测量了在越来越差的成像条件下召回率（式(14.1)）的下降情况。实验设置与之前的实验相同。

图 14.10 显示了在越来越差的成像条件下区域匹配的结果。该图的组织与图 14.8 和图 14.9 相同。呈现的图与图 14.8 和图 14.9 正交，因为现在的退化量在固定的召回率下发生了变化，而召回率对应于图 14.8 和图 14.9 中曲线的端点。性能的任何下降表明相对于测试条件缺乏恒常性。理想情况下，下降幅度应为零（水平线），表明对各种成像条件完全不变。

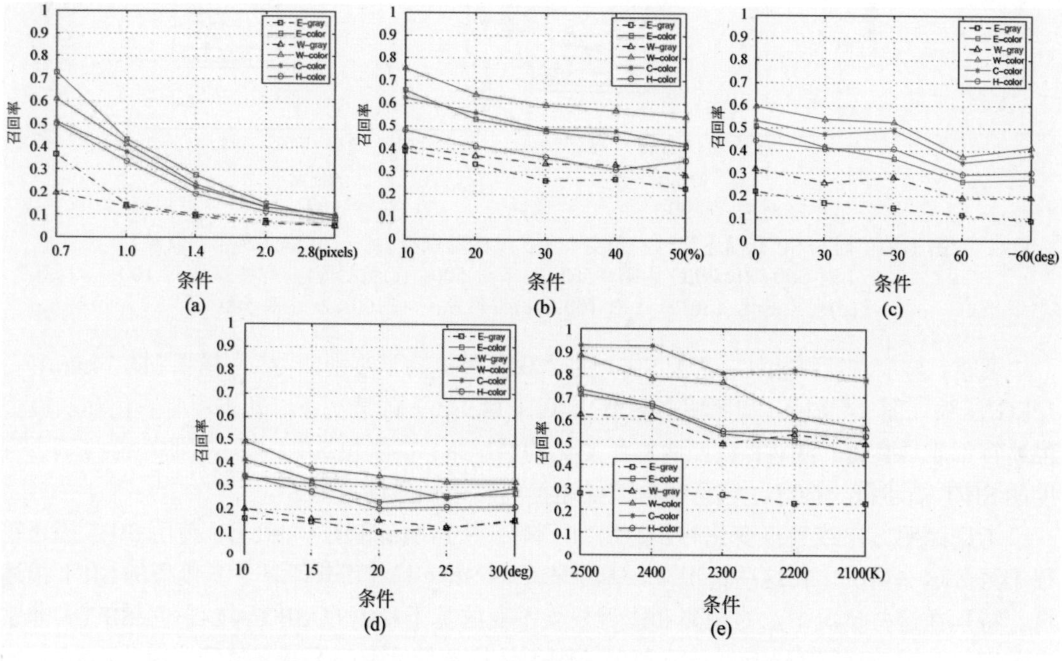

图 14.10 在越来越差的成像条件下光度不变梯度的不变性。(a)模糊，1 对 20；(b)JPEG 压缩，1 对 20；(c)照明方向，1 对 20；(d)视点变化，1 对 20；(e)照明彩色，1 对 20

对于图像模糊（图 14.10(a)），没有观察到明显的成像效应。因此，尽管初始**鉴别力**从对灰度值导数的召回率为 0.2 提升到对基于彩色导数的召回率大于 0.7，但所有描述符在恒常性方面的性能均相同。对于 JPEG 压缩（图 14.10(b)），灰度值不变性 *E*-灰度和 *W*-灰度比彩色不变性稍微稳定一些，因为 JPEG 压缩对图像强度的影响比对图像色度的影响小。对于由于导数描述符的小尺度而导致的照明方向变化（图 14.10(c)），主要的成像效应是区域强度的变化。因此，*W*-灰度，*W*-彩色，*C*-彩色和 *H*-彩色非常稳定。对于视点变化（图 14.10(d)），仅观察到微不足道的成像效果。因此，所有度量在稳定性方面均表现良好。对于变化的照明彩色（图 14.10(e)），除了基于强度的度量 *E*-灰度和 *W*-灰度外，*C*-彩色非常稳定。从理论上讲，该度量具有合理的彩色恒常性[67]。

我们重复不变性实验，但是现在将不变量插入 SIFT 描述符中。结果如图 14.11 所示。

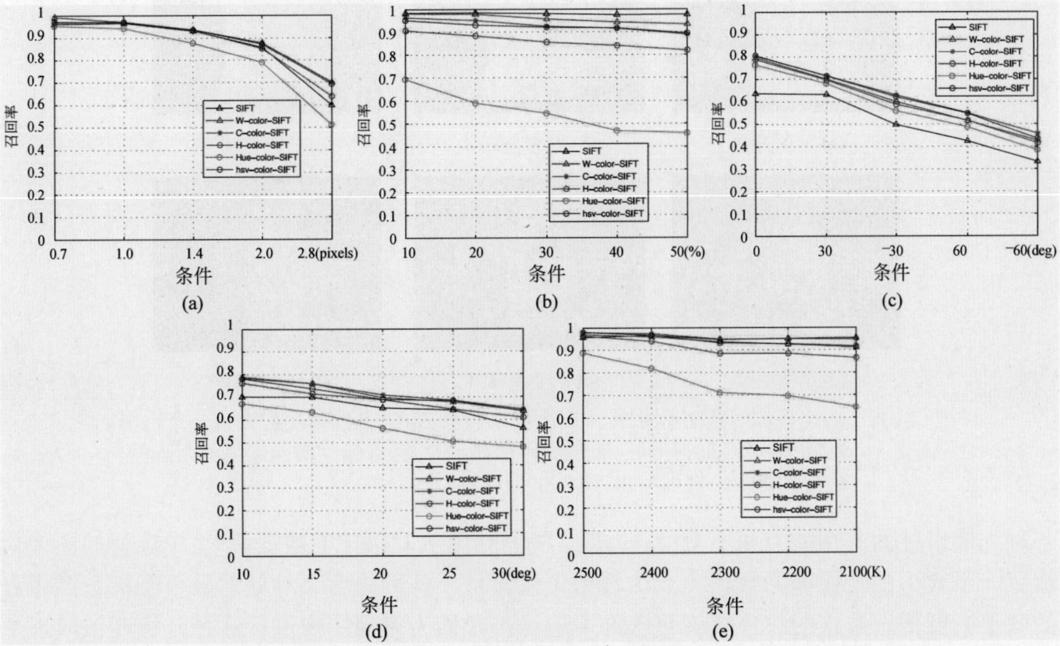

图 14.11　当插入 SIFT 描述符时，在越来越差的成像条件下，光度不变梯度的不变性。(a)模糊，1 对 500；(b)JPEG 压缩，1 对 500；(c)照明方向，1 对 100；(d)视点变化，1 对 100；(e)照明彩色，1 对 500

总体而言，大多数描述符在模糊（图 14.11(a)），JPEG 压缩（图 14.11(b)）和照明彩色变化（图 14.11(e)）方面表现良好。再次出现例外的是基于色调的描述符 *H*-彩色 SIFT 和色调-彩色 SIFT，它们缺乏鉴别力，并且受这些条件的影响更大。即使内嵌了彩色不变性，照明方向或视点的变化也很难解决。总体而言，*C*-彩色 SIFT 似乎是最好的选择，因为阴影和影调边缘的影响都打了折扣。该描述符具有与基于强度的 SIFT 描述符可比的不变性，但在鉴别力上有相当大的提高。

14.4　信 息 内 容

这个最终实验的目的是确定光度不变量的信息内容。**信息内容**是指不变量区分彩色过渡和光度事件（例如阴影、影调和高光）的能力。理想情况下，不变量的值随彩色过渡而变化，并且其值对于设计为不变的光度事件是恒定的。我们用图 14.12 说明 *W*-彩色和 *C*-彩色的信息内容。对于第一个目标，通过更改图 14.12(b)和图 14.12(c)中的照明方向可以引入新的图像边缘。因此，阴影和影调不变描述符 *C*-彩色 SIFT 的匹配效果更好。图 14.12(e)和 14.12(f)显示了一个示例，其中没有阴影/影调不变性表现更好。这里照明方向的变化不会引入新的边缘，并且由于相对较大尺度的影调效果而仅影响局部强度。

为了确立信息内容，我们测量单个图像区域的鉴别力和不变性。每个图像区域都被标记为是否包含彩色过渡，或阴影、影调或高光过渡。这样，信息内容就可以评估不变量对

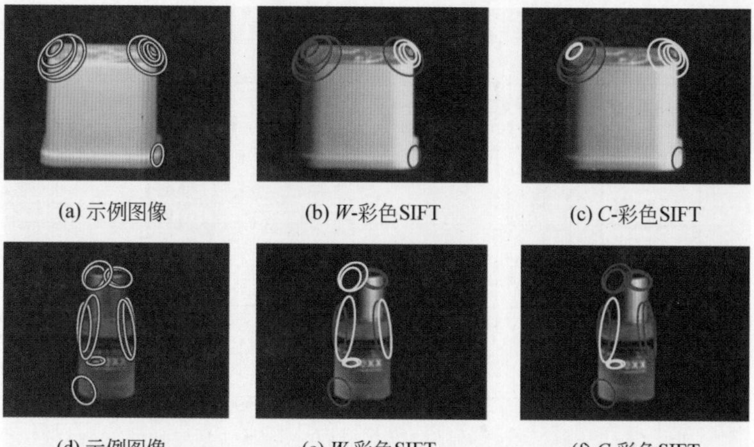

(a) 示例图像 (b) *W*-彩色SIFT (c) *C*-彩色SIFT

(d) 示例图像 (e) *W*-彩色SIFT (f) *C*-彩色SIFT

图 14.12 两个目标的匹配示意图。一个用 *C*-彩色 SIFT 匹配得更好，另一个用 *W*-彩色 SIFT 匹配得更好。正确的匹配显示为黄色，错误的匹配显示为蓝色。资料来源：经许可转载，©2009 年 Elsevier

各种光度事件的鉴别能力和不变性。为此，我们利用从 **CURET 数据集**[282]中选择的图像构造了一个大型的带注释的数据集。该数据集包含位于各种光度事件处的数百个标记图像点的数十幅图像。选定的纹理图像包含许多边缘，我们为每幅图像进行注释，标明该纹理主要由**阴影/影调**（海绵、薄脆饼干 b、小羊羔羊毛、石瓷砖、木材 b 和兔子皮毛）还是**高光效果**（铝箔、地毯和泡沫塑料）所生成。在这些图像中，使用哈里斯角点检测器[53]来检测区域。图 14.13(a)和图 14.13(b)针对纹理图像的两个局部区域分别展示了阴影/影调和高光边缘。此外，我们还收集了位于彩色过渡处的图像点。为此，先对 PANTONE 色块[70]拍摄了图像（见图 14.13(c)）。从 PANTONE 色块组合中，我们选择了 100 个色调差异最大的组合色块，即能反映物体彩色真实变化而不是强度或饱和度差异的色块。

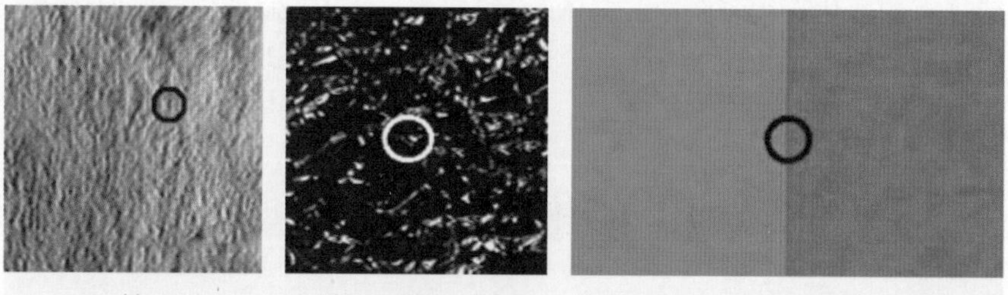

(a) (b) (c)

图 14.13 光度事件数据集的示例。为检测到的点提供标签，无论该点位于(a)阴影/影调边缘，(b)高光边缘还是(c)彩色边缘上

我们通过**费舍尔准则**来测量不变量区分彩色过渡和光度干扰事件的能力。从许多彩色过渡中，我们计算出第一点云。从一个特定的光度干扰事件的过渡，我们计算出第二点云。费舍尔准则表示两个点云之间的间隔，分别称为$\{x_1\}$和$\{x_2\}$：

$$\text{信息}=\frac{\left|\mu(\{x_1\})-\mu(\{x_2\})\right|^2}{\sigma^2(\{x_1\})+\sigma^2(\{x_2\})} \tag{14.3}$$

14.4.1 实验结果

各种光度事件的光度不变量的值如图 14.14 所示。该图给出了相对于总彩色边缘强度 W_w 的值。我们这样做是为了同时表达 W_w 以及阴影和影调不变量 C_w 和 H_w 的能力，以区分光度事件和真彩色边缘。不出所料，对于阴影/影调边缘，不变量 C_w 和 H_w 的值接近于零（请注意，参考不变量 W_w 的值确实对阴影/影调边缘很重要）。对于阴影/影调干扰，我们获得信息（C_w）= 2.6，信息（H_w）= 4.9。因此，不变量 H_w 比 C_w 能将阴影/影调与目标过渡更好地分开。此外，高光的 H_w 值也很低（图 14.14(b)）。但是，正如预期的那样，由于高光像素饱和，并非所有值都接近于零。结果就是，对于高光干扰，H_w 的不变性和信息含量要比对阴影/影调的干扰低，信息（H_w）= 2.9。

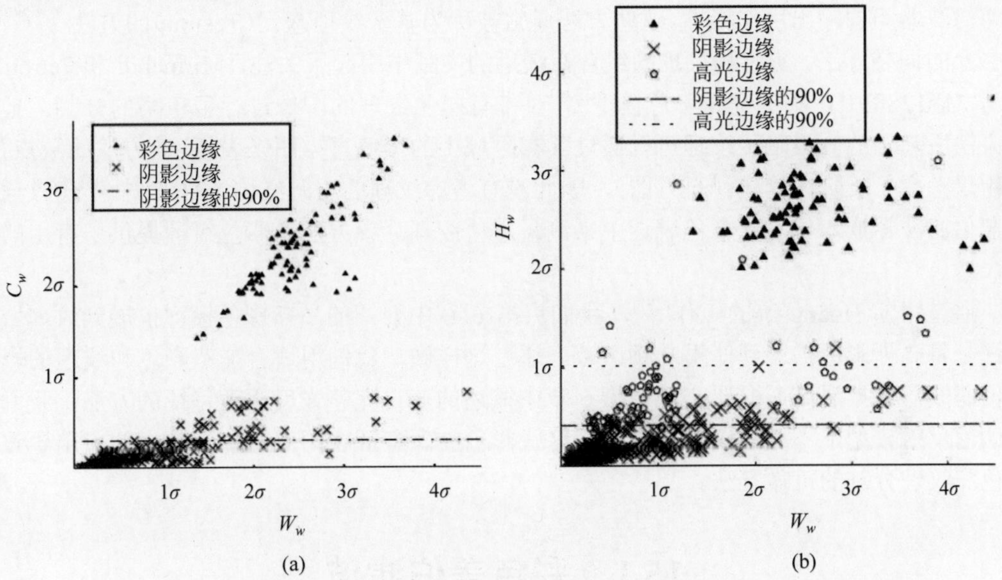

图 14.14 不变值相对光度事件的散点图。这些图描绘了(a)C_w 相对 W_w 和(b)H_w 相对 W_w。所有不变量均对彩色边缘敏感。C_w 和 H_w 对阴影和影调不变，而 H_w 还对高光不变。水平线描述 90%的不变值区间。这表明了不变量区分彩色边缘值和干扰光度事件的能力。资料来源：经许可转载，©2009 年 Elsevier

总体而言，光度不变的 *H*-彩色相比 *C*-彩色对阴影和影调更稳定。将彩色过渡与阴影过渡及影调过渡区分时，两者的效果都很好。对于饱和的高光，很难用 *H*-彩色区分彩色过渡和高光。结果是，大多数高光被很好地分开，但是一些高光被误分类为彩色过渡。

14.5 本 章 小 结

在本章中，我们讨论了用于图像描述和识别的彩色不变描述符。我们评估了基于局部导数的彩色不变量的描述能力和彩色不变的 SIFT 描述符的描述能力。在第 16 章中，我们将展示这些描述符在图像和视频检索中的应用。

第 15 章　彩色图像分割

包含 Gertjan J. Burghouts 的贡献*

在本章中，我们将结合对**图像分割**和**材料分类**的应用来综合考虑彩色和纹理的不变性评估。对于**纹理分割**，我们认为最重要的是盖伯滤波器[283]和高斯导数滤波器[284-285]。对于材料的建模，将图像特征映射到特征码本上需要进行大量处理。由于通用性和简单性，通常将滤波器组的输出用作特性。这些方法通常被称为基于纹理基元（Texton）的方法[286-287]，或当今的词袋方法。彩色和纹理的组合在最近的文献中引起了关注。Mirmehdi 和 Petrou 在参考文献[288]中，基于空间彩色模型[289]对带有彩色纹理的图像进行了粗略的分割。他们的方法所基于的假设暗示纹理可以通过其在区域上的彩色直方图来表征。此方法的缺点是，由于仅考虑了一阶统计量（直方图），因此没有考虑纹理的空间结构。Thai 等[290]建议通过将盖伯滤波器嵌入到对立彩色表达中来测量彩色纹理。该方法为彩色纹理提供了有用的结构表达。

通过跟随 Hoang 等的工作[291]，我们将第 6 章中介绍的高斯彩色模型扩展到纹理域，方法是将高斯彩色扩展到傅里叶频谱域。通过这样做，我们用适合捕获彩色和纹理的彩色盖伯滤波器族扩展高斯框架。遵循第 6 章中概述的获得完整光度不变特征的方法，我们得出朗伯反射模型下不变的纹理描述符。这些彩色纹理特征在图像分割领域中的应用导致了彩色和纹理分割的可靠方法。

15.1　彩色盖伯滤波

回顾第 6 章，通过在一定的空间范围和光谱带宽上积分可以观察到彩色图像。在观察之前，可以将彩色图像视为 3-D 能量密度函数 $E(x, y, \lambda)$，其中(x, y)表示空间坐标，而λ表示波长。能量密度 $E(x, y, \lambda)$的观察归结为输入信号与高斯测量探头 $G(x, y, \lambda)$的相关。在 6.1 节中，我们指出了视觉光谱上的 3 个高斯导数函数适合于测量彩色。高斯测量函数 $G(x, y, \lambda)$估算能量密度 $E(x, y, \lambda)$的量。

在纹理的情况下，我们对 $E(x, y, \lambda)$的局部空间频率特性感兴趣。在空间频率范围内可以更好地研究这些特性。因此，以组合的波长-傅里叶域 $E(u, v, \lambda)$表示联合彩色-纹理特性

---

* 经许可，部分内容转载自：*Adaptive Image Segmentation by Combining Photometric Invariant Region and Edge Information*, by Th. Gevers, in *IEEE Transactions on Pattern Analysis and Machine Intelligence*, Volume 24 (6), pp. 848–852, 2002. ©2002 IEEE; *Color Texture Measurement and Segmentation*, by M. A. Hoang, Jan-Mark Geusebroek, Arnold W. M. Smeulders, in *Signal Processing*, Volume. 85 (2), pp. 265–275, 2005. ©2005 Elsevier; *Material-Specific Adaptation of Color Invariant Features*, by Gertjan J. Burghouts, Jan-Mark Geusebroek, in *Pattern Recognition Letters*, Volume. 30 (3), pp. 306–313, 2009. ©2009 Elsevier.

是合适的，其中λ仍是光的波长，而(u, v)表示空间频率。现在，利用高斯函数对该傅里叶域进行探测会产生合适的测量值以评估图像频率内容。给定空间频率(u_0, v_0)和波长λ_0对信号$E(u, v, \lambda)$的测量是通过一个以(u_0, v_0, λ_0)为中心的 3-D 高斯探头在频率尺度σ_f和波长尺度σ_λ下获得的：

$$\hat{M}(u,v,\lambda)=\int\varepsilon(u,v,\lambda)G(u-u_0,v-v_0,\lambda-\lambda_0;\sigma_f,\sigma_\lambda)\mathrm{d}\lambda \tag{15.1}$$

频率选择通过调整参数u_0、v_0和σ_f来实现，并且彩色信息由λ_0和σ_λ指定的高斯函数来采集。中心波长λ_0和光谱带宽σ_λ是固定的，如 6.1.1 节所述。但是，中心频率(u_0, v_0)和频率带宽σ_f的选择是自由的。以傅里叶域的原点为中心的高斯能产生我们的空间高斯彩色模型。(u_0, v_0)的任何其他选择都会导致在空间域中众所周知的盖伯函数，但现在是在 3 个高斯（对立）彩色通道$E(x, y)$、$E_\lambda(x, y)$和$E_{\lambda\lambda}(x, y)$的每个通道上计算

$$M_{\lambda^{(n)}}(x,y)=h(x,y)*\hat{E}_{\lambda^{(n)}}(x,y) \tag{15.2}$$

其中

$$h(x,y)=\frac{1}{2\pi\sigma_s^2}\exp\left(-\frac{x^2+y^2}{2\pi\sigma_s^2}\right)\exp\left[2\pi f(U_x+U_y)\right] \tag{15.3}$$

是在径向中心频率$\sqrt{U^2+V^2}$（周期/像素）、滤波器方向 $\tan\theta = V/U$ 和 $\mathrm{j}^2 = -1$ 时的 2-D 盖伯函数。式(15.3)中的**盖伯滤波器**如图 15.1 所示。

图 15.1 (u_0, v_0)和σ_f取某些值的彩色盖伯滤波器组M、M_λ和$M_{\lambda\lambda}$的示意图

15.2 朗伯反射下的不变盖伯滤波器

在单个纹理片中，盖伯滤波器响应的值与纹理的局部强度成比例地变化。较暗区域的响应值小于较亮区域的响应值。因而，照明强度、阴影和影调效应可能会损害分割过程。因此，需要纠正强度变化对盖伯滤波器响应的影响。类似于第 6 章中对不变量集合和 C 的推导，我们可以将结果直接扩展到盖伯滤波，因为相对于高斯滤波器，盖伯滤波器的所有推导都是等效的。在这种情况下，集合 $\tilde{C}$ 的表达式（波浪线表示通过盖伯滤波器进行频率调谐）变为

$$\tilde{C}_\lambda = \frac{\tilde{E}_\lambda}{E} \tag{15.4}$$

这是经过盖伯滤波的黄−蓝对立彩色通道，由高斯平滑强度通道逐像素标准化。同样，有

$$\tilde{C}_{\lambda\lambda} = \frac{\tilde{E}_{\lambda\lambda}}{E} \tag{15.5}$$

这些频率响应在朗伯反射条件下，与局部强度、阴影和影调无关。

除了不变量 C，在 6.1.4 节中还导出了集合 N。该集合是彩色常数，即对照明彩色不变。对于盖伯滤波，表达式可以总结为

$$\tilde{N}_\lambda = \frac{\tilde{E}_\lambda E - E_\lambda \tilde{E}}{E^2} \tag{15.6}$$

$$\tilde{N}_{\lambda\lambda} = \frac{\tilde{E}_{\lambda\lambda} E^2 - E_{\lambda\lambda}\tilde{E}E - 2\tilde{E}_\lambda E_\lambda E + 2E_\lambda^2 \tilde{E}}{E^3} \tag{15.7}$$

盖伯滤波器的高频滤波效果抵消了照明变化的低频影响。更多有关详细信息，请参见参考文献[291]。

15.3 基于彩色的纹理分割

在这里，我们将高斯彩色模型与盖伯滤波结果相结合，以说明组合的彩色纹理分割。我们采用一种类似于参考文献[292]的简单分割算法。总体方案如图 15.2 所示。

盖伯滤波器响应的幅度强调了纹理区域，该纹理区域与滤波器的选定频率一致。在参考文献[292-294]中可以找到设计一组有效的盖伯滤波器的方法。在我们的设置中，我们使用由 5 个尺度 $\sigma_s = 4$，3.5，2.95，2.35，1.75 构建的 20 个盖伯滤波器，对应 5 个中心频率 $F =$ 0.05，0.08，0.14，0.22，0.33（周期/像素）和 4 个方向 $\theta = 0$，±π/4，π/2。这些尺度和中心频率值是根据 Manjunath 在参考文献[294]中提出的方法而计算得出的。因此，我们获得了 60 幅滤波后的响应图像，考虑它们的幅值 $r_n(x, y)$，$n = 1, 2, \cdots, 60$。现在，每个图像像素 (x_i, y_j)由一个 60-D 特征矢量表示，其第 n 个分量由 $r_n(x_i, y_j)$表示。一个彩色纹理均匀区域中的像素将在特征空间中形成一个聚类，该聚类很紧凑，可以与对应于其他区域的聚类区分开。

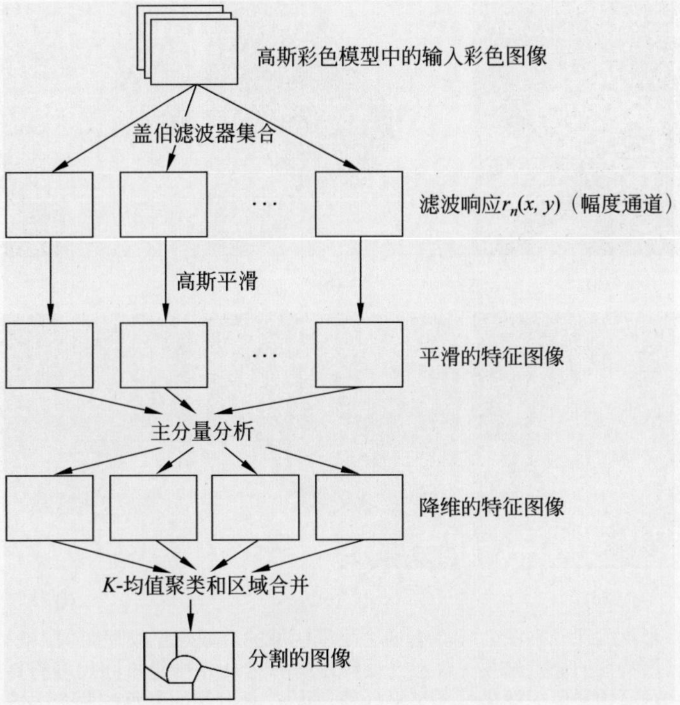

图 15.2　彩色纹理分割方案。资料来源：经许可转载，©2005 年 Elsevier

分割算法基于使用像素相关联的特征矢量对像素进行聚类。对于预处理，每幅滤波后的幅度图像 $r_n(x, y)$由高斯核进行平滑处理，以抑制特征矢量在相同彩色纹理区域内的变化。由于特征矢量高度相关，因此我们应用主分量分析（PCA）将特征空间维数减少到仅四个主维。四维特征矢量用作聚类的输入。聚类算法有两个步骤。第一步，对特征空间利用 K-均值聚类（选较大的 K 值）计算“超像素”。第二步，使用区域合并方法以结合统计上相似的相邻类（图 15.2）。

区域合并以聚合方式完成，其中在每次迭代中，将两个最相似的区域合并。采用类似于参考文献[295]中提出的区域相似性度量。区域 R_i 和 R_j 之间的相似性由下式给出：

$$S_{i,j}=\left(\boldsymbol{\mu}_i-\boldsymbol{\mu}_j\right)^{\mathrm{T}}\left[\boldsymbol{\Sigma}_i+\boldsymbol{\Sigma}_j\right]^{-1}\left(\boldsymbol{\mu}_i-\boldsymbol{\mu}_j\right) \tag{15.8}$$

其中，$\boldsymbol{\mu}_i$、$\boldsymbol{\mu}_j$ 是均值矢量，而$\boldsymbol{\Sigma}_i$、$\boldsymbol{\Sigma}_j$ 是分别根据区域 R_i 和 R_j 的特征矢量计算出的协方差矩阵。在此，$S_{i,j}$ 测量两组之间的距离。如果两组之一减少到单个点，则 $S_{i,j}$ 成为马氏距离。该度量的优点在于，考虑了由它们各自的协方差矩阵$\boldsymbol{\Sigma}_i$, $\boldsymbol{\Sigma}_i$ 表示的矢量 $\boldsymbol{\mu}_i$ 和$\boldsymbol{\mu}_j$ 的不确定性。如果 $S_{i,j}$ 的值低于阈值，则将两个区域 R_i 和 R_j 合并。在我们的实验中，相似度阈值 t 在[6 … 9]时为每幅测试图像产生几乎相同的结果。因此，我们将所有实验的相似性阈值固定在 $t=7.5$。最后，采用一种简单的后处理技术以去除小尺寸的孤立区域。

分割结果如图 15.3 所示。输入图像是通过对 5 幅自然和人工彩色纹理的子图像进行拼贴而创建的。在此图像中，顶部的两个色块被选择为纹理相似但彩色不同。左侧的两个色块被选择为彩色相似但纹理不同。图 15.3 中的结果表明，使用给出的测量值可以正确地区分 5 个区域。

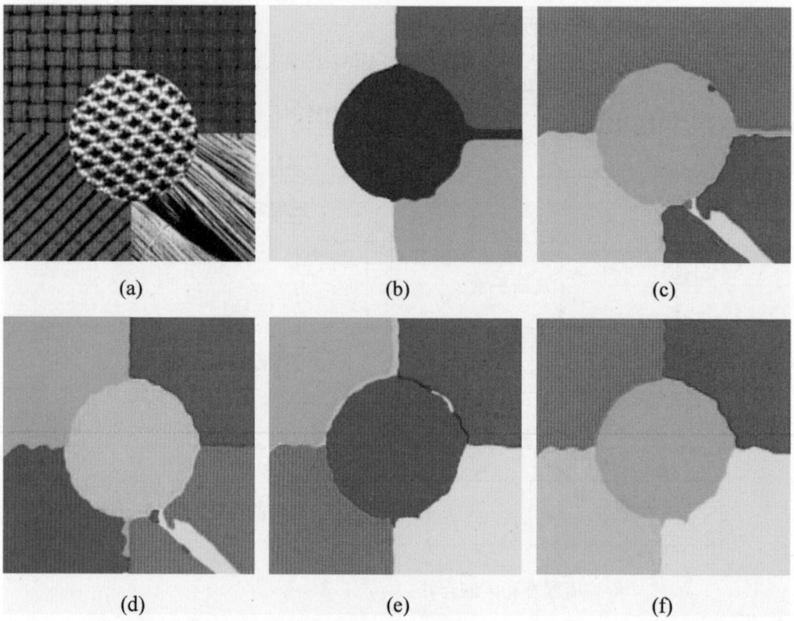

图 15.3 彩色纹理分割图。(a)具有 5 个不同区域的合成彩色纹理图像。(b)仅使用彩色特征的分割结果。如参考文献[288]所示，用一组不同尺度的高斯滤波器对原始彩色图像进行了平滑处理。此处，具有相同彩色的两个区域合并了。(c)仅使用灰度纹理进行分割的结果。注意，具有相同纹理但不同彩色的区域被合并了。(d)使用没有阴影不变性的彩色纹理特征进行分割的结果。区域已正确分割，但受阴影影响。(e)使用阴影不变彩色纹理特征的分割结果。在这种情况下，所有区域均已正确分割。(f)对不变分割结果进行后处理，以去除小的孤立区域。资料来源：经许可转载，©2005 年 Elsevier

使用所提出的方法对真实图像的分割如图 15.4 所示。此外，通过使用不变特征获得的分割结果如图 15.5 所示。

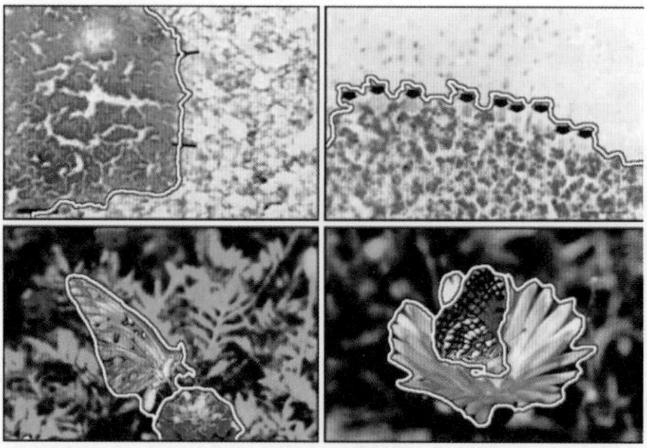

图 15.4 对一些示例图像的分割。资料来源：经许可转载，©2005 年 Elsevier

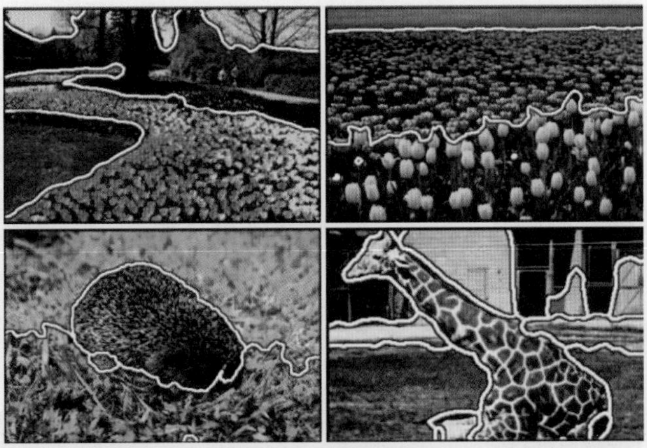

图 15.4（续）

图 15.5　使用不变特征对示例图像进行分割。请注意，带有投射阴影的背景被很好地分割，也就是说，忽略了投射阴影。资料来源：经许可转载，©2005 年 Elsevier

15.4　使用不变各向异性滤波的材料识别

在不同的成像设置下，材料的外观会发生显著变化，具体取决于设置本身[282]以及材料的物理特性[296]。因此，特定材料的图像表达可以改善识别性能，因为它们描述了特定材料的属性并与成像设置的变化保持了平衡。例如，对于一种材料，局部强度变化是一种独特的属性，而另一种材料则基于其彩色属性而与其他材料区别最大。图 15.6 描绘了 **ALOT 数据集**[297]中的一些材料和测试条件（图 15.7）。要区分第一种和第二种材料时，最好是比较它们的彩色，尤其是红色通道。对于第三种和第四种材料，最有鉴别力的特征是强度边缘的数量。如要将第一行中的第五幅图像和第三行中的第二幅图像区分开，最好比较绿色通道中的信息。这些示例说明了特定材料表达的优点。

不仅对于**材料识别**[285][298]和分类[299]，而且对于目标和场景分类[300]，从图像特征到特征表达码本[274][301]的映射也受到了广泛的论述。常用的特征是基于 SIFT 特征的类别[55][57]，例如，参见参考文献[263]。另外，也可将滤波器组输出用作特征。Winn 等[302]和 Shotton 等[303]提出了使用滤波器组对目标和场景建模的有前途的方法。

在这里，我们采用了由 Varma 和 Zisserman[285]提出的方法，以及在他们紧随其后的参考文献[297]中提出的包含了彩色不变性的 MR8 各向异性滤波器组。MR8 滤波器组如图 15.8(a)所示。通常，在将图像与 MR8 滤波器组卷积之前，先将图像归一化为零均值和单位方差，以实现成像条件的不变性。请参阅参考文献[285]。

图 15.6　来自 ALOT 数据集[297]的示例材料

图 15.7　图 15.6 中第三行第一列所示的 ALOT 材料的测试图像

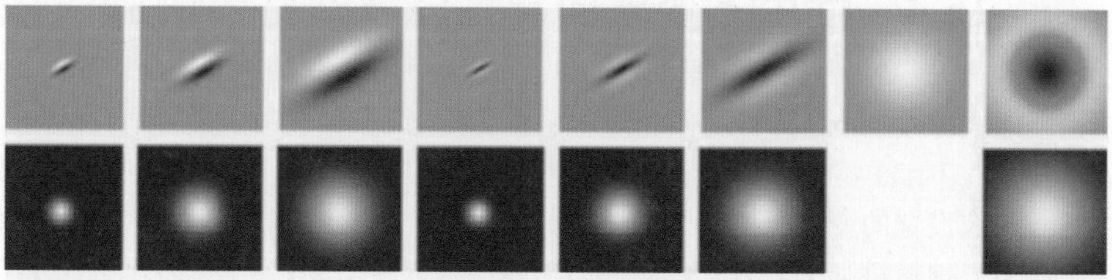

(a)强度(MR8-LINC[0]=MR8)

(b) 对立彩色1(MR8-LINC[1])

图 15.8　MR8-LINC：彩色不变的滤波器组。原始的 MR8 滤波器组（(a)最上面一行）与图像的每个对立彩色通道（(a)～(c)上面一行）进行卷积，以使每个像素产生 24 个响应。24 个滤波器输出中的每一个都借助局部强度进行归一化，该强度由与 MR8 滤波器大小相同的高斯核（(a)～(c)下面一行）来测量。唯一未标准化的 MR8 滤波器是测量强度的高斯核（否则它将产生恒定的输出）。归一化实现了局部强度变化的不变性

(c) 对立彩色2(MR8-LINC[2])

图 15.8（续）

15.4.1　MR8-NC 滤波器组

在将 MR8 滤波器组扩展为使用彩色信息的第一个修改中，我们将**滤波器组**直接应用于图像的彩色通道。这是一个简单的扩展，Winn 等也采用了这种扩展[302]，他们已将 MR8 滤波器组应用于 Lab 彩色值。在这里，我们主要遵循参考文献[302]。但是，我们限制在 RGB 的线性子空间中，并将滤波器组应用于图像的 3 个对立彩色通道，这是第 6 章介绍的高斯彩色模型。对立彩色具有以下优点：彩色通道很大程度上是去相关的。

我们将每个彩色通道$\hat{E}$、$\hat{E}_\lambda$、和 $\hat{E}_{\lambda\lambda}$归一化为零均值和单位方差：

$$\hat{E}' = \frac{\hat{E} - \mu_{\hat{E}}}{\sigma_{\hat{E}}},\quad \hat{E}'_\lambda = \frac{\hat{E}_\lambda - \mu_{\hat{E}_\lambda}}{\sigma_{\hat{E}_\lambda}},\quad \hat{E}'_{\lambda\lambda} = \frac{\hat{E}_{\lambda\lambda} - \mu_{\hat{E}_{\lambda\lambda}}}{\sigma_{\hat{E}_{\lambda\lambda}}} \tag{15.9}$$

其中，$\mu_{\hat{E}}$ 和$\sigma_{\hat{E}}$分别表示强度通道的平均值和标准偏差；$\mu_{\hat{E}_\lambda}$ 和$\sigma_{\hat{E}_\lambda}$ 分别表示蓝−黄对立色通道的平均值和标准偏差；等效地，$\mu_{\hat{E}_{\lambda\lambda}}$ 和$\sigma_{\hat{E}_{\lambda\lambda}}$ 分别表示绿−红对立色通道的平均值和标准偏差。

接下来，将每个归一化彩色通道$\hat{E}$，$\hat{E}_\lambda$，和$\hat{E}_{\lambda\lambda}$与 MR8 滤波器组卷积，每个像素产生 24 个滤波器输出。MR8 滤波器组的第一个扩展称为具有归一化彩色的 MR8 或 MR8-NC。

15.4.2　MR8-INC 滤波器组

对于 MR8-INC 不变滤波器组，我们对彩色通道进行了归一化处理，以使其比 MR8-NC 保持更多的彩色信息。使用 MR8-NC 时，将黄−蓝色和红−绿色通道的均值归一化为零，从而实际上丢弃了图像中的色度，且仅考虑了变化。彩色通道将主要受到相对于目标和相机的照明方向的影响[304]，这些方向上主要是强度波动。因此，我们建议仅通过强度的标准偏差来归一化 3 个对立色通道。通过强度的标准偏差归一化强度通道：

$$\hat{E}' = \frac{\hat{E} - \mu_{\hat{E}}}{\sigma_{\hat{E}}} \tag{15.10}$$

将此通道的方差设置为 1。在此，$\mu_{\hat{E}}$ 和$\sigma_{\hat{E}}$分别表示强度通道的平均值和标准偏差。同样使用强度标准偏差对黄−蓝色和红−绿色通道进行归一化：

$$\hat{E}'_\lambda = \frac{\hat{E}_\lambda}{\sigma_{\hat{E}}},\quad \hat{E}'_{\lambda\lambda} = \frac{\hat{E}_{\lambda\lambda}}{\sigma_{\hat{E}}} \tag{15.11}$$

从而在由于光照或视点变化而强度波动时产生更稳定的响应。同时，它保持了图像中色度的信息。与 MR8-NC 类似，将每个归一化的彩色通道都与 MR8 滤波器组进行卷积，每个像素产生 24 个滤波器输出。我们将此滤波器组称为具有强度归一化彩色的 MR8 或 MR8-INC。

15.4.3 MR8-LINC 滤波器组

在第三种修改中，我们修改了 MR8 滤波器组，以通过局部彩色归一化而不是全局彩色归一化来实现局部强度变化的不变性。我们采用了第 6 章中概述的不变高斯特征。

对于每个像素，我们使用 MR8 滤波器组获得经过高斯滤波的非归一化对立彩色值，且每个像素获得 24 个滤波器输出。同样，对于每个像素，我们使用与所考虑的 MR8 滤波器相同尺度的高斯核来测量局部强度。对于每个像素，我们用该高斯滤波器测得的局部强度对 MR8 滤波器组的每个输出进行归一化，从而产生变换后的滤波器响应 MR8′：

$$\mathrm{MR8}'(\hat{E})=\frac{\mathrm{MR8}(\hat{E})}{\hat{E}^{\sigma}},\quad \mathrm{MR8}'(\hat{E}_{\lambda})=\frac{\mathrm{MR8}'(\hat{E}_{\lambda})}{\hat{E}^{\sigma}},\quad \mathrm{MR8}'(\hat{E}_{\lambda\lambda})=\frac{\mathrm{MR8}'(\hat{E}_{\lambda\lambda})}{\hat{E}^{\sigma}} \tag{15.12}$$

其中 MR8(•)指示从滤波器组中连续应用滤波器，而$\hat{E}^{\sigma}$表示在与所考虑的 MR8 滤波器相同的空间尺度上平滑的强度图像，请参见图 15.8。显然，MR8 滤波器组中的零阶高斯滤波器未通过局部强度进行归一化；否则，其输出将是常数。我们将此彩色滤波器组称为具有局部强度归一化彩色的 MR8，即 MR8-LINC。

15.4.4 MR8-SLINC 滤波器组

这里构造了一个阴影和影调不变滤波器组，称为 MR8-SLINC。类似于 MR8-LINC，不变性是局部实现的。对于 MR8-LINC，首先在通过局部强度归一化之前计算滤波器组的输出。或者，也可以先对彩色值$\hat{E}_{\lambda}(x, y)$和$\hat{E}_{\lambda\lambda}(x, y)$进行局部归一化，然后再滤波由此获得的图像：

$$\mathrm{MR8}'(\hat{E})=\frac{\mathrm{MR8}(\hat{E})}{\hat{E}^{\sigma}},\quad \mathrm{MR8}'(\hat{E}_{\lambda})=\mathrm{MR8}\left(\frac{\hat{E}_{\lambda}}{\hat{E}}\right),\quad \mathrm{MR8}'(\hat{E}_{\lambda\lambda})=\mathrm{MR8}'\left(\frac{\hat{E}_{\lambda\lambda}}{\hat{E}}\right) \tag{15.13}$$

在朗伯反射下，通过局部强度对彩色值进行归一化会导致彩色值与强度分布无关。因此，MR8-SLINC 的滤波器组输出对于阴影和影调不变。

15.4.5 滤波器组特性小结

与 MR8 相似，基于彩色的滤波器组 MR8-NC 和 MR8-INC 涉及全局彩色归一化。换句话说，归一化取决于图像的内容。因此，（内容）凌乱将会影响归一化。这使得 MR8-NC 和 MR8-INC 的输出是与**场景相关**的。与此相反，在 MR8-LINC 和 MR8-SLINC 中采用的局部归一化与场景无关，而仅与实际彩色值**局部相关**。

此外，**滤波器组**可以根据其不变程度进行排序。MR8-SLINC 是最不变的，因为它的彩色通道旨在消除强度变化。MR8 和 MR8-NC 分别有强度和彩色变化，但是它们丢弃了均值和方差。MR8-LINC 保留了更多的强度和彩色变化，因为它会局部丢弃由于强度波动而引起的变化。最后，MR8-INC 的不变性比 MR8-LINC 小，因为它仅丢弃由于强度波动而引起的全局变化。

15.5 彩色不变码本和特定材料的适应

在本节中，我们考虑从几个滤波器组构建彩色不变量码本，以及在材料特定设置中应用这些码本的方法。首先，我们将彩色不变滤波器组形式化如下：MR8-X = {MR8-X[0], MR8-X[1], MR8-X[2]}，其中 X ∈ {NC, INC, LINC, SLINC}。我们为每个彩色通道 MR8-X[i]学习一个码本，其中 $i \in \{0, 1, 2\}$。对于码本的构建，我们遵循利用滤波器组输出的 K-均值聚类来学习纹理基元的通用方案[262][285][298][305]。我们考虑从材料图像的学习集合中随机抽取的一组 20 幅图像。每幅图像都由一个 MR8-X[i]滤波器组进行滤波，并且从每幅滤波图像中，我们存储 10 个聚类中心。这样的结果是，对于每个滤波器组 MR8-X[i]，我们获得了 200 个纹理基元的码本。对于全部 MR8-X 滤波器组，我们获得了 3 个长度为 200 的码本。为了与单通道 MR8 滤波器组进行公平比较，每幅学习图像存储 30 个而不是 10 个聚类中心，从而将 MR8 码本的长度增加到 600。

为了用码本表示图像，在将滤波器输出映射到相应的码本并计数最相似的事件之前，首先用每个彩色通道滤波器组 MR8-X[i]对其进行滤波。对于每个 MR8-X[i]，获得长度为 200 的直方图；因此对于 MR8-X，获得了 3 个直方图。在串联每个彩色通道的直方图之后，获得了长度为 600 的直方图，它对应于整个滤波器组 MR8-X。图 15.9 概括了码本的表达形式。

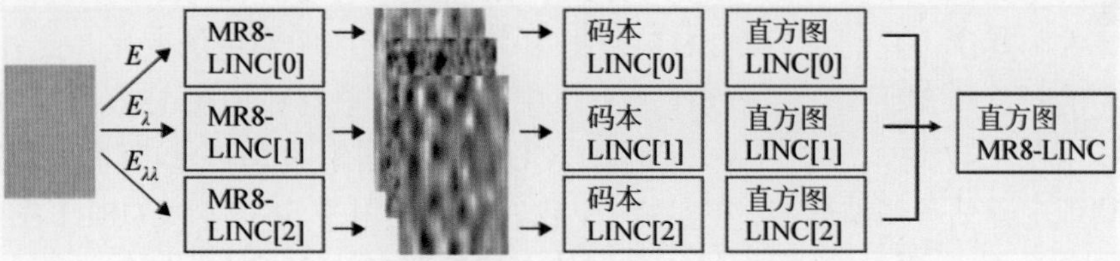

图 15.9 彩色码本方法，其中 3 个彩色通道被分别滤波并用直方图表示。随后，将直方图合并为一个。资料来源：经许可转载，©2009 年 Elsevier

如上所述，彩色码本表达的局限性在于，通过使用单个直方图进行度量比较，所以彩色通道的鉴别力被平均了。例如，对于给定的材料，强度信息可能不如彩色信息那么独特。彩色通道中信息的平均可能导致错误的材料分类。图 15.10(a)示例了对误认为与粉红色材料相似的蓝色材料图像的错误分类。

为了克服 3 个彩色通道直接组合的有限分辨力，我们从在单个彩色通道的级别开始对材料进行分类，并优先考虑其独特的组合。图 15.10(b)说明了使用第 3 个彩色通道中的信息可将蓝色材料与粉红色材料很好地分开。

我们建议在每个滤波器组的每个彩色通道中训练一个分类器，以将一种材料与所有其他材料区分开。因此，对于 I 个滤波器组，$F_{1 \cdots I}$和 J 个彩色通道 $c_{1 \cdots J}$，我们得到 $I \times J$ 个分类器。使用 N 种材料，每个分类器输出 N 个后验概率。通过此过程，第一个分类器阶段

将生成 $I \times J \times N$ 个值。

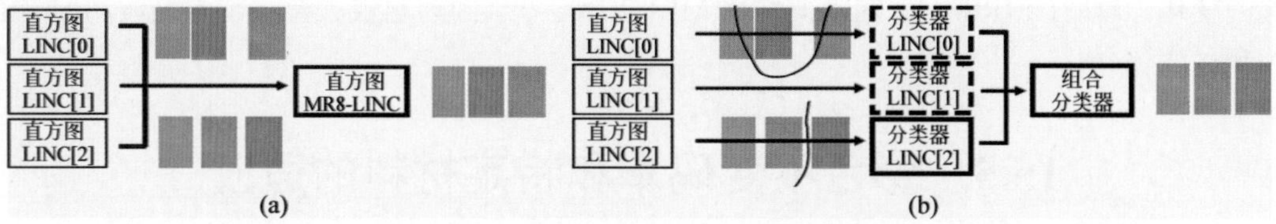

图 15.10 将相同材料的两幅图像与另一种材料的一幅图像分离。(a)中的固定表达法无法正确区分两者，而(b)中的材料特定的表达法则可以区分两者（第三彩色通道）。资料来源：经许可转载，©2009 年 Elsevier

在组合阶段，使用为每幅实物图像获得的 $I \times J \times N$ 值训练一个分类器。与所有分类器相比，该分类器从各个分类器分配给每种材料的后验概率中学习鉴别函数。这样的结果是，组合的分类器隐式地学习了特定材料最独特的滤波器组和彩色通道。为了从特定于材料的鉴别函数中明确推断出信息，该函数提供了对于给定材料而言最独特的滤波器和彩色表达的组合，我们为每种材料确定单个分类器的输出中哪一个最接近组合分类器的鉴别函数。该度量表明了特定滤波器组对于给定材料分类的重要性。

15.6 实　　验

在实验中，我们评估了彩色滤波器组及其组合。我们考虑了两个数据集，以覆盖可以观察到的各种实际材料和成像条件。首先，我们考虑众所周知的 CURET 数据集[282]。该数据集使我们能够在变化的成像条件下（即，照明方向和相机视点的变化）测试鲁棒性。对于基于彩色的方法，一个关键问题是该方法对由于照明彩色变化而导致的图像彩色变化是否具有鲁棒性。其次，我们认为 ALOT 数据集[297]也包括照明彩色的变化。此外，该数据集包含更多的彩色和 3-D 变化。ALOT 数据集中包含的一些材料如图 15.6 所示，而一些测试图像则显示在 15.7 中。总的来说，我们在 CURET 数据集的 61 个纹理和 ALOT 数据集的 200 个纹理上评估了滤波器组。在实验中，我们总共使用了 5612 幅 CURET 图像和 7200 幅 ALOT 图像。对于 CURET 数据集，我们使用与参考文献[285]中相同的训练、测试和纹理基元学习集合。对于 ALOT 数据集，这些集合可以在 ALOT 数据库的网站上公开获得。

在实验中，纹理基元的数量始终设置为 200（如参考文献[285]中所示）。对于单独的分类器和组合的分类器，我们分别优选最近均值分类器（欧氏距离）和线性贝叶斯正态分类器，因为它们的效果最佳。

15.6.1 使用彩色不变码本的材料分类

当随机选择学习图像时，我们通过建立分类准确度来开始性能评估。该实验表明了每个彩色滤波器组的鉴别力和鲁棒性。我们将原始 MR8 滤波器组作为基线比较。我们考虑超过 1000 次重复（随机选择）的分类准确性的均值和标准差。

在图 15.11(a)和图 15.11(b)中，分别显示了 CURET 数据集和 ALOT 数据集的识别结果。我们首先讨论 CURET 数据集的结果。与不变性较小的 MR8-INC 滤波器组和 MR8-LINC

滤波器组相比，具有最大不变性的滤波器组 MR8、MR8-NC 和 MR8-SLINC 的性能有所下降。MR8 的性能比 MR8-NC 和 MR8-SLINC 的性能好一些，因为最近均值分类器将所有重点放在强度信息上。对于 MR8-NC 和 MR8-SLINC，最近均值分类器的重点放在彩色通道上。MR8-LINC 滤波器组的性能优于 MR8-INC 的性能，因为它通过局部处理提供了更好的强度变化效果的近似值。

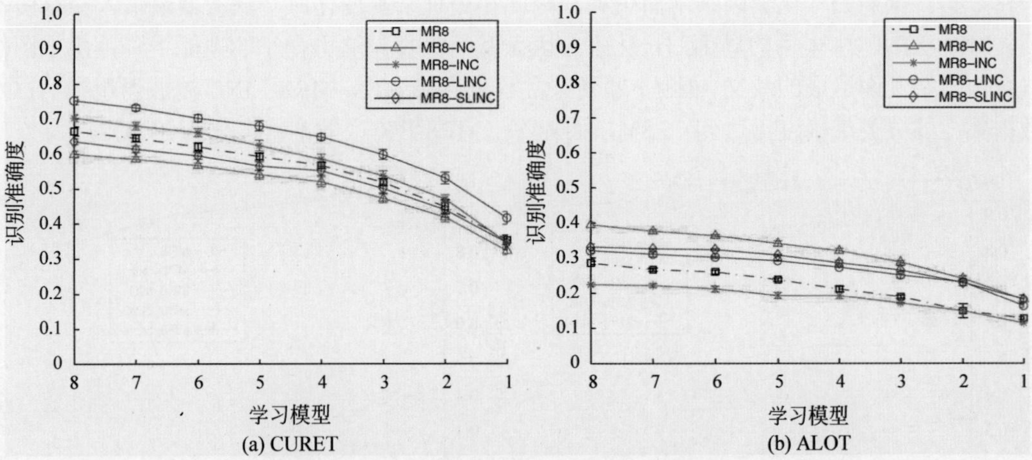

图 15.11　各种滤波器组的材料识别准确度，随机选择的图像的来自(a) CURET 数据集和(b) ALOT 数据集。竖线条表示超过 1000 次重复的标准偏差

不出所料，对 ALOT 数据集来说，滤波器组的性能是不同的，因为该数据集包含更多的彩色和 3-D 变化。严重的 3-D 变化会导致强度发生变化，以至无法在全局范围内很好地进行估算。这解释了 MR8-INC 滤波器组的低性能。同时，如果使用更多彩色的材料，对图像彩色进行全局归一化就更有意义：图像中的局部彩色变化得到保持，尽管彼此之间是相对的。同样，跨材料的严重 3-D 变化会导致其外观在不同照明条件下发生显著改变。保持彩色变化，而又保持不变性，可以解释 MR8-NC 滤波器组的良好性能。MR8-INC 滤波器组和 MR8-LINC 滤波器组的不变性较小，因此它们的性能比 MR8-NC 滤波器组差一些。MR8-INC 滤波器组和 MR8-LINC 滤波器组保持的独特彩色信息说明了它们与 MR8 滤波器组相比有更好的性能。

15.6.2　材料图像的彩色-纹理分割

分割由各种材料组成的图像是一个具有挑战性的问题。

在这里，我们第一步考虑由两个相邻的材料纹理组成的图像的分割性能。在此实验中，我们评估了基于彩色的滤波器组 MR8、MR8-NC、MR8-INC 和 MR8-LINC 对此类杂乱图像的敏感性。

首先，我们为每种纹理随机选择一幅学习图像。其次，我们通过将学习图像与随机选择的另一种纹理图像拼接起来以模拟杂乱图像。对于第一幅杂乱的测试图像，原始与杂乱的百分比为 90%对 10%。为了模拟各种程度的杂乱，我们其后将这个百分比逐步提高到 40%（注意：使用 50%时，分割将取决于机遇）。杂乱的图像可在 ALOT [297]数据库的网站上公开获得。出于泛化的目的，我们使用先前实验中的纹理基元字典（即，我们不会从杂乱的图像中学习新的纹理基元）。

图 15.12 显示了在 CURET 数据集和 ALOT 数据集上随图像越来越杂乱而得到的结果。在各种程度的杂乱情况下，MR8-LINC 滤波器组的性能明显优于其他滤波器组 MR8、MR8-NC 和 MR8-INC。MR8、MR8-NC 和 MR8-INC 的性能较低是由于它们采用了全局归一化方案。全局归一化会因杂乱而失真，因此在处理杂乱变化时，滤波器组输入会有所不同。MR8-LINC 中采用的局部归一化不会因杂乱而失真。这里很小的性能下降是由于图像本身由于杂乱而造成的歧义。但是，即使杂乱程度达到 40%，MR8-LINC 滤波器组在 ALOT 数据集上的分类准确度仍达到 75.5%，而亚军（MR8-INC）的准确度仅为 39.0%。

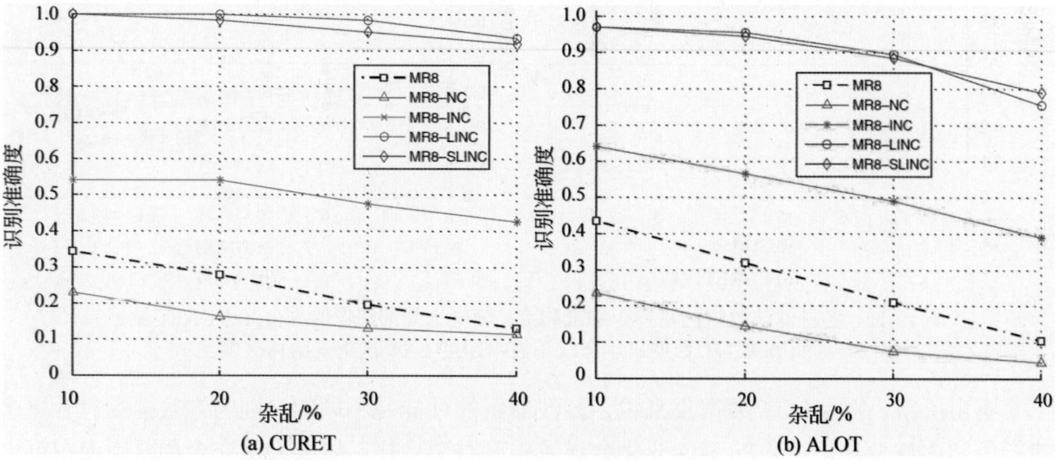

图 15.12 (a) CURET 数据集和(b) ALOT 数据集的图像越来越杂乱时，各种滤波器组的材料识别准确度

各个滤波器组的结果总结如下。从前面的两个实验中，我们可以得出结论，局部不变的 MR8-LINC 和 MR8-SLINC 滤波器组对杂乱的影响非常鲁棒，并且在不同的数据集上表现良好。在 CURET 数据集（有限的 3-D 变化）上，MR8-LINC 表现最佳，MR8-SLINC 表现第二好。在 ALOT 数据集（严重的 3-D 变化）上 MR8-SLINC 表现最佳，MR8-LINC 表现第二好。

15.6.3 使用自适应彩色不变量码本的材料分类

由于 MR8-LINC 和 MR8-SLINC 在不同的数据集上表现良好，并且考虑到数据集包含非常不同的材料类型，因此在此实验中我们要确定将每个滤波器组调整为针对特定材料是否有益。

如预期的那样，图 15.13(a)和图 15.13(c)表示通过组合 MR8-LINC 和 MR8-SLINC 滤波器组可以提高分类准确度。对于 CURET 数据集，MR8-LINC 的分类准确度几乎达到饱和，为 0.96，而组合实现了 2%的小幅改善。对于 ALOT 数据集，性能从 0.35 提高到 0.42，大幅改善了 19.8%。

确实，如图 15.13(b)和图 15.13(d)所示，每种材料的最独特的滤波器组在数据集中以及各个材料之间都有很大的不同。CURET 数据集包含许多结构相似的材料。因此，强度变化尽管具有很高的鉴别力（请参见先前的实验），但并不是最具鉴别力的。更确切地说，彩色信息最具鉴别力，因为滤波器的彩色通道通常最独特。滤波器组中不随阴影和影调变化的 MR8-LINC 具有 56%的独特性。大多数 CURET 材料都是单色的，因此彩色信息是独特的。对于单色材料，在丢弃阴影和影调变化时会丢失太多信息。因此，阴影和影调不变滤波器组 MR8-SLINC 在少数情况下最独特，占 27%。

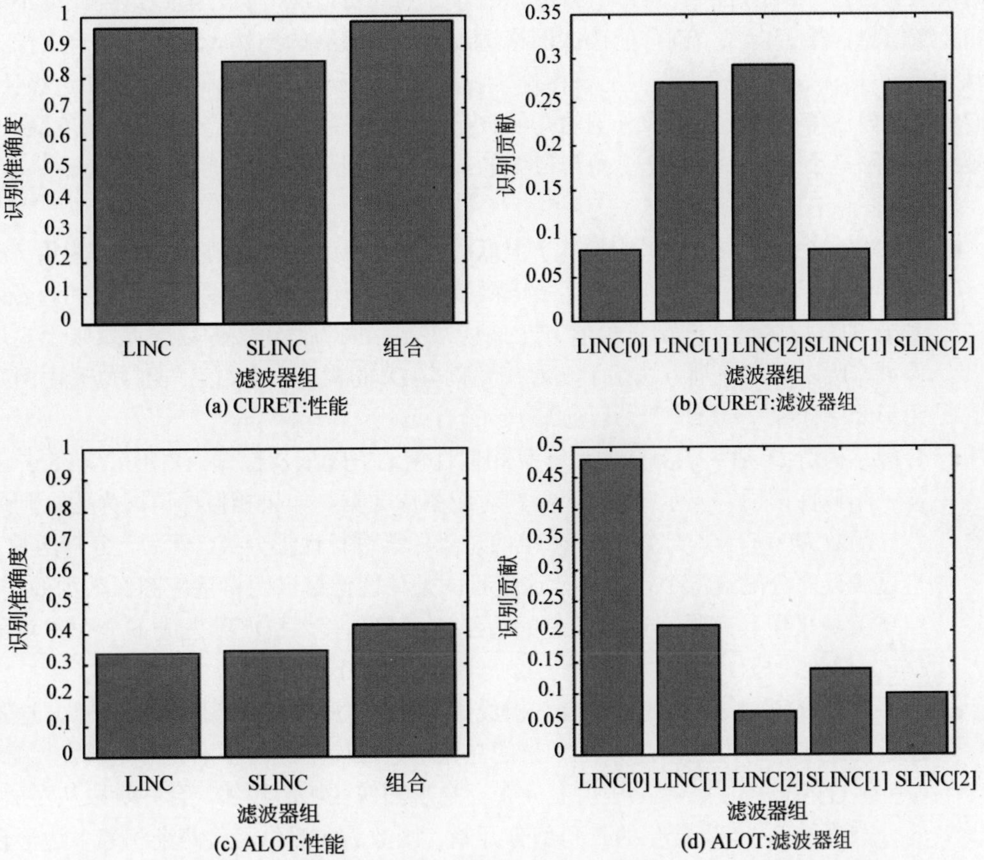

图 15.13 对于(a) CURET 数据集和(c) ALOT 数据集，性能最佳的滤波器组及其组合的材料识别准确度。对于(b)和(d)，百分比表示特定滤波器组成为最独特的频率

对于 ALOT 数据集，由于滤波器组调整而导致的性能改善非常明显。由于此数据集包含更多的材料特性变化，并且由于包含的材料更多，因此结果的推广效果更好。对于 ALOT，最独特的滤波器组对应强度信息。这可以借助以下事实解释：强度变化而不是彩色变化是影响材料外观的主要因素[296]。滤波器组中的阴影和影调信息不变，MR8-LINC 具有 28%的独特性。阴影和影调不变滤波器组 MR8-SLINC 具有 25%的独特性。我们得出的结论是，MR8-LINC 和 MR8-SLINC 分别能够对大量而不同的材料进行区分。

最后，我们强调，从 ALOT 数据集中识别材料显然是一个尚未解决的问题。在这里，我们展示了将具有不变特性的滤波器组借助自动调整到具有不同物理特性的单个材料的优点。

15.7 基于德劳内三角剖分的图像分割

到目前为止讨论的方法是基于局部属性的，因为可以通过局部滤波器进行估计。作为替代方法，可以通过在更长的轮廓上整合边缘证据来设计更区域化的分割。在本节中，将讨论采用德劳内（Delaunay）三角剖分进行图像分割的自适应方案。通过组合光度不变区域和边缘信息，德劳内三角剖分的镶嵌网格适用于图像数据的结构。为了达到对成像条件（例如阴影、影调、照明和高光）的鲁棒性，我们使用了光度不变相似性度量和边缘计算。我们将德劳内三角剖分视为图像分割的几何数据结构。德劳内三角剖分将最小角度最大化，将最大外接圆最小化，并将每个三角形最大的最小封闭圆最小化。

自适应图像分割方法如下：

- **初始化**：令 D^j 表示在 $\mathbb{R}^2$ 中插入 j 个点后的增量德劳内三角剖分。令 d_i^j 为第 j 次三角剖分的第 i 个三角形。此外，考虑函数 g：$\mathbb{R}^2 \to \mathbb{R}$ 定义图像表面 $g(x, y)$。$g_i^j(x, y)$ 是 g 的紧凑区域，它由三角形 d_i^j 的顶点界定。因为假定图像数据点仅限于矩形图像域，所以图像分割方法始于初始三角剖分 D^0 的构建，初始三角剖分 D^0 由两个三角形 d_i^0 组成，$i=1$ 或 2，其顶点为 g 的角点。
- **分裂**：构造 D^0 后，该算法通过计算相似性谓词 $H(\bullet)$依次检查三角形 d_i^j。在 g_i^j 上定义了相似性谓词，表示三角形 d_i^j 的对应图像数据。如果相似性谓词为假，则通过差异函数 $D(\bullet)$基于局部邻域对 g_i^j 中的边缘像素进行地形分类。然后，分割函数 $S(\bullet)$将过渡误差分配给每个边缘点。这里目的是使图像镶嵌网格适应图像数据的结构。结果就是采用具有最小**过渡误差**的边缘点并将其输入 D^j 以生成下一个三角剖分 D^{j+1}。分裂阶段一直持续到所有三角形都满足 $H(\bullet)$。
- **合并**：令 R_i 为在 $\mathbb{R}^2$ 中的点集合，构成第 i 个多边形并具有相应的 $r_i \subset \mathbb{R}^2$，这是通过合并最终德劳内三角剖分（D^N）的三角形区域而形成的平面紧凑区域。实际上，$r_i = g_1^N \cup g_2^N \cup \cdots \cup g_n^N$，其中所有 n 个三角形图像区域都相邻。合并阶段从对所有 i 的分割阶段 $R_i = d_i^N$ 产生的三角剖分开始。函数 $H(\bullet)$提供了将两个相邻多边形合并为一个的准则。

该算法由函数 $H(\bullet)$、$D(\bullet)$和 $S(\bullet)$确定。

15.7.1 基于光度彩色不变性的同质性

为了提供针对成像条件（例如照明、影调、高光和相互反射）的鲁棒性，使用了在 4.4.1 节中已讨论过的光度学彩色不变量：

$$c_1(R,G,B) = \arctan\left(\frac{R}{G}\right) \tag{15.14}$$

$$c_2(R,G,B) = \arctan\left(\frac{R}{B}\right) \tag{15.15}$$

$$c_3(R,G,B)=\arctan\left(\frac{G}{B}\right) \tag{15.16}$$

其中 R、G 和 B 是彩色摄像机的红色、绿色和蓝色通道。

$c_1c_2c_3$ 对摄像机视点、物体姿势以及入射光方向和强度的变化在很大程度上不敏感。此外，当阴影对应于强度变化时（通常是这种情况），$c_1c_2c_3$ 对阴影也不敏感。当阴影的彩色强烈时，$c_1c_2c_3$ 并不是阴影不变的。

此外，我们专注于（请参阅 4.4.2 节）

$$l_1(R,G,B)=\frac{|R-G|}{|R-G|+|B-R|+|G-B|} \tag{15.17}$$

$$l_2(R,G,B)=\frac{|R-B|}{|R-G|+|B-R|+|G-B|} \tag{15.18}$$

$$l_3(R,G,B)=\frac{|G-B|}{|R-G|+|B-R|+|G-B|} \tag{15.19}$$

它们在白色照明或白平衡相机的限制下，对高光也不敏感。

15.7.2　基于相似谓词的同质性

首先，当对区域观察到的彩色不变量值可以通过在彩色不变空间中用具有均值和标准偏差（由于噪声引起）的高斯分布近似时，可以定义区域 R 的均匀性。如果标准偏差低于预定阈值，则认为区域 R 是均匀的。再次，通过对均匀着色的区域（例如，从 5 × 5 模板得到）应用最小二乘拟合来估计图像中的平均噪声标准偏差 $\hat{\sigma}$ 。然后，返回布尔值的相似性谓词 $H(\bullet)$由下式给出：

$$H(R)=\begin{cases}\text{真}, & \text{如果}\varepsilon\leqslant\hat{\sigma}\\ \text{假}, & \text{其他}\end{cases} \tag{15.20}$$

如果区域 R 的彩色不变量值构成高斯分布，并且在噪声标准偏差的限制之内，则认为 R 是均匀的。

15.7.3　差异测度

在本节中，给出计算矢量图像中梯度的原理方法，如 di Zenzo [234]所述，并在第 13 章中进行了讨论，其摘要如下。

令$\Theta(x_1,x_2)$: $\mathbb{R}^2\to\mathbb{R}^m$ 是 m 通道图像，具有分量$\Theta_i(x_1,x_2)$: $\mathbb{R}^2\to\mathbb{R}$，其中 $i=1,2,\cdots,m$。对于彩色图像，我们有 $m=3$。因此，在给定的图像位置，图像值是$\mathbb{R}^m$ 中的矢量。相邻近的两个点 $P=(x_1^0,x_2^0)$和 $Q=(x_1^1,x_1^2)$处的差由$\Delta\Theta=\Theta(P)-\Theta(Q)$给出。考虑无穷小位移，该差分变为微分 $\mathrm{d}\Theta=\sum_{i=1}^{2}\frac{\partial\Theta}{\partial x_i}$，其平方范数由下式给出

$$\mathrm{d}\Theta^2=\sum_{i=1}^{2}\sum_{k=1}^{2}\frac{\partial\Theta}{\partial x_i}\frac{\partial\Theta}{\partial x_k}\mathrm{d}x_i\mathrm{d}x_k=\begin{bmatrix}\mathrm{d}x_1\\ \mathrm{d}x_2\end{bmatrix}^{\mathrm{T}}\begin{bmatrix}g_{11} & g_{12}\\ g_{21} & g_{22}\end{bmatrix}\begin{bmatrix}\mathrm{d}x_1\\ \mathrm{d}x_2\end{bmatrix} \tag{15.21}$$

其中 $g_{ik}:=\partial\Theta/\partial x_i\cdot\partial\Theta/\partial x_k$ 和二次形式的极值是在矩阵$[g_{ik}]$的特征向量方向上获得的，这些位置处的值与下式给出的特征值相对应

$$\lambda_{\pm}=\frac{g_{11}+g_{22}\pm\sqrt{(g_{11}-g_{22})^2+4g_{12}^2}}{2} \tag{15.22}$$

对应的特征向量由$(\cos\theta_{\pm},\sin\theta_{\pm})$给出，其中$\theta_{+}=0.5\arctan[2g_{12}/(g_{11}-g_{22})]$和$\theta_{-}=\theta_{+}+\pi/2$。因此，在给定图像位置的最小和最大变化的方向分别由特征向量θ_{-}和θ_{+}表示，而相应的幅度分别由特征值λ_{-}和λ_{+}给出。请注意，λ_{-}可能不为零，并且多值边缘的强度应该通过λ_{+}与λ_{-}的比较方式来表示，例如，用 Sapiro 和 Ringach [241]提出的减法$\lambda_{+}-\lambda_{-}$来表示。

然后，RGB 的彩色梯度如下：

$$\nabla C_{\text{RGB}}=\sqrt{\lambda_{+}^{\text{RGB}}-\lambda_{-}^{\text{RGB}}} \tag{15.23}$$

其中 $\lambda_{\pm}^{\text{RGB}}=\left[g_{11}^{\text{RGB}}+g_{22}^{\text{RGB}}\pm\sqrt{(g_{11}^{\text{RGB}}-g_{22}^{\text{RGB}})^2+4(g_{12}^{\text{RGB}})^2}\right]/2$，而 $g_{11}^{\text{RGB}}=\left|\frac{\partial R}{\partial x}\right|^2+\left|\frac{\partial G}{\partial x}\right|^2+\left|\frac{\partial B}{\partial x}\right|^2$，$g_{22}^{\text{RGB}}=\left|\frac{\partial R}{\partial y}\right|^2+\left|\frac{\partial G}{\partial y}\right|^2+\left|\frac{\partial B}{\partial y}\right|^2$，$g_{12}^{\text{RGB}}=\frac{\partial R}{\partial x}\frac{\partial R}{\partial y}+\frac{\partial G}{\partial x}\frac{\partial G}{\partial y}+\frac{\partial B}{\partial x}\frac{\partial B}{\partial y}$，这里偏导数是通过高斯平滑导数计算的。

接下来，可由下式得出无光泽目标的彩色不变梯度（基于 $c_1c_2c_3$）：

$$\nabla C_{c_1c_2c_3}=\sqrt{\lambda_{+}^{c_1c_2c_3}-\lambda_{-}^{c_1c_2c_3}} \tag{15.24}$$

其中 $\lambda_{\pm}^{c_1c_2c_3}=\left[g_{11}^{c_1c_2c_3}+g_{22}^{c_1c_2c_3}\pm\sqrt{(g_{11}^{c_1c_2c_3}-g_{22}^{c_1c_2c_3})^2+4(g_{12}^{c_1c_2c_3})^2}\right]/2$，而 $g_{11}^{c_1c_2c_3}=\left|\frac{\partial c_1}{\partial x}\right|^2+\left|\frac{\partial c_2}{\partial x}\right|^2+\left|\frac{\partial c_3}{\partial x}\right|^2$，$g_{22}^{c_1c_2c_3}=\left|\frac{\partial c_1}{\partial y}\right|^2+\left|\frac{\partial c_2}{\partial y}\right|^2+\left|\frac{\partial c_3}{\partial y}\right|^2$，$g_{12}^{c_1c_2c_3}=\frac{\partial c_1}{\partial x}\frac{\partial c_1}{\partial y}+\frac{\partial c_2}{\partial x}\frac{\partial c_2}{\partial y}+\frac{\partial c_3}{\partial x}\frac{\partial c_3}{\partial y}$。

以类似的方式，我们建议有光泽目标的彩色不变梯度（基于 $l_1l_2l_3$）可由下式给出：

$$\nabla C_{l_1l_2l_3}=\sqrt{\lambda_{+}^{l_1l_2l_3}-\lambda_{-}^{l_1l_2l_3}} \tag{15.25}$$

其中 $\lambda_{\pm}^{l_1l_2l_3}=\left[g_{11}^{l_1l_2l_3}+g_{22}^{l_1l_2l_3}\pm\sqrt{(g_{11}^{l_1l_2l_3}-g_{22}^{l_1l_2l_3})^2+4(g_{12}^{l_1l_2l_3})^2}\right]/2$，而 $g_{11}^{l_1l_2l_3}=\left|\frac{\partial l_1}{\partial x}\right|^2+\left|\frac{\partial l_2}{\partial x}\right|^2+\left|\frac{\partial l_3}{\partial x}\right|^2$，$g_{22}^{l_1l_2l_3}=\left|\frac{\partial l_1}{\partial y}\right|^2+\left|\frac{\partial l_2}{\partial y}\right|^2+\left|\frac{\partial l_3}{\partial y}\right|^2$，$g_{12}^{l_1l_2l_3}=\frac{\partial l_1}{\partial x}\frac{\partial l_1}{\partial y}+\frac{\partial l_2}{\partial x}\frac{\partial l_2}{\partial y}+\frac{\partial l_3}{\partial x}\frac{\partial l_3}{\partial y}$。

15.7.4 分割结果

图 15.14(a)显示了一幅有几个目标的图像，背景由四个正方形组成。图像的尺寸为 256×256 像素。图像由 SONY XC-003P 和 Matrox Magic Color 图像采集卡记录。数字化以每种彩色 8 位完成。两种平均日光彩色的光源用于照亮场景中的目标。图像明显地被阴影、影调、高光和相互反射所污染。当一个目标接收到其他目标的反射光时，就会发生相互反射。

在图 15.15(a)中，显示了从具有非最大抑制的 RGB 图像获得的边缘，$\sigma_g = 1.0$ 被用于基于高斯的模糊导数。显然，边缘是由突变的表面朝向、阴影、相互反射和高光引入的。与此相对，分别由$\nabla C_{c_1c_2c_3}$和$\nabla C_{l_1l_2l_3}$定义的$c_1c_2c_3$和$l_1l_2l_3$所计算出的边缘如图 15.15(b)和图 15.15(c)所示，它们对阴影、表面朝向变化和高光（仅$\nabla C_{l_1l_2l_3}$）不敏感。

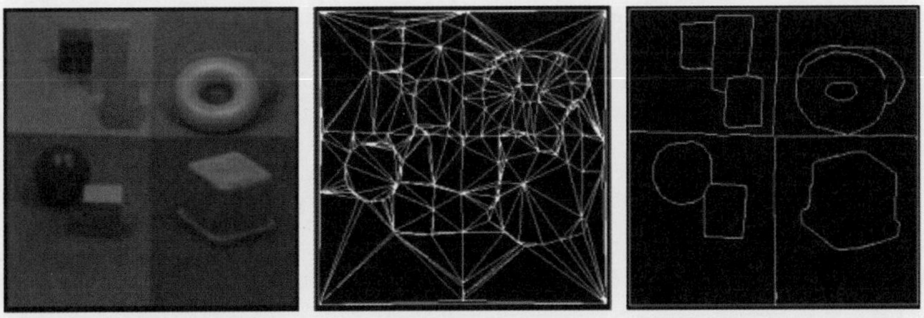

(a)　(b)　(c)

图 15.14　(a)首先记录的彩色图像；(b)基于德劳内剖分的剖分结果；(c)基于区域分割方法的最终分割结果。来源：经许可转载，©2002 年 IEEE

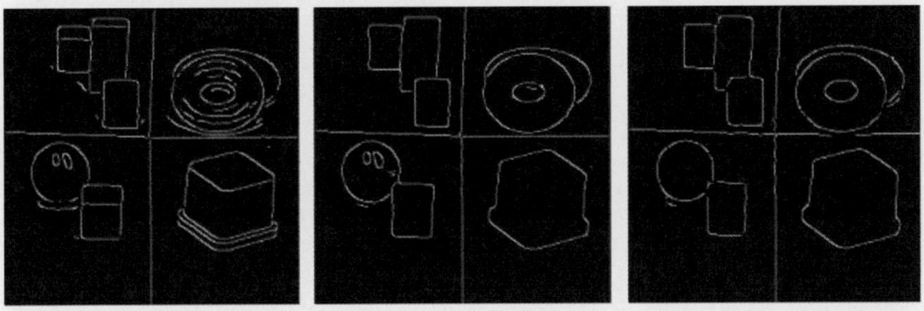

图 15.15　从图 15.14(a)中所示的首先记录的彩色图像计算出的各种彩色模型的边缘图。(a)基于具有非最大抑制 RGB 梯度场∇C_{RGB}的边缘图；(b)基于具有非最大抑制 $c_1c_2c_3$ 梯度场$\nabla C_{c_1c_2c_3}$的边缘图；(c)基于具有非最大抑制 $l_1l_2l_3$ 梯度场$\nabla C_{l_1l_2l_3}$的边缘图

为了避免边缘组合以获得具有闭合轮廓的合理轮廓线，将 $l_1l_2l_3$ 边缘图用作基于区域的分割方法的输入。回到在图 15.14(a)中记录的彩色图像。通过对均匀着色区域（5×5 模板）应用最小二乘拟合来估算平均噪声标准偏差。测得的平均噪声标准偏差为$\sigma = 3.1$，并用作相似性谓词 $H_C(\bullet)$的阈值。剖分结果如图 15.14(b)所示。最终的分割结果如图 15.14(c)所示。尽管成像过程会导致各种辐射和几何变化，但区域轮廓却与材料边界整齐地对应。

15.8　本章小结

在本章中，我们讨论了图像分割和材料识别的方案。本章将高斯彩色测量的理论从第 6 章扩展到盖伯滤波，可有效地进行纹理分割和分类。此外，我们应用了各向异性不变的彩色滤波器组来识别单幅图像中的材料。最后，展示了一种更加区域化的策略，其中通过基于德劳内的图像三角剖分将彩色不变信息整合到图像的轮廓中。这后一种方法展示了用于分割彩色图像边缘内容的全局分析方法，而不是先前的完全局部化的滤波器组方法。

第5部分

应　用

第 16 章　目标和场景识别

包含Koen E. A. van de Sande和Cees G. M. Snoek的贡献*

图像类别识别对于访问有关目标（建筑物、汽车等）级别和场景类型（室外、植被等）的视觉信息非常重要。通常，用于图像[300, 306-308]和视频[309-310]的类别识别系统使用基于图像描述的机器学习来区分目标和场景类别。在第 13 章中，已经讨论了检测对于平移、旋转和缩放不变的显著点的方法。此外，第 14 章介绍了不同的彩色描述符。由于存在许多不同的描述符，因此在图像类别识别的背景下，需要对彩色不变描述符进行结构化的概述。

因此，本章给出对不同彩色描述符的不变属性和独特性的概述。使用基于对光度变换具有不变性的分类法来探索彩色描述符的解析不变性，并使用来自图像域[311]和视频域[312]的两个基准进行实验评估。这些基准本质上有很大不同：图像基准由消费者照片组成，而视频基准由新闻广播视频中的关键帧组成。

本章安排如下。在 16.1 节中，重新讨论了对角模型，以提供具有光度不变性的分类法。然后，在 16.2 节中，给出了对不同彩色描述符及其不变特性的讨论。然后，将彩色描述符应用于目标和场景分类的上下文中。

16.1　对 角 模 型

在第 3 章中，引入了对角模型，该模型对光源变化时相机响应的变化进行建模：

$$\begin{bmatrix} R_c \\ G_c \\ B_c \end{bmatrix} = \begin{bmatrix} a & 0 & 0 \\ 0 & b & 0 \\ 0 & 0 & c \end{bmatrix} \begin{bmatrix} R_u \\ G_u \\ B_u \end{bmatrix} \tag{16.1}$$

可以写成如下的简短形式：

$$\boldsymbol{f}_c = \boldsymbol{D}_{u,c}\,\boldsymbol{f}_u \tag{16.2}$$

其中，$\boldsymbol{f}_u$ 是在未知光源下拍摄的图像，$\boldsymbol{f}_c$ 是在标准光源下拍摄时显示的图像，$\boldsymbol{D}_{u,c}$ 是对角矩阵，将在未知光源 u 下拍摄的彩色映射到它们在标准光源下的相应彩色 c。

为了包括漫射光项，将对角模型扩展了一个偏移量(o_1, o_2, o_3)，从而得到了对角偏移模型：

$$\begin{bmatrix} R_c \\ G_c \\ B_c \end{bmatrix} = \begin{bmatrix} a & 0 & 0 \\ 0 & b & 0 \\ 0 & 0 & c \end{bmatrix} \begin{bmatrix} R_u \\ G_u \\ B_u \end{bmatrix} + \begin{bmatrix} o_1 \\ o_2 \\ o_3 \end{bmatrix} \tag{16.3}$$

---

* 经许可，部分内容转载自：*Evaluating Color Descriptors for Object and Scene Recognition*, by K.E.A. van de Sande, Th. Gevers and C.G.M. Snoek, in *IEEE Transactions on Pattern Analysis and Machine Intelligence*, Volume 32 (9), pp. 1582–1596, 2010. ©2010 IEEE.

基于对角模型和对角偏移模型（式(16.3)），可以将图像值$\boldsymbol{f}(\boldsymbol{x})$的 5 种常见变化分类。

第一，对于式(16.3)，当图像值在所有通道中以恒定因子变化时（$a=b=c$），则这等于**光强度变化**：

$$\begin{bmatrix} R_c \\ G_c \\ B_c \end{bmatrix} = \begin{bmatrix} a & 0 & 0 \\ 0 & a & 0 \\ 0 & 0 & a \end{bmatrix} \begin{bmatrix} R_u \\ G_u \\ B_u \end{bmatrix} \tag{16.4}$$

除了光源强度的差异外，光强度的变化还包括（无色）阴影和影调。因此，当描述符对于光强度变化是不变的时候，其相对于（光）强度也是**尺度不变**的。

第二，如果所有通道中图像强度值发生相等的偏移，即**光强度偏移**，则（其中$o_1=o_2=o_3$和$a=b=c=1$）将产生：

$$\begin{bmatrix} R_c \\ G_c \\ B_c \end{bmatrix} = \begin{bmatrix} R_u \\ G_u \\ B_u \end{bmatrix} + \begin{bmatrix} o_1 \\ o_2 \\ o_3 \end{bmatrix} \tag{16.5}$$

光强度的变化是由于漫射照明引起的，包括白光源的散射、白光源下的物体高光（表面的镜面分量）。当描述符不随光强度的偏移而变化时，称其相对于光强度**偏移不变**。

第三，可以将上述类别的变化更改组合在一起以对强度变化和移动进行建模：

$$\begin{bmatrix} R_c \\ G_c \\ B_c \end{bmatrix} = \begin{bmatrix} a & 0 & 0 \\ 0 & a & 0 \\ 0 & 0 & a \end{bmatrix} \begin{bmatrix} R_u \\ G_u \\ B_u \end{bmatrix} + \begin{bmatrix} o_1 \\ o_2 \\ o_3 \end{bmatrix} \tag{16.6}$$

对于这些变化具有鲁棒性的图像描述符是相对于光强度尺度不变和偏移不变的。

第四，在**完全对角模型**（允许$a \neq b \neq c$）中，图像通道独立地缩放：

$$\begin{bmatrix} a & 0 & 0 \\ 0 & b & 0 \\ 0 & 0 & c \end{bmatrix} \begin{bmatrix} R \\ G \\ B \end{bmatrix} \tag{16.7}$$

这样可以使图像中的**光彩色变化**。因此，此类变化可以对光源彩色和光散射等变化建模。

第五，除了完全对角模型提供的彩色变化（$a \neq b \neq c$）外，完全对角偏移模型还对任意偏移量（$o_1 \neq o_2 \neq o_3$）进行建模：

$$\begin{bmatrix} a & 0 & 0 \\ 0 & b & 0 \\ 0 & 0 & c \end{bmatrix} \begin{bmatrix} R \\ G \\ B \end{bmatrix} + \begin{bmatrix} o_1 \\ o_2 \\ o_3 \end{bmatrix} \tag{16.8}$$

这种类型的变化称为**光彩色变化和偏移**。

综上所述，根据照度变化的对角偏移模型，可以识别出 5 种常见变化，即光强度变化、光强度偏移、**光强度变化和偏移**、光彩色变化以及光彩色变化和偏移。

16.2 彩色 SIFT 描述符

在本节中，将介绍彩色描述符并总结其不变性。在前面的章节中已经讨论了基于直方图的彩色描述符，因此本节重点介绍基于 SIFT 的彩色描述符。有关描述符及其不变性的概述，请参见表 16.1。可以在参考文献[313]中找到更多信息。

表 16.1　描述符（16.2 节）相对于对角偏移模型及其特例（16.1 节）的不变性

	光强度变化 $\begin{bmatrix}a&0&0\\0&a&0\\0&0&a\end{bmatrix}\begin{bmatrix}R\\G\\B\end{bmatrix}$	光强度偏移 $\begin{bmatrix}R\\G\\B\end{bmatrix}+\begin{bmatrix}o_1\\o_2\\o_3\end{bmatrix}$	光强度变化和偏移 $\begin{bmatrix}a&0&0\\0&a&0\\0&0&a\end{bmatrix}\begin{bmatrix}R\\G\\B\end{bmatrix}+\begin{bmatrix}o_1\\o_2\\o_3\end{bmatrix}$	光彩色变化 $\begin{bmatrix}a&0&0\\0&b&0\\0&0&c\end{bmatrix}\begin{bmatrix}R\\G\\B\end{bmatrix}$	光彩色变化和偏移 $\begin{bmatrix}a&0&0\\0&b&0\\0&0&c\end{bmatrix}\begin{bmatrix}R\\G\\B\end{bmatrix}+\begin{bmatrix}o_1\\o_2\\o_3\end{bmatrix}$
RGB 直方图	–	–	–	–	–
O_1、O_2	–	+	–	–	–
O_3、强度	–	–	–	–	–
色调	+	+	+	–	–
饱和度	–	–	–	–	–
r、g	+	–	–	–	–
变换的彩色	+	+	+	+	+
SIFT(∇I)	+	+	+	–	–
HSV-SFIT	–	–	–	–	–
色调 SFIT	+	+	+	–	–
对立色 SIFT	+	+	+	–	–
彩色-SIFT	+	–	–	–	–
rgSIFT	+	–	–	–	–
变换的彩色 SIFT	+	+	+	+	+
RGB-SIFT	+	+	+	+	+

注：不变性以“ +”表示，缺乏不变性以“–”表示。描述符对条件 A 的独立性定义如下：在条件 A 下，描述符与条件 A 的变化无关。该独立性是在不发生彩色剪辑的假设下通过分析得出的。

- **SIFT**：Lowe [55]提出的 SIFT 描述符使用梯度方向直方图描述了区域的局部形状。图像的梯度是偏移不变的：取导数可以抵消偏移量（16.1 节）。在光强度变化（缩放强度通道）下，梯度方向和相对梯度大小保持不变。由于 SIFT 描述符已归一化，因此梯度幅度变化对最终描述符没有影响。由于强度通道是 R、G 和 B 通道的组合，因此 SIFT 描述符对于照明彩色的变化不是恒定的。为了计算 SIFT 描述符，使用 Lowe [55]描述的版本。
- **HSV-SIFT**：Bosch 等[314]在 HSV 彩色模型的所有 3 个通道上计算 SIFT 描述符。这样每个描述符具有 3 × 128 个维度，每个通道 128 个。如前所述，H 彩色模型相对于光强度是尺度不变和偏移不变的。但是，由于 HSV 通道的组合，完整的描述符不具有不变性。此外，这里没有解决低饱和度时色调的不稳定性。
- **色调 SIFT**：Van de Weijer 等[149]介绍了色调直方图与 SIFT 描述符的串联。与 HSV-SIFT 相比，加权色调直方图的使用解决了在灰度轴附近的色调不稳定性。由于色调直方图的直方条是独立的，因此解决了色调 SIFT 的色调通道的周期性。与色调直方图相似，色调 SIFT 描述符是尺度不变和偏移不变的。
- **对立色 SIFT**：对立色 SIFT 使用 SIFT 描述符描述了对立彩色空间中的所有通道。对立彩色空间已在第 3 章中由式(3.48) ～式(3.50)定义。O_3 通道中的信息等于强度信息，而其他通道描述图像中的彩色信息。这些其他通道确实包含了一些强度信息，但是由于 SIFT 描述符的归一化，它们对于光强度的变化是不变的。

- **彩色-SIFT**：在对立彩色空间中，O_1 和 O_2 通道仍包含一些强度信息。为了在强度变化中增加不变性，在 6.1.4 节和 14.1 节中讨论了 C 不变性，它消除了这些通道中剩余的强度信息。C-SIFT 描述符[258]使用 C 不变量，可以直观地将其视为归一化对立彩色空间中的 O_1/O_3 和 O_2/O_3。由于用强度相除，对角模型中的尺度被抵消，从而使 C-SIFT 的尺度相对于光强度不变。由于彩色空间的定义，偏移量在取导数时不会抵消：它不是偏移不变的。
- **rgSIFT**：对于 rgSIFT 描述符，为其添加了根据式(4.1)～式(4.3)中已归一化 RGB 彩色模型的 r 和 g 色度分量，该描述符已经是尺度不变的。
- **变换的彩色 SIFT**：对于变换后的彩色 SIFT，将与变换后的彩色直方图相同的归一化应用于 RGB 通道。对于每个归一化通道，都计算 SIFT 描述符。描述符是尺度不变的、偏移不变的、并且对于光彩色变化和偏移是不变的。
- **RGB-SIFT**：对于 RGB-SIFT 描述符，分别为每个 RGB 通道计算 SIFT 描述符。该描述符的一个有趣特性是其描述符的值对于不同的光度变换是不变的。由于 SIFT 描述符仅对导数进行操作，因此在变换后的彩色模型中减去均值是多余的，因为此偏移已通过采用导数而被抵消。类似地，已经通过 SIFT 描述符的矢量长度归一化隐式地执行了除以标准偏差的操作。

16.3 目标和场景识别

在本节中，根据对两个不同数据集（图像基准和视频基准）的鉴别能力，通过实验评估彩色描述符的**独特性**。

16.3.1 特征提取流水线

为了借助经验检验不同的彩色描述符，在尺度不变点处计算描述符[55, 300]。有关处理流程的概述，请参见图 16.1。在所示流程中，使用**哈里斯-拉普拉斯**点检测器在强度通道上获得尺度不变点。其他区域检测器，例如密集采样检测器、最大稳定的极值区域[315]和最大稳定的彩色区域[316]也可以嵌入其中。在实验中，使用哈里斯-拉普拉斯点检测器是因为它用

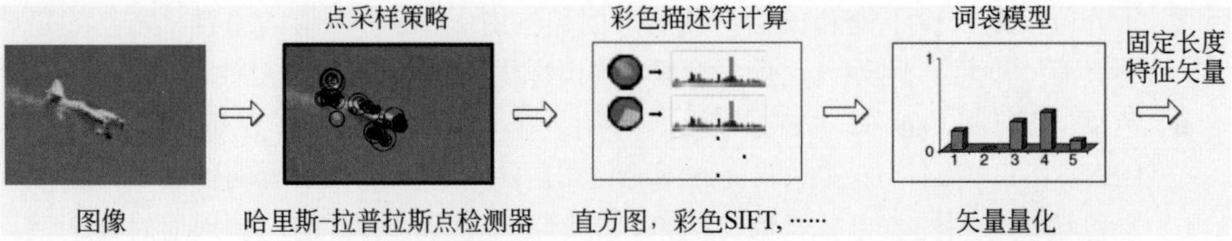

图 16.1 本章中使用的主要特征提取流水线的各个阶段。首先，将哈里斯-拉普拉斯显著点检测器应用于图像。然后，对于每个点，在其周围区域里计算一个彩色描述符。随后针对原型彩色描述符的码本对图像的所有彩色描述符进行矢量量化。这样产生表达图像的定长特征矢量。资料来源：经许可转载，©2010 IEEE

于类别识别具有良好的性能[300]。该检测器使用哈里斯角点检测器以找到潜在的尺度不变点。然后，它选择这些点中高斯-拉普拉斯算子在尺度上达到最大的子集。16.2 节中的彩色描述符是在这些点周围的区域上计算的。该区域的大小取决于高斯-拉普拉斯算子的最大尺度。

为了获得每个图像的固定长度特征向量，使用了词袋模型[262]。**词袋模型**也称为**纹理基元**[298]、**目标部件**[317]和**码本**[274][318]。词袋模型针对视觉码本对图像中的彩色描述符执行矢量量化。描述符被分配给在欧氏空间中最接近的码本元素。为了独立于图像中描述符的总数，将特征矢量归一化成总和为 1。通过对可用于训练的图像集中的 200 000 个随机采样的描述符使用 K-均值聚类来构造可视码本。在本章中，将使用具有 4000 个元素的可视码本。在执行点采样、彩色描述符计算和矢量量化之后，图像由固定长度的特征矢量表示。

16.3.2　分类

使用支持向量机（SVM）分类器进行**图像分类**。具有特征向量 $\boldsymbol{F}'$的测试样本的 SVM 分类器的决策函数具有以下形式

$$g(\boldsymbol{F}')=\sum_{\boldsymbol{F}\in\text{训练集}}\alpha_{\boldsymbol{F}}y_{\boldsymbol{F}}k(\boldsymbol{F},\boldsymbol{F}')-\beta \tag{16.9}$$

其中 $y_{\boldsymbol{F}}$ 是 $\boldsymbol{F}$(–1 or +1)的类别标签，α_{F} 是从训练样本 $\boldsymbol{F}$ 学习到的权重，$\boldsymbol{\beta}$是学习到的阈值，$k(\boldsymbol{F}, \boldsymbol{F}')$是基于$\chi^2$距离的核函数的值，其在**目标识别**中显示出良好的效果[300]：

$$k(\boldsymbol{F},\boldsymbol{F}')=\exp\left[-\frac{1}{D}\text{dist}\chi^2\left(\boldsymbol{F},\boldsymbol{F}'\right)\right] \tag{16.10}$$

其中 D 是标准化距离的标量。我们将 D 设置为训练集合中所有元素之间的平均χ^2距离。

LibSVM 实现被用于训练分类器。作为训练阶段的参数，将正类的权重设置为(#pos + #neg)/#pos，将负类的权重设置为(#pos + #neg)/#neg，其中#pos 是训练集中正实例的数量，#neg 是负实例的数量。使用三重交叉验证优化了代价参数，参数范围为 2^{-4}～2^4。

为使用多个特征，而不是依赖于单个特征，将内核函数以加权方式扩展为 m 个特征：

$$k\{\boldsymbol{F}_{(1)},\cdots,\boldsymbol{F}_{(m)}\}k\{\boldsymbol{F}'_{(1)},\cdots,\boldsymbol{F}'_{(m)}\}=\exp\left\{-\frac{1}{\sum_{j=1}^{m}w_j}\left[\sum_{j=1}^{m}\frac{w_j}{D_j}\text{dist}\left(\boldsymbol{F}_{(j)},\boldsymbol{F}'_{(j)}\right)\right]\right\} \tag{16.11}$$

其中，w_j 是第 j 个特征的权重，D_j 是第 j 个特征的归一化因子，$\boldsymbol{F}(j)$是第 j 个特征矢量。

使用多个特征的一个示例是空间金字塔[308]；如图 16.2 所示。使用空间金字塔时，将为图像的特定部分提取其他额外特征。例如，在图像的 2 × 2 细分中，为每幅图像的每个四分之一部分提取特征矢量，每个部分的权重为 1/4。类似地，由三个水平条组成的 1 × 3 细分又引入了三个新特征（每个特征的权重为 1/3）。在此设置下，整幅图像的特征矢量的权重为 1。

16.3.3　图像基准：PASCAL 视觉目标类挑战

PASCAL（视觉目标类（VOC））挑战[311]为比较**目标分类**系统提供了年度基准。**PASCAL-VOC** Challenge 2007 数据集包含 20 种不同目标类别的近 10 000 幅图像，例如，

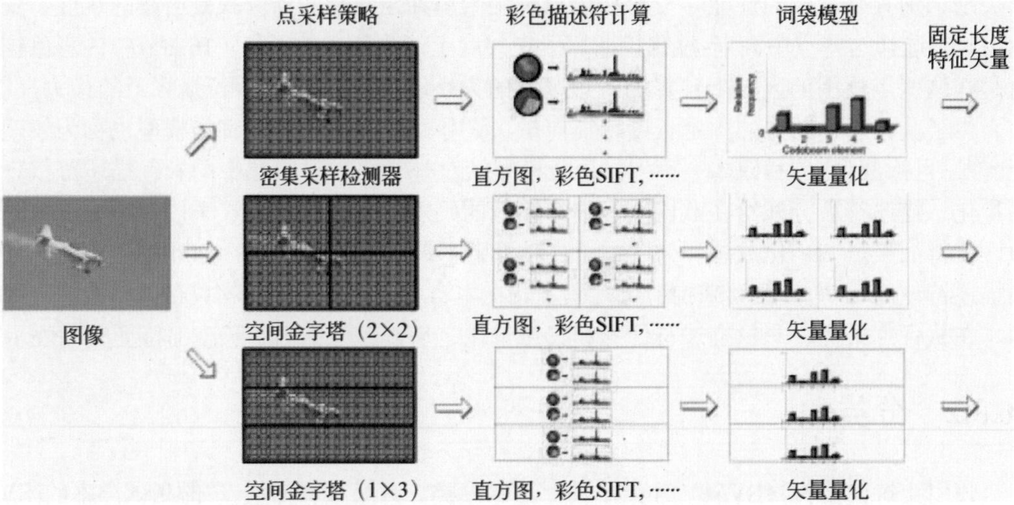

图 16.2 除了图 16.1 所示的主要流水线外，本章还使用了其他特征提取流水线。所示流水线是使用不同点采样策略或空间金字塔的示例[308]。空间金字塔为图像的特定部分构造特征矢量。对于每条流水线，首先，将点采样方法应用于图像；然后，对于每个点，在该点周围的区域计算一个彩色描述符。随后针对原型彩色描述符的码本对图像的所有彩色描述符进行矢量量化。这样产生表达图像的定长特征矢量。资料来源：经许可转载，©2010 IEEE

鸟类、瓶子、汽车、餐桌、摩托车和人。数据集分为预定义的训练集（5011 幅图像）和测试集（4952 幅图像）。

16.3.4 视频基准：Mediamill 挑战

Snoek 等人的 **Mediamill 挑战赛**[312]根据 NIST TRECVID 2005 基准[310]的训练集提供带注释的视频数据集。在此数据集上，已定义了可重复的实验。实验将自动类别识别分解为许多个组件，为此他们提供了标准的实现。这提供了一个分析哪些组件对性能影响最大的环境。

共有 86h 的数据集分为挑战训练集（数据的 70%或 30 993 个镜头）和挑战测试集（数据的 30%或 12 914 个镜头）。对每个镜头，挑战都会提供一幅代表性的关键帧图像。因此，完整的数据集包含 43 907 幅图像，每个视频镜头一幅。该数据集包含 2004 年 11 月以来的电视新闻，这些新闻在 6 个不同的电视频道上以 3 种不同的语言：英语、中文和阿拉伯语播放。在该数据集上，使用了 39 个 LSCOM-Lite 类别[319]。其中包括目标类别，例如飞机、动物、汽车和面孔，以及场景类别，例如沙漠、山脉、天空、城市和植被。

16.3.5 评价准则

对于我们的基准结果，将平均精确度用作确定排名类别识别结果准确度的性能指标。平均精确度是与精确度-召回率曲线下的面积成比例的单值度量。该值是所有被认为相关的图像/关键帧的精确度的平均值。因此，它将精确度和召回率结合为一个性能值。对于 PASCAL VOC Challenge 2007，官方标准是 11 点内插平均精确度，对于 **TRECVID**，官方标准是非内插平均精度。内插平均精度是非内插平均精确度的近似值。由于两者之间的差异通常很小，因此我们将遵循每个数据集的官方标准，并将其称为平均精确度得分。当对多个目标和场景类别进行实验时，将汇总各个类别的平均精确度。这种汇总即均值平均精确度是通过取平均精确度的均值来计算的。由于平均精确度取决于测试集中存在的正确目标和场景类别的数量，因此平均精确度取决于所使用的数据集。

为了获得显著性指示，使用引导程序（bootstrap）[320-321]来估计均值平均精确度的置信区间。在引导程序中，通过从原始测试集 T 中随机选择图像进行替换来创建多个测试集 T_B，直到$|T| = |T_B|$。这样的效果是有些图像在 T_B 中复制，而其他图像可能不存在。重复此过程 1000 次，以生成 1000 个测试集，每个测试集是通过从原始测试集 T 采样获得的。然后，可以通过查看不同的引导（程序）测试集的均值平均精确度得分的标准偏差来评估均值平均精确度得分的统计准确性。

16.4　结　果

16.4.1　图像基准：PASCAL VOC 挑战

从图 16.3 所示的结果可以看出，对于目标类别识别，SIFT 变型的性能明显优于彩色直方图（有关这些描述符的详细说明，请参见参考文献[313]）。与基于 SIFT 的描述符相比，直方图不是很独特：它们包含的相关信息太少，无法与 SIFT 竞争。

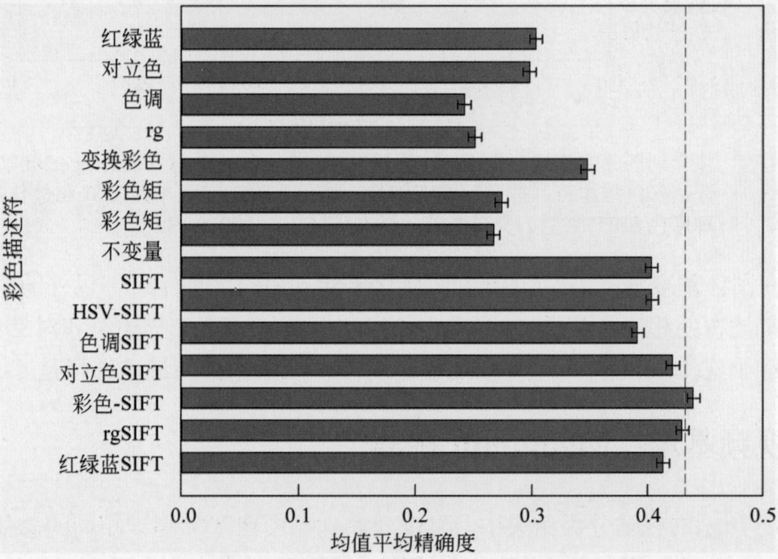

图 16.3　实验 1：图像基准测试中的描述符性能。在图像基准（PASCAL VOC 挑战 2007[311]）上对彩色描述符的评估在 20 个目标类别上平均。误差线表示使用引导程序获得的均值平均精确度的标准偏差。虚线表示彩色-SIFT 置信区间的下限。资料来源：经许可转载，©2010 IEEE

对于图 16.3 中的 SIFT 和 4 个最佳彩色 SIFT 描述符（对立色 SIFT、彩色-SIFT、rgSIFT 和 RGB-SIFT），每个目标类别的结果如图 16.4 所示。对于鸟、船、马、摩托车、人、盆栽植物和绵羊，可以观察到表现最出色的描述符具有光强度的尺度不变性（C-SIFT 和 rgSIFT）。

在这两个尺度不变的描述符中，*C*-SIFT 具有最高的整体性能。对立色 SIFT 描述符的性能（与 *C*-SIFT 相比也具有偏移不变性）表明，对于这些目标类别，只有尺度不变性（即光强度变化的不变性）很重要。与 *C*-SIFT 相比，RGB-SIFT 还包括针对光强度偏移以及光彩色变化和偏移的其他不变性。但是，这种附加的不变性使描述符对于这些目标类别的鉴别能力降低，因为观察到了性能的下降。

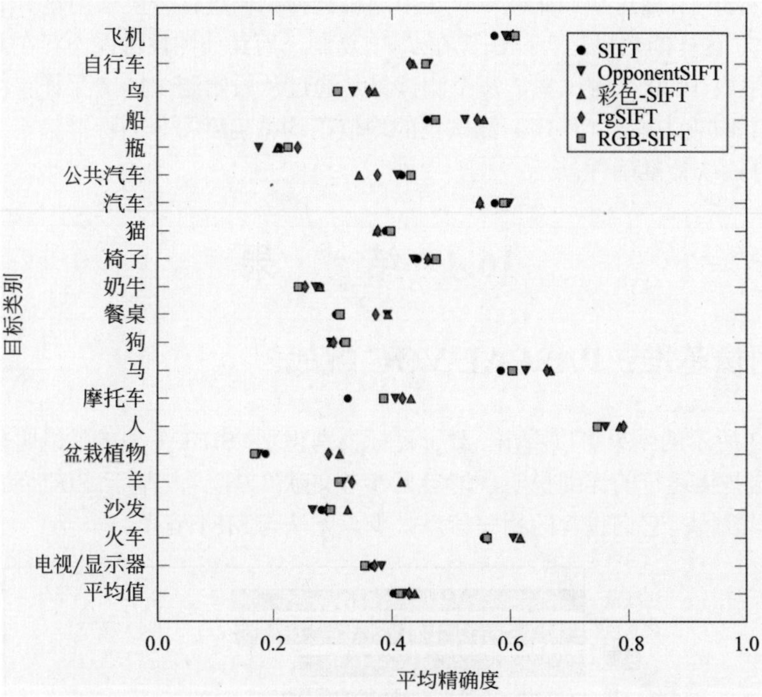

图 16.4 按类别划分的描述符性能。在图像基准（PASCAL VOC Challenge 2007）上评估彩色描述符，按目标类别划分。显示了图 16.3 中的 SIFT 和最佳的 4 种彩色 SIFT 变型。资料来源：经许可转载，©2010 IEEE

总之，在图像基准测试中，*C*-SIFT 明显优于除 rgSIFT（图 16.3）以外的所有其他描述符。这两个描述符的相应不变性由式(16.4)给出。但是，rgSIFT 描述符和对立色 SIFT 之间的差异（对应于式(16.6)）并不重要和明显。因此，此数据集的最佳选择是 *C*-SIFT。

16.4.2 视频基准：Mediamill 挑战

从图 16.5 所示的视觉分类结果中，可以观察到与图像基准测试相同的总体模式：SIFT 和彩色 SIFT 变型的性能明显优于其他描述符。偏移不变的对立色 SIFT 将 *C*-SIFT 留在了后面，现在是唯一的一个明显优于所有其他描述符的描述符。对单个目标和场景类别的分析表明，对立色 SIFT 描述符在建筑物、会议、山脉、办公室、室外、天空、工作室、步行/跑步和天气新闻方面表现最佳。所有这些概念都在广泛的光强度和不同程度的漫射照明下发生。因此，对立色 SIFT 对光强度变化和偏移的不变性使其在这些类别中成为一个很好的特征，这也解释了为什么在视频基准测试中它优于 *C*-SIFT 和 rgSIFT。RGB-SIFT 对光彩色变化和偏移具有附加的不变性，但与 *C*-SIFT 和 rgSIFT 的区别不大。对于某些类别，性能提升很小，而对于其他类别，性能有些降低。这与观察到性能下降的图像基准测试结果相反。

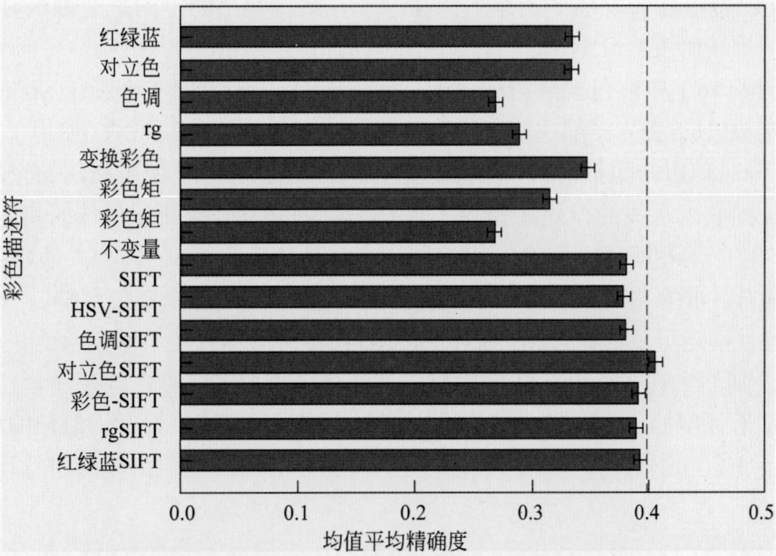

图 16.5　视频基准上的描述符性能。在视频基准 Mediamill 挑战[312]上对彩色描述符的评估平均了 39 个目标和场景类别。误差线表示使用引导程序获得的均值平均精确度的标准偏差。虚线表示对立色 SIFT 置信区间的下限。资料来源：经许可转载，©2010 IEEE

总之，对立色 SIFT 明显优于视频基准上的所有其他描述符（图 16.5）。相应的不变性由式(16.6)给出。

16.4.3　比较

到目前为止，已经分析了单个描述符的性能。值得研究几个描述符的组合，因为它们并不是完全冗余的。PASCAL VOC Challenge 2007 的最新成果也采用了几种方法的组合。表 16.2 概述了此数据集上的组合。例如，Marszałek 等[322]在 2007 年 PASCAL VOC 挑战赛中使用了 SIFT 和色调 SIFT 描述符、空间金字塔[308]、除哈里斯-拉普拉斯之外的其他的点

表 16.2　图像基准测试的组合 a

作者	点采样	描述符	空间金字塔	均值平均精确度
本章	哈里斯-拉普拉斯，密集采样	SIFT	1×1+2×2+1×3	0.558
本章	哈里斯-拉普拉斯，密集采样	*C*-SIFT	1×1+2×2+1×3	0.566
Marszalek et al. [322]	哈里斯-拉普拉斯，密集采样，拉普拉斯算子	SIFT，色调 SIFT，其他	1×1+2×2+1×3	0.575
Marszalek et al. [322]	哈里斯-拉普拉斯，密集采样，拉普拉斯算子	SIFT，色调 SIFT，其他；结合特征选择	1×1+2×2+1×3	0.594
本章	哈里斯-拉普拉斯，密集采样	SIFT，对立色 SIFT，rgSIFT，*C*-SIFT，RGB-SIFT	1×1+2×2+1×3	0.605

注：a 在此表中，将图像基准上的描述符组合与 Marszałek 等[322]进行了比较。他们取得了该数据集的最好结果。与仅基于强度的 SIFT 相比，添加彩色描述符可提高 8%。

采样策略（例如拉普拉斯点采样和密集采样），以及特征选择方案，最终实现了均值平均精确度 0.594，获得了最佳成绩。当排除特征选择方案并使用简单的平面融合时，Marszałek 报告的均值平均精确度为 0.575。

为了说明表 16.1 中彩色描述符的潜力，使用 SIFT 和最佳的 4 个彩色 SIFT 变型进行了简单的融合实验(16.3.2 节详细说明了组合的构造方式)。为具有可比性，使用了与 Marszałek 相似的设置：同时使用**哈里斯-拉普拉斯**点采样和密集采样，并且使用相同的空间金字塔(有关使用的特征提取流水线的概述，请参见图 16.1)。在这种设置下，最佳的单色描述符可实现 0.566 的均值平均精确度。组合给出的均值平均精确度为 0.605。令人信服的 7%的增益表明彩色描述符并非完全冗余。与基于强度的 SIFT 描述符相比，增益为 8%。如果将具有正确数量的不变性描述符融合在一起，最好还使用自动选择策略，则有可能会有进一步的收益。

如表 16.3 所示，在 **Mediamill 挑战赛**中观察到了类似的收益：当使用彩色描述符的组合而不是仅基于强度的 SIFT 时，均值平均精确度提高了 7%。相对于最佳的单色描述符，观察到提高了 3%。此外，将本章的描述符与 Mediamill 挑战提供的基线进行比较时，相对改善了 104%。

表 16.3 视频基准测试的组合 [a]

作者	点采样	描述符	空间金字塔	均值平均精确度
Snoek et al. [312]	网格	Weibull [200]	1×1	0.250
本章	哈里斯-拉普拉斯，密集采样	SIFT	1×1+2×2+1×3	0.476
本章	哈里斯-拉普拉斯，密集采样	对立色 SIFT	1×1+2×2+1×3	0.494
本章	哈里斯-拉普拉斯，密集采样	SIFT，对立色 SIFT，rgSIFT，*C*-SIFT，RGB-SIFT	1×1+2×2+1×3	0.510

注：[a] 在此表中，将视频基准上的描述符组合与 Mediamill 挑战[312]为 39 个 LSCOM-Lite 类别[319]设置的基准进行了比较。与仅基于强度的 SIFT 相比，添加彩色描述符可提高 7%。

作为参考，本章中的彩色描述符组合已提交给 PASCAL VOC 2008 基准[323]和 TRECVID 2008 评估活动[310]。在这两种情况下，都达到了最佳性能。本章介绍的彩色描述符是这些提案的基础。有关更多详细信息，请参见表 16.4 [324-325]和表 16.5 [326]。

表 16.4 PASCAL VOC 2008 评估：最佳整体性能 [a]

作者	点采样	描述符	空间金字塔	均值平均精确度
本章和 Tahir et al. [324]	哈里斯-拉普拉斯，密集采样	SIFT，对立色 SIFT，rgSIFT，*C*-SIFT，RGB-SIFT	1×1+2×2+1×3	0.549

注：[a] 在此表中，显示了提交给 PASCAL VOC Challenge 2008 [323]的针对分类任务的本章描述符组合的结果。

表 16.5 NIST TRECVID 2008 评估：最佳整体性能 [a]

作者	点采样	描述符	空间金字塔	均值平均精确度
本章和 Snoek et al. [326]	哈里斯-拉普拉斯，密集采样	SIFT，对立色 SIFT，rgSIFT，*C*-SIFT，RGB-SIFT	1×1+2×2+1×3	0.194

注：[a] 在此表中，显示了提交给 NIST TRECVID 2008 视频基准[310]的本章描述符组合的结果。

16.5 本章小结

从结果可以看出，光彩色变化和偏移的不变性是特定于域的。对于图像数据集，观察到性能显著降低，而对于视频数据集，则没有性能差异。但是，在某些特定的样本中，不变的彩色会带来好处。整体性能不会因光彩色不变而得到改善，大概是因为在数据记录期间进行了白平衡，因此在两个基准中光彩色变化都很少。

总体而言，当选择单个描述符并且没有关于数据集以及目标和场景类别的先验知识时，最佳选择是对立色 SIFT。相应的不变性是尺度和偏移不变性，由式(16.6)给出。次优的是 *C*-SIFT，其对应的不变性是尺度不变性，如式(16.4)所示。表 16.6 总结了针对本章中数据集的建议以及没有先验知识的数据集的建议。

表 16.6　对每个数据集建议采用的彩色描述符 [a]

PASCAL VOC 2007	**Mediamill 挑战**	未知数据
1. *C*-SIFT	1. 对立色 SIFT	1. 对立色 SIFT
2. 对立色 SIFT	2. RGB-SIFT	2. *C*-SIFT
3. RGB-SIFT	3. *C*-SIFT	3. RGB-SIFT
4. SIFT	4. SIFT	4. SIFT

注：[a] 为不同的数据集推荐的描述符选择：PASCAL VOC 2007，Mediamill 挑战和没有关于照明条件或目标和场景类别先验知识的数据集。没有此类先验知识时，对立色 SIFT 是最佳选择。

为了在光照条件有较大变化的真实数据集上获得最好的性能，应选择多个彩色描述符，每个彩色描述符具有不同的不变性。如前所述，即使是将彩色描述符简单地进行组合也比单个描述符有所改进，表明它们并不是完全冗余的。两种分类基准的结果表明，为所有类别选择单个描述符是次优的（图 16.4）。尽管添加彩色比仅基于强度的 SIFT 可使类别识别提高 8%～10%，但如果使用特征选择策略或领域知识为每个类别选择具有适当不变性的描述符，则应该有可能进一步获得收益。

第 17 章 彩 色 命 名

包含 Robert Benavente, Maria Vanrell, Cordelia Schmid, Ramon Baldrich, Jakob Verbeek, 和 Diane Larlus 的贡献*

在计算机视觉的上下文中，**彩色命名**是将语言彩色标签分配给图像中的像素、区域或目标的操作。人们习惯性地使用彩色名称，看起来似乎毫不费力地描述了我们周围的世界。人们主要在视觉心理学、人类学和语言学领域进行研究[327]。例如，彩色名称在**图像检索**的上下文中使用。用户可以在图像搜索引擎中查询“红色汽车”。系统会识别**彩色名称**“红色”，并根据与人类使用“红色”相似的方式在“汽车”上对检索到的结果进行排序。此外，视觉属性的知识可用于辅助**目标识别**方法。例如，对于带有文字“橙色订书机在桌子上”的图像，了解橙色的名称将大大简化发现订书机在哪里（或什么位置）的任务。彩色名称还适用于图像的自动内容标记、对色盲人的辅助和人机语言交互[328]。

在本章中，我们首先在 17.1 节中讨论柏林和凯（Berlin and Kay）[329]对彩色名称有影响性的语言研究。他们在工作中定义了**基本彩色术语**的概念。我们将看到，英语的基本彩色术语是黑色、蓝色、棕色、灰色、绿色、橙色、粉红色、紫色、红色、白色和黄色。接下来，我们讨论两种不同的计算彩色命名的方法。两种方法之间的主要区别是方法从中学习彩色名称的数据。在 17.2 节中讨论的第一种方法基于从心理物理实验中获得的**校准数据**。通过校准，我们的意思是在已知的照明设置下、在稳定的观察条件下、在受控的实验室环境中，去呈现彩色样本。相反，在 17.3 节中讨论的第二种方法是基于从谷歌图像（Google Image）获得的**未校准数据**。这些图像在最坏的意义上是未经校准的。它们具有未知的相机设置、未知的光源和未知的压缩率。但是，未经校准数据的优点是它们更容易收集。在本章的最后，在 17.4 节中，我们在校准和未校准的数据上都比较了两种计算彩色命名的算法。

17.1 基本彩色术语

在语言学的两种观点之间的讨论中，涉及彩色命名以及所有语义领域已经很多年了。一方面，**相对主义者**支持这样一种观点，即语义类别受经验和文化的制约，因此，每种语言都以相当随意的形式建立其自己的语义结构。另一方面，**普世主义者**捍卫了跨语言共享的语义普遍性的存在。这些语言通用性基于人类生物学，并与神经生理机制直接相关。由于每种语言都有一组不同的术语来描述彩色，因此彩色已被视为相对论的一个清晰示例。

---

* 经许可，部分内容转载自：*Learning Color Names for Real-World Applications*, by J. van de Weijer, Cordelia Schmid, Jakob Verbeek, Diane Larlus, in *IEEE Transaction in Image Processing*, Volume 18 (7). ©2009 IEEE; *Parametric fuzzy sets for automatic color naming*, R. Benavente, M. and Vanrell, and R. Baldrich, *Journal of the Optical Society of America.*

尽管一些工作调查了英语中彩色术语的使用情况[330]，但柏林和凯[329]关于不同语言中彩色命名的人类学研究是随后几年有关该主题的许多工作的起点。

柏林和凯研究了彩色名称在总共 98 种不同语言的说话者中的使用情况（实验中有 20 种，文献回顾中有 78 种）。柏林和凯希望通过他们的工作证明存在不同语言之间共享的一组彩色类别来支持语义普遍性的假设。为此，他们首先通过设置任何基本彩色术语应具备的属性来定义“基本彩色术语”的概念。这些属性是：

- 它是单义的，即不能从其部分的含义中获得其含义。
- 它的含义未包含在其他彩色术语中。
- 它可以应用于任何类型的目标。
- 它在心理上很显著，即它出现在引出的彩色术语列表的开头。并且随着时间的推移，说话者以及不同说话者之间会一直使用它，并且所有该语言的说话者都会使用它。

另外，他们定义了第二组属性，以处理根据先前规则有可能不确定的术语。这些属性是：

- 不确定的形式应具有与先前建立的基本术语相同的分布潜力。
- 基本彩色术语不应该也是具有该彩色的目标（物体）的名称。
- 语言最近合并的外来词值得怀疑。
- 如果难以确定单义准则，则可以将形态复杂性用作次要准则。

来自不同语言的合作者的工作分为两部分。在第一部分中，根据先前的规则，列出了每种合作者的语言所使用的基本彩色名称列表。这部分是在没有任何彩色刺激的情况下完成的，并且尽可能少地使用任何其他语言。在第二部分中，要求受试者执行两项不同的任务。首先，他们必须在**孟塞尔彩色数组**上用任何基本术语（即每种彩色类别的色块）在任何条件下指明要命名的所有色块。其次，他们必须指出其语言中每个基本彩色术语的最佳示例（重点）。从 20 名合作者获得的数据采用其他 78 种语言的已出版作品中的信息进行了补全。在研究了这些数据之后，柏林和凯从他们的工作中提取出了 3 个主要结论：

（1）**基本彩色术语的存在**。他们指出，彩色类别不是任意地和随机地被每种语言定义的。不同语言的每个基本彩色类别的焦点都位于彩色空间的封闭区域中。这一发现使他们定义了 11 种基本彩色术语的集合。这些（英语）术语是白色、黑色、红色、绿色、黄色、蓝色、棕色、粉红色、紫色、橙色和灰色。

（2）**进化顺序**。尽管语言可以具有不同数量的基本彩色术语，但他们发现语言在其时间演变中对彩色术语进行编码的顺序不是随机的，而是遵循固定的顺序，该顺序定义了 7 个进化阶段：

第一阶段：仅白色和黑色的术语。

第二阶段：添加红色的术语。

第三阶段：添加绿色或黄色（但不是同时）的术语。

第四阶段：添加黄色或绿色（在上一阶段未添加的那个）的术语。

第五阶段：添加蓝色的术语。

第六阶段：添加棕色的术语。

第七阶段：添加粉红色、紫色、橙色和灰色（按任意顺序）的术语。

这些顺序可以用以下表达式概括：

[白色，黑色] < [红色] < [绿色，黄色] < [蓝色] < [棕色] < [粉红色，紫色，橙色，灰色]

其中的符号“<”表示时间优先级，即对于两个类别 A 和 B，$A<B$ 表示 A 在 B 之前的语言中存在，并且“[•]”中各个术语之间的顺序取决于每种语言。

（3）**与文化发展的相关**。他们注意到一种语言的彩色词汇与技术和文化发展高度相关。来自发达文化的语言都处于彩色术语演化的最后阶段，而来自孤立和不发达文化的语言则处于彩色词汇进化的较低阶段。

图 17.1 显示了柏林和凯获得的 11 种英语基本彩色类别在孟塞尔空间中的**边界**。孟塞尔阵列的这种分类已在其后的彩色命名研究中用作参考，这些研究证实了柏林和凯的结果[331-332]。由斯特奇斯和惠特菲尔德在他们的实验[332]中获得的孟塞尔阵列的边界如图 17.2 所示。

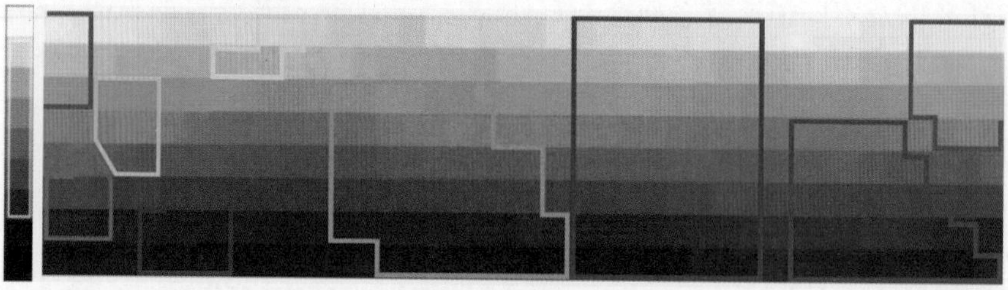

图 17.1 柏林和凯在英语实验中获得的孟塞尔彩色阵列的分类

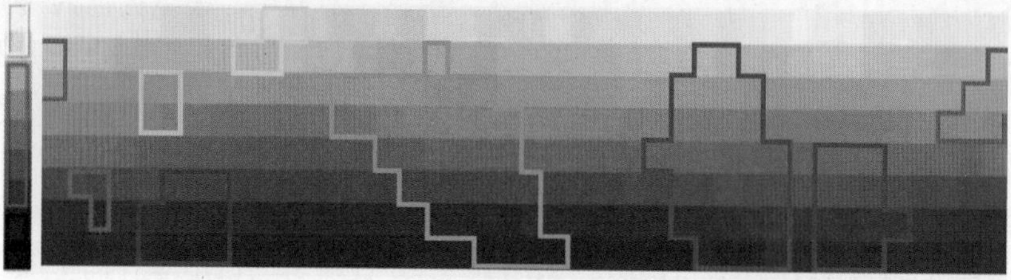

图 17.2 由斯特奇斯和惠特菲尔德在他们的英语实验中获得的孟塞尔彩色阵列的分类

尽管人们提出了关于普遍主义理论的更多证据[335]，但在过去几年中，普遍主义者和相对主义者之间的中间立场得到了支持[336]。根据这一新理论，不同语言中彩色命名系统的组织是由普遍趋势决定的，所以彩色类别不会随意地位于彩色空间中。另一方面，类别的扩展和边界更多地取决于语言，并且每种语言都可以更随意地设置[337]。关于这一点的解释可以在彩色空间的形状上找到，其中某些区域似乎比其他区域更显著。Philipona 和 O’Regan[338]指出，人类视觉系统的某些属性可以支持彩色空间中这些相关部分的存在。而且，他们表明这些区域与柏林和凯发现的红色、绿色、蓝色和黄色的**聚焦彩色**的位置一致。因此，彩色空间的这些显著部分将限制彩色类别的形成，以达到每种语言的最终配置，这在信息表示方面往往是最佳的[339]。

在本章中，我们讨论了两种计算彩色命名的方法，它们将从一组基本彩色术语开始，通过学习模型以预测图像中的彩色名称。实验基于英语彩色术语。尽管有关彩色类别通用性的辩论不在本书讨论范围之内，但此问题可能会对所介绍的模型如何应用于图像中产生一定的影响。如果通用主义者是正确的，那么这些计算模型在其他语言中同样有效。但是，很可能应该为每种语言重新学习新的模型，尤其是要正确地在彩色名称之间放置边界。

17.2　源自校准数据的彩色名称

在本节中，我们将基于参数隶属函数的使用提出一种模糊彩色命名模型，其优点将在本节的后面进行讨论。

模糊集理论是对与感知过程和语言有关的人类决策进行建模的有用工具。Kay 和 McDaniel [340]在 1978 年已经提出了一个理论上的模糊框架。这种框架的基础是考虑到任何彩色刺激对于每个彩色类别的隶属度值都介于 0 和 1 之间。

在此框架中定义的模型可拟合来自**心理物理实验**的数据。这些实验通常是在受控环境中、在稳定的观察条件下、使用已知的光源、并使用具有精确测量的反射率的样品进行的。在这样的环境中，从实验对象获得的命名判断与大多数其他感知过程是分离的。通过将**参数模型**拟合到来自心理物理实验的数据，我们提供了一组可调整的参数，这些参数可分析地定义代表彩色类别的模糊集的形状。

参数模型先前已用于对彩色信息进行建模[341]，并且可以用以下几点总结这种方法的适用性：

- **包括先验知识**。有关数据结构的先验知识允许在每种情况下选择最佳模型。但是，如果为模型选择了不合适的函数，则可能会带来不利影响。
- **紧凑类别**。每个类别均由几个参数完全定义，并且在初始拟合过程后无须存储训练数据。当应用模型时，这意味着较少的内存使用量和较低的计算量。
- **有意义参数**。每个参数在数据表征方面都有其特定含义，这允许仅通过调整参数来修改和改进模型。
- **易于分析**。作为上述讨论的结果，可以通过研究模型的参数值来分析和比较模型。

我们对 CIE $L^*a^*b^*$彩色空间进行了研究，因为它是准感知均匀的彩色空间，在该彩色空间中，可以观察到一对彩色之间的欧氏距离与感知到的彩色差异之间的良好相关性。只要其中一个维度与彩色亮度相关，而另外两个与色度分量相关，则其他空间可能也适用。在本节中，我们用 $\mathbf{s} = (I, c_1, c_2)$表示这样的空间中的任何色点，其中 I 是色点的亮度分量，c_1 和 c_2 是色点的色度分量。

理想情况下，彩色隶属关系应该通过 3-D 函数（即定义为$\mathbb{R}^3 \rightarrow [0, 1]$的函数）来建模。但不幸的是，要准确推断彩色命名数据在彩色空间中的分布方式并不容易；并且要找到适合这些数据的参数函数是一项非常复杂的任务。因此，这里建议，将 3-D 彩色空间沿亮度轴切分为一组 N_L 层（图 17.3），获得一组色度平面，在该色度平面上已通过 2-D 函数对隶属函数进行了建模。因此，任何特定的色度类别都将由一组函数定义，每个函数都取决于亮度分量，如稍后在式(17.12)中所述。无色类别（黑色、灰色和白色）将作为（有）色度类别的补函数给出，但由 3 个无色类别中每一个的隶属度函数加权。为了详细介绍该方法，我们将首先给出模糊框架的基础，然后将对色度类别的函数形状进行考虑，最后将得出相补的无色类别。

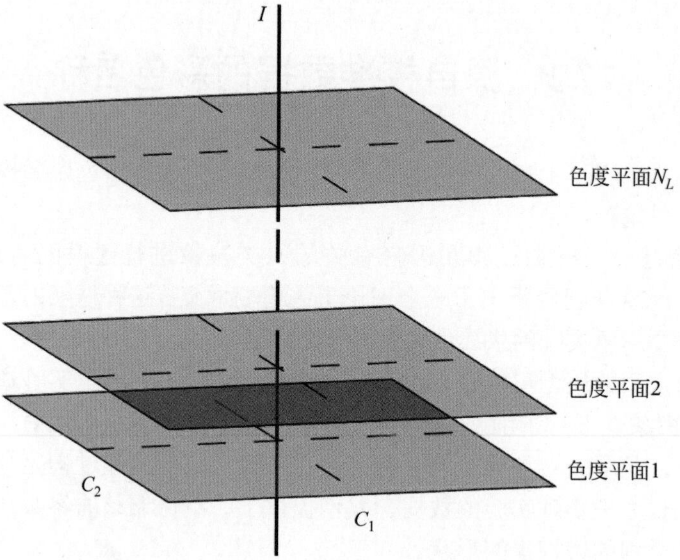

图 17.3　模型示意图。彩色空间沿亮度轴分为 N_L 层

17.2.1　模糊彩色命名

模糊集是其元素具有隶属度的集合[342]。以更正式的方式，模糊集 A 由清晰的集 X（称为**通用集**）和隶属度函数μ_A定义，隶属度函数μ_A将通用集的元素映射到[0, 1]区间，即μ_A: $X \rightarrow [0, 1]$。

模糊集是表达用自然语言表示的不精确概念的好工具。在彩色命名中，我们可以认为任何彩色类别 C_k 是具有隶属度函数μ_{C_k}的模糊集，该隶属度函数将[0, 1]间隔内的隶属度值$\mu_{C_k}(\boldsymbol{s})$赋给特定彩色空间（即通用集）中的彩色样本 $\boldsymbol{s}$。该值表示 $\boldsymbol{s}$ 属于类别 C_k（与语言术语 t_k 相关）的确定性。

在具有固定数量类别的彩色分类情况下，我们需要施加约束，以使对于给定的样本 $\boldsymbol{s}$，其隶属于 n 个类别的总和必须为 1：

$$\sum_{k=1}^{n} \mu_{C_k}(\boldsymbol{s})=1 \quad \text{满足} \quad \mu_{C_k}(\boldsymbol{s}) \in [0, 1],\ k=1,2,\cdots,n \tag{17.1}$$

在本节的其余部分，此约束被称为单位和约束。尽管此约束在模糊集理论中不成立，但在这种情况下很有趣，因为它允许我们将任何样本的隶属度解释为所考虑类别对最终彩色感的贡献。

因此，对于任何给定的彩色样本 $\boldsymbol{s}$，将有可能计算彩色描述符 CD，例如

$$\mathrm{CD}(\boldsymbol{s})=\left[\mu_{C_1}(\boldsymbol{s}),\cdots,\ \mu_{C_n}(\boldsymbol{s})\right] \tag{17.2}$$

其中，这个 n-D 矢量的每个分量都将 $\boldsymbol{s}$ 的隶属度描述为特定彩色类别。

决策函数 $N(\boldsymbol{s})$可以使用包含在此类描述符中的信息来对刺激 $\boldsymbol{s}$ 赋予彩色名称。我们可以得出的最简单的决策规则是从 CD($\boldsymbol{s}$)中选择最大值：

$$N(\boldsymbol{s})=t_{k_{\max}} \mid k_{\max}=\arg\max_{k=1,2,\cdots,n}\left\{\mu_{C_k}(\boldsymbol{s})\right\} \tag{17.3}$$

其中 t_k 是与彩色类别 C_k 相关的语言术语。

在这种情况下，考虑的类别是柏林和凯所提出的基本类别，即 $n = 11$，类别集为

$$C_k \in \{红色，橙色，棕色，黄色，绿色，蓝色，紫色，粉红色，黑色，灰色，白色\} \quad (17.4)$$

17.2.2　彩色类别

根据之前定义的模糊框架，我们选择来用于对彩色类别建模的任何函数都必须将值映射到[0, 1]区间，即 $\mu_{C_k}(\boldsymbol{s}) \in [0, 1]$。另外，对从彩色命名实验中获得的心理数据的隶属度值的观察[343]使我们假设，对于彩色类的隶属度函数应满足的一组必要属性：

- **三角形基**。色度类别呈现一个平稳的区域，或一个对彩色名称没有混淆的区域，具有所有类别共享的三角形和主顶点。
- **不同坡度**。对于给定的色度类别，在类别的每一侧上朝向相邻类别的命名确定性的斜率可以不同（例如，从蓝色到绿色的过渡可以不同于从蓝色到紫色的过渡）。
- **中央槽口**。从色度类别到中心无色类别的过渡具有围绕主顶点的槽口形式。

在图 17.4 中，我们在色度图上显示了上述条件的方案，其中绘制了彩色命名实验的样本。

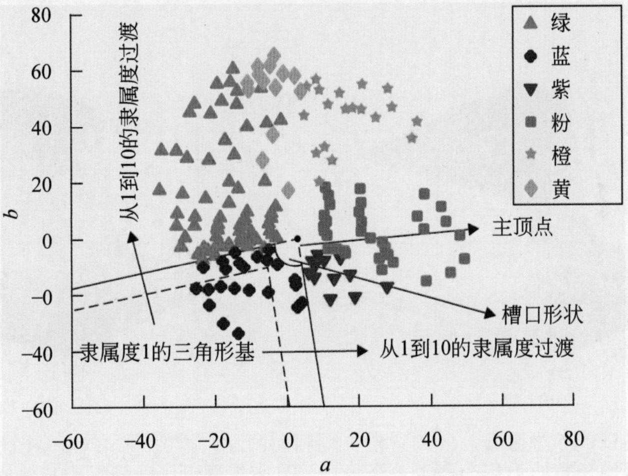

图 17.4　色度平面（ab）上绘制的色度类别的隶属度函数的期望属性。图中在蓝色类别上

在这里，我们将隶属度函数（具有椭圆中心的三重 S 型函数）定义为 2-D 函数 TSE: $\mathbb{R}^2 \rightarrow [0, 1]$。较早的工作考虑了其他隶属度函数[344-345]。TSE 的定义从 1-D 的 S 型函数开始：

$$S^1(x,\beta)=\frac{1}{1+\exp(-\beta x)} \quad (17.5)$$

其中 β 控制从 0 到 1 过渡的斜率。

可以将式(17.5)扩展为 2-D 的 S 型函数，即 S：$\mathbb{R}^2 \rightarrow [0, 1]$，

$$S(\boldsymbol{p},\beta)=\frac{1}{1+\exp(-\beta \boldsymbol{u}_i \boldsymbol{p})} \quad i=1,2 \quad (17.6)$$

其中 $\boldsymbol{p} = [x, y]^{\mathrm{T}}$ 是平面中的一个点，矢量 $\boldsymbol{u}_1 = [1, 0]^{\mathrm{T}}$ 和 $\boldsymbol{u}_2 = [0, 1]^{\mathrm{T}}$ 定义了函数所在的轴。

通过将平移 $\boldsymbol{t}=(t_x, t_y)$和旋转$\alpha$添加到前面的方程式，该函数可以具有多种形状。为了以紧凑的矩阵形式表示公式，我们使用齐次坐标[3 4 6]。让我们将 $\boldsymbol{p}$ 重新定义为平面上以齐次坐标表达的点 $\boldsymbol{p}=[x, y, 1]^{\mathrm{T}}$，并重新定义矢量 $\boldsymbol{u}_1=[1, 0, 0]^{\mathrm{T}}$ 和矢量 $\boldsymbol{u}_2=[0, 1, 0]^{\mathrm{T}}$。我们将 S_1 定义为沿 x 轴方向且绕 y 轴旋转α角的函数，S_2 定义为沿 y 轴方向且绕 x 轴旋转α角的函数：

$$S_i(\boldsymbol{p},\boldsymbol{t},\alpha,\beta)=\frac{1}{1+\exp(-\beta\boldsymbol{u}_i\boldsymbol{R}_\alpha\boldsymbol{T}_t\boldsymbol{p})},\quad i=1,2 \tag{17.7}$$

其中 $\boldsymbol{T}_t$ 和 $\boldsymbol{R}_\alpha$分别是平移矩阵和旋转矩阵：

$$\boldsymbol{T}_t=\begin{bmatrix}1 & 0 & -t_x\\ 0 & 1 & -t_y\\ 0 & 0 & 1\end{bmatrix}\quad \boldsymbol{R}_\alpha=\begin{bmatrix}\cos(\alpha) & \sin(\alpha) & 0\\ -\sin(\alpha) & \cos(\alpha) & 0\\ 0 & 0 & 1\end{bmatrix} \tag{17.8}$$

通过将 S_1 和 S_2 相乘，我们定义了双 S 型（DS）函数，该函数满足了前面介绍的前两个属性：

$$\mathrm{DS}(\boldsymbol{p},\boldsymbol{t},\theta_{\mathrm{DS}})=S_1(\boldsymbol{p},\boldsymbol{t},\alpha_y,\beta_y)S_2(\boldsymbol{p},\boldsymbol{t},\alpha_x,\beta_x) \tag{17.9}$$

其中$\theta_{\mathrm{DS}}=(\alpha_x, \alpha_y, \beta_x, \beta_y)$是双 S 型函数的参数集。图 17.5(a)显示了沿 x 轴方向（式(17.7)中的 S_1）2-D 的 S 型曲线图。通过将两个朝向的 S 型函数相乘，可以获得双 S 型函数 DS（图 17.5(b)）。

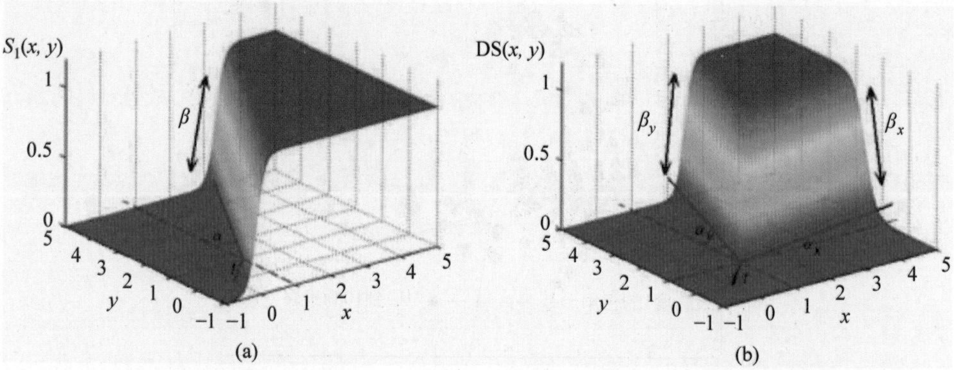

图 17.5 2-D 的 S 型函数。(a)$S1$：沿 x 轴朝向的 S 型函数；(b)DS：两个不同朝向的 S 型函数的乘积会产生一个平台，具有隶属度函数所需的某些属性

为了获得满足第 3 个属性所需的中心槽口形状，让我们通过在 S 型公式中包含椭圆方程来定义椭圆 S 型函数（ES）：

$$\mathrm{ES}(\boldsymbol{p},\boldsymbol{t},\theta_{\mathrm{ES}})=\frac{1}{1+\exp\left\{-\beta e\left[\left(\frac{\boldsymbol{u}_1\boldsymbol{R}_\phi\boldsymbol{T}_t\boldsymbol{p}}{e_x}\right)^2+\left(\frac{\boldsymbol{u}_2\boldsymbol{R}_\phi\boldsymbol{T}_t\boldsymbol{p}}{e_x}\right)^2-1\right]\right\}} \tag{17.10}$$

其中，$\theta_{\mathrm{ES}}=(e_x, e_y, \phi, \beta_e)$是 ES 函数的参数集，$e_x$ 和 e_y 分别是半短轴和半长轴，ϕ是椭圆的旋转角度，β_e 是构成椭圆边界的 S 型曲线的斜率。如果β_e 为负，则获得的函数为椭圆平台，如果β_e 为正，则获得的函数为椭圆平谷。这样获得的表面如图 17.6 所示。

最后，通过将双 S 型曲线乘以具有正β_e 的 ES，我们将 TSE 定义为

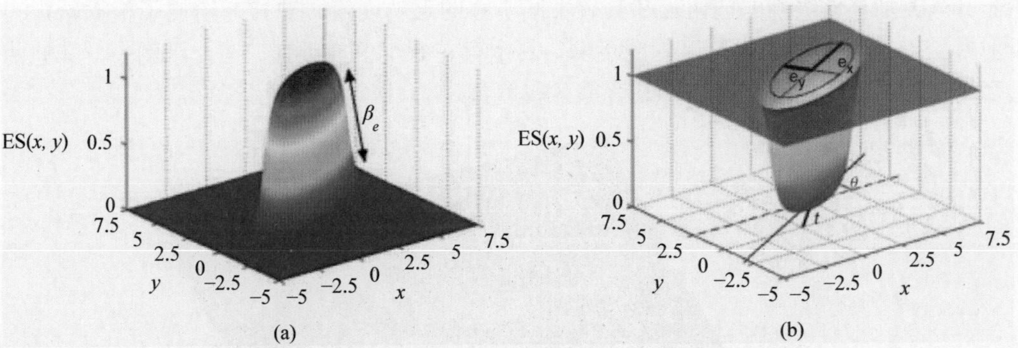

图 17.6　椭圆 S 型函数 $\mathrm{ES}(p, t, \theta_{\mathrm{ES}})$。(a)$\beta_e < 0$ 的 ES 和(b)$\beta_e > 0$ 的 ES

$$\mathrm{TSE}(\boldsymbol{p},\theta)=\mathrm{DS}(\boldsymbol{p},\boldsymbol{t},\theta_{\mathrm{DS}})\mathrm{ES}(\boldsymbol{p},\boldsymbol{t},\theta_{\mathrm{ES}}) \tag{17.11}$$

其中 $\theta = (\boldsymbol{t}, \theta_{\mathrm{DS}}, \theta_{\mathrm{ES}})$是 TSE 的参数集。

TSE 函数定义一个隶属度表面，该隶属度表面具有 17.2.2 节开头定义的属性。TSE 函数的形状如图 17.7 所示。

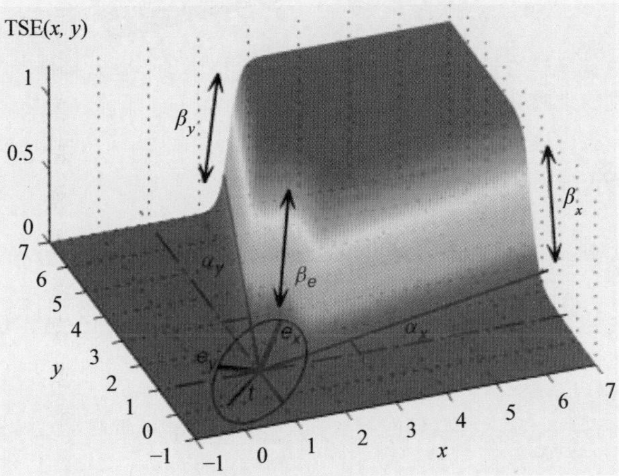

图 17.7　具有椭圆中心（TSE）的三重 S 型函数

因此，一旦我们有了所选函数的解析形式，则色度类别μ_{C_k}的隶属函数由下式给出：

$$\mu_{C_k}(\boldsymbol{s})=\begin{cases}\mu_{C_k}^{1}=\mathrm{TSE}(c_1,c_2,\theta_{C_k}^{1}), & I\leqslant I_1\\ \mu_{C_k}^{2}=\mathrm{TSE}(c_1,c_2,\theta_{C_k}^{2}), & I_1\leqslant I\leqslant I_2\\ \vdots & \vdots\\ \mu_{C_k}^{N_L}=\mathrm{TSE}(c_1,c_2,\theta_{C_k}^{N_L}), & I_{N_L-1}\leqslant I\end{cases} \tag{17.12}$$

其中 $\boldsymbol{s} = (I, c_1, c_2)$是彩色空间上的样本，$N_L$是色度平面的数量，$\theta_{C_k}^{i}$是第 i 个色度平面上类别 C_k 的参数集，而 I_i 是在 N_L 个亮度级别中划分空间的亮度值。

通过拟合函数的参数，有可能通过亮度级别获得色度类别的变化。通过对所有类别执行此操作，将可以获取隶属度图；也就是说，对于给定的亮度级别中的任何色点 $\boldsymbol{s} = (I, c_1, c_2)$，我们都有每个类别的隶属度值。请注意，由于某些类别仅在某些亮度级别下存在（例如，仅针对低亮度级别定义了棕色，而仅针对高亮度级别定义了黄色），因此在每个亮度级别上，并非所有类别在该级别的任何点都具有不同于零的隶属度值。图 17.8 给出了根据给定亮度级别由 TSE 函数提供的隶属度图的示例，其中存在 6 个色度类别。在此示例中，其他两个色度类别对于该级别的任何点将具有零隶属度值。

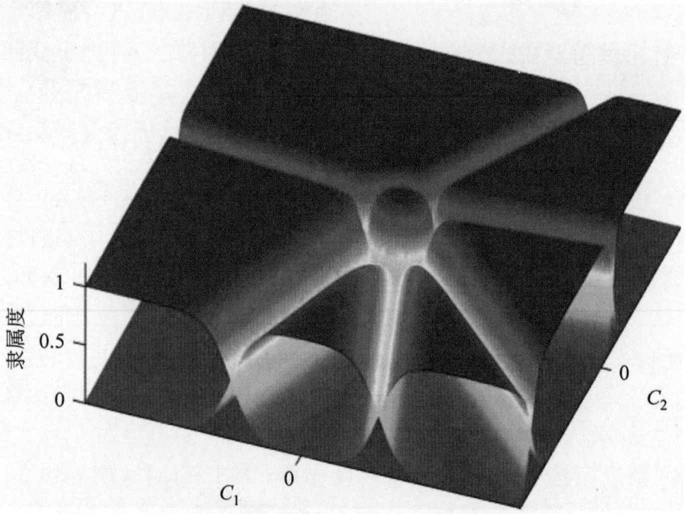

图 17.8　TSE 函数适合给定亮度级别上定义的色度类别。在这种情况下，只有 6 个类别的隶属度值不等于零

17.2.3　无色类别

首先将 3 个无色类别（黑色、灰色和白色）视为各个色度平面上的唯一类别。为了确保满足单位和的约束（即所有成员的总和必须为 1），针对每个级别计算全局无色隶属度μ_A，如下所示：

$$\mu_A^i(c_1,c_2)=1-\sum_{k=1}^{n_c}\mu_{C_k}^i(c_1,c_2) \tag{17.13}$$

其中，i 是包含样本 $\mathbf{s}=(I, c_1, c_2)$的色度平面，n_c 是色度类别的数量（此处 $n_c=8$）。3 种无色类别之间的区别必须根据亮度进行。为了对这 3 个类别之间的模糊边界进行建模，我们使用沿亮度轴上 1-D 的 S 型函数：

$$\mu_{A_{\text{black}}}(I,\theta_{\text{black}})=\frac{1}{1+\exp[-\beta_b(I-t_b)]} \tag{17.14}$$

$$\mu_{A_{\text{gray}}}(I,\theta_{\text{gray}})=\frac{1}{1+\exp[-\beta_b(I-t_b)]}\frac{1}{1+\exp[-\beta_w(I-t_w)]} \tag{17.15}$$

$$\mu_{A_{\text{white}}}(I,\theta_{\text{white}})=\frac{1}{1+\exp[-\beta_w(I-t_w)]} \tag{17.16}$$

其中$\theta_{\text{black}}=(t_b, \beta_b)$、$\theta_{\text{gray}}=(t_b, \beta_b, t_w, \beta_w)$和$\theta_{\text{white}}=(t_w, \beta_w)$分别是黑色、灰色和白色的参数集。

因此，在给定的色度平面上，3 个无色类别的隶属度是通过对全局无色隶属度（式(17.13)）和亮度维度中的相应隶属度（式(17.14)和式(17.16)）进行加权来计算的：

$$\mu_{C_k}(\mathbf{s},\theta_{C_k})=\mu_A^i(c_1,c_2)\mu_{A_{C_k}}(I,\theta_{C_k}),\quad 9\leqslant k\leqslant 11,\quad I_i<I\leqslant I_{i+1} \tag{17.17}$$

其中，i 指示包含样本的色度平面，k 的值对应于无色类别（式(17.4)）。这样，我们可以确保在每个特定的色度平面上满足单位和的约束，即

$$\sum_{k=1}^{11} \mu_{C_k^i}(\boldsymbol{s}) = 1, \quad i = 1, \cdots, N_L \tag{17.18}$$

其中 N_L 是模型中色度平面的数量。

17.2.4　模糊集估计

定义了模型的隶属度函数后，下一步是调整其参数。为此，我们需要一组心理物理数据 D，它由彩色空间的一组样本组成，它们的隶属度值对应 11 个类别

$$D = \left\{ < \boldsymbol{s}_i, m_1^i, \cdots, m_{11}^i > \right\} 1, \quad i = 1, \cdots, n_s \tag{17.19}$$

其中 $\boldsymbol{s}_i$ 是学习集的第 i 个样本，n_s 是学习集中的样本数，而 m_k^i 是第 i 个样本对第 k 个类别的隶属度。

这些数据将成为拟合过程的知识基础，以考虑式(17.18)中给出的单位和约束来估算模型参数。在这种情况下，将对 CIE $L^*a^*b^*$空间去估计模型，因为它是具有吸引力属性的标准空间。不过，具有亮度维度和两个色度维度的任何其他彩色空间都将适用于此目的。

17.2.4.1　学习集

拟合过程的数据集在感知上必须是显著的；也就是说，判断应该与心理物理彩色命名实验的结果相一致，并且样本应该覆盖所有彩色空间。

为了建立广泛的学习集，我们使用了 Seaborn 等[347]提出的彩色命名图。通过考虑 Sturges 和 Whitfield [332]的心理物理数据提供的孟塞尔彩色空间的共识区域，可以构建此彩色图。使用此类数据和模糊 K-均值算法使我们能够从孟塞尔空间中任意点的隶属关系推导出 11 种基本彩色类别。

通过这种方式，我们获得了一个广泛样本集的隶属关系，然后将这个彩色样本集转换为它们对应的 CIE $L^*a^*b^*$表示形式。数据集最初由孟塞尔彩色书[348]的 1269 个样本组成。通过使用 CIE D65 光源计算得出的反射率和 CIE $L^*a^*b^*$坐标可在芬兰约恩苏大学[349]的网站上获得。通过选择的样本将这个数据集扩展到总共包含 1617 个样本（有关如何选择这些额外样本的更多详细信息，请参见参考文献[350]）。

因此，利用这样的数据集，我们可以获得学习集所需的感知意义。首先，通过使用 Seaborn 的方法，我们包括了 Sturges 和 Whitfield 的心理物理实验的结果；此外，它还覆盖了适用于拟合过程的彩色空间区域。

17.2.4.2　参数估计

在开始拟合过程之前，必须设置色度平面的数量和定义明暗度等级的值（式(17.12)）。这些数值取决于使用的学习集，并且必须在考虑来自学习集的样本分布的同时进行选择。在这种情况下，发现提供最佳结果的平面数为 6，通过选择沿亮度轴的直方图中样本的局部最小值来选择定义级别的值 I_i：$I_1 = 31$，$I_2 = 41$，$I_3 = 51$，$I_4 = 66$，$I_5 = 76$。但是，如果有更广泛的学习集，则使用更多数量级别的学习水平可能会带来更好的结果。

对于每个色度平面，拟合过程的总体目标是找到参数 $\hat{\theta}^j$ 的估计值，该估计值可以最大程度地减少学习集的隶属度值与模型提供的隶属度值之间的均方误差：

$$\hat{\theta}^j = \arg\min_{\theta^j} \frac{1}{n_{cp}} \sum_{i=1}^{n_{cp}} \sum_{k=1}^{n_c} \left[\mu_{C_k}^j (\boldsymbol{s}_i, \theta_{C_k}^j) - m_k^i \right]^2 \quad j = 1, \cdots, N_L \tag{17.20}$$

其中 $\hat{\theta}^j = \left(\hat{\theta}_{C_1}^j, \cdots, \hat{\theta}_{C_{n_c}}^j \right)$ 是对第 j 个色度平面上的色度类别模型参数的估计，$\hat{\theta}_{C_k}^j$ 是类别 C_k 的参数集。对于第 j 个色度平面，n_c 是色度类别的数量，n_{cp} 是色度平面的样本数，$\mu_{C_k}^j$ 是第 j 个色度平面的彩色类别 C_k 的隶属度函数，m_k^i 是学习样本集中第 i 个样本属于第 k 个类别的隶属度值。

先前的最小化受到单位和的约束：

$$\sum_{k=1}^{11} \mu_{C_k}^j \left(\boldsymbol{s}, \theta_{C_k}^j \right) = 1 \quad \forall \boldsymbol{s} = (I, c_1, c_2), | I_{j-1} < I \leqslant I_j \tag{17.21}$$

可通过两个假设将其强加给拟合过程。第一个与从彩色类别到无色类别的隶属度过渡有关：

假设 17.1

色度平面中的所有色度类别共享相同的 ES 函数，该函数对向无色类别的隶属度过渡进行建模。这意味着所有色度类别共享 ES 的一组估计参数：

$$\theta_{\mathrm{ES}_{C_p}}^j = \theta_{\mathrm{ES}_{C_q}}^j \quad 和 \quad \boldsymbol{t}_{C_p}^j = \boldsymbol{t}_{C_q}^j \quad \forall p, q \in \{1, \cdots, n_c\} \tag{17.22}$$

其中 n_c 是色度类别的数量。

第二个假设是相邻色度类别之间的隶属度过渡：

假设 17.2

每对相邻类别 C_p 和 C_q 共享双 S 型函数的斜率和角度参数，这些参数定义了类别的边界：

$$\beta_y^{C_p} = \beta_x^{C_q} \quad 和 \quad \alpha_y^{C_p} = \alpha_x^{C_q} - \left(\frac{\pi}{2} \right) \tag{17.23}$$

上标指示参数所对应的类别。

（上述）这些假设大大减少了要估计的参数数量。因此，对于每个色度平面，我们须估计两个参数用于平移，$\boldsymbol{t} = (t_x, t_y)$，四个参数用于 ES 函数，$\theta_{\mathrm{ES}} = (e_x, e_y, \phi, \beta_e)$，最大 $2n_c$ 个参数用于 DS 函数，这是因为可以从邻近类别（式(17.23)）获得$\theta_{\mathrm{DS}} = (\alpha_x, \alpha_y, \beta_x, \beta_y)$的其他两个参数。

通过使用参考文献[351]中提出的单纯形搜索方法来执行所有估计参数的最小化（有关参数估计过程的更多详细信息，请参见参考文献[350]）。在拟合过程之后，我们获得了完全定义彩色命名模型的参数，这些参数汇总在表 17.1 中。

表 17.1 具有椭圆中心模型的三重 S 型函数的参数[(1),(2)]

无色轴		
黑色-灰色边界	$t_b = 28.28$	$\beta_b = -0.71$
灰色-白色边界	$t_w = 79.65$	$\beta_w = -0.31$

续表

色度平面 1					色度平面 2				
$t_a = 0.42$		$e_a = 5.89$	$\beta_e = 9.84$		$t_a = 0.23$		$e_a = 6.46$	$\beta_e = 6.03$	
$t_b = 0.25$		$e_b = 7.47$	$\phi = 2.32$		$t_b = 0.66$		$e_b = 7.87$	$\phi = 17.59$	
颜色	α_a	α_b	β_a	β_b	颜色	α_a	α_b	β_a	β_b
红色	–2.24	–56.55	0.90	1.72	红色	2.21	–48.81	0.52	5.00
棕色	33.45	14.56	1.72	0.84	棕色	41.19	6.87	5.00	0.69
绿色	104.56	134.59	0.84	1.95	绿色	96.87	120.46	0.69	0.96
蓝色	224.59	–147.15	1.95	1.01	蓝色	210.46	–148.48	0.96	0.92
紫色	–57.15	–92.24	1.01	0.90	紫色	–58.48	–105.72	0.92	1.10
					粉红色	–15.72	–87.79	1.10	0.52
色度平面 3					色度平面 4				
$t_a = -0.12$		$e_a = 5.38$	$\beta_e = 6.81$		$t_a = -0.47$		$e_a = 5.99$	$\beta_e = 7.76$	
$t_b = 0.52$		$e_b = 6.98$	$\phi = 19.58$		$t_b = 1.02$		$e_b = 7.51$	$\phi = 23.92$	
颜色	α_a	α_b	β_a	β_b	颜色	α_a	α_b	β_a	β_b
红色	13.57	–45.55	1.00	0.57	红色	26.70	–56.88	0.91	0.76
橙色	44.45	–28.76	0.57	0.52	橙色	33.12	–9.90	0.76	0.48
棕色	61.24	6.65	0.52	0.84	黄色	80.10	5.63	0.48	0.73
绿色	96.65	109.38	0.84	0.60	绿色	95.63	108.14	0.73	0.64
蓝色	199.38	–148.24	0.60	0.80	蓝色	198.14	–148.59	0.64	0.76
紫色	–58.24	–112.63	0.80	0.62	紫色	–58.59	–123.68	0.76	5.00
粉红色	–22.63	–76.43	0.62	1.00	粉红色	–33.68	–63.30	5.00	0.91
色度平面 5					色度平面 6				
$t_a = -0.57$		$e_a = 5.37$	$\beta_e = 100.00$		$t_a = -1.26$		$e_a = 6.04$	$\beta_e = 100.00$	
$t_b = 1.16$		$e_b = 6.90$	$\phi = 24.75$		$t_b = 1.81$		$e_b = 7.39$	$\phi = -1.19$	
颜色	α_a	α_b	β_a	β_b	颜色	α_a	α_b	β_a	β_b
橙色	25.75	–15.85	2.00	0.84	橙色	25.74	–17.56	1.03	0.79
黄色	74.15	12.27	0.84	0.86	黄色	72.44	16.24	0.79	0.96
绿色	102.27	98.57	0.86	0.74	绿色	106.24	100.05	0.96	0.90
蓝色	188.57	–150.83	0.74	0.47	蓝色	190.05	–149.43	0.90	0.60
紫色	–60.83	–122.55	0.47	1.74	紫色	–59.43	–122.37	0.60	1.93
粉红色	–32.55	–64.25	1.74	2.00	粉红色	–32.37	–64.26	1.93	1.03

注：（1）角度以度为单位，下标 x 和 y 分别更改为 a 和 b。

（2）可以简化参数解释，因为已经为 CIE $L^*a^*b^*$空间估计了参数。

拟合过程的评估是通过两种度量进行的。第一种度量是学习集的隶属度值与从参数隶属度函数获得的隶属度值之间的平均绝对误差（MAE_{fit}）：

$$\text{MAE}_{\text{fit}} = \frac{1}{n_s}\frac{1}{11}\sum_{i=1}^{n_s}\sum_{k=1}^{11}\left|m_k^i - \mu_{C_k}(\boldsymbol{s}_i)\right| \tag{17.24}$$

其中，n_s 是学习集中的样本数，C_k^i 是 $\boldsymbol{s}_i$ 对第 k 个类别的隶属关系，而$\mu_{C_k}(\boldsymbol{s}_i)$是 $\boldsymbol{s}_i$ 对模型提供的第 k 个类别的参数隶属关系。

MAE_{fit} 的值是模型拟合到学习数据集的准确性的度量。在这种情况下，获得的值为 $MAE_{fit} = 0.0168$。还针对 3149 个样本的测试数据集也计算了此度量。为了建立测试数据集，对孟塞尔空间进行了采样：色调分别为 1.25、3.75、6.25 和 8.75；值以 1 个单位的步长从 2.5 到 9.5；色品以 2 个单位的步长从 1 到最大值。与学习集的情况一样，被视为真值的测试集的隶属度是使用 Seaborn 算法计算的。使用孟塞尔转换软件计算了应用参数函数的相应 CIE $L^*a^*b^*$值。获得的 MAE_{fit} 值为 0.0218，这证实了拟合的准确性，该准确性使该模型即使对于在拟合过程中未使用的样本，也能够提供具有非常低误差的隶属度值。

第二种度量和约束的满足程度。将点 $\boldsymbol{p}_i$ 的单位和所有隶属度的总和之差视为误差，该度量为

$$MAE_{unitsum} = \frac{1}{n_p}\sum_{i=1}^{n_p}\left|1-\sum_{k=1}^{11}\mu_{C_k}(\boldsymbol{p}_i)\right| \tag{17.25}$$

其中 n_p 是考虑的点数，μ_{C_k} 是类别 C_k 的隶属度函数。

为了计算该度量，我们在 a 轴和 b 轴上以 0.5 个单位的步长对值从−80 到 80 的 6 个色度平面中的每一个进行了采样，这意味着 n_p =153 600。$MAE_{unitsum} = 6.41e^{-0.4}$ 表示该模型很好地满足了该约束，使该模型与所提出的框架一致。

因此，对于 CIE $L^*a^*b^*$空间中的任何点，我们都可以计算所有类别的隶属度，并且可以在每个色度平面上绘制这些值以生成隶属度图。在图 17.9 中，我们显示了所考虑的 6 个色度平面的隶属度图，其中在隶属面上标记有相应的彩色术语。

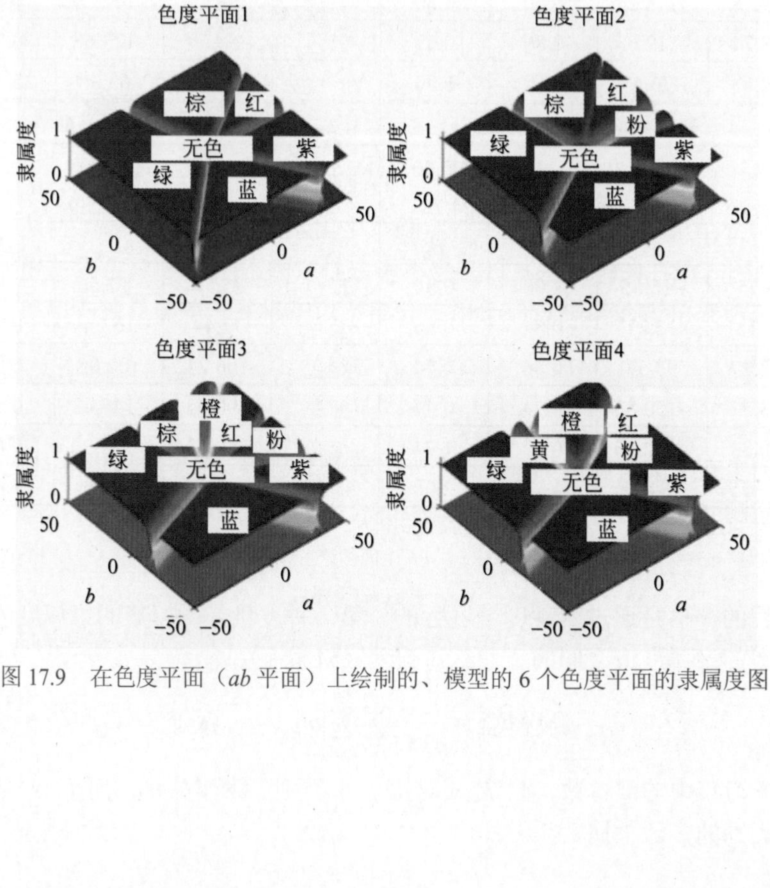

图 17.9 在色度平面（ab 平面）上绘制的、模型的 6 个色度平面的隶属度图

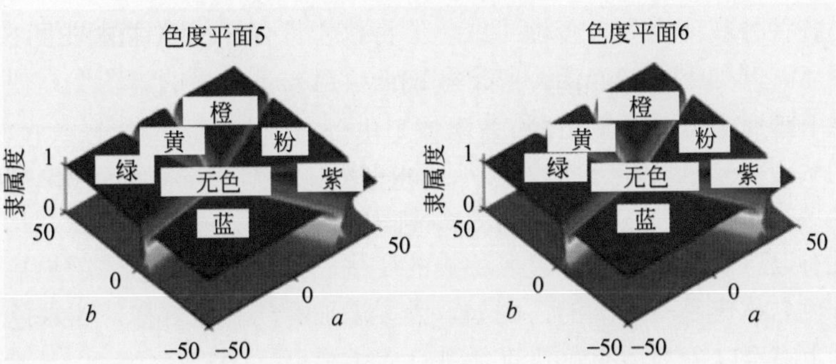

图 17.9（续）

17.3　源自未校准数据的彩色名称

在 17.2 节中，我们看到了一个示例，其中 RGB 和彩色名称之间的映射是从一组标记的色块中推断出来的。此类方法的其他示例包括参考文献[352-356]。在这种方法中，要求多个测试人在定义明确的实验设置中标记数百种彩色的色片。从这组标记的彩色色片中，可以得出从 RGB 值到彩色名称的映射。这些方法与本节中讨论的方法都基于校准数据。已证明来自校准数据的彩色名称在语言学和彩色科学领域中很有用。但是，当将这些方法应用于真实世界的图像时，常会获得不那么令人满意的结果。在中性色背景和理想照明下的彩色命名色块与在不具有中性参考色但具有诸如影调效果和不同光源等物理变化的实际应用中图像的彩色命名挑战中，有很大的不同。

在本节中，我们讨论一种在未校准图像中进行彩色命名的方法。更准确地说，对于**未校准图像**，我们指的是在不同光源下产生的图像，这些图像具有相互反射、彩色阴影、压缩伪像、采集像差、未知相机和相机设置等特点。大多数计算机视觉中的图像数据属于此类别：即使在可获得相机信息且图像未压缩的情况下，由于未知的光源彩色、不确定的阴影、视点变化和相互反射，通常也很难恢复采集的物理设置。

为了推断现实世界图像中的彩色名称采用什么 RGB 值，需要使用带有彩色名称标签图像的大型数据集。获取此类数据集的一种可能方法是借助谷歌图像搜索。我们为 17.1 节中讨论的 11 种基本彩色术语中的每一种检索出了 250 张图像（图 17.10）。这些图像包含查询

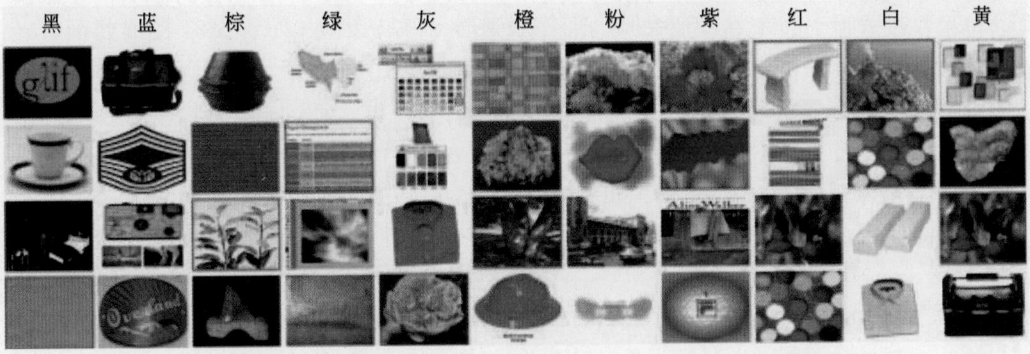

图 17.10　谷歌检索的彩色名称示例。红色边框指示误报。可以使用各种彩色名称检索图像，例如在红色和黄色集合中显示的花朵图像

的彩色名称的各种外观。例如，查询“红色”将包含带有红色物体的图像，这些图像是在不同的物理变化（例如不同的光源，阴影和镜面反射）下拍摄的。图像是使用不同的相机拍摄的，并以各种压缩方法存储。

由于我们希望将彩色命名方法应用到在不同物理设置下拍摄的未经校准的图像，因此该训练集中的种类繁多，非常适合我们为实际图像学习彩色名称的目标。此外，基于谷歌图像的系统具有以下优势：对于彩色名称集的变化，它具有灵活性。已知基于校准数据的方法相对于彩色名称集是不灵活的，例如，为了添加新的彩色名称，如米色、紫罗兰色或橄榄色，原则上将意味着为所有色块重新进行人类标记。

众所周知，从谷歌搜索中检索到的图像包含许多误报。为了从这样一个嘈杂的数据集中学习彩色名称，我们将讨论一种基于概率隐语义分析（**PLSA**）的方法，该方法是霍夫曼[215]引入的用于文档分析的生成模型。总之，通过从真实世界图像中学习彩色名称，我们旨在获得适用于具有挑战性的真实世界图像的彩色名称，这些图像通常用于计算机视觉应用。

17.3.1 彩色名称数据集

如前所述，谷歌图像被用于检索 11 种彩色名称中每一种的 250 幅图像。对于实际搜索，我们添加了“彩色”一词；因此，对于红色，查询为“红色+彩色”。图 17.10 给出了 11 种彩色名称的示例。几乎 20%的图像是误报，即不包含所查询彩色的图像。由于图像标签是全局的，因此我们将此类数据集称为**弱标记的**，这意味着该标记所指向的图像特定区域没有可用的信息。此外，在许多情况下，只有一小部分（少至百分之几的像素）代表彩色标签。我们的目标是基于谷歌图像的原始结果学习一种彩色命名系统，也就是说，我们使用了真阳性和假阳性。

谷歌数据集包含弱标记的数据，这意味着我们只有一个图像范围的标记，这表明图像中的一部分像素可以通过标记的彩色名称来描述。为删除图像标记中不太可能指示的一些像素，我们通过迭代地删除与边框彩色相同的像素，来从谷歌图像中删除背景。此外，由于彩色标签通常是指图像中心的对象，因此我们将图像宽度和高度分别裁剪为其原始的70%。

谷歌图像将以彩色直方图表示。我们认为谷歌数据集中的图像为 sRGB 格式。在计算彩色直方图之前，将这些图像进行伽马校正，校正系数为 2.4。尽管图像可能无法正确地实现白平衡，但由于发现**彩色恒常性**会使这些图像产生令人不满意的效果，因此我们没有应用彩色恒常性算法。此外，许多谷歌图像缺少彩色校准信息，并且经常破坏彩色恒常性算法所基于的假设。图像被转换到 $L^*a^*b^*$彩色空间中，这是一种可感知的线性彩色空间，确保将 $L^*a^*b^*$值之间相似的差异视为对人类同样重要的彩色变化。这是一个期望的属性，因为我们对直方图构造使用的均匀直方条方法隐含地采用了有意义的距离度量。为了计算 $L^*a^*b^*$值，我们假设使用 D65 白光源。

17.3.2 学习彩色名称

在这里，我们讨论一种基于隐性模型的学习彩色名称的方法。隐性模型在文本分析领域中作为将文档建模为多个语义（但先验未知，因此是“隐性”）主题的组合工具而引起了极大的兴趣。**隐性狄利克雷分配**（LDA）[357]和 PLSA [215]可能是这类模型中最著名的。

在这里，我们使用主题来表示像素的彩色名称。在我们的问题中关注隐性模型，因为它们自然地允许在同一幅图像中包含多个主题，就像谷歌数据集中的情况一样，每幅图像都包含多种彩色。通过三次插值将每个 $L^*a^*b^*$值离散化为有限词汇表来表示像素，这些像素由 $L^*a^*b^*$空间中规则的 10 × 20 × 20 网格组成[1]。图像（文档）然后由直方图来表达，每个直方条（词）指示分配了多少像素。

我们首先解释标准 PLSA 模型，然后讨论更适合彩色命名问题的改进版本。给定一组文档 $D = \{d_1, d_2, \cdots, d_N\}$，其中的每一个文档都用词汇表 $W = \{w_1, w_2, \cdots, w_M\}$描述。认为这些单词是由隐性主题 $Z = \{z_1, z_2, \cdots, z_K\}$生成的。在 PLSA 模型中，文档 d 中单词 w 的条件概率由下式给出：

$$p(w|d) = \sum_{z \in Z} p(w|z)\, p(z|d) \tag{17.26}$$

分布 $p(z|d)$和 $p(w|z)$都是离散的多项式分布，可以通过最大化对数似然函数，使用期望最大化（EM）算法[215]进行估算

$$L = \sum_{d \in D} \sum_{w \in W} n(d,w) \log p(d,w) \tag{17.27}$$

其中 $p(d, w) = p(d)p(w|d)$，而 $n(d, w)$是词频，包含每个文档中出现的单词。

式(17.26)中的方法称为**生成模型**，因为它提供了一个模型，该模型给出了如何在给定隐藏参数（隐性主题）的情况下生成观测数据。这里的目的是找到能最好地解释所观察数据的隐性主题。在学习彩色名称的情况下，我们将图像中的彩色值建模为由彩色名称（主题）所生成的。例如，彩色名称红色根据 $p(w|t = \text{red})$生成 $L^*a^*b^*$值。这些词-主题分布 $p(w|t)$在所有图像之间共享。我们在图像中看到的各种彩色的数量由混合系数 $p(t|d)$给出，它们是特定于图像的。学习过程的目的是找到最能解释观测值 $p(w|d)$的 $p(w|t)$和 $p(t|d)$。结果是，经常在同一主题中发现共同出现的彩色。例如，红色标签不仅会与高度饱和的红色同时出现，而且会与红色物体上镜面反射的某些粉红色，以及由于阴影或影调所导致的暗红色同时出现。彩色名称红色的所有不同外观均被 $p(w|t = \text{red})$捕获。

在图 17.11 中，提供了将 PLSA 应用于彩色命名问题的概况。该系统的目标是找到彩色名称分布 $p(w|t)$。首先，弱标记的谷歌图像由其归一化的 $L^*a^*b^*$直方图表达。这些直方图构成图像特定词分布 $p(w|d)$的列。首次，使用 PLSA 算法以找到能最好地解释所观察到数据的主题（彩色名称）。此过程可以理解为将 $p(w|d)$分解为单词-主题分布 $p(w|t)$和文档特定混合比例 $p(t|d)$的矩阵。$p(w|t)$的列包含我们要查找的信息，即彩色名称在 $L^*a^*b^*$值上的分布。在本节的其余部分，我们将讨论对标准模型的两种改进。

---

1 因为 $L^*a^*b^*$ 空间在感知上是均匀的，所以我们将其离散化为等体积块。由于范围不同，每个通道选择的量化级别也不同：强度轴的范围是 0 到 100，色度轴的范围是−100～100。

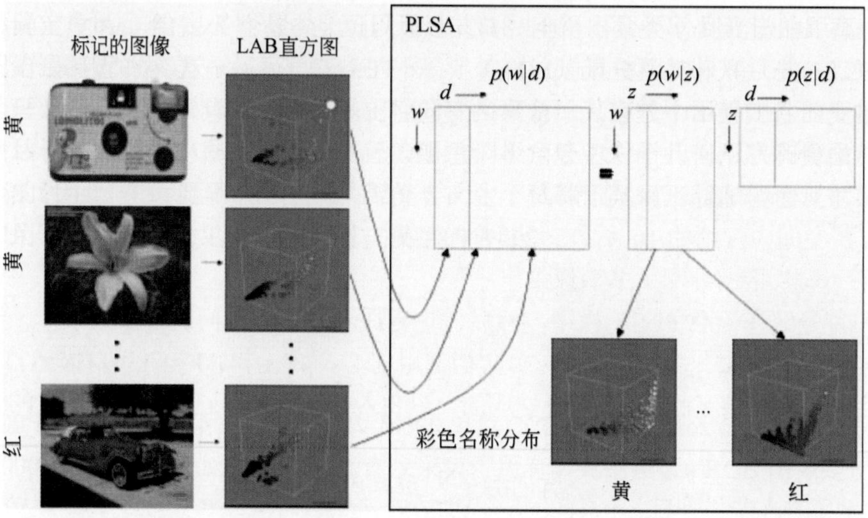

图 17.11 用于学习彩色名称的标准 PLSA 模型概述。参见文字解释。资料来源：经许可转载，©2009 IEEE

17.3.2.1 利用图像标签

标准 PLSA 模型无法利用图像标签。更准确地说，标签对最大似然没有影响（式(17.27)）。对这些主题的期望是它们能够收敛到代表所需彩色名称的状态。但正如参考文献[358]中使用 LDA 以发现目标类别时指出的那样，这种情况很少发生。为了克服这个缺点，我们讨论一种改进模型，该模型确实考虑了标签信息。

图像标签可用于定义文档 $p(z|d)$中主题（彩色名称）出现频率的先验分布。此先验仍将允许每种彩色在每幅图像中使用，但是与图像的标签相对应的主题（此处是通过谷歌获得的）被认为具有比其他彩色更高的频率。

假设多项式分布 $p(z|d)$是根据参数α_{l_d}的狄利克雷（Dirichlet）分布生成的，其中 l_d 是文档 d 的标签。矢量α_{l_d}的长度为 K（主题数），其中对于 $z=l_d$，$\alpha_{l_d}(z)=c\geqslant 1$，否则，$\alpha_{l_d}(z)=1$。通过改变 c，我们可以控制图像标签 l_d 对分布 $p(z|d)$的影响。c 的确切设置将从验证数据中获悉。下面，我们使用简写 $p(w|z)=\phi_z(w)$和 $p(z|d)=\theta_d(z)$。

对于带有标签 l_d 的图像 d，生成过程为：

（1）使用参数α_{l_d}从狄利克雷先验采样θ_d（主题分布）。

（2）对于图像中的每个像素

- 使用参数θ_d的多项式采样 z（主题，即彩色名称）；
- 使用参数ϕ_z的多项式采样 w（词，像素直方条）。

必须从训练图像中估计与主题相关联的单词ϕ_z上的分布以及特定于图像的分布θ_d。该估计是使用 EM 算法完成的。在期望步骤中，我们为每个单词（彩色条）w 和文档（图像）d 进行评估：

$$p(z|w,d)\propto\theta_d(z)\phi_z(w) \tag{17.28}$$

在最大化步骤中，我们将期望步骤的结果与归一化的单词文档计数 $n(d,w)$（文档 d 中单词 w 的频率）一起使用，以计算ϕ_z和θ_d的最大似然估计：

$$\phi_z(w)\propto\sum_d n(d,w)p(z|w,d) \tag{17.29}$$

$$\theta_d(z) \propto \left[\alpha_{l_d}(z) - 1\right] + \sum_{w} n(d,w) p(z|w,d) \tag{17.30}$$

请注意，当$\alpha_{l_d}(z) = c = 1$ 时，我们获得了用于标准 PLSA 模型的 EM 算法，该算法对应于θ_d上一致的狄利克雷先验。

17.3.2.2　强制单峰性

PLSA 模型的第二种改进基于概率 $p(z|w)$的先验知识。考虑彩色名称红色：彩色空间中的特定区域将具有很高的红色概率，在指向其他彩色名称的方向上离开该区域将降低红色的概率。进一步沿这个方向移动只会进一步降低红色的概率。这是由 $p(z|w)$分布的单峰性质引起的。接下来，我们讨论对 PLSA 模型的一种改进，以强制对所估计 $p(z|w)$分布的单峰性。

可以通过灰度重建获得函数的单峰形式。对函数 p 的灰度重建是通过对 p 下的标记 m 迭代地进行测地线灰度膨胀直到达到稳定性而实现的[359]。考虑图 17.12 中给出的示例。在该示例中，我们考虑两个 1-D 主题 $p_1 = p(z_1|w)$和 $p_2 = p(z_2|w)$。通过在模版函数 p_1 下迭代地应用来自标记 m_1 的测地线膨胀，可以得到灰度重建函数ρ_1。根据定义，函数ρ_1 是单峰的，因为它在标记 m_1 的位置仅具有一个最大值。类似地，我们通过从标记 m_2 进行对 p_2 的灰度重建来获得ρ_2 的单峰形式。

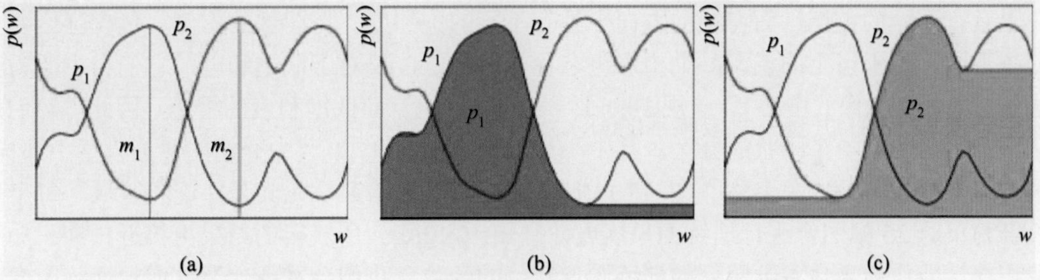

图 17.12　灰度重建示例。(a)初始函数 $p_1 = p(z_1|w)$，$p_2 = p(z_2|w)$，以及标记 m_1 和 m_2；(b)从 m_1 重建 p_1 的灰度ρ_1；(c)从 m_2 重建 p_2 的灰度ρ_2。根据定义，由于ρ_1 是单峰函数，因此将 p_1 和ρ_1 之间的差强制变小会减小 p_1 的二次模。资料来源：经许可转载，©2009 IEEE

彩色名称分布 $p(z|w)$可以做类似的事情。我们可以通过从标记 m_z 进行 $p(z|w)$的灰度重建来计算单峰形式 $\rho_z^{m_z}(z)$（为标记找到合适的位置将在下面说明）。为了强制单峰性，而无须假设分布的形状，我们将分布 $p(z|w)$与它们的单峰对应物 $\rho_z^{m_z}(z)$ 之间的差作为对数似然函数的正则化因子相加：

$$L = \sum_{d \in D} \sum_{w \in W} n(d,w) \log p(d,w) - \gamma \sum_{z \in Z} \sum_{w \in W} \left[p(z|w) - \rho_z^{m_z}(w)\right]^2 \tag{17.31}$$

在式(17.27)中添加正则化因子会迫使函数 $p(z|w)$更加接近 $\rho_z^{m_z}(z)$。由于 $\rho_z^{m_z}(z)$ 是单峰的，因此将抑制 $p(z|w)$中的次要模态，即与 $\rho_z^{m_z}(z)$ 不共同的模态。

在彩色名称分布 $p(z|w)$的情况下，使用 26 个连接的结构元素对 $L^*a^*b^*$空间中的 3-D 空间网格执行灰度重建。通过找到从分布 $p(z|w)$的质心开始的局部模式，可以计算每个主题的标记 m_z。已发现这比使用分布 $p(z|w)$的全局模式更可靠。依赖于 $p(z|w)$的正则化函数

$\rho_z^{m_z}(z)$在基于共轭梯度最大化过程的每个迭代步骤中都会更新，该过程可用于计算$\phi_z(w)$的最大似然估计。$\theta_d(z)$的最大似然估计的计算不受正则化因子的直接影响，仍由式(17.30)计算。

总之，已经讨论了标准 PLSA 模型的两个改进。首先，图像标签用于定义主题频率的先验分布。其次，将正则化因子添加到对数似然函数中，从而抑制了 $p(z|w)$分布中的次要模式。可以从验证数据中获知两个参数 c 和γ，它们规范了两种改进的强度。

17.3.3 赋彩色名称到测试图像

一旦我们估计了表示主题的单词 $p(w|z)$上的分布，就可以使用它们来计算与测试图像中的像素相对应的彩色名称的概率。由于预期测试图像不会具有单一主色，因此我们不使用估计主题时使用的基于标签的狄利克雷先验。给定像素的彩色名称的概率为

$$p(z|w) \propto p(z)p(w|z) \tag{17.32}$$

彩色名称 $p(z)$的先验被认为是统一的。通过对概率 $p(z|w)$区域中所有像素的简单求和，可得出区域彩色名称的概率，该概率使用统一先验按式(17.32)计算。

图 17.13 中说明了 17.3.2 节中讨论的对标准 PLSA 的两种改进的影响（有关更详细的分析，另请参见文献[360]）。图 17.13(a)的图像显示了强度恒定的像素，这些像素在角度方向上具有不同的色调，而在径向方向上具有不同的饱和度。在图像的右侧，包含强度变化的条形图。对于恒定的色调，期望彩色名称相对稳定，仅对于低饱和度，它们会更改为无彩色（即，在图像的中心）。该规则的唯一例外是棕色，即低饱和度的橙色。因此，我们期望彩色名称形成一个饼状的分区，其中心为无色，如在 17.2 节中介绍的参数模型中那样。根据经验分布分配彩色名称（图 17.13(b)）会导致很多错误，尤其是在饱和区域。每个彩色名称仅对 25 幅图像进行训练的扩展方法（图 17.13(c)）所获得的结果更接近预期。如果我们将性能作为来自谷歌图像的训练图像数量的函数，我们会发现，通过增加训练图像的数量，具有最佳 c-γ设置的 PLSA 方法与经验分布之间的差异会变小。然而，比较表明，扩展方法获得了明显更好的结果，尤其是在饱和区域（图 17.13(d)和图 17.13(e)）。

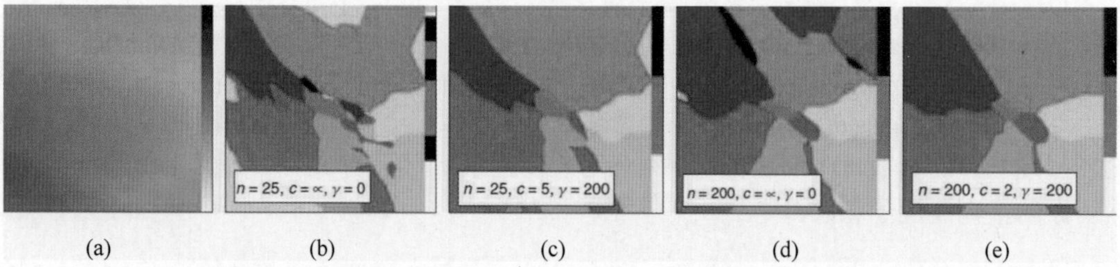

图 17.13 (a)具有挑战性的合成图像：自然图像中很少出现边界处的高度饱和 RGB 值；(b) ~ (e)使用 c，γ和 n 的不同设置获得的结果，n 是每种彩色名称的训练图像数量。该图表明，PLSA 方法可以改善结果，如图像(c)和(e)。资料来源：经许可转载，© 2006 IEEE

17.3.4 灵活性彩色名称数据集

从使用谷歌图像搜索收集的未校准图像中学习彩色名称的优势在于，可以轻松地更改

一组彩色名称。对于 17.2 节中描述的参数方法，更改彩色名称集将意味着需要重新进行心理物理实验。例如，在 Mojsilovic [355]的工作中提出了不同的彩色名称集。她要求一些测试人在一组图像中命名彩色。除 11 种基本彩色术语外，还提到了米色，紫罗兰色和橄榄色。

在图 17.14 中，我们展示了从谷歌图像学习到的 11 种基本彩色术语的原型。彩色名称的原型 w_z 是给定彩色名称 w_z = $\mathrm{argmax}_w p(w|z)$时出现概率最高的彩色。此外，我们添加了 11 个额外的彩色名称，每个彩色名称都可以从谷歌图像中检索 100 幅图像。同样，图像包含许多误报。然后，将一个单独额外的彩色名称添加到 11 个基本彩色术语的集合中，并重新计算彩色分布 $p(w|z)$，然后得出新添加的彩色名称的原型。对 11 种新彩色名称重复此过程。结果显示在图 17.14 的第二行中，并且与我们期望找到的彩色相对应。

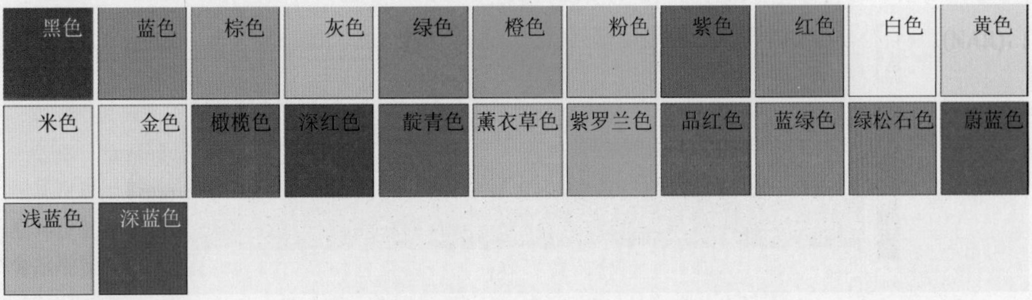

图 17.14　第一行：从谷歌图像中基于 PLSA 学习到的 11 种基本彩色术语的原型。第二行：从谷歌图像中学习到的各种彩色名称的原型。第三行：从谷歌图像中学习到的两种俄罗斯蓝色调的原型。资料来源：经许可转载，© 2009 IEEE

作为数据获取灵活性的第二个示例，我们研究了彩色命名中的语言间差异。俄语是一种具有 12 种基本彩色术语的语言。彩色术语“蓝色”分为两个彩色术语：goluboi（浅蓝色）和 siniy（深蓝色）。我们对这两种蓝色调都使用了 30 幅图像（由谷歌图像返回）来运行系统。结果在图 17.14 中给出，并且与 goluboi 是浅蓝色而 siniy 是深蓝色这一事实相对应。此示例显示 Internet 可以作为检查彩色命名中语言差异的潜在数据源。

17.4　实 验 结 果

在本节中，我们将对 17.2 节和 17.3 节中讨论的两种计算彩色命名方法进行比较。两种方法之间最相关的区别是它们所基于的训练数据，即经过校准的还是未经校准的。第一种方法基于赋予色块的彩色名称标签，这些彩色标签是在具有已知照明、没有上下文以及灰色参考背景的高度受控环境中拍摄的。第二种方法基于具有未知相机设置和照明环境中目标的真实世界图像。我们将分别在校准数据和未校准数据上测试这两种方法，并将这两种方法分别称为参数方法和 PLSA 方法。

1. 校准的彩色命名数据

首先，我们比较两种方法对白色照明下呈现的单个色块进行分类。我们已经将两种彩色命名算法应用于柏林和凯[329]进行世界彩色调查中使用的孟塞尔彩色阵列。结果如图 17.15 所示。基于参数方法的结果如图 17.15(a)所示，使用 PLSA 方法获得的结果如

图 17.15(b)所示。彩色名称居中的比较类似，仅在边框上存在一些分歧。我们可以观察到的主要区别是，参数方法用彩色名称命名了所有的色块，而 PLSA 方法用无色名称命名了多个色块。

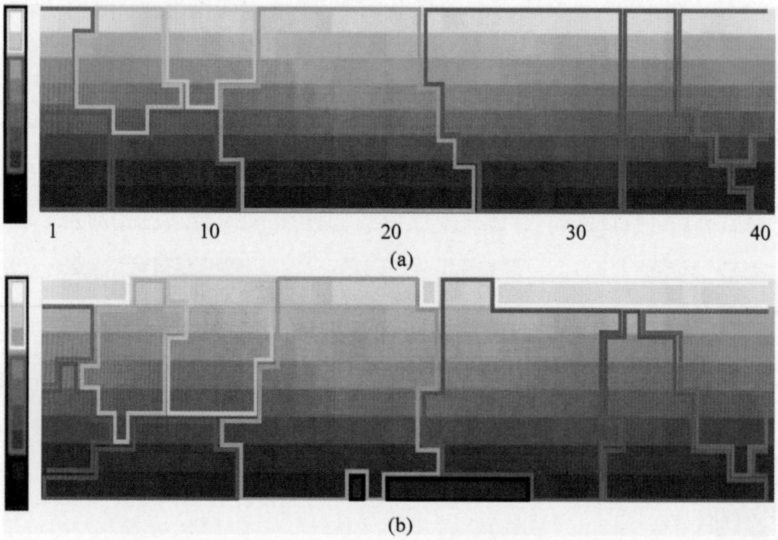

图 17.15 (a)用参数方法获得的孟塞尔彩色阵列上的彩色名称类别；(b)用 PLSA 方法获得的彩色名称。请注意彩色和无色赋值的差异。彩色线表示 11 种彩色类别的边界。资料来源：经许可转载，© 2009 IEEE

为了定量比较两种方法在校准色块上的效果，我们将参数方法和 PLSA 方法的结果与来自两篇参考文献的彩色名称的观察结果进行了比较：柏林和凯[329]的研究以及斯特奇斯和惠特菲尔德（Sturges 和 Whitfield）[332]的实验（图 17.1 和图 17.2）。我们计算模型的预测与观测之间的相合以及相异的次数。结果总结在表 17.2 中。我们看到，参数模型的性能明显优于 PLSA 模型。这是我们期望的，因为参数模型是设计来在校准的环境下执行彩色命名的。此外，还与 MacLaury 在参考文献[361]中由英语演讲者所做的分类进行了比较。英语演讲者获得的结果表明了问题的可变性，因为任何合作者的判断通常都会与彩色命名实验的判断有所不同，命名实验通常是对多个合作者取平均值。请注意，与心理物理实验的平均结果相比，PLSA 模型的性能类似于单个观察者的性能。

表 17.2 将不同的孟塞尔分类结果与柏林和凯[329]以及斯特奇斯和惠特菲尔德[332]的彩色命名实验的结果进行比较

模型	柏林和凯数据			斯特奇斯和惠特菲尔德数据		
	相合	相异	误差/%	相合	相异	误差/%
参数方法	193	17	8.10	111	0	0.00
PLSA 方法	180	30	14.3	106	5	4.50
英语演讲者	182	28	13.33	107	4	3.60

2. 未校准的彩色命名数据

为了测试对未经校准数据计算彩色命名的方法，需要一组人类标记的目标图像。为此，我们使用**拍卖网站 Ebay**[362]上的图像数据集。用户使用文本中的目标描述（通常包括彩色名称）标记其目标。数据集包含 4 类目标：汽车、鞋子、衣服和陶器（图 17.16）。对于每个目标类别，收集了 121 幅图像，每个彩色名称为 12 幅图像。最后将其分为 440 幅图像的测试集和 88 幅图像的验证集。这些图像包含若干挑战。物体的反射特性从衣服的无光反射表面到汽车和陶器的高度镜面反射表面有所不同。此外，它包括室内和室外场景。对于所有图像，都提供了与彩色名称相对应的目标区域的手动分割结果。在 Ebay 图像的像素级彩色名称注释任务上比较了彩色命名方法。分割模版中的所有像素均被分配为其最可能的彩色名称。我们报告**像素标注分数**，即正确标注的像素的百分比。

图 17.16　4 个类别的 Ebay 数据示例：绿色汽车，粉红色连衣裙，黄色盘子和橙色鞋子。对于所有图像，用手工分割出具有与彩色名称相对应区域的模版

结果在表 17.3 中给出。可以看出，PLSA 方法优于参数方法约 6%。这是可以预期的，因为 PLSA 方法是从真实的谷歌图像中学习的，而谷歌图像看上去更类似于 Ebay 图片。另一方面，基于校准数据的参数方法在真实世界中（彩色并不是在已知白光源下和在中性背景上呈现的）面临困难。图 17.17 显示了两幅真实世界图像上的结果。两种方法都获得了

表 17.3　Ebay 数据集中 4 个类别像素的标注得分[a]

方法	汽车	鞋子	服装	陶器	总体/%
参数	56	72	68	61	64.7
PLSA	56	77	80	70	70.6

注：[a] 最后一列提供了前 4 个类的平均结果。

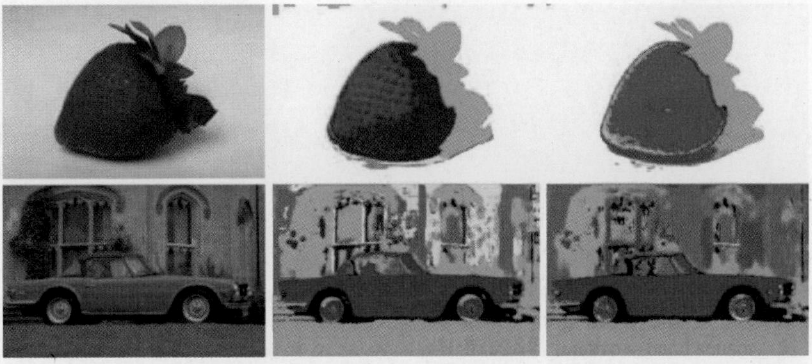

图 17.17　两个按像素彩色名称标注的示例。彩色名称由其相应的彩色表示。在中间图像中，给出了参数模型的结果，在右侧图像中，给出了 PLSA 方法的结果

相似的结果，但是可以看到，尤其是在无色区域中（草莓和房子下面的地平面），它们是不同的。参数方法赋予更多的彩色名称，而 PLSA 方法需要更多的饱和度才能赋予彩色名称。参数模型将草莓的某些部分错误地标记为棕色，这是另一个差异。由于心理物理实验是在受控条件下进行的，因此参数模型由于照明效果而无法包含彩色的不同阴影。相比之下，PLSA 方法可以正确地标记草莓的大部分区域，因为从真实世界的图像中学习可以使 PLSA 方法考虑任何彩色可能呈现的不同变化。

17.5 本章小结

在本章中，我们讨论了两种用于计算彩色命名的方法。首先，我们讨论了一种从校准数据中学习彩色名称的方法。用于彩色命名的参数模糊模型基于用 TSE 作为隶属度函数的定义。参数模型的主要优点是它可以合并有关彩色名称分布形状的先验知识。其次，我们已经看到了一种从谷歌图像搜索所收集的未校准图像中学习彩色名称的方法。我们已经讨论了一种基于 PLSA 的学习方法，以应对从谷歌图像搜索中检索到固有噪声数据（该数据包含许多误报）的问题。从图像搜索引擎学习彩色名称的另一个优点是，该方法可以轻松地更改所需彩色名称的集合，否则这将会非常昂贵。

比较这两种方法的结果，我们观察到参数方法在校准后的数据上获得了更好的结果，而 PLSA 方法在真实世界中未经校准的图像方面优于参数化模型。我们使用未校准一词来指代与灰色背景上的单色色块的完美设置所产生的各种偏差。因此，未校准不仅指未知的相机设置和光源，而且还指代物理事件（例如阴影和镜面反射）的存在。将来，当改进了对彩色图像的理解，使用改进的光源估计以及更好的目标分割时，未校准初始图像的事实就变得不那么重要了。在这种情况下，我们将能够自动校准未校准的数据，参数模型将会变得更加重要。我们目前在 PLSA 模型中观察到的鲁棒性将是一个缺点，因为它会导致灵敏度降低。最后，我们想指出的是，我们忽略了相邻彩色之间的相互作用，这会极大地影响彩色感觉。通过使用归纳模型，可以预测感知到的彩色感觉[363-364]。因此，在彩色命名算法中添加此类模型有望改善结果。

第 18 章　多光谱图像分割

包含Harro M. G. Stokman的贡献*

光谱信息由于其高准确度已成为许多成像过程中的重要质量因素。光谱成像已用于例如遥感、计算机视觉和工业应用中。光谱图像可以通过带有窄带干涉滤波器的 CCD 相机获得[365]。从**多光谱图像**中可以得出光度不变性。实际上，先前几章介绍的技术可用于检测多光谱图像中的区域。为了获得抗噪声的鲁棒性，可以采用第 4 章中讨论的**噪声扩散**。更多信息可以在参考文献[366]中找到。

在本章中，讨论获得光度不变区域检测的方法。在 18.3 节中，讨论了传感器噪声的影响。区域检测在 18.4 节中介绍。在 18.5 节中，对极角表达中理论估计的不确定度与实际的不确定度根据经验进行了比较。为评价分割方法进行的实验将在 18.6 节中讨论。

18.1　反射和相机模型

在本节中，我们讨论相机和成像模型。在模型的基础上，我们检查了在多光谱彩色空间中由均匀着色的目标绘制的聚类形状。

18.1.1　多光谱成像

我们使用 Spectral Imaging Ltd.的 Imspector V7 光谱仪。**光谱仪**将单色 CCD 相机转换为线扫描仪：一个轴显示空间信息，而沿另一轴记录可见波长范围，从而为每个位置(x, λ)生成图像 $f(x, \lambda)$。Jain CV-M300 相机沿光轴有 576 像素。我们使用 Imspector V7 光谱仪，可观察到的最短波长为 410 nm，最长波长为 700 nm。波长间隔对应于 5 nm。

18.1.2　相机和成像模型

我们使用线性相机模型来描述在位置 $\boldsymbol{x}$ 处第 i 个彩色通道的输入信号 f^i 和输出信号 c^i 之间的关系，如下所示：

$$c^i(\boldsymbol{x},\lambda)=\gamma_i f^i(\boldsymbol{x},\lambda)+d(\boldsymbol{x}) \tag{18.1}$$

其中，$d(\boldsymbol{x})$表示与波长无关的暗电流，而γ_i表示第 i 个彩色通道的相机增益。这里，为了符

* 经 Springer Science+Business Media B.V.的许可，部分内容转载自：*Robust Photometric Invariant Region Detection in Multispectral Images*, by Th. Gevers and H.M.G. Stokman, in *International Journal of Computer Vision*, Volume 53 (2), pp 135–151, 2003. ©2003 Springer.

号简化，我们暂时忽略暗电流。出于相同的原因，该位置的符号被省略了。

相机增益可以进一步细化为由两项组成：

$$\gamma_i = \gamma_e \bullet \gamma_{w,i} \tag{18.2}$$

其中，γ_e表示电子增益，$\gamma_{w,i}$表示白平衡增益。

对于不均匀的介电材料，式(18.1)所测量的输入信号 f^i 由双色反射模型[26]描述（第 3 章）。根据式(3.6)，我们得到：

$$f^i(\lambda) = m^b(\boldsymbol{n},\boldsymbol{s})\int_\lambda \rho^c(\lambda)e(\lambda)c^b(\lambda)\mathrm{d}\lambda + m^i(\boldsymbol{n},\boldsymbol{s},\boldsymbol{v})\int_\lambda \rho^c(\lambda)e(\lambda)c^s(\lambda)\mathrm{d}\lambda \tag{18.3}$$

它表示中心波长为 c 的滤波器ρ^c的相机输出（没有相机增益）。此外，$c^b(\lambda)$和 $c^s(\lambda)$分别是表面反射率和菲涅耳反射率，$\boldsymbol{n}$ 是表面色块的法线，$\boldsymbol{s}$ 指示光源的方向，$\boldsymbol{v}$ 指示观察者的方向。几何项 m^b 和 m^i 表示对 $\boldsymbol{n}$、$\boldsymbol{s}$ 和 $\boldsymbol{v}$ 的几何依赖性。最后，$e(\boldsymbol{x}, \lambda)$是目标表面 $\boldsymbol{x}$ 处入射（环境）光的光谱功率分布。

18.1.3 白平衡

根据式(18.3)，可以用 $c^b(\lambda) = 1$ 和 $m^b(\boldsymbol{n}, \boldsymbol{s}) = 1$ 来描述具有恒定光谱响应的无光泽白色参考标准。此外，假设相机不是白平衡的，则对于所有彩色通道 i，有$\gamma_{w,i} = 1$。将式(18.3)中的体反射值代入式(18.1)即可获得测量的传感器值：

$$w_i(\lambda) = \gamma_e \int_\lambda \rho^c(\lambda)e(\lambda)\mathrm{d}\lambda \tag{18.4}$$

它表示无光泽白色参考标准的传感器响应。式(18.2)的增益参数$\gamma_{w,i}$可以通过 CCD 相机的白平衡程序调节，也可以手动调节，如：

$$\gamma_{w,i}(\lambda) = \frac{1}{w_i(\lambda)} \tag{18.5}$$

然后，**白平衡**相机系统的输出如下：

$$c^i(\lambda) = \frac{\gamma_e m^b(\boldsymbol{n},\boldsymbol{s})\int_\lambda \rho^c(\lambda)e(\lambda)c^b(\lambda)\mathrm{d}\lambda}{\gamma_e\int_\lambda \rho^c(\lambda)e(\lambda)\mathrm{d}\lambda} + \frac{\gamma_e m^i(\boldsymbol{n},\boldsymbol{s},\boldsymbol{v})\int_\lambda \rho^c(\lambda)e(\lambda)c^s(\lambda)\mathrm{d}\lambda}{\gamma_e\int_\lambda \rho^c(\lambda)e(\lambda)\mathrm{d}\lambda} \tag{18.6}$$

考虑中性界面反射（NIR）模型[26]（假设 $c^s(\lambda)$具有几乎恒定的值，与波长无关），我们得到 $c^s(\lambda) = c^s$。然后，将式(18.6)的镜面反射项重写为

$$s_i(\lambda) = \frac{m^i(\boldsymbol{n},\boldsymbol{s},\boldsymbol{v})c^s\int_\lambda \rho^c(\lambda)e(\lambda)\mathrm{d}\lambda}{\gamma_e\int_\lambda \rho^c(\lambda)e(\lambda)\mathrm{d}\lambda} = m^i(\boldsymbol{n},\boldsymbol{s},\boldsymbol{v})c^s \tag{18.7}$$

以使式(18.3)的表面反射项与光源的光谱分布无关。由于白平衡操作和 NIR 假设，当对无色目标成像时，所有彩色通道 $c^i(\lambda)$产生相等的输出。

此外，在使用 Imspector V7 光谱仪的情况下，我们有窄带滤波器$\rho(\lambda_i)$，可以将其建模为在 i 个波长上移动的单位脉冲：透射率在波长$\lambda_i = \delta$而在其他波长处为零。注意$\rho^c(\lambda)$和$\rho(\lambda^c)$之间的细微差别。$\rho^c(\lambda)$表示中心波长为 c 的宽带彩色滤波器（在各种波长上积分）。$\rho(\lambda^c)$表示波长为 c 的单位脉冲的窄带滤波器。这样，式(18.7)可重写为

$$s(\lambda_i) = \frac{m^i(\boldsymbol{n},\boldsymbol{s},\boldsymbol{v})e(\lambda_i)c^s}{e(\lambda_i)} = m^i(\boldsymbol{n},\boldsymbol{s},\boldsymbol{v})c^s \tag{18.8}$$

再次与λ无关，因此与光源的光谱分布无关。此外，假设使用窄带滤波器，将式(18.6)重写为：

$$c(\lambda_i)=\frac{m^b(\boldsymbol{n},\boldsymbol{s})e(\lambda_i)c^b(\lambda_i)}{e(\lambda_i)}+\frac{m^i(\boldsymbol{n},\boldsymbol{s},\boldsymbol{v})e(\lambda_i)c^s}{e(\lambda_i)}=m^b(\boldsymbol{n},\boldsymbol{s})c^b(\lambda_i)+m^i(\boldsymbol{n},\boldsymbol{s},\boldsymbol{v})c^s \tag{18.9}$$

对应于波长为λ_i的相机输出，使得式(18.3)的整个双色反射模型与光源的光谱分布无关（即具有**彩色恒常性**）。在矢量表示法中，频谱表示为

$$\boldsymbol{c}=m^b(\boldsymbol{n},\boldsymbol{s})\boldsymbol{c}^b(\lambda_i)+m^i(\boldsymbol{n},\boldsymbol{s},\boldsymbol{v})\boldsymbol{c}^s \tag{18.10}$$

矢量 $\boldsymbol{n}$、$\boldsymbol{s}$ 和 $\boldsymbol{v}$ 是 3-D 的。矢量 $\boldsymbol{c}$、$\boldsymbol{c}^b$ 和 $\boldsymbol{c}^s$ 是 N-D 的，其中 N 是在波长范围内获取的样本数。

18.2　光度不变距离测度

从第 4 章中我们知道，由于表面朝向、照明强度和影调的变化，彩色均匀的无光泽目标在（多光谱）彩色空间中绘制了单位约束的矢量（半射线）。另外，由于镜面反射，发光物体在多光谱空间中绘制了半个平面。因此，对于光度不变区域的检测，可以将聚类的形状建模为半射线或半平面。在下一部分中，将讨论光谱的角度表达。

18.2.1　色度极角间的距离

光谱可以转换到极坐标中。为了定义极坐标描述符，原点 O 和正水平轴是固定的。然后，可以通过为其分配**极坐标**$(\rho,\ \boldsymbol{\theta})$来定位每个 N-D 点 $\boldsymbol{P}$，其中 1-D 项ρ给出从 O 到 $\boldsymbol{P}$ 的距离，而(N–1)-D 项$\boldsymbol{\theta}$给出从初始轴到 $\boldsymbol{P}$ 的角度。将式(18.9)定义的光谱转换为极坐标表达得到

$$\rho_t=|\boldsymbol{c}| \tag{18.11}$$

$$\theta_c(\lambda_i)=\arctan\left[\frac{c(\lambda_i)}{c(\lambda_N)}\right],\ 1\leqslant i\leqslant N-1 \tag{18.12}$$

其中ρ_t表示编码光谱的强度，而$\theta_c(\lambda_i)$表示编码光谱的色度。$\theta_c(\lambda_i)$的取值范围为 $0\leqslant\theta_c\leqslant\pi/2$。

为了分析光度不变性指标，对多光谱图像的角度表达使用光谱的色度角度表达，将式(18.9)中的体反射项代入式(18.12)得到：

$$\theta_c(\lambda_i)=\arctan\left[\frac{m^b(\boldsymbol{n},\boldsymbol{s})c^b(\lambda_i)}{m^b(\boldsymbol{n},\boldsymbol{s})c^b(\lambda_N)}\right]=\arctan\left[\frac{c^b(\lambda_i)}{c^b(\lambda_N)}\right] \tag{18.13}$$

它独立于几何项 $m^b(\boldsymbol{n},\boldsymbol{s})$。

任意两个角度θ_1和θ_2的 M-D 向矢量之间的二次距离 e 定义如下：

$$e^2(\boldsymbol{\theta}_1,\boldsymbol{\theta}_2)=\sum_{i=1}^{M}\left[\varDelta(\theta_{1i},\theta_{2i})\right]^2,\quad 0\leqslant\theta_{1i},\theta_{2i}\leqslant 2\pi \tag{18.14}$$

在此，θ_{1i}表示第一矢量的 M 个角度的第 i 个。距离$\varDelta(\theta_i,\ \theta_j)$取区间[0, 1]中的值，并定义如下：

$$\Delta(\theta_i,\theta_j)=\left\{\left[\cos(\theta_i)-\cos(\theta_j)\right]^2+\left[\sin(\theta_i)-\sin(\theta_j)\right]^2\right\}^{1/2} \tag{18.15}$$

角度差Δ实际上是一个距离，因为它满足以下度量标准：

- $\Delta(\theta_i, \theta_j)\geqslant 0$ 对于所有θ_i和θ_j；
- 当且仅当$\theta_i=\theta_j$时，$\Delta(\theta_i, \theta_j)=0$；
- 对于所有θ_i和θ_j，$\Delta(\theta_i, \theta_j)=\Delta(\theta_j, \theta_i)$；
- $\Delta(\theta_i, \theta_j)+\Delta(\theta_j, \theta_k)\geqslant\Delta(\theta_i, \theta_k)$对于所有$\theta_i$、$\theta_j$和$\theta_k$。

前三个条件的证明很简单。要查看三角形不等式，请考虑两个角度θ_i和θ_j。定义

$$\boldsymbol{\theta}_i=\left[\cos(\theta_i)\quad\sin(\theta_i)\right]^{\mathrm{T}} \tag{18.16}$$

并以类似方式定义$\boldsymbol{\theta}_j$。由于$\Delta(\theta_i, \theta_j)=d(\boldsymbol{\theta}_i, \boldsymbol{\theta}_j)$，其中 d 表示众所周知的欧氏距离，因此证明了三角形不等式。

如式(18.13)所示，由于色度极角与目标的几何形状无关，因此两个色度角之间的距离也是光度不变的。

18.2.2 色调极角间的距离

考虑由式(18.9)定义的 N-D 频谱 $\mathbf{c}$，转换为以下不同的极坐标表达形式：

$$\rho_s=1-\min\left\{c(\lambda_1),\cdots,c(\lambda_N)\right\} \tag{18.17}$$

$$\theta_h=\alpha\left\{c(\lambda_1)-[1-\rho_s],\ \phi(i,N)\right\} \tag{18.18}$$

其中θ_h取 $0\leqslant\theta_h<2\pi$的值，且有

$$\phi(i,N)=\frac{i-1}{N-1}\cdot\frac{4}{3}\pi \tag{18.19}$$

和

$$\alpha(w_i,\theta_i)=\arctan\left[\frac{\sum_{i=1}^{N}w_i\sin(\theta_i)}{\sum_{i=1}^{N}w_i\cos(\theta_i)}\right] \tag{18.20}$$

函数ϕ的取值范围为 $0\leqslant\phi(i, N)\leqslant 4\pi/3$。函数$\alpha$的取值范围为 $0\leqslant\alpha<2\pi$，该函数表示具有相应权重 w_i 的一系列 N 个角度θ_i的加权平均值。通过将角度值分解为水平和垂直分量来计算平均值。频谱的饱和度由ρ_s编码。角度θ_h可以看作直接从多光谱数据获得的色调。函数$\phi(i, N)$将色调角分配给 N 个光谱样本中的第 i 个。范围从 0 开始直到 $4\pi/3$ 保留用于从红色到绿色再到蓝色的彩色，因此范围从 $4\pi/3$ 到 2π代表紫色。对 $4\pi/3$ 的选择在某种程度上是任意的，但可以解释为考虑到对色调的计算而使用类似于常规红–绿–蓝彩色进行的划分。例如，根据式(3.62)重新考虑色调的定义：

$$\theta=\arctan\left[\frac{\sqrt{3}(G-B)}{(R-G)+(R-B)}\right] \tag{18.21}$$

式(18.19)将色调角$\theta_h=0$ 分配给红色通道，将色调角$\theta_h=2\pi/3$ 分配给绿色通道，将色调角$\theta_h=4\pi/3$ 分配给蓝色通道。令$\rho_s=1-\min\{R, G, B\}$，则式(18.20)的权重被定义为：$w_1=$

$R-\rho_s$（红色通道），$w_2=G-\rho_s$（绿色通道），$w_3=B-\rho_s$（蓝色通道）。将这些结果代入式(18.18)可得出：

$$\theta=\arctan\left[\frac{(R-\rho_s)\sin(0)+(G-\rho_s)\sin(2\pi/3)+(B-\rho_s)\sin(4\pi/3)}{(R-\rho_s)\cos(0)+(G-\rho_s)\cos(2\pi/3)+(B-\rho_s)\cos(4\pi/3)}\right]$$
$$=\arctan\left[\frac{\frac{1}{2}\sqrt{3}G-\frac{1}{2}\sqrt{3}B}{R-\frac{1}{2}G-\frac{1}{2}B}\right]=\arctan\left[\frac{\sqrt{3}(G-B)}{(R-G)+(R-B)}\right] \tag{18.22}$$

与式(18.21)相同。

极坐标如图 18.1 所示。**色调极角**θ_h不随几何形状和镜面反射率变化：对于有窄带滤波器的多光谱相机，考虑将式(18.18)的 $c(\lambda_i)-[1-\rho_s]$项用式(18.9)替换为：

$$c(\lambda_i)-[1-\rho_s]=m^b(\boldsymbol{n},\boldsymbol{s})[c^b(\lambda_i)c^b(\lambda_i)] \tag{18.23}$$

其中 $c^b(\lambda_p)=\min\{c(\lambda_1),\cdots,c^b(\lambda_N)\}$。该项显然独立于镜面反射项 $m^i(\boldsymbol{n},\boldsymbol{s},\boldsymbol{v})$。进一步，色调极角独立于阴影（即，假设阴影区域中的光与非阴影区域中的光具有相同的光谱特性）和几何形状，如将式(18.18)中用式(18.23)替换所示：

$$\theta_h=\arctan\left\{\frac{\sum_{i=1}^{N}[c^b(\lambda_i)-c^b(\lambda_p)]\sin[\phi(i,N)]}{\sum_{i=1}^{N}[c^b(\lambda_i)-c^b(\lambda_p)]\cos[\phi(i,N)]}\right\} \tag{18.24}$$

它独立于几何项 $m^b(\boldsymbol{n},\boldsymbol{s})$。类似的论点适用于白平衡的光谱锐化的 RGB 相机。

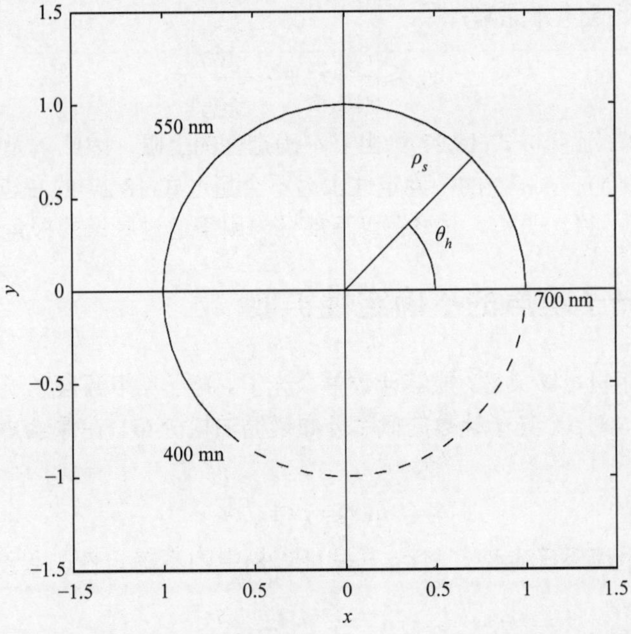

图 18.1　以欧氏图表示的光谱的极坐标表达。ρ_s编码频谱的饱和度，而θ_h编码色调。色调极角构成从多光谱空间中原点出发的单位半平面。色调的范围从 0 到 4π/3 保留用于从红色（700 nm）到绿色（550 nm）到蓝色（400 nm）的彩色，范围从 4π/3 到 2π（色调圆圈的虚线部分）代表紫色

两个色调极角$\theta_{h,i}$和$\theta_{h,j}$间的距离可按$\Delta(\theta_{h,i}, \theta_{h,j})$计算，其中$\Delta$由式(18.15)定义。因为色调极角与目标的几何形状无关，并且与阴影和镜面反射无关，所以两个色调极角间的距离也是光度不变的。

18.2.3 讨论

色度角之间的距离$\Delta(\theta_{c,i}, \theta_{c,j})$是阴影（即假设阴影区域具有与光源相同的光谱特征）和物体几何形状的光度不变量。类似地，色调角之间的距离$\Delta(\theta_{h,i}, \theta_{h,j})$是对阴影、几何形状和高光的光度不变量（即，再次假设光谱均匀照明）。这些新的不变量度以需要白平衡为代价。

18.3 误差扩散

对于噪声扩散，我们重新考虑 4.5.1 节，其中对量 u 的测量结果的正确表述为

$$\hat{u}=u_e \pm \sigma_u \tag{18.25}$$

其中 u_e 是对 u 的最佳估计，而σ_u是 u 量度中的不确定性或误差。假设 $u,\cdots,w$ 用相应的不确定度$\sigma_u,\cdots,\sigma_w$测量，且测量值用于计算函数 $q(u,\cdots,w)$。如果不能确定 $u,\cdots,w$ 是独立的、随机的并且很小，则$\hat{q}$中的**估计不确定性**为[42]：

$$\sigma_q=\sqrt{\left(\frac{\partial q}{\partial u}\sigma_u\right)^2+\cdots+\left(\frac{\partial q}{\partial w}\sigma_w\right)^2} \tag{18.26}$$

q 的不确定性永远不会大于总和：

$$\sigma_q \leqslant \left|\frac{\partial q}{\partial u}\right|\sigma_u+\cdots+\left|\frac{\partial q}{\partial w}\right|\sigma_w \tag{18.27}$$

实际上，泰勒[42]证明，式(18.27)给出了不确定性的**上限**。因此，无论 $u,\cdots,w$ 中的误差是否相关（或正态分布），q 中的不确定性永远不会超过式(18.27)的右边。因此，式(18.27)可用于独立误差和不独立误差，并将在以下部分中用于通过频谱的极角表达来扩散噪声。

18.3.1 源自光子噪声的不确定性扩散

现代的 CCD 相机足够灵敏，能够计数单个光子。光子噪声源自光子产生的本质上的随机性。已知在 t 秒内对ρ个光子计数的概率分布遵循泊松分布。在像素 x 处测得的光子数由其平均值给出

$$\hat{h}(x)=\rho t \pm \sqrt{\rho t} \tag{18.28}$$

令σ_d表示暗电流不确定性。将σ_d与式(18.28)中的不确定性一起结合成式(18.1)中可得到

$$c(x)\pm\sigma_{c(x)}=\gamma[\rho t\pm\sqrt{\rho t}]+[d(x)\pm\sigma_d] \tag{18.29}$$

我们的兴趣是计算$\sigma_c(x)$。令暗电流方差表示为 $\mathrm{var}(d)=\sigma_d^2$。假设在均匀着色的色块上测得的平均图像强度为 $\hat{I}=\gamma\rho t$；那么相关的方差 $\mathrm{var}(\hat{I})=\gamma^2\rho t$。基于参考文献[367]，我们

有 $\hat{I}$ 和 $\text{var}(\hat{I})$之间的线性关系：

$$\text{var}(\hat{I})+\text{var}(\hat{d})=\gamma\hat{I}+\text{var}(\hat{d}) \tag{18.30}$$

一些强度-方差对之间的线性回归给出了对增益γ的可靠估计。由此得出，在任意像素 $c(x)$处测得的光子数量的不确定性由下式给出：

$$\sigma_c^2(x)=[\gamma\cdot c(x)]^2+\sigma_d^2 \tag{18.31}$$

18.3.2　不确定性的扩散

如前所述，Jain CV-M300 相机沿光轴使用 576 像素。我们使用 Imspector V7 光谱仪，波长范围为 410 nm 至 700 nm，波长间隔为 5 nm。如此获得的光谱样本数为 59 个。实际上，这 59 个光谱样本沿光轴记录在 576 像素上（均匀分布）。因此，图像 h 中位置(x, λ)处的像素可以根据像素数量通过均匀滤波器在光谱方向上平均。令 K' = round(576/59)。如果 K' 是奇数，则滤波器的大小 $K = K'$，否则 $K = K' - 1$。平均光谱图像 h'为

$$h'(x,\lambda)=\frac{1}{K}\sum_{i=y_\lambda-\lfloor K/2\rfloor}^{y_\lambda+\lfloor K/2\rfloor}h(x,\lambda_i) \tag{18.32}$$

像素值的不确定性按如下方式扩散到**极角**不确定性。首先，假设光谱图像中的像素值是相关的。因此，使用式(18.27)代替式(18.26)，由于式(18.32)的平滑运算而导致的不确定性可减小为

$$\sigma_{h'}^2(x,\lambda)=\frac{1}{K}\sum_{i=y_\lambda-\lfloor K/2\rfloor}^{y_\lambda+\lfloor K/2\rfloor}\sigma_h^2(x,\lambda_i) \tag{18.33}$$

从式(18.9)可以得出，白平衡相机输出中的不确定度为

$$\sigma_{c'}^2(x,\lambda_i)=\frac{c^2(x,\lambda_i)\sigma_w^2(x,\lambda_i)+w^2(x,\lambda_i)\sigma_c^2(x,\lambda_i)}{w^4(x,\lambda_i)} \tag{18.34}$$

其中，c'表示白平衡相机输出，c 表示观察到的相机输出，w 表示白色无光泽参考标准的输出。

对于一般函数 $q(u, v) = \arctan(u/v)$，其中参数 u 和 v 是相关的并且分别具有相关的不确定性σ_u和σ_v，使用式(18.27)可得到输出σ_q的不确定性：

$$\sigma_q\leqslant\left|\frac{v\sigma_u}{u^2+v^2}\right|+\left|\frac{u\sigma_v}{u^2+v^2}\right| \tag{18.35}$$

该函数如图 18.2 所示。如果 u 和 v 都接近零值，则会产生较大的不确定性。式(18.12)的极角是相互依赖的，因为每个角都是通过除以相同的值$\theta(\lambda_N)$而获得的。因此，通过将 $u = c(\lambda_i)$，$v = c(\lambda_N)$代入式(18.35)，可以得出式(18.12)的色度极角的不确定性，其中σ_u和σ_v均可从式(18.34)获得。

为了估计色调极角的不确定性，请考虑式(18.18)的 $c(\lambda_i) - [1 - \rho_s]$项。假定参数 $c(\lambda_i)$和ρ_s是独立的，因为假定反射率$c(\lambda_i)$是独立于反射率$\rho_s = 1-\min\{c(\lambda_1),\cdots, c(\lambda_N)\}$而获得的。因此，使用式(18.26)可得到结果的不确定性：

$$\sigma_{c-[1-\rho]}^2(\lambda_i)=\sigma_c^2(\lambda_i)+\sigma_\rho^2 \tag{18.36}$$

式(18.18)中色调极角的不确定性来自式(18.20)。由式(18.19)生成的精确数字没有相关联的不确定性，因此，$\sin[\phi(i, N)]$ 没有相关联的不确定性。但是，权重 $w_i = c(\lambda_i)$确实具有

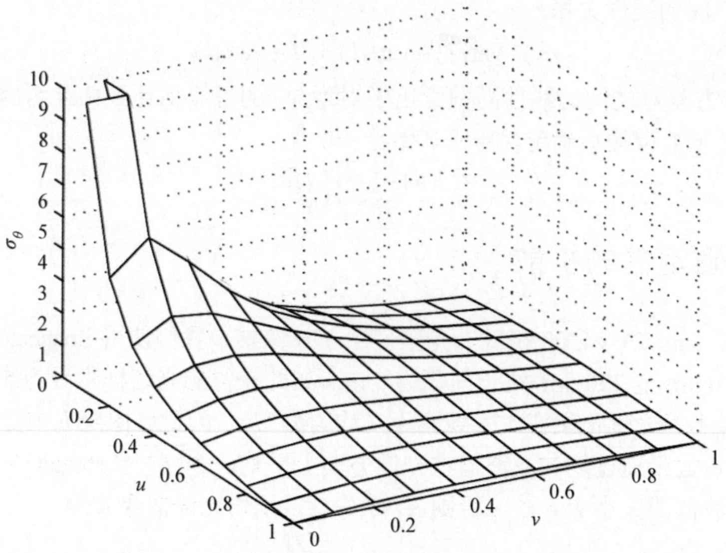

图 18.2　函数 arctan(*u*/*v*)的不确定性作为 *u* 和 *v* 的函数。不确定性σ_u和σ_v设置为等于 1。如果 *u* 和 *v* 都接近零值，则会出现较大的不确定性，表明函数在原点附近不稳定

不确定性$\sigma_c(\lambda_i)$，同样由式(18.34)规定。各个项 $w_i\sin(\theta_i)$被认为是独立的，因为假定 $w_i = c(\lambda_i)$的反射系数是独立于波长 $w_j = c(\lambda_j)$的反射系数而获得的。因此，枚举项 $u=\sum_i w_i \sin(\theta_i)$的不确定性为

$$\sigma_u^2 = \sum_i \left\{\sigma_c(\lambda_i) \cdot \sin[\phi(i,N)]\right\}^2 \tag{18.37}$$

从分母项 $v=\sum_i w_i \cos(\theta_i)$产生$\sigma_v$时也有类似的情况。这样，可通过直接代入式(18.35)中的 u，σ_u和 v，σ_v来获得式(18.20)的不确定性。

总之，理论上通过将像素彩色值转换为在该像素处计数的光子数，可以确定光谱反射率的不确定性。在计数光子遵循泊松分布的假设下，可确定与像素值相关的不确定性。所获得的不确定性可以扩散到频谱的两个极角表达形式的不确定性。

18.4　基于聚类的光度不变区域检测

在第 4 章中，已表明了由于表面朝向、照明强度和影调的变化，彩色均匀的无光泽材料目标在 RGB 和多光谱彩色空间中绘制了半射线。在 18.2 节中，已知从光谱到这样的半射线的距离是光度不变的。此外，在 18.3 节中，我们针对第 i 个频谱 $\boldsymbol{c}_i$，$i = 1, 2,\cdots, n$ 得出，不确定性$\boldsymbol{\sigma}_i$可以使用式(18.34)获得。在本节中，极角表示的不确定性将被结合到图像分割方案中。

18.4.1　鲁棒 *K*-均值聚类

假设**多光谱图像**由光谱 $\boldsymbol{c}_i$（$i = 1, 2,\cdots, n$）组成，具有相应的不确定性$\boldsymbol{\sigma}_i$。众所周知的

K-均值聚类方法[368]通过最小化平方误差标准来分割图像。一个聚类是一个分区$[\boldsymbol{v}_1, \boldsymbol{v}_2,\cdots, \boldsymbol{v}_K]$，将每个频谱分配给一个分区 $\boldsymbol{v}_j$，$1\leqslant j\leqslant K$。分配给 $\boldsymbol{v}_j$ 的频谱形成第 j 个聚类。我们假设给定数字 K。

我们根据加权平均值计算聚类中心[42]。如果 M 个光谱 $\boldsymbol{c}_i$ 具有相应的不确定性$\boldsymbol{\sigma}_i$，$i=1, 2,\cdots, M$，则将它们分配给一个聚类，其加权平均值为

$$\boldsymbol{v}=\frac{\sum_{i=1}^{M} w_i \cdot c_i}{\sum_{i=1}^{M} w_i} \tag{18.38}$$

权重是不确定性的平方反比：

$$\boldsymbol{w}_i=\frac{1}{\boldsymbol{\sigma}_i \cdot \boldsymbol{\sigma}_i} \tag{18.39}$$

由于每个测量的权重都涉及相应不确定度$\boldsymbol{\sigma}_i$ 的平方，因此，任何比其他精度低得多的测量对最终结果的贡献都非常小（式(18.38)）。设 $\boldsymbol{c}_i$ 为分配给第 j 个聚类的 M 个光谱系列，$\boldsymbol{v}_j$ 是光谱的加权平均值，则第 j 个聚类的平方误差为

$$e_j^2=\sum_{i=1}^{M}(c_i-v_j)\cdot(c_i-v_j) \tag{18.40}$$

所有聚类的平方误差是：

$$E^2=\sum_{i=1}^{K} e_i^2 \tag{18.41}$$

K-均值聚类方法的目的是为给定的 K 定义一个聚类，该聚类通过将光谱从一个聚类移动到另一个聚类来最小化 E^2。

18.4.2 光度不变分割

为了获得光度不变区域检测，我们聚类从原点出发的 K 条直线。假设用式(18.10)描述了 N-D 频谱 $\boldsymbol{c}$，并从式(18.34)获得了相关的不确定度σ_c。通过式(18.12)将光谱转换为色度极角$\boldsymbol{\theta}$，并具有从式(18.35)获得的相关不确定度$\boldsymbol{\sigma}_\theta$。

为了在极角空间中聚类，使用式(18.14)的角距离替换式(18.40)，而使用式(18.20)的加权角平均值替换式(18.38)。给定 K 个聚类$\{v\}$，将频谱分配给最近的聚类。在聚类算法的下一步中，通过将光谱从一个聚类移动到另一个聚类来获得新的分区。Kender [96]指出，对于接近奇异点的传感器输入值，彩色空间变换是不稳定的。从式(18.35)可以明显看出，极角变换的不稳定性是频谱极角表达的缺点。通过用式(18.20)定义的加权和更新聚类来处理不稳定性，其中权重 w_j 由式(18.39)得出。换句话说，具有较高不确定性的变换极角比具有较低不确定性的变换极角对聚类最终估计的贡献要小得多。已经表明，色度极角表达对于均匀着色目标的几何形状的变化是不变的。因此，在色度极角空间中聚类会产生不依赖于几何形状的区域。总之，使用不确定性，我们获得了对光度效应不变且对噪声具有鲁棒性的分割结果。

为了从有光泽材料中找到彩色均匀的表面，我们将在色调极角的表达中进行聚类。

对于有光泽的表面，光谱可通过式(18.18)转换为色调极角$\boldsymbol{\theta}_h$，并具有从式(18.35)获得

的相关不确定度σ_{θ_h}。给定 K 个聚类，可以通过式(18.14)得出聚类 v_j 到光谱的距离。然后将频谱分配给最接近的聚类 v_i。极角变换的不稳定性再次通过使用加权和（式(18.20)）更新聚类来处理。换句话说，具有较高不确定性的变换极角比具有较小不确定性的变换极角对聚类最终估计的贡献要小得多。总之，已表明色调极角表达对于几何形状和镜面反射的变化是不变的。因此，在色调极角的空间中聚类会产生不依赖于几何形状和镜面反射的区域。将加权和用于聚类质心的更新可以实现抗噪声的鲁棒性。

18.5 实　验

在 500 瓦卤素灯照明下，使用 Jain CV-M300 单色 CCD 相机，Matrox Corona 框式采集器，Navitar 7000 变焦镜头和 Imspector V7 光谱仪采集了所有多光谱图像。RGB 图像是使用 Sony 3CCD 彩色摄像机 XC-003P 和 4 个 Osram 18W“Lumilux deLuxe 日光”荧光灯采集的。

为了估计单色相机的电子增益参数γ_e 的值（式(18.2)）和式(18.30)中暗电流方差的值，通过改变镜头光圈获取了 19 幅白色参考图像，每幅图像都有一个不同强度，如图 18.3 所示。通过强度方差数据拟合出一条线，得到的电子增益为$\gamma = 0.0069$，暗电流方差为$\sigma_d^2 = 0.87$。

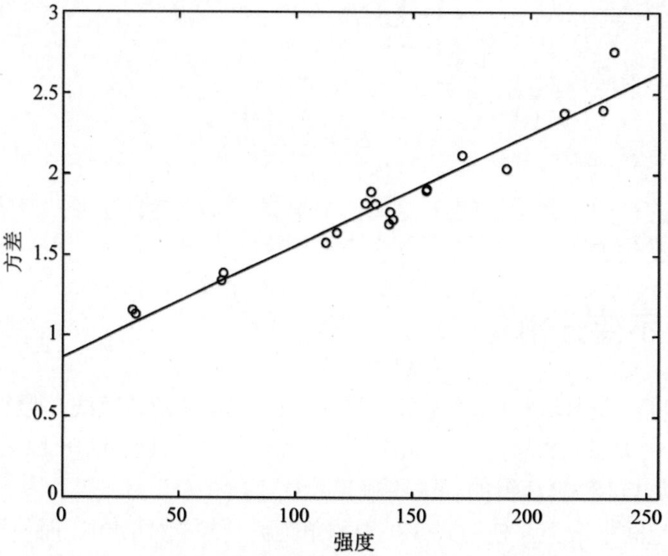

图 18.3　对 Jain 单色相机的拟合线 var(I) =γ_I + var(d)的可视化

RGB 相机具有白平衡选项。因此，目标是确定相机增益γ_i 的总值，其中 $i \in \{R, G, B\}$。为此，在重复该过程以获得不同强度图像的同时，拍摄了 26 幅白色参考图像。数据如图 18.4 所示。通过拟合三条线过共同的起点得到相机增益$\gamma_R = 0.040$，$\gamma_G = 0.014$，$\gamma_B = 0.021$ 和暗电流方差$\sigma_d^2 = 2.7$。

18.5.1　不确定性在变换频谱中的扩散

为估计白平衡相机系统频谱中传感器噪声引起的不确定性，在式(18.31)、式(18.33)和

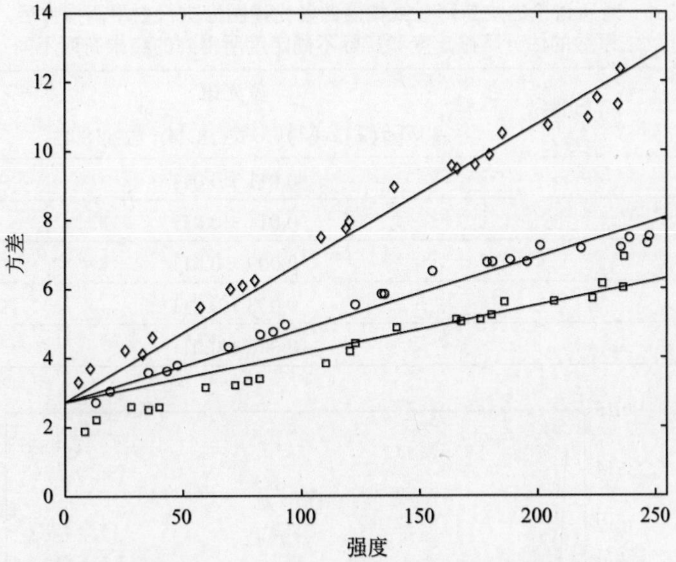

图 18.4　可视化拟合线 $\mathrm{var}(I_i) = \gamma_i I_i + \mathrm{var}(d)$，其中对 Sony 彩色摄像机 $i \in \{R, G, B\}$。菱形对应红色通道，正方形对应绿色通道，圆圈对应蓝色通道

式(18.34)中介绍了模型。实验的目的是凭经验验证模型的有效性。因此，对均匀着色的纸张拍摄了 5 幅多光谱图像，以使整个光谱图像呈现一种单色。这些彩色是红色、黄色、绿色、青色和蓝色。

使用增益参数，可以估算白平衡相机输出 $\hat{\sigma}_c(\lambda)$ 的不确定性，见式(18.31)。对于空间范围内每个波长的估计不确定度取平均值：

$$\hat{\sigma}_c(\lambda) = \frac{1}{M}\sum_{i=1}^{M}\sigma_c(x_i, \lambda) \tag{18.42}$$

上式基于沿着多光谱图像的 1-D 空间轴的 M 像素。实际的不确定性是由空间范围内的反射系数 $c(\lambda)$的标准偏差得出的：

$$\sigma^2(\lambda) = \frac{1}{M-1}\sum_{i=1}^{M}\left[c(x_i, \lambda) - \overline{c}(\lambda)\right]^2 \tag{18.43}$$

其中 $\overline{c}(\lambda)$ 表示平均反射系数。实际误差和估计误差之间的绝对差 $\delta[\hat{\sigma}(\lambda), \sigma(\lambda)]$ 为

$$\delta[\hat{\sigma}_c(\lambda), \sigma_c(\lambda)] = \left|\hat{\sigma}_c(\lambda) - \sigma_c(\lambda)\right| \tag{18.44}$$

然后在波长范围内取平均值为

$$\delta(\hat{\sigma}, \sigma) = \frac{1}{N}\sum_{i=1}^{N}\delta\left[\hat{\sigma}_c(\lambda_i), \sigma_c(\lambda_i)\right] \tag{18.45}$$

其中 N 表示在波长范围内采集的样本数。由于 CCD 摄像机的灵敏度较低，并且在较低波长下光源的透射率较低，因此较低波长下的不确定性大于较高波长下的不确定性。某个波长处的光谱反射率表示为反射系数 $c(\lambda)$，取值介于 0 和 1 之间。表 18.1 给出了反射系数的估计不确定度与实际不确定度之差，大约为 0.01，对应于 1%。因此，该表显示了测量不确定度与实际不确定度之间的非常合理的对应关系。通过检查图 18.5 可以从视觉上确认该结论。

表 18.1　对所讨论的均匀彩色纸拍摄的多光谱图像进行白平衡操作后，反射系数的估计不确定度和实际不确定度所得到的结果有所不同

彩色	多光谱 $\delta[\hat{\sigma}(\lambda),\sigma(\lambda)]$，式(18.44)，式(18.45)
红色	0.011 ± 0.011
黄色	0.011 ± 0.011
绿色	0.009 ± 0.011
青色	0.008 ± 0.011
蓝色	0.006 ± 0.011

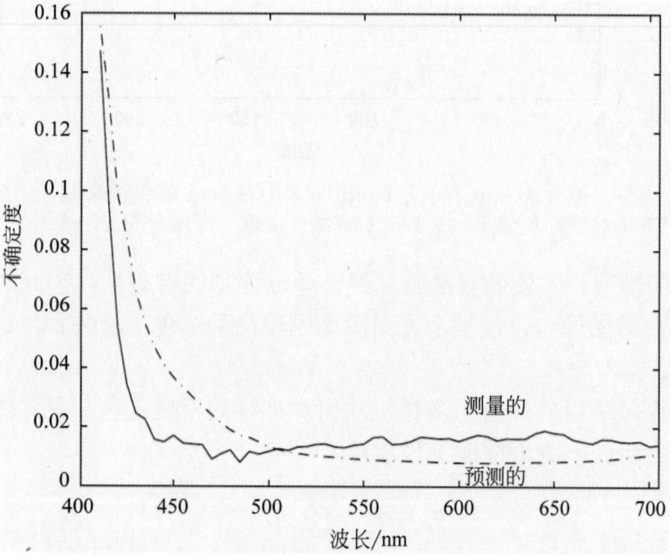

图 18.5　黄色纸实验：比较黄色纸反射率的预测不确定度（虚线）与实际不确定度（实线）

使用式(18.35)根据经验对色度和色调极角中的不确定性估计进行验证。使用式(18.20)对一系列 M 个角度值 θ_i（$i = 1, \cdots, M$）进行平均（结果记为 $\bar{\theta}$），权重 w_i 相等。标准偏差的计算公式为

$$\sigma_\theta = \frac{1}{N-1}\sum_{i=1}^{N}\left[\Delta(\bar{\theta},\theta_i)\right]^2, \quad 0 \leqslant \bar{\theta},\theta_i < 2\pi \tag{18.46}$$

其中 Δ 由式(18.15)定义。类似地，使用式(18.15)可得出特定波长下色度角的实际误差与估计误差之间的差 $\Delta[\hat{\sigma}_\theta(\lambda),\sigma_\theta(\lambda)]$。在波长范围内将结果平均：

$$\delta(\hat{\sigma}_\theta,\sigma_\theta) = \frac{1}{N}\sum_{i=1}^{N}\Delta\left[\hat{\sigma}_\theta(\lambda_i),\sigma_\theta(\lambda_i)\right] \tag{18.47}$$

实验结果在表 18.2 中给出。色度极角的维数是光谱样本数减去一。该表的第二列指定了光谱仪的结果。结果在 58 个色度角上取平均值；因此，也给出了标准偏差。第三列指定了 RGB 相机在两个色度角上平均的结果。色度角在 0°～90°范围内，估计不确定度与实际不确定度之差小于 1%。因此，测得的不确定度与实际不确定度之间存在非常合理的对应关

系。图 18.6 给出了黄色纸结果的更详细示例。

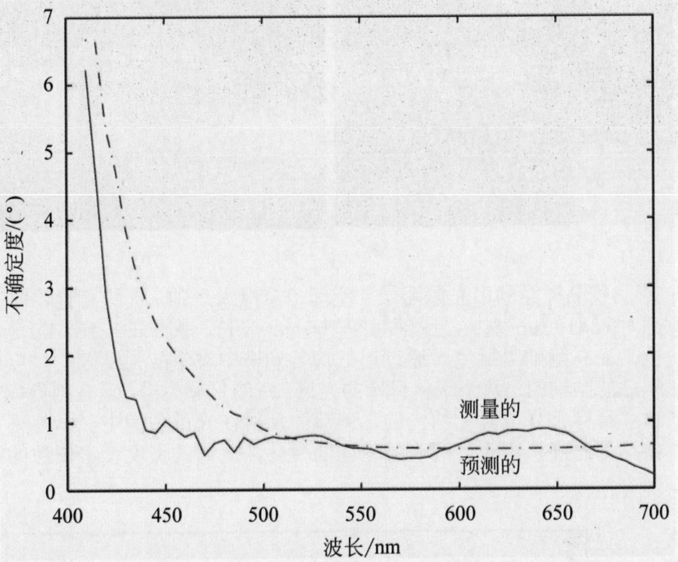

图 18.6　黄色纸色度角的不确定度。在整个波长范围内平均的绝对差为 0.5°±0.7°

同样，对于色调极角，结果列于表 18.3 中。色调角在 0°～360°范围内，估计不确定度与实际不确定度之差小于 1%。因此，测得的不确定度与实际不确定度之间存在非常合理的对应关系。

表 18.2　使用式(18.47)对色度极角的估计和测量不确定度进行了区分的结果

彩色	多光谱 $\delta(\hat{\sigma}_\theta,\sigma_\theta)$	RGB $\delta(\hat{\sigma}_\theta,\sigma_\theta)$
红色	0.6 ± 0.8	1.26
黄色	0.5 ± 0.7	0.01
绿色	1.6 ± 2.4	0.36
青色	0.7 ± 0.7	0.11
蓝色	0.9 ± 1.1	0.07

表 18.3　使用式(18.15)对色调极角的估计和测量不确定度进行区分的结果

彩色	多光谱 $\delta(\hat{\sigma}_\theta,\sigma_\theta)$	RGB $\delta(\hat{\sigma}_\theta,\sigma_\theta)$
红色	0.7	1.1
黄色	0.4	0.5
绿色	2.1	1.8
青色	0.5	0.7
蓝色	1.7	0.5

18.5.2　光度不变聚类

18.5.2.1　多光谱图像

图 18.7(a)显示了一幅纺织品样品的多光谱图像。光谱信息沿垂直轴。图片的顶部对应于 410 nm，底部对应于 700 nm。图像的左侧是均匀红色的纺织品，右侧是绿色。纺织品的结构在强度波动中可见，其余为均匀的光谱。色度极角空间中的聚类结果如图 18.8 所示。该图显示了由于纺织品结构的几何形状变化，光谱如何形成半射线。通过用色度角表达来拟合半射线会导致对阴影和表面朝向改变的不变性。

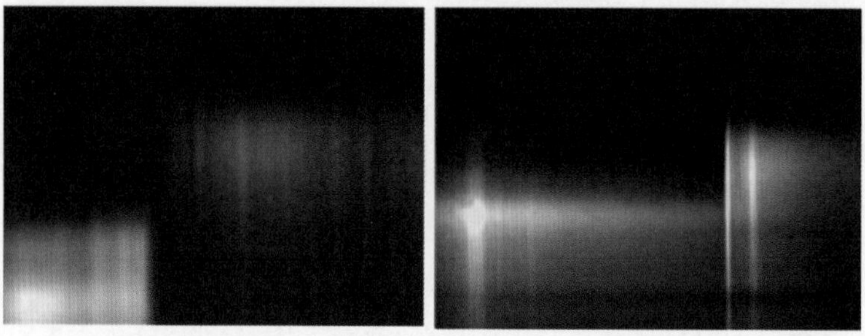

(a) (b)

图 18.7 (a)纺织品样品的多光谱图像。空间信息沿水平轴，光谱信息沿垂直轴。顶部对应 410 nm 波长，底部对应 700 nm 波长。图像的左侧均匀地着色为红色，而右侧则为绿色。通过远处均匀光谱中发生的强度波动，可以看到纺织品的结构；(b)两个塑料目标的光谱。左侧目标为橙色，右侧目标为绿色。这些目标是光滑且无结构的，但镜面反射在光谱图像中显示为垂直的明亮条纹。此外，由于目标表面朝向的变化，光谱的强度朝着图像的右侧逐渐减小

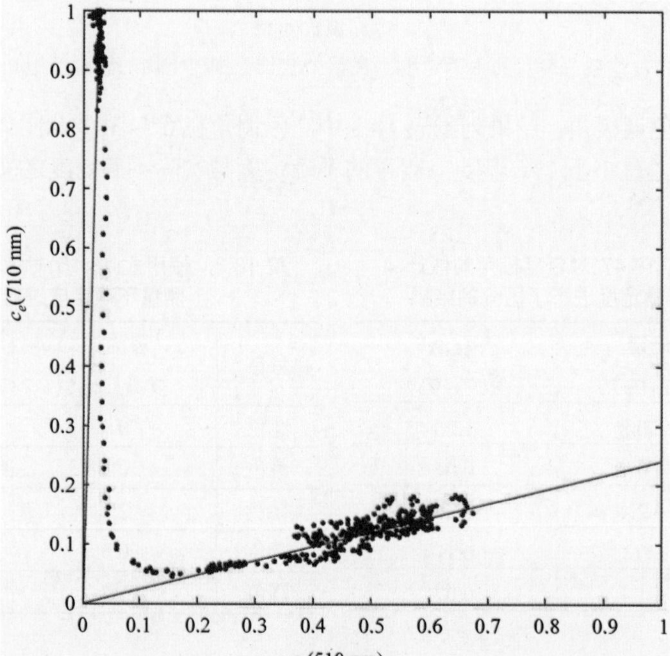

图 18.8 图 18.7(a)中所示的多光谱图像在色度极角的空间中聚类的结果。显示了 510 nm 和 710 nm 波长之间的角度结果。由于纺织品结构的几何形状变化，光谱形成半射线。通过用色度角表达来拟合半射线会导致对阴影和表面朝向改变的不变性

图 18.7(b)显示了两个塑料目标的光谱。左侧目标为橙色，右侧目标为绿色。这些物体是光滑且无结构的，但镜面反射在光谱图像中显示为垂直的明亮条纹。此外，由于目标表面朝向的变化，光谱的强度朝着图像的右侧逐渐减小。

在色调极角空间中的聚类结果如图 18.9 所示。在色调极角表达中的聚类导致对高光和表面朝向变化的独立性。

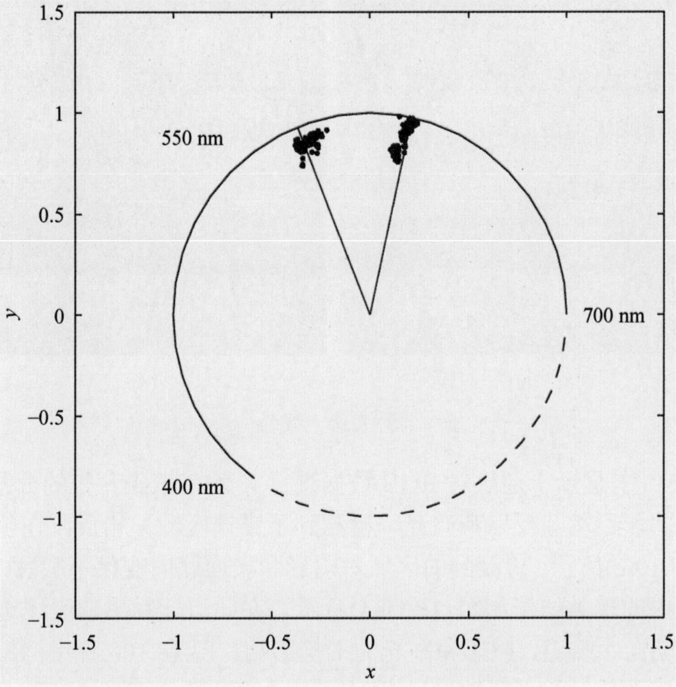

图 18.9　图 18.7(b)中所示图像在色调极角的空间中聚类的结果。在色调极角表达中的聚类导致对高光和表面朝向变化的独立性

18.5.2.2　RGB 图像

图 18.10(a)显示了一幅在 4 个正方形组成的背景下，有几个玩具的 RGB 图像。图像的左上部分由 3 个均匀绘制的无光泽方木组成。右上部分包含两个重叠的镜面塑料甜甜圈。在左下部分中，显示了一个红色高光的球和一个无光泽的立方体。最后，在右下部分，包含两个无光泽的立方体。每个单独的目标均以不同的彩色均匀地绘制。图像被噪声、阴影、影调和镜面反射所污染。

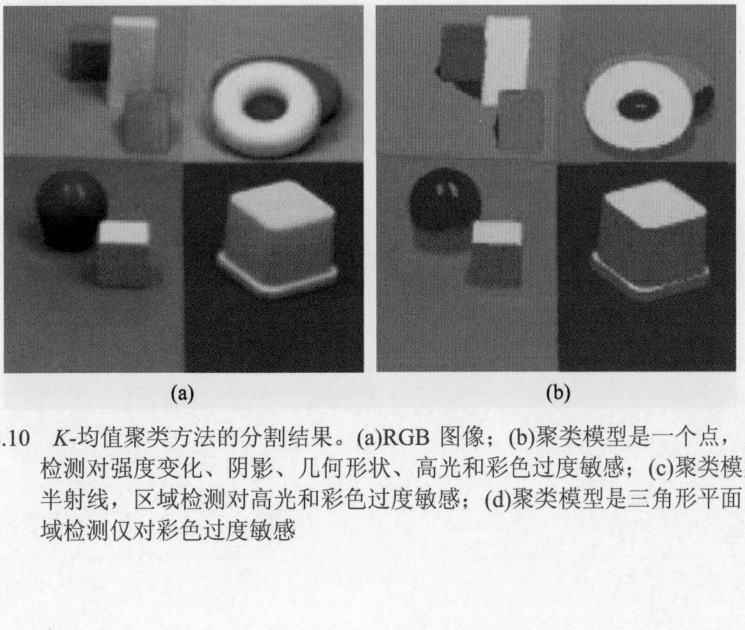

图 18.10　*K*-均值聚类方法的分割结果。(a)RGB 图像；(b)聚类模型是一个点，区域检测对强度变化、阴影、几何形状、高光和彩色过度敏感；(c)聚类模型是半射线，区域检测对高光和彩色过度敏感；(d)聚类模型是三角形平面，区域检测仅对彩色过度敏感

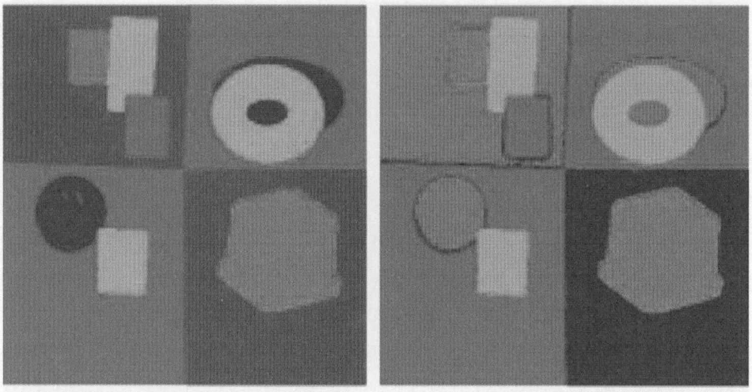

(c) (d)

图 18.10（续）

在图 18.10(b)中，显示了通过对 RGB 数据进行 *K*-均值聚类获得的分割结果。由于表面朝向突然变化、阴影、相互反射和高光，检测到了错误区域。相反，在色度极角空间中的聚类结果如图 18.10(c)所示。检测到的区域对阴影和表面朝向变化不敏感，但受高光影响。在色调极角空间中的聚类结果如图 18.10(d)所示。在此，计算出的区域边缘对应于材料边界，消除了表面朝向、照明、阴影和高光的干扰影响。图 18.10(c)和图 18.10(d)之间的差异在于后者对红球镜面反射的不变性。

18.6 本章小结

我们已经讨论了对传感器噪声具有鲁棒性的多光谱图像中光度不变区域的检测。因此，使用双色反射模型来检查光谱的不同极角表达形式是否具有不变性。这些不变表达法利用白平衡。基于相机的灵敏度，计算了确定性并与在噪声影响下的极角表达相关联。分割技术采用该表达式以确保抗传感器噪声的鲁棒性。

引用指南

在整个研究生涯中，我们与许多人合作，没有他们的帮助，就不可能编写本书。在这里，我们提供了与其他作者一起撰写的那些章节的引用信息。

第 2 章

Marcel P. Lucassen. (2012) Color Vision. In Theo Gevers, Arjan Gijsenij, Joost van de Weijer, and Jan-Mark Geusebroek, Color in Computer Vision, John Wiley & Sons, Inc., Hoboken, NJ, USA.

第 5 章

Joost van de Weijer, Theo Gevers, and Cordelia Schmid. (2012) **Photometric Invariance from** Color Ratios. In Theo Gevers, Arjan Gijsenij, Joost van de Weijer, and Jan-Mark Geusebroek, Color in Computer Vision, John Wiley & Sons, Inc., Hoboken, NJ, USA.

第 6 章

Jan-Mark Geusebroek, Joost van de Weijer, Rein van den Boomgaard, Theo Gevers, and Arnold W. M. Smeulders. (2012) Derivative-based Photometric Invariance. In Theo Gevers, Arjan Gijsenij, Joost van de Weijer, and Jan-Mark Geusebroek, Color in Computer Vision, John Wiley & Sons, Inc., Hoboken, NJ, USA.

第 7 章

José M. Àlvarez, Theo Gevers, and Antonio M. López. (2012) **Photometric Invariance by Machine Learning**. In Theo Gevers, Arjan Gijsenij, Joost van de Weijer, and Jan-Mark Geusebroek, Color in Computer Vision, John Wiley & Sons, Inc., Hoboken, NJ, USA.

第 13 章

Joost van de Weijer, Theo Gevers, Arnold W. M. Smeulders, and Andrew D. Bagdavnov (2012) Color Feature Detection. In Theo Gevers, Arjan Gijsenij, Joost van de Weijer, and Jan-Mark Geusebroek, Color in Computer Vision, John Wiley & Sons, Inc., Hoboken, NJ, USA.

第 14 章

Gertjan J. Burghouts and Jan-Mark Geusebroek. (2012) Color Feature Descriptor. In Theo Gevers, Arjan Gijsenij, Joost van de Weijer, and Jan-Mark Geusebroek, Color in Computer Vision, John Wiley & Sons, Inc., Hoboken, NJ, USA.

第 15 章

Jan-Mark Geusebroek, Theo Gevers, and Gertjan J. Burghouts. (2012) Color Image Segmentation. In Theo Gevers, Arjan Gijsenij, Joost van de Weijer, and Jan-Mark

Geusebroek, Color in Computer Vision, John Wiley & Sons, Inc., Hoboken, NJ, USA.

第 16 章

Koen E. A. van de Sande, Theo Gevers, and Cees G. M. Snoek. (2012) Object and Scene Recognition. In Theo Gevers, Arjan Gijsenij, Joost van de Weijer, and Jan-Mark Geusebroek, Color in Computer Vision, John Wiley & Sons, Inc., Hoboken, NJ, USA.

第 17 章

Robert Benavente, Joost van de Weijer, Maria Vanrell, Cordelia Schmid, Ramon Baldrich, Jakob Verbeek, and Diane Larlus. (2012) Color Naming. In Theo Gevers, Arjan Gijsenij, Joost van de Weijer, and Jan-Mark Geusebroek, Color in Computer Vision, John Wiley & Sons, Inc., Hoboken, NJ, USA.

第 18 章

Theo Gevers and Harro M. G. Stokman (2012) Segmentation of Multispectral Images. In Theo Gevers, Arjan Gijsenij, Joost van de Weijer, and Jan-Mark Geusebroek, Color in Computer Vision, John Wiley & Sons, Inc., Hoboken, NJ, USA.

参考文献

[1] L. T. Sharpe, A. Stockman, H. Jägle, and J. Nathans. Opsin genes, cone photopigments, color vision and colorblindness. In K. Gegenfurtner and L. T. Sharpe, editors, Color vision: From Genes to Perception, pages 3–50. Cambridge University Press, Cambridge, 1999.

[2] A. Stockman and L. T. Sharpe. Cone spectral sensitivities and color matching. In K. Gegenfurtner and L. T. Sharpe, editors, Color vision: From Genes to Perception, pages 53–87. Cambridge University Press, Cambridge, 1999.

[3] R. Marois and J. Ivanoff. Capacity limits of information processing in the brain. Trends in Cognitive Sciences, 9(6): 296–305, 2005.

[4] T. N. Wiesel and D. H. Hubel. Spatial and chromatic interactions in the lateral geniculate body of the rhesus monkey. Journal of Neurophysiology, 29(6): 1115–1156, 1966.

[5] D. M. Dacey and B. B. Lee. The 'blue-on' opponent pathway in primate retina originates from a distinct bistratified ganglion cell type. Nature, 367(6465): 1115–1156, 1994.

[6] A. R. Hill. How we see colour. In R. McDonald, editor, Colour physics for industry, pages 211–281. H. Charlesworth & Co Ltd, Huddersfield, 1987.

[7] R. Shapley and M. J. Hawken. Color in the cortex: single- and double-opponent cells. Vision Research, 51(7): 701–717, 2011.

[8] B. R. Conway. Neural Mechanisms of Color Vision. Kluwer Academic Publishers, Boston (MA), 2002.

[9] D. Jameson, L. M. Hurvich, and F. D. Varner. Receptoral and postreceptoral visual processes in recovery from chromatic adaptation. Proceedings of the National Academy of Sciences of the United States of America, 76(6): 3034–3038, 1979.

[10] O. Rinner and K. R. Gegenfurtner. Time course of chromatic adaptation for color appearance and discrimination. Vision Research, 40(14): 1813–1826, 2000.

[11] H. E. Smithson. Review. sensory, computational and cognitive components of human color constancy. Philosophical Transactions of the Royal Society, 360(1458): 1329–1346, 2005.

[12] D. H. Foster. Color constancy. Vision Research, 51(7): 674–700, 2011.

[13] E. H. Land and J. J. McCann. Lightness and retinex theory. Journal of the Optical Society of America A, 61: 1–11, 1971.

[14] E. H. Land. The retinex theory of color vision. Scientific American, 237(6): 108–128, 1977.

[15] A. Hurlbert. Formal connections between lightness algorithms. Journal of the Optical Society of America A, 3(10): 1684–1693, 1986.

[16] J. von Kries. Die gesichtsempfindungen. In W. Nagel, editor, Handbuch der Physiologie des Menschen, Physiologie der Sinne, Volume 3, Vieweg und Sohn, Braunschweig, 1905.

[17] H. Helson. Fundamental problems in color vision. i. the principle governing changes in hue saturation and lightness of non-selective samples in chromatic illumination. Journal of Experimental Psychology, 23(5): 439–476, 1938.

[18] S. K. Shevell and F. A. A. Kingdom. Color in complex scenes. Annual Review of Psychology, 59: 143–166, 2008.

[19] K. T. Mullen. The contrast sensitivity of human colour vision to red-green and blue-yellow chromatic gratings. Neurotoxicology and Teratology, 359(1): 381–400, 1985.

[20] D. L. MacAdam. Sensitivities to color differences in daylight. Journal of the Optical Society of America A,

32(5): 247–273, 1942.

[21] R. G. Kuehni. Color Space and Its Divisions: Color Order from Antiquity to the present. Wiley, New York, 2003.

[22] J. S. Werner, D. H. Peterzell, and A. J. Scheetz. Light, vision and aging. Optometry and Vision Science, 67(3): 214–229, 1990.

[23] D. Mergler, L. Blain, J. Lemaire, and F. Lalande. Colour vision impairment and alcohol consumption. Neurotoxicology and Teratology, 10(3): 255–260, 1988.

[24] H. D. Abraham. A chronic impairment of colour vision in users of lsd. Neurotoxicology and Teratology, 140(5): 518–520, 1982.

[25] G. Wyszecki and W. S. Stiles. Color Science: Concepts and Methods, Quantitative Data and Formulae. John Wiley & Sons, New York, 1982.

[26] S. A. Shafer. Using color to separate reflection components. Color Research and Application, 10(4): 210–218, 1985.

[27] B. A. Maxwell, R. M. Friedhoff, and C. A. Smith. A bi-illuminant dichromatic reflection model for understanding images. In IEEE Computer Society Conference on Computer Vision and Pattern Recognition, pages 1–8, June 2008.

[28] G. J. Klinker and S. A. Shafer. A physical approach to color image understanding. International Journal of Computer Vision, 4(1): 7–38, 1990.

[29] B. A. Maxwell and S. A. Shafer. Physics-based segmentation of complex objects using multiple hypothesis of image formation. Computer Vision and Image Understanding, 65(2): 265–295, 1997.

[30] D. B. Judd and G. Wyszecki. Color in Business, Science, and Industry. John Wiley & sons, New York, 1975.

[31] P. Kubelka and F. Munk. Ein beitrag zur optik der farbanstriche. Zeitung fur Technische Physik, 12: 593, 1999.

[32] P. Kubelka. New contribution to the optics of intensely light- scattering materials, part i. Journal of the Optical Society of America A, 38(5): 448–457, 1948.

[33] J. von Kries. Influence of adaptation on the effects produced by luminous stimuli. In D. L. MacAdam, editor, Sources of Color Vision, pages 109–119. MIT Press, Cambridge (MA), 1970.

[34] G. D. Finlayson, S. D. Hordley, and R. Xu. Convex programming colour constancy with a diagonal-offset model. In IEEE International Conference on Image Processing, pages 948–951, 2005.

[35] H. Y. Chong, S. J. Gortler, and T. Zickler. The von kries hypothesis and a basis for color constancy. In IEEE International Conference on Computer Vision, pages 1–8, 2007.

[36] G. D. Finlayson, M. S. Drew, and B. V. Funt. Spectral sharpening: sensor transformations for improved color constancy. Journal of the Optical Society of America A, 11(5): 1553–1563, 1994.

[37] B. A. Wandell. Foundations of Vision. Sinauer Associates, Inc., Sunderland (MA), 1995.

[38] Th. Gevers and A. W. M. Smeulders. Pictoseek: combining color and shape invariant features for image retrieval. IEEE Transactions on Image Processing, 9(1): 102–119, 2000.

[39] P. D. Burns and R. S. Berns. Error propagation analysis in color measurement and imaging. Color Research and Application, 22(4): 280–289, 1997.

[40] L. Shafarenko, M. Petrou, and J. Kittler. Histogram-based segmentation in a perceptually uniform color space. IEEE Transactions on Image Processing, 7(9): 1354–1358, 1998.

[41] Th. Gevers and H. M. G. Stokman. Robust histogram construction from color invariants for object recognition. IEEE Transactions on Pattern Analysis and Machine Intelligence, 26(1): 113–118, 2004.

[42] J. R. Taylor. An Introduction to Error Analysis. University Science Books, Mill Valley (CA), 1982.

[43] M. Swain and D. Ballard. Color indexing. International Journal of Computer Vision, 7(1): 11–32, 1991.

[44] K. Barnard, L. Martin, B. Funt, and A. Coath. A data set for color research. Color Research and Application, 27(3): 147–151, 2002.

[45] S. K. Nayar and R. M. Bolle. Reflectance based object recognition. International Journal of Computer Vision, 17(3): 219–240, 1996.

[46] B. V. Funt and G. D. Finlayson. Color constant color indexing. IEEE Transactions on Pattern Analysis and Machine Intelligence, 17(5): 522–529, 1995.

[47] Th. Gevers and A. W. M. Smeulders. Color-based object recognition. Pattern Recognition, 32: 453–464, 1999.

[48] J. van de Weijer and C. Schmid. Blur robust and color constancy image description. In IEEE International Conference on Image Processing, pages 993–996, 2006.

[49] J. van de Weijer and C. Schmid. Coloring local feature extraction. In European Conference on Computer Vision, pages 334–348, 2006.

[50] G. D. Finlayson, M. S. Drew, and B. Funt. Color constancy: generalized diagonal transforms suffice. Journal of the Optical Society of America A, 11(11): 3011–3019, 1994.

[51] R. L. Lagendijk and J. Biemond. Basic methods for image restoration and identification. In A. Bovik, editor, The Image and Video Processing Handbook, pages 125–139. Academic Press, Burlington (MA), 1999.

[52] J. Canny. A computational approach to edge detection. IEEE Transactions on Pattern Analysis and Machine Intelligence, 8(6): 679–698, 1986.

[53] C. Harris and M. Stephans. A combined corner and edge detector. In Proceedings of the Alvey Vision Conference, pages 189–192, 1988.

[54] T. Lindeberg. Feature detection with automatic scale selection. International Journal of Computer Vision, 30(2): 117–154, 1998.

[55] D. G. Lowe. Distinctive image features from scale-invariant keypoints. International Journal of Computer Vision, 60(2): 91–110, 2004.

[56] S. Belongie, J. Malik, and J. Puzicha. Shape matching and object recognition using shape contexts. IEEE Transactions on Pattern Analysis and Machine Intelligence, 24(4): 509–522, 2002.

[57] K. Mikolajczyk and C. Schmid. A performance evaluation of local descriptors. IEEE Transactions on Pattern Analysis and Machine Intelligence, 27(10): 1615–1630, 2005.

[58] J. van de Weijer, Th. Gevers, and J. M. Geusebroek. Edge and corner detection by photometric quasi-invariants. IEEE Transactions on Pattern Analysis and Machine Intelligence, 27(4): 625–630, 2005.

[59] J. J. Koenderink. Color for the Sciences. The MIT Press, Cambridge (MA), 2010.

[60] J. J. Koenderink. The structure of images. Biological Cybernetics, 50(5): 363–3710, 1984.

[61] J. M. Geusebroek, R. van den Boomgaard, A. W. M. Smeulders, and A. Dev. Color and scale: the spatial structure of color images. In European Conference on Computer Vision, pages 331–341, 2000.

[62] L. M. J. Florack, B. ter Haar Romeny, J. J. Koenderink, and M. A. Viergever. Scale and the differential structure of images. Image and Vision Computing, 10(6): 1992, 376–388.

[63] E. Hering. Outlines of a Theory of the Light Sense. Harvard University Press, Cambridge (MA), 1964.

[64] Basic Parameter Values for the (HDTV) Standard for the Studio and for International Program Exchange. Technical Report ITU-R Rec. BT. 709, International Telecommunications Union, Switzerland, 1990.

[65] Th. Gevers and H. M. G. Stokman. Reflectance based edge classification. In Proceedings of Vision Interface, pages 25–32, 1999.

[66] L. M. J. Florack, B. ter Haar Romeny, J. J. Koenderink, and M. A. Viergever. Cartesian differential invariants in scale-space. Journal of Mathematical Imaging and Vision, 3(4): 1993, 327–348.

[67] J. M. Geusebroek, R. van den Boomgaard, A. W. M. Smeulders, and H. Geerts. Color invariance. IEEE Transactions on Pattern Analysis and Machine Intelligence, 23(12): 1338–1350, 2001.

[68] T. Zickler, S. P. Mallick, D. J. Kriegman, and P. N. Belhumeur. Color subspaces as photometric invariants. International Journal of Computer Vision, 79(1): 13–30, 2008.

[69] L. T. Maloney and B. A. Wandell. Color constancy: a method for recovering surface spectral reflectance.

Journal of the Optical Society of America A, 3(1): 29–33, 1986.
[70] The PANTONE Color Formula Guide, editor. 1992–1993, Group Basf, Paris, France, Pantone is a trademark of Pantone Inc.
[71] T. Gevers, J. M. Álvarez, and A. M. López. Learning photometric invariance for object detection. International Journal of Computer Vision, 90(1): 45–61, 2010.
[72] G. Brown, J. Wyatt, R. Harris, and X. Yao. Diversity creation methods: a survey and categorisation. Journal of Information Fusion, 6(1): 5–20, 2005.
[73] J. V. Kittler, M. Hatef, R. P. W. Duin, and J. Matas. On combining classifiers. IEEE Transactions on Pattern Analysis and Machine Intelligence (PAMI), 20(3): 226–239, 1998.
[74] L. I. Kuncheva. Combining Pattern Classifiers: Methods and Algorithms. Wiley-Interscience, New York, 2004.
[75] P. Melville and R. Mooney. Creating diversity in ensembles using artificial data Information Fusion, 6(3): 1553–1563, 2005.
[76] R. A. Jacobs. Methods for combining experts' probability assessments. Neural Computation, 7(5): 867–888, 1995.
[77] H. M. G. Stokman and T. Gevers. Selection and fusion of color models for image feature detection. IEEE Transactions on Pattern Analysis and Machine Intelligence (PAMI), 29(3): 371–381, 2007.
[78] H. M. Markowitz. Portfolio Selection: Efficient Diversification of Investments. Wiley, New York, 1959.
[79] B. Scherer. Portfolio Construction and risk Budgeting. Rosk Books, London, 2002, Chapter 4.
[80] D. M. J. Tax and R. P. W. Duin. Uniform object generation for optimizing one-class classifiers. Journal of Machine Learning Research, 2: 155–173, 2002.
[81] S. Boyd and L. Vandenberghe. Convex Optimization. Cambridge University Press, Cambridge, MA, 2004.
[82] R. Michaud. Estimation error and portfolio optimization: a resampling solution. Journal of Investment Management, 6(1): 8–28, 2008.
[83] R. O. Michaud. Efficient Asset Management: A Practical Guide to Stock Portfolio Optimization and Asset Allocation. Oxford University Press, USA, 1998.
[84] N. Usmen and H. Markowitz. Resampled frontiers versus diffuse bayes: an experiment. Journal of Investment Management, 1(4): 1–17, 2003.
[85] K. Dowd. Beyond Value at Risk: The New Science of Risk Management. Wiley New York, 1998.
[86] P. Best. Implementing Value at Risk. John Wiley & sons, Chichester, UK, 1998.
[87] Y. K. Tse. Stock returns volatility in the Tokyo stock exchange. Japan and the World Economy, 3(3): 285–298, 1991.
[88] T. W. Ridler and S. Calvard. Picture thresholding using an iterative selection method. IEEE Transactions on Systems, Man, and Cybernetics, 8(8): 630–632, 1978.
[89] G. D. Finlayson, S. D. Hordley, C. Lu, and M. S. Drew. On the removal of shadows from images. IEEE Transactions on Pattern Analysis and Machine Intelligence (PAMI), 28(1): 59–68, 2006.
[90] G. D. Finlayson, M. S. Drew, and C. Lu. Intrinsic images by entropy minimization. In Proceedings of the European Conference on Computer Vision (ECCV) (3), pages 582–595, 2004.
[91] J. M. Álvarez, A. M. López, and R. Baldrich. Illuminant-invariant model based road segmentation. In Proceedings of the 2008 IEEE Intelligent Vehicles Symposium (IV'08), 2008.
[92] K. E. A. van de Sande, T. Gevers, and C. G. M. Snoek. Evaluation of color descriptors for object and scene recognition. In Proceedings IEEE Conference on Computer Vision and Pattern Recognition (CVPR), pages 453–464, 2008.
[93] I. T. Jolliffe. Principal Component Analysis, Springer Series in Statistics, 2nd Ed. Springer, New York, 2002.
[94] J. A. Hartigan and P. M. Hartigan. The dip test of unimodality. Annals of Statistics, 13(1): 70–84, 1985.
[95] The Caltech Frontal Face Dataset Computational Vision: Archive, by M. Weber. California Institute of

Technology, USA, 2001. Available online at http://www.vision.caltech.edu/html-files/archive.html. Accessed 2008.

[96] J. R. Kender. Saturation, hue and normalized color: calculation, digitation effects, and use. Technical Report CMU-RI-TR-05-40, Robotics Institute, Carnegie Mellon University, Pittsburgh, PA, September 2005.

[97] F. Wilcoxon. Individual comparisons by ranking methods. Biometrics Bulletin, 1(6): 80–83, 1945.

[98] M. M. Fleck, D. A. Forsyth, and C. Bregler. Finding naked people. In Proceedings of the European Conference on Computer Vision (ECCV) (2), Volume 1065, pages 593–602. Springer, 1996.

[99] D. Chai and K. N. Ngan. Face segmentation using skin-color map in videophone applications. IEEE Transactions on Circuits and Systems for Video Technology, 9(4): 551–564, 1999.

[100] K. Sobottka and I. Pitas. A novel method for automatic face segmentation, facial feature extraction and tracking. Signal Processing-Image Communication, 12(3): 263–281, 1998.

[101] J. Kovac, P. Peer, and F. Solina. Human skin color clustering for face detection. In International Conference on Computer as a Tool (EUROCON), 2003. 102. M. J. Jones and J. M. Rehg. Statistical color models with application to skin detection. International Journal of Computer Vision (IJCV), 46(1): 81–96, 2002.

[103] M. A. Sotelo, F. Rodriguez, L. M. Magdalena, L. Bergasa, and L Boquete. A color vision-based lane tracking system for autonomous driving in unmarked roads. Autonomous Robots, 16(1), 2004.

[104] C. Rotaru, T. Graf, and J. Zhang. Color image segmentation in hsi space for automotive applications. Journal of Real-Time Image Processing, 3(4): 1164–1173, 2008.

[105] N. Ikonomakis, K. N. Plataniotis, and A. N. Venetsanopoulos. Color image segmentation for multimedia applications. Journal of Intelligent & Robotic Systems, 28(1–2): 5–20, 2000.

[106] L. Sigal, S. Sclaroff, and V. Athitsos. Skin color-based video segmentation under time-varying illumination. IEEE Trans. on Pattern Analysis and Machine Intelligence (PAMI), 26(7): 862–877, 2004.

[107] C. Tan, T. Hong, T. Chang, and M. Shneier. Color model-based real-time learning for road following. In Proceedings of IEEE Intelligent Transportation Systems, pages 939–944, 2006.

[108] L. E. Arend, A. Reeves, J. Schirillo, and R. Goldstein. Simultaneous color constancy: papers with diverse Munsell values. Journal of the Optical Society of America A, 8(4): 661–672, 1991.

[109] D. H. Brainard, J. M. Kraft, and P. Longere. Color constancy: developing empirical tests of computational models. In R. Mausfeld and D. Heyer, editors, Colour Perception: From Light to Object, pages 307–334. Oxford University Press, Oxford, UK, 2003.

[110] P. B. Delahunt and D. H. Brainard. Does human color constancy incorporate the statistical regularity of natural daylight? Journal of Vision, 4(2): 57–81, 2004.

[111] D. H. Foster, K. Amano, and S. M. C. Nascimento. Color constancy in natural scenes explained by global image statistics. Visual Neuroscience, 23(3–4): 341–349, 2006.

[112] E. H. Land. Recent advances in retinex theory. Vision Research, 26: 7–21, 1986.

[113] D. J. Jobson, Z. Rahman, and G. A. Woodell. Properties and performance of a center/surround retinex. IEEE Transactions on Image Processing, 6(93): 451–462, 1997.

[114] D. J. Jobson, Z. Rahman, and G. A. Woodell. A multiscale retinex for bridging the gap between color images and the human observation of scenes. IEEE Transactions on Image Processing, 6(7): 965–976, 1997.

[115] E. Provenzi, C. Gatta, M. Fierro, and A. Rizzi. A spatially variant white-patch and gray-world method for color image enhancement driven by local contrast. IEEE Transactions on Pattern Analysis and Machine Intelligence, 30(10): 1757–1770, 2008.

[116] J. Kraft and D. Brainard. Mechanisms of color constancy under nearly natural viewing. Proceedings of the National Academy of Sciences of the United States of America, 96(1): 307–312, 1999.

[117] J. Golz and D. I. A. MacLeod. Influence of scene statistics on colour constancy. Nature, 415: 637–640,

2002.

[118] J. Golz. The role of chromatic scene statistics in color constancy: Spatial integration. Journal of Vision, 8(13): 1–16, 2008.

[119] F. Ciurea and B. V. Funt. Failure of luminance-redness correlation for illuminant estimation. In IS&T/SID's Color Imaging Conference, pages 42–46. IS&T-The Society for Imaging Science and Technology, 2004.

[120] A. Gijsenij and Th. Gevers. Color constancy using natural image statistics. In IEEE Computer Society Conference on Computer Vision and Pattern Recognition, pages 1–8, 2007.

[121] A. Gijsenij and Th. Gevers. Color constancy using natural image statistics and scene semantics. IEEE Transactions on Pattern Analysis and Machine Intelligence, 33(4): 687–698, 2011.

[122] P. Bradley. Constancy, categories and bayes: a new approach to representational theories of color constancy. Philosophical Psychology, 21(5): 601–627, 2008.

[123] V. M. N. de Almeida and S. M. C. Nascimento. Perception of illuminant colour changes across real scene. Perception, 38(8): 1109–1117, 2009.

[124] T. W. Lin and C. W. Sun. Representation or context as a cognitive strategy in colour constancy? Perception, 37(9): 1353–1367, 2008.

[125] M. Hedrich, M. Bloj, and A. I. Ruppertsberg. Color constancy improves for real 3d objects. Journal of Vision, 9(4): 2009, 1–16.

[126] D. H. Foster, S. M. C. Nascimento, and K. Amano. Information limits on neural identification of colored surfaces in natural scenes. Visual Neuroscience, 21: 331–336, 2004.

[127] G. D. Finlayson, B. V. Funt, and K. Barnard. Color constancy under varying illumination. In IEEE International Conference on Computer Vision, pages 720–725, IEEE Computer Society, Washington, DC, USA, 1995.

[128] K. Barnard, G. D. Finlayson, and B. V. Funt. Color constancy for scenes with varying illumination. Computer Vision and Image Understanding, 65(2): 311–321, 1997.

[129] W. Xiong and B. Funt. Stereo retinex. Image and Vision Computing, 27(1–2): 178–188, 2009.

[130] M. Ebner. Color constancy based on local space average color. Machine Vision and Applications, 20(5): 283–301, 2009.

[131] E. Hsu, T. Mertens, S. Paris, S. Avidan, and F. Durand. Light mixture estimation for spatially varying white balance. In ACM SIGGRAPH, pages 1–7, 2008.

[132] M. D. Fairchild. Color Appearance Models, Wiley-IS&T Series in Imaging Science and Technology, 2nd Ed. John Wiley & sons, Chichester, UK, 2005.

[133] G. West and M. H. Brill. Necessary and sufficient conditions for von kries chromatic adaptation to give color constancy. Journal of Mathematical Biology, 15(2): 249–258, 1982.

[134] B. V. Funt and B. C. Lewis. Diagonal versus affine transformations for color correction. Journal of the Optical Society of America A, 17(11): 2108–2112, 2000.

[135] K. M. Lam. Metamerism and colour constancy. PhD thesis, University of Bradford, 1985.

[136] C. Li, M. R. Luo, B. Rigg, and R. W. G. Hunt. Cmc 2000 chromatic adaptation transform: Cmccat2000. Color Research and Application, 26: 49–58, 2002.

[137] G. Buchsbaum. A spatial processor model for object colour perception. Journal of the Franklin Institute, 310(1): 1–26, 1980.

[138] G. D. Finlayson and E. Trezzi. Shades of gray and colour constancy. In IS &T/SID's Color Imaging Conference, pages 37–41. IS&T-The Society for Imaging Science and Technology, 2004.

[139] J. van de Weijer, Th. Gevers, and A. Gijsenij. Edge-based color constancy. IEEE Transactions on Image Processing, 16(9), 2007.

[140] R. Gershon, A. D. Jepson, and J. K. Tsotsos. From [r, g, b] to surface reflectance: computing color constant descriptors in images. In Proceedings of the International Joint Conference on Artificial

Intelligence, pages 755–758, Milan, Italy, 1987.

[141] K. Barnard, L. Martin, A. Coath, and B. V Funt. A comparison of computational color constancy algorithms; part ii: Experiments with image data. IEEE Transactions on Image Processing, 11(9): 985–996, 2002.

[142] W. Xiong, B. V. Funt, L. Shi, S. S. Kim, B. H. Kang, S. D. Lee, and C. Y. Kim. Automatic white balancing via gray surface identification. In IS &T/SID's Color Imaging Conference, pages 143–146. IS&T-The Society for Imaging Science and Technology, 2007.

[143] W. Xiong and B. V. Funt. Cluster based color constancy. In IS&T/SID's Color Imaging Conference, pages 210–214. IS&T-The Society for Imaging Science and Technology, 2008.

[144] B. Li, D. Xu, W. Xiong, and S. Feng. Color constancy using achromatic surface. Color Research and Application, 35(4): 304–312, 2010.

[145] J. van de Weijer, C. Schmid, and J. J. Verbeek. Using high-level visual information for color constancy. In IEEE International Conference on Computer Vision, pages 1–8, 2007.

[146] A. Gijsenij and Th. Gevers. Color constancy by local averaging. In 2007 Computational Color Imaging Workshop (CCIW'07), in conjunction with ICIAP'07, pages 1–4, 2007.

[147] B. V. Funt and L. Shi. The rehabilitation of maxrgb. In IS&T/SID's Color Imaging Conference. IS&T-The Society for Imaging Science and Technology, 2010.

[148] B. V. Funt and L. Shi. The effect of exposure on maxrgb color constancy. In Proceedings SPIE, Volume 7527 Human Vision and Electronic Imaging XV, 2010.

[149] J. van de Weijer, Th. Gevers, and A. Bagdanov. Boosting color saliency in image feature detection. IEEE Transactions on Pattern Analysis and Machine Intelligence, 28(1): 150–156, 2006.

[150] E. H. Land. An alternative technique for the computation of the designator in the retinex theory of color vision. Proceedings of the National Academy of Sciences of the United States of America, 83(10): 3078–3080, 1986.

[151] H. H. Chen, C. H. Shen, and P. S. Tsai. Edge-based automatic white balancing linear illuminant constraint. In Visual Communications and Image Processing, 2007.

[152] A. Chakrabarti, K. Hirakawa, and T. Zickler. Color constancy beyond bags of pixels. In IEEE Computer Society Conference on Computer Vision and Pattern Recognition, pages 1–8, 2008.

[153] A. Gijsenij, Th. Gevers, and J. van de Weijer. Physics-based edge evaluation for improved color constancy. In IEEE Computer Society Conference on Computer Vision and Pattern Recognition, 2009.

[154] H. C. Lee. Method for computing the scene-illuminant chromaticity from specular highlights. Journal of the Optical Society of America A, 3(10): 1694–1699, 1986.

[155] S. Tominaga and B. A. Wandell. Standard surface-reflectance model and illuminant estimation. Journal of the Optical Society of America A, 6(4): 576–584, 1989.

[156] G. Healey. Estimating spectral reflectance using highlights. Image and Vision Computing, 9(5): 333–337, 1991.

[157] R. T. Tan, K. Nishino, and Ka. Ikeuchi. Color constancy through inverse-intensity chromaticity space. Journal of the Optical Society of America A, 21(3): 321–334, 2004.

[158] G. D. Finlayson and G. Schaefer. Solving for colour constancy using a constrained dichromatic reflection model. International Journal of Computer Vision, 42(3): 127–144, 2001.

[159] J. Toro and B. V. Funt. A multilinear constraint on dichromatic planes for illumination estimation. IEEE Transactions on Image Processing, 16(1): 92–97, January 2007.

[160] J. Toro. Dichromatic illumination estimation without pre-segmentation. Pattern Recognition Letters, 29(7): 871–877, 2008.

[161] L. Shi and B. V. Funt. Dichromatic illumination estimation via Hough transforms in 3d. In IS&T's European Conference on Color in Graphics, Imaging and Vision, 2008.

[162] D. A. Forsyth. A novel algorithm for color constancy. International Journal of Computer Vision, 5(1):

5–36, 1990.

[163] K. Barnard. Improvements to gamut mapping colour constancy algorithms. In European Conference on Computer Vision, pages 390–403, 2000.

[164] G. D. Finlayson. Color in perspective. IEEE Transactions on Pattern Analysis and Machine Intelligence, 18(10): 1034–1038, 1996.

[165] G. D. Finlayson and S. D. Hordley. Improving gamut mapping color constancy. IEEE Transactions on Image Processing, 9(10): 1774–1783, 2000.

[166] G. D. Finalyson and S. D. Hordley. Selection for gamut mapping colour constancy. Image and Vision Computing, 17(8): 597–604, 1999.

[167] G. D. Finlayson and R. Xu. Convex programming color constancy. In IEEE Workshop on Color and Photometric Methods in Computer Vision, in conjunction with ICCV'03, pages 1–8, 2003.

[168] M. Mosny and B. V. Funt. Cubical gamut mapping colour constancy. In IS&T's European Conference on Color in Graphics, Imaging and Vision, 2010.

[169] K. Barnard, V. C. Cardei, and B. V. Funt. A comparison of computational color constancy algorithms; part i: Methodology and experiments with synthesized data. IEEE Transactions on Image Processing, 11(9): 972–984, 2002.

[170] K. Barnard and B. Funt. Color constancy with specular and non-specular surfaces. In IS&T/SID's Color Imaging Conference, pages 114–119, 1999.

[171] S. Tominaga, S. Ebisui, and B. A. Wandell. Scene illuminant classification: brighter is better. Journal of the Optical Society of America A, 18(1): 55–64, 2001.

[172] G. D. Finlayson, S. D. Hordley, and I. Tastl. Gamut constrained illuminant estimation. International Journal of Computer Vision, 67(1): 93–109, 2006.

[173] A. Gijsenij, Th. Gevers, and J. van de Weijer. Generalized gamut mapping using image derivative structures for color constancy. International Journal of Computer Vision, 86(2–3): 127–139, 2010.

[174] J. J. Koenderink and A. J. van Doom. Representation of local geometry in the visual system. Biological Cybernetics, 55(6): 367–375, 1987.

[175] M. Kass and A. Witkin. Analyzing oriented patterns. Computer Vision Graphics and Image Processing, 37(3): 362–385, 1987.

[176] S. D. Hordley. Scene illuminant estimation: past, present, and future. Color Research and Application, 31(4): 303–314, 2006.

[177] S. Bianco, F. Gasparini, and R. Schettini. Consensus-based framework for illuminant chromaticity estimation. Journal of Electronic Imaging, 17(2): 023013–1–9, 2008.

[178] G. Schaefer, S. Hordley, and G. Finlayson. A combined physical and statistical approach to colour constancy. In IEEE Computer Society Conference on Computer Vision and Pattern Recognition, pages 148–153, IEEE Computer Society, Washington (DC) USA, 2005.

[179] V. C. Cardei, B. V. Funt, and K. Barnard. Estimating the scene illumination chromaticity using a neural network. Journal of the Optical Society of America A, 19(12): 2374–2386, 2002.

[180] B. V. Funt and W. Xiong. Estimating illumination chromaticity via support vector regression. In IS&T/SID's Color Imaging Conference, pages 47–52. IS&T-The Society for Imaging Science and Technology, 2004.

[181] W. Xiong and B. V. Funt. Estimating illumination chromaticity via support vector regression. Journal of Imaging Science and Technology, 50(4): 341–348, 2006.

[182] N. Wang, D. Xu, and B. Li. Edge-based color constancy via support vector regression. IEICE Transactions on Information and Systems, E92-D(11): 2279–2282, 2009.

[183] V. Agarwal, A. V. Gribok, A. Koschan, and M. A. Abidi. Estimating illumination chromaticity via kernel regression. In IEEE International Conference on Image Processing, pages 981–984, 2006.

[184] V. Agarwal, A. V. Gribok, and M. A. Abidi. Machine learning approach to color constancy. Neural

Networks, 20(5): 559–563, 2007.

[185] V. Agarwal, A. V. Gribok, A. Koschan, B. Abidi, and M. A. Abidi. Illumination chromaticity estimation using linear learning methods. Journal of Pattern Recognition Research, 4(1): 92–109, 2009.

[186] W. Xiong, L. Shi, B. V. Funt, S. S Kim, B. Kan, and S. D. Lee. Illumination estimation via thin-plate spline interpolation. In IS&T/SID's Color Imaging Conference, 2007.

[187] G. D. Finlayson, S. D. Hordley, and P. M. Hubel. Color by correlation: a simple, unifying framework for color constancy. IEEE Transactions on Pattern Analysis and Machine Intelligence, 23(11): 1209–1221, 2001.

[188] C. Rosenberg, M. Hebert, and S. Thrun. Color constancy using kl-divergence. In IEEE International Conference on Computer Vision, pages 239–246, 2001.

[189] M. D'Zmura, G. Iverson, and B. Singer. Probabilistic color constancy. In Geometric Representations of Perceptual Phenomena, pages 187–202. Lawrence Erlbaum Associates, 1995.

[190] D. H. Brainard and W. T. Freeman. Bayesian color constancy. Journal of the Optical Society of America A, 14: 1393–1411, 1997.

[191] G. Sapiro. Color and illuminant voting. IEEE Transactions on Pattern Analysis and Machine Intelligence, 21(11): 1210–1215, 1999.

[192] Y. Tsin, R. T. Collins, V. Ramesh, and T. Kanade. Bayesian color constancy for outdoor object recognition. In IEEE Computer Society Conference on Computer Vision and Pattern Recognition, pages 1132–1139, 2001.

[193] C. Rosenberg, T. Minka, and A. Ladsariya. Bayesian color constancy with non-Gaussian models. In Advances in Neural Information Processing Systems, 2003.

[194] P. V. Gehler, C. Rother, A. Blake, T. P. Minka, and T. Sharp. Bayesian color constancy revisited. In IEEE Computer Society Conference on Computer Vision and Pattern Recognition, pages 1–8, 2008.

[195] V. C. Cardei and B. V. Funt. Committee-based color constancy. In IS&T/SID's Color Imaging Conference, pages 311–313. IS&T-The Society for Imaging Science and Technology, 1999.

[196] S. D. Hordley and G. D. Finlayson. Reevaluation of color constancy algorithm performance. Journal of the Optical Society of America A, 23(5): 1008–1020, 2006.

[197] A. Torralba and A. Oliva. Statistics of natural image categories. Network-Computation in Neural Systems, 14(3): 391–412, 2003.

[198] J-M. Geusebroek, G. J. Burghouts, and A. W. M. Smeulders. The Amsterdam library of object images. International Journal Computer Vision (IJCV), 61(1): 103–112, 2005.

[199] A. Torralba. Contextual priming for object detection. International Journal of Computer Vision, 53(2): 169–191, 2003.

[200] J. C. van Gemert, J. M. Geusebroek, C. J. Veenman, C. G. M. Snoek, and A. W. M. Smeulders. Robust scene categorization by learning image statistics in context. In CVPR Workshop on Semantic Learning Applications in Multimedia (SLAM), New York, June 2006.

[201] F. Ciurea and B. V. Funt. A large image database for color constancy research. In IS&T/SID's Color Imaging Conference, pages 160–164. IS&T-The Society for Imaging Science and Technology, 2003.

[202] C. M. Bishop. Neural Networks for Pattern Recognition. Oxford University Press, Oxford, UK, 1996.

[203] D. L. Ruderman, T. W. Cronin, and C. C. Chiao. Statistics of cone responses to natural images: implications for visual coding. Journal of the Optical Society of America A, 15(8): 2036–2045, 1998.

[204] B. Li, D. Xu, and C. Lang. Colour constancy based on texture similarity for natural images. Coloration Technology, 125(6): 328–333, 2009.

[205] S. Bianco, F. Gasparini, and R. Schettini. Region-based illuminant estimation for effective color correction. In Proceedings of the International Conference on Image Analysis and Processing, pages 43–52, 2009.

[206] S. Bianco, G. Ciocca, C. Cusano, and R. Schettini. Automatic color constancy algorithm selection and

combination. Pattern Recognition, 43(3): 695–705, 2010.

[207] M. Wu, J. Sun, J. Zhou, and G. Xue. Color constancy based on texture pyramid matching and regularized local regression. Journal of the Optical Society of America A, 27(10): 2097–2105, 2010.

[208] A. Gijsenij and Th. Gevers. Color constancy using image regions. In IEEE International Conference on Image Processing, San Antonio, Tx, USA, September 2007.

[209] A. Oliva and A. Torralba. Modeling the shape of the scene: a holistic representation of the spatial envelope. International Journal of Computer Vision, 42(3): 145–175, 2001.

[210] J. M. Geusebroek. Compact object descriptors from local colour invariant histograms. In British Machine Vision Conference, pages 1029–1038, 2006.

[211] S. Bianco, G. Ciocca, C. Cusano, and R. Schettini. Improving color constancy using indoor-outdoor image classification. IEEE Transactions on Image Processing, 17(12): 2381–2392, 2008.

[212] R. Lu, A. Gijsenij, Th. Gevers, K. E. A. van de Sande, J. M. Geusebroek, and D. Xu. Color constancy using stage classification. In IEEE International Conference on Image Processing, 2009.

[213] R. Lu, A. Gijsenij, Th. Gevers, D. Xu, V. Nedovic, and J. M. Geusebroek. Color constancy using 3d stage geometry. In IEEE International Conference on Computer Vision, 2009.

[214] V. Nedovic, A. W. M. Smeulders, A. Redert, and J. M. Geusebroek. Stages as models of scene geometry. IEEE Transactions on Pattern Analysis and Machine Intelligence, 32(9): 1673–1687, 2010.

[215] T. Hofmann. Probabilistic latent semantic indexing. In Proceedings ACM SIGIR Conference on Research and Development in Information Retrieval, pages 50–57, 1999.

[216] J. Verbeek and B. Triggs. Region classification with markov field aspect models. In IEEE Computer Society Conference on Computer Vision and Pattern Recognition, pages 1–8, 2007.

[217] R. Manduchi. Learning outdoor color classification. IEEE Transactions on Pattern Analysis and Machine Intelligence, 28(11): 1713–1723, 2006s.

[218] E. Rahtu, J. Nikkanen, J. Kannala, L. Lepistö, and J. Heikkilä. Applying visual object categorization and memory colors for automatic color constancy. In Proceedings of the International Conference on Image Analysis and Processing, pages 873–882, 2009.

[219] B. V. Funt, K. Barnard, and L. Martin. Is machine colour constancy good enough? In European Conference on Computer Vision, pages 445–459, 1998.

[220] S. M. C. Nascimento, F. P. Ferreira, and D. H. Foster. Statistics of spatial coneexcitation ratios in natural scenes. Journal of the Optical Society of America A, 19(8): 1484–1490, 2002.

[221] C. A. Párraga, G. Brelstaff, T. Troscianko, and I. R. Moorehead. Color and luminance information in natural scenes. Journal of the Optical Society of America A, 15(3): 563–569, 1998.

[222] J. Vazquez-Corral, C. A. Párrage, M. Vanrell, and R. Baldrich. Color constancy algorithms: psychophysical revaluation on a new dataset. Journal of Imaging Science and Technology, 53(3): 1–9, 2009.

[223] C. A. Párraga, J. Vazquez-Corral, and M. Vanrell. A new cone activation-based natural images dataset. Perception, 36(ECVP Abstract Supplement): 180, 2009.

[224] A. Gijsenij, Th. Gevers, and M. P. Lucassen. A perceptual analysis of distance measures for color constancy. Journal of the Optical Society of America A, 26(10): 2243–2256, 2009.

[225] Commission Internationale de L'Eclairage (CIE). Colorimetry, 2nd Ed. CIE Publication No. 15.2, Central Bureau of the CIE, Vienna, Austria, 1986.

[226] Commission Internationale de L'Eclairage (CIE). Improvement to Industrial Colour-difference Evaluation. CIE Publication No. 142–2001, Central Bureau of the CIE, Vienna, Austria, 2001.

[227] E. Brunswik. Zur entwicklung der albedowahrnehmung. Zeitschrift fur Psychologie, 109: 40–115, 1928.

[228] R. V. Hogg and E. A. Tanis. Probability and Statistical Inference. Prentice Hall, Upper Saddle River (NJ), 2001.

[229] J. W. Tukey. Exploratory data analysis. Addison-Wesley, Reading (MA), 1977.

[230] H. F. Weisberg. Central Tendency and Variability. Sage Publications, Inc., Newbury Park (CA), 1992.

[231] A. Gijsenij, Th. Gevers, and J. van de Weijer. Computational color constancy: Survey and experiments. IEEE Transactions on Image Processing, 20(9): 2475–2489, 2011.

[232] L. Shi and B. V. Funt. Re-processed version of the Gehler color constancy database of 568 images. Available at http://www.cs.sfu.ca/colour/data/. Accessed 2010 Nov 1.

[233] C.-C. Chang and C-J. Lin. LIBSVM: a library for support vector machines, 2001. Software Available at http://www.csie.ntu.edu.tw/cjlin/libsvm. Accessed 2010.

[234] S. Di Zenzo. A note on the gradient of a multi-image. Computer Vision Graphics and Image Processing, 33(1): 116–125, 1986.

[235] J. van de Weijer, Th. Gevers, and A. W. M. Smeulders. Robust photometric invariant features from the color tensor. IEEE Transactions on Image Processing, 15(1): 118–127, 2006.

[236] J. Bigun, G. Granlund, and J. Wiklund. Multidimensional orientation estimation with applications to texture analysis and optical flow. IEEE Transactions on Pattern Analysis and Machine Intelligence, 13(8): 775–790, 1991.

[237] J. Bigun. Pattern recognition in images by symmetry and coordinate transformations. Computer Vision and Image Understanding, 68(3): 290–307, 1997.

[238] O. Hansen and J. Bigun. Local symmetry modeling in multi-dimensional images. Pattern Recognition Letters, 13(4): 253–262, 1992.

[239] M. S. Lee and G. Medioni. Grouping into regions, curves, and junctions. Computer Vision and Image Understanding, 76(1): 54–69, 1999.

[240] J. van de Weijer, L. J. van Vliet, P. W. Verbeek, and M. van Ginkel. Curvature estimation in oriented patterns using curvilinear models applied to gradient vector fields. IEEE Transactions on Pattern Analysis and Machine Intelligence, 23(9): 1035–1042, 2001.

[241] G. Sapiro and D. L. Ringach. Anisotropic diffusion of multivalued images with applications to color filtering. IEEE Transactions on Image Processing, 5(11): 1582–1586, 1996.

[242] J. Shi and C. Tomasi. Good features to track. In IEEE Computer Society Conference on Computer Vision and Pattern Recognition, 1994.

[243] D. H. Ballard. Generalizing the Hough transform to detect arbitrary shapes. Pattern Recognition, 12(2): 111–122, 1981.

[244] E. P. Simoncelli, E. H. Adelson, and D. J. Heeger. Probability distributions of optical flow. In IEEE Computer Society Conference on Computer Vision and Pattern Recognition, 1991.

[245] J. Barron and R. Klette. Quantitative color optical flow. In International Conference on Pattern Recognition, pages 251–255, 2002.

[246] P. Golland and A. M. Bruckstein. Motion from color. Computer Vision and Image Understanding, 68(3): 346–362, 1997.

[247] B. K. P. Horn and B. G. Schunk. Determining optical flow. Artificial Intelligence, 17(1–3): 185–203, 1981.

[248] B. Lucas and T. Kanade. An iterative image registration technique with an application to stereo vision. In Proceedings of the International Joint Conference on Artificial Intelligence, pages 674–679, 1981.

[249] D. Koubaroulis, J. Matas, and J. Kittler. Evaluating colour-based object recognition algorithms using the soil-47 database. In Asian Conference on Computer Vision, 2002.

[250] L. Itti, C. Koch, and E. Niebur. A model of saliency-based visual attention for rapid scene analysis. IEEE Transactions on Pattern Analysis and Machine Intelligence, 20(11): 1254–1259, 1998.

[251] L. Itti and C. Koch. Computational modelling of visual attention. Nature Reviews Neuroscience, 2(3): 194–203, 2001.

[252] K. Mikolajczyk and C. Schmid. Scale and affine invariant interest point detectors. International Journal of Computer Vision, 60(1): 63–86, 2004.

[253] C. Schmid and R. Mohr. Local gray-value invariants for image retrieval. IEEE Transactions on Pattern Analysis and Machine Intelligence, 19(5): 530–535, 1997.

[254] G. Heidemann. Focus-of-attention from local color symmetries. IEEE Transactions on Pattern Analysis and Machine Intelligence, 26(7): 817–830, 2004.

[255] Corel Gallery. Available at http://www.corel.com. Accessed 2004.

[256] C. Schmid, R. Mohr, and C. Backhage. Evaluation of interest point detectors. International Journal of Computer Vision, 37(2): 151–172, 2000.

[257] I. Jermyn and H. Ishikawa. Globally optimal regions and boundaries as minimum ratio weight cycles. IEEE Transactions on Pattern Analysis and Machine Intelligence, 23(10): 1075–1088, 2001.

[258] G. Burghouts and J-M. Geusebroek. Performance evaluation of local colour invariants. Computer Vision and Image Understanding, 113(1): 48–62, 2009.

[259] K. E. A. van de Sande, Th. Gevers, and C. G. M. Snoek. Evaluation of color descriptors for object and scene recognition. IEEE Transactions on Pattern Analysis and Machine Intelligence, 32(9): 1582–1596, 2010.

[260] S. Odbrzalek and J. Matas. Object recognition using local affine frames on distinguished regions. In British Machine Vision Conference, 2002.

[261] F. Rothganger, S. Lazebnik, C. Schmid, and J. Ponce. 3d object modeling and recognition using local affine-invariant image descriptors and multi-view spatial constraints. International Journal of Computer Vision, 66(3): 231–259, 2006.

[262] J. Sivic and A. Zisserman. Video google: a text retrieval approach to object matching in videos. In Proceedings of the International Conference on Computer Vision, pages 1470–1477, 2003.

[263] S. Lazebnik, C. Schmid, and J. Ponce. A sparse texture representation using local affine regions. IEEE Transactions on Pattern Analysis and Machine Intelligence, 27(8): 1265–1278, 2005.

[264] L. M. J. Florack, B. ter Haar Romeny, M. Viergever, and J. J. Koenderink. The Gaussian scale-space paradigm and the multiscale local jet. International Journal of Computer Vision, 18(1): 61–75, 1996.

[265] W. T. Freeman and E. H. Adelson. The design and use of steerable filters. IEEE Transactions on Pattern Analysis and Machine Intelligence, 13(9): 891–906, 1991.

[266] B. Schiele and J. L. Crowley. Recognition without correspondence using multidimensional receptive field histograms. International Journal of Computer Vision, 36(1): 31–50, 2000.

[267] A. Ferencz, E. Learned-Miller, and J. Malik. Building a classification cascade for visual identification from one example. In IEEE International Conference on Computer Vision, pages 286–293, 2003.

[268] P. Montesinos, V. Gouet, R. Deriche, and D. Pele. Matching color un-calibrated images using differential invariants. Image and Vision Computing, 18(9): 659–671, 2000.

[269] A. W. M. Smeulders, M. Worring, S. Santini, A. Gupta, and R. Jain. Content based image retrieval at the end of the early years. IEEE Transactions on Pattern Analysis and Machine Intelligence, 22(12): 1349–1380, 2000.

[270] C. Carson, S. Belongie, H. Greenspan, and J. Malik. Blobworld: image segmentation using expectation-maximization and its application to image querying. IEEE Transactions on Pattern Analysis and Machine Intelligence, 24(8): 1026–1038, 2002.

[271] Y. Ke and R. Sukthankar. Pca-sift: A more distinctive representation for local image descriptors. In IEEE Computer Society Conference on Computer Vision and Pattern Recognition, pages 506–513, 2004.

[272] M. Grabner, H. Grabner, and H. Bischof. Fast approximated sift. In Asian Conference on Computer Vision, pages 918–927, 2006.

[273] H. Bay, T. Tuytelaars, and L. Van Gool. Surf: speeded up robust features. In European Conference on Computer Vision, 2006.

[274] F. Jurie and B. Triggs. Creating efficient codebooks for visual recognition. In Proceedings of International Conference on Computer Vision, 2005.

[275] J. Matas, O. Chum, M. Urban, and T. Pajdla. Robust wide baseline stereo from maximally stable extremal regions. In British Machine Vision Conference, pages 384–393, 2002.

[276] T. Lindeberg and J. Garding. Shape-adapted smoothing in estimation of 3d shape cues from affine deformations of local 2d brightness structure. Image and Vision Computing, 15(6): 415–434, 1997.

[277] T. Kadir and M. Brady. Scale, saliency and image description. International Journal of Computer Vision, 45(2): 83–106, 2001.

[278] T. Tuytelaars and L. Van Gool. Matching widely separated views based on affine invariant regions. International Journal of Computer Vision, 59(1): 61–85, 2004.

[279] K. Mikolajczyk, T. Tuytelaars, C. Schmid, A. Zisserman, J. Matas, F. Schaffalitzky, T. Kadir, and L. Van Gool. A comparison of affine region detectors. International Journal of Computer Vision, 65(1–2): 43–72, 2005.

[280] A. E. Abdel-Hakim and A. A. Farag. Csift: a sift descriptor with color invariant characteristics. In IEEE Computer Society Conference on Computer Vision and Pattern Recognition, 2006.

[281] A. Bosch, A. Zisserman, and X. Munoz. Scene classification via PLSA. In European Conference on Computer Vision, 2006.

[282] K. J. Dana, B. van Ginneken, S. K. Nayar, and J. J. Koenderink. Reflectance and texture of real world surfaces. ACM Transactions on Graphics, 18(1): 1–34, 1999.

[283] A. C Bovik, M. Clark, and W. S. Geisler. Multichannel texture analysis using localized spatial filters. IEEE Transactions on Pattern Analysis and Machine Intelligence, 12(1): 55–73, 1990.

[284] J. Gårding and T. Lindeberg. Direct computation of shape cues using scale adapted spatial derivative operators. International Journal of Computer Vision, 17(2): 163–191, 1996.

[285] M. Varma and A. Zisserman. A statistical approach to texture classification from single images. International Journal of Computer Vision, 62(1–2): 61–81, 2005.

[286] B. Julesz. Textons, the elements of texture perception, and their interactions. Nature, 290: 91–97, 1981.

[287] J. Malik, S. Belongie, T. Leung, and J. Shi. Contour and texture analysis for image segmentation. International Journal of Computer Vision, 43(1): 7–27, 2001.

[288] M. Mirmehdi and M. Petrou. Segmentation of color textures. IEEE Transactions on Pattern Analysis and Machine Intelligence PAMI, 22(2): 142–159, 2000.

[289] X. Zhang and B. A. Wandell. A spatial extension of CIELAB for digital color image reproduction. In Proceedings of the Society of Information Display Symposium, 1996.

[290] B. Thai and G. Healey. Modeling and classifying symmetries using a multiscale opponent color representation. IEEE Transactions on Pattern Analysis and Machine Intelligence, 20(11): 1224–1235, 1998.

[291] M. A. Hoang, J. M. Geusebroek, and A. W. M. Smeulders. Color texture measurement and segmentation. Signal Processing, 85(2): 265–275, 2005.

[292] A. K. Jain and F. Farrokhnia. Unsupervised texture segmentation using Gabor filters. Pattern Recognition, 24(12): 1167–1186, 1991.

[293] T. Weldon, W. E. Higgins, and D. F. Dunn. Efficient Gabor-filter design for texture segmentation. Pattern Recognition, 29(12): 2005–2016, 1996.

[294] B. S. Manjunath and W. Y. Ma. Texture features for browsing and retrieval of image data. IEEE Transactions on Pattern Analysis and Machine Intelligence, 18(8): 837–842, 1996.

[295] H. T. Nguyen, M. Worring, and A. Dev. Detection of moving objects in video using a robust motion similarity measure. IEEE Transactions on Image Processing, 9(1): 137–141, 2000.

[296] J. J. Koenderink, A. J. van Doorn, K. J. Dana, and S. Nayar. Bidirectional reflection distribution function of thoroughly pitted surfaces. International Journal of Computer Vision, 31: 129–144, 1999.

[297] G. J. Burghouts and J-M. Geusebroek. Material-specific adaptation of color invariant features. Pattern Recognition Letters, 30: 306–313, 2009.

[298] T. Leung and J. Malik. Representing and recognizing the visual appearance of materials using three-dimensional textons. International Journal of Computer Vision, 43(1): 29–44, 2001.

[299] E. Hayman, B. Caputo, M. Fritz, and J. O. Eklundh. On the significance of real-world conditions for material classification. In Proceedings of the European Conference Computer Vision, pages 253–266. Springer-Verlag, 2004.

[300] J. Zhang, M. Marsza, S. Lazebnik, and C. Schmid. Local features and kernels for classification of texture and object categories: a comprehensive study. International Journal of Computer Vision, 73(2): 213–238, 2007.

[301] E. Nowak, F. Jurie, and B. Triggs. Sampling strategies for bag-of-features image classification. In Proceedings of the European Conference on Computer Vision, pages 490–503. Springer Verlag, 2006.

[302] J. Winn, A. Criminisi, and T. Minka. Object categorization by learned universal visual dictionary. In Proceedings of the International Conference Computer Vision, pages 1800–1807. IEEE Computer Society, 2005.

[303] J. Shotton, J. Winn, C. Rother, and A. Criminisi. Textonboost: Joint appearance, shape and context modeling for multi-class object recognition and segmentation. In Proceedings of the European Conference on Computer Vision, Springer-Verlag, 2006.

[304] P. Suen and G. Healey. The analysis and recognition of real-world textures in three dimensions. IEEE Transactions on Pattern Analysis and Machine Intelligence, 22(5): 491–503, 2000.

[305] G. Csurka, C. Dance, L. Fan, J. Willamowski, and C. Bray. Visual categorization with bags of keypoints. In Proceedings of the European Conference on Computer Vision, 2004.

[306] R. Datta, D. Joshi, J. Li, and J. Z. Wang. Image retrieval: ideas, influences, and trends of the new age. ACM Computing Surveys, 40(2): 1–60, 2008.

[307] R. Fergus, L. Fei-Fei, P. Perona, and A. Zisserman. Learning object categories from Google's image search. In IEEE International Conference on Computer Vision, Beijing, China, 2005.

[308] S. Lazebnik, C. Schmid, and J. Ponce. Beyond bags of features: Spatial pyramid matching for recognizing natural scene categories. In IEEE Computer Society Conference on Computer Vision and Pattern Recognition, pages 2169–2178, 2006.

[309] S.-F. Chang, D. Ellis, W. Jiang, K. Lee, A. Yanagawa, A. C. Loui, and J. Luo. Large-scale multimodal semantic concept detection for consumer video. In ACM International Workshop on Multimedia Information Retrieval, pages 255–264, 2007.

[310] A. F. Smeaton, P. Over, and W. Kraaij. Evaluation campaigns and TRACVIDIA. In ACM International Workshop on Multimedia Information Retrieval, pages 321–330, 2006.

[311] M. Everingham, L. Van Gool, C. K. I. Williams, J. Winn, and A. Zisserman. The PASCAL visual object classes challenge 2007 (voc2007) results, 2007 In [Online]. Available at http://www.pascal-network.org/challenges/VOC/voc2007/. Accessed 2008.

[312] C. G. M. Snoek, M. Worring, J. C. van Gemert, J.-M. Geusebroek, and A. W. M. Smeulders. The challenge problem for automated detection of 101 semantic concepts in multimedia. In ACM International Workshop on Multimedia Information Retrieval, pages 421–430, 2006.

[313] K. E. A. van de Sande, T. Gevers, and C. G. M. Snoek. Evaluation of color descriptors for object and scene recognition. In IEEE Computer Society Conference on Computer Vision and Pattern Recognition, 2008.

[314] A. Bosch, A. Zisserman, and X. Munoz. Scene classification using a hybrid generative/discriminative approach. IEEE Transactions on Pattern Analysis and Machine Intelligence, 30(4): 712–727, 2008.

[315] J. Matas, O. Chum, M. Urban, and T. Pajdla. Robust wide-baseline stereo from maximally stable extremal regions. Image and Vision Computing, 22(10): 761–767, 2004.

[316] P.-E. Forssen. Maximally stable colour regions for recognition and matching. In IEEE Computer Society Conference on Computer Vision and Pattern Recognition, June 2007.

[317] R. Fergus, P. Perona, and A. Zisserman. Object class recognition by unsupervised scale-invariant learning. In IEEE Computer Society Conference on Computer Vision and Pattern Recognition, pages 264–271, 2003.

[318] B. Leibe and B. Schiele. Interleaved object categorization and segmentation. In British Machine Vision Conference, pages 759–768, 2003.

[319] M. Naphade, J. R. Smith, J. Tesic, S.-F. Chang, W. Hsu, L. Kennedy, A. Hauptmann, and J. Curtis. Large-scale concept ontology for multimedia. IEEE Multimedia, 13(3): 86–91, 2006.

[320] C. M. Bishop. Pattern Recognition and Machine Learning. Springer, New York, 2006.

[321] B. Efron. Bootstrap methods: another look at the jackknife. Annals of Statistics, 7: 1–26, 1979.

[322] M. Marszalek, C. Schmid, H. Harzallah, and J. van de Weijer. Learning object representations for visual object class recognition. In IEEE International Conference on Computer Vision, pages 239–246, 2007.

[323] M. Everingham, L. Van Gool, C. K. I. Williams, J. Winn, and A. Zisserman. The PASCAL visual object classes challenge 2008 (voc2008) results, 2008 In [Online]. Available at http://www.pascal-network.org/challenges/VOC/voc2008/. Accessed 2008.

[324] M. A. Tahir, K. E. A. van de Sande, J. R. R. Uijlings, et al. University of Amsterdam and university of surrey at PASCAL voc 2008. In IEEE Computer Society Conference on Computer Vision and Pattern Recognition, 2008.

[325] J. C. van Gemert, C. J. Veenman, A. W. M. Smeulders, and J.-M. Geusebroek. Visual word ambiguity. IEEE Transactions on Pattern Analysis and Machine Intelligence, 32(7): 1271–1283, 2010.

[326] C. G. M. Snoek, K. E. A. van de Sande, O. de Rooij, B. Huurnink, J. C. van Gemert, J. R. R. Uijlings, et al. The Mediamill TRECVID 2008 semantic video search engine. In Proceedings of the 6th TRECVID Workshop, 2008.

[327] C. L. Hardin and L. Maffi, editors. Color Categories in Thought and Language. Cambridge University Press, Cambridge, England, 1997.

[328] L. Steels and T. Belpaeme. Coordinating perceptually grounded categories through language: a case study for colour. Behavioral and Brain Sciences, 28: 469–529, 2005.

[329] B. Berlin and P. Kay. Basic Color Terms: Their Universality and Evolution. University of California, Berkeley, 1969.

[330] A. Maerz and M. R. Paul. A Dictionary of Color, 1st Ed. McGraw-Hill, New York, 1930.

[331] R. M. Boynton and C. X. Olson. Locating basic colors in the OSA space. Color Research and Application, 12(2): 94–105, 1987.

[332] J. Sturges and T. W. A. Whitfield. Locating basic colors in the Munsell space. Color Research and Application, 20(6): 364–376, 1995.

[333] D. Roberson, I. Davies, and J. Davidoff. Color categories are not universal: replications and new evidence from a stone-age culture. Journal of Experimental Psychology-General, 129(3): 369–398, 2000.

[334] D. Roberson, J. Davidoff, I. R. L. Davies, and L. R. Shapiro. Color categories: Evidence for the cultural relativity hypothesis. Cognitive Psychology, 50(4): 378–411, 2005.

[335] T. Regier, P. Kay, and R. S. Cook. Focal colors are universal after all. Proceedings of the National Academy of Sciences of the United States of America, 102(23): 8386–8391, 2005.

[336] T. Regier and P. Kay. Language, thought, and color: whorf was half right. Trends in Cognitive Sciences, 13(10): 439–446, 2009.

[337] T. Regier, P. Kay, and R. S. Cook. Universal foci and varying boundaries in linguistic color categories. In B. G. Gara, L. Barsalou, and M. Bucciarelli, editors, Proceedings of the 27th Meeting of the Cognitive Science Society, Cognitive Science Society, Hillsdale (NJ), pages 1827–1832, 2005.

[338] D. L. Philipona and J. K. O'Regan. Color naming, unique hues, and hue cancellation predicted from singularities in reflection properties. Visual Neuroscience, 23(3–4): 331–339, 2006.

[339] T. Regier, P. Kay, and N. Khetarpal. Color naming reflects optimal partitions of color space. Proceedings

of the National Academy of Sciences of the United States of America, 104(4): 1436–1441, 2007.

[340] P. Kay and C. K. McDaniel. The linguistic significance of the meanings of basic color terms. Language, 3(54): 610–646, 1978.

[341] D. Alexander. Statistical Modelling of Colour Data and Model Selection for Region Tracking. PhD thesis, Department of Computer Science, University College London, 1997.

[342] L. A. Zadeh. Fuzz sets. Information and Control, 8(3): 338–353, 1965.

[343] R. Benavente, M. Vanrell, and R. Bladrich. A data set for fuzzy colour naming. Color Research and Application, 31(1): 48–56, 2006.

[344] R. Benavente, M. Vanrell, and R. Baldrich. Estimation of fuzzy sets for computational colour categorization. Color Research and Application, 29(5): 342–353, 2004.

[345] R. Benavente and M. Vanrell. Fuzzy colour naming based on sigmoid membership functions. In Proceedings of the 2nd European Conference on Colour in Graphics, Imaging, and Vision (CGIV'2004), pages 135–139, Aachen (Germany), 2004.

[346] W. C. Graustein. Homogeneous Cartesian Coordinates. Linear Dependence of Points and Lines. Introduction to Higher Geometry, pages 29–49. Macmillan, New York, 1930, Chapter 3.

[347] N. Seaborn, L. Hepplewhite, and J. Stonham. Fuzzy colour category map for the measurement of colour similarity and dissimilarity. Pattern Recognition, 38(1): 165–177, 2005.

[348] Munsell Color Company, Inc. Munsell Book of Color-Matte Finish Collection. Munsell Color Company, Baltimore (MD), 1976.

[349] Spectral database, university of Joensuu color group. Available at http://spectral. joensuu.fi. Accessed 2011 September 20.

[350] R. Benavente, M. Vanrell, and R. Baldrich. Parametric fuzzy sets for automatic color naming. Journal of the Optical Society of America A, 25(10): 2582–2593, 2008.

[351] J. C. Lagarias, J. A. Reeds, M. H. Wright, and P. E. Wright. Convergence properties of the Nelder-Mead simplex method in low dimensions. SIAM Journal of Optimization, 9(1): 112–147, 1998.

[352] D. M. Conway. An experimental comparison of three natural language colour naming models. In Proceedings East-West International Conference on Human-computer Interaction, pages 328–339, 1992.

[353] L. D. Griffin. Optimality of the basic colour categories for classification. Journal of the Royal Society Interface, 3(6): 71–85, 2006.

[354] J. M. Lammens. A computational model of color perception and color naming. PhD thesis, University of Buffalo, 1994.

[355] A. Mojsilovic. A computational model for color naming and describing color composition of images. IEEE Transactions on Image Processing, 14(5): 690–699, 2005.

[356] G. Menegaz, A. Le Troter, J. Sequeira, and J. M. Boi. A discrete model for color naming. EURASIP Journal on Advances in Signal Processing, 2007: Article ID 29125, 2007.

[357] D. Blei, A. Ng, and M. Jordan. Latent Dirichlet allocation. Journal of Machine Learning Research, 3: 993–1022, 2003.

[358] D. Larlus and F. Jurie. Latent mixture vocabularies for object categorization. In British Machine Vision Conference, 2006.

[359] L. Vincent. Morphological grayscale reconstruction in image analysis: applications and efficient algorithms. IEEE Transactions on Image Processing, 2(2): 176–201, 1993.

[360] J. van de Weijer, C. Schmid, J. Verbeek, and D. Larlus. Learning color names for real-world applications. IEEE Transactions on Image Processing, 18(7): 1512–1524, 2009.

[361] R. E. MacLaury. From brightness to hue: An explanatory model of color-category evolution. Current Anthropology, 33: 137–186, 1992.

[362] J. van de Weijer, C. Schmid, and J. Verbeek. Learning color names from real-world images. In IEEE Computer Society Conference on Computer Vision and Pattern Recognition, Minneapolis (MN) USA,

2007.

[363] X. Otazu and M. Vanrell. Building perceived colour images. In Proceedings of the 2nd European Conference on Colour in Graphics, Imaging, and Vision (CGIV'2004), pages 140–145, April 2004.

[364] X Otazu, C. A. Párraga, and M. Vanrell. Toward a unified chromatic induction model. Journal of Vision, 10(12) (6), 2010.

[365] S. Kawata, K. Sasaki, and S. Minami. Component analysis of spatial and spectral patterns in multispectral images. Journal of the Optical Society of America A, 4: 2101–2106, 1987.

[366] H. M. G. Stokman and Th. Gevers. Robust photometric invariant segmentation of multispectral images. International Journal of Computer Vision, 53(2): 135–151, 2003.

[367] J. C. Mullikin, L. J. van Vliet, H. Netten, F. R. Boddeke, G. van der Feltz, and I. T. Young. Methods for CCD camera characterization. In H. C. Titus and A. Waks, editors, Image Acquisition and Scientific Imaging Systems, San Jose (CA), volume 2173, pages 73–84. SPIE, 1994.

[368] R. Dubes and A. K. Jain. Clustering techniques: the user's dilemma. Pattern Recognition, 8: 247–260, 1976.

索 引